# COURS

# DE MÉCANIQUE

## APPLIQUÉE AUX MACHINES.

2260     Paris. — Imprimerie de GAUTHIER-VILLARS, quai des Augustins, 55.

# COURS
# DE MÉCANIQUE

## APPLIQUÉE AUX MACHINES,

PAR

## J.-V. PONCELET.

### SECONDE PARTIE.

MOUVEMENT DES FLUIDES, MOTEURS, PONTS-LEVIS.

PUBLIÉ PAR M. X. KRETZ,

Ingénieur en chef des Manufactures de l'État.

## PARIS,

### GAUTHIER-VILLARS, IMPRIMEUR-LIBRAIRE

DE L'ÉCOLE POLYTECHNIQUE, DU BUREAU DES LONGITUDES,

SUCCESSEUR DE MALLET-BACHELIER,

Quai des Augustins, 55.

## 1876

# AVIS.

Ce volume complète le *Cours de Mécanique appliquée*, professé par Poncelet à l'École d'Application de Metz : les deux premières Sections comprennent les *Leçons préparatoires au lever d'Usines* ; la Section III renferme quelques Leçons sur les Ponts-levis, qui ont été publiées en cahiers séparés (1831 et 1835), et que l'Auteur avait rattachées à l'ensemble du *Cours*, dont elles formaient la huitième et dernière Section.

L'avertissement suivant, qui se trouve placé en tête de la première édition lithographiée des *Leçons préparatoires au lever d'Usines* (1832), fait connaître les circonstances dans lesquelles ces *Leçons* ont été rédigées :

« Le professeur a fait et rédigé en 1826 et 1828, sur le mouvement des fluides et les divers moteurs, des Leçons qui traitaient de ces matières, avec l'étendue et les développements que réclame leur importance pratique ; il se proposait de mettre la dernière main à ces rédactions et de les faire lithographier en 1829, pour l'usage de MM. les Élèves de l'École d'Application de l'Artil-

lerie et du Génie, lorsque, par suite de la révision du
programme du *Cours*, ces mêmes Leçons furent suppri-
mées et remplacées par d'autres, ayant trait à des machines spéciales. Cependant, l'expérience ayant fait
reconnaître la nécessité d'exposer aux élèves au moins
un rappel sommaire des principaux résultats et données
d'expérience et de calcul qui leur sont nécessaires pour
procéder, avec fruit et intelligence, à leur lever d'usines
et à la rédaction de leur Mémoire sur les machines de ce
lever, le professeur a reçu, depuis 1829, l'ordre de faire
à ce sujet, chaque année, un petit nombre de Leçons
servant à les préparer au lever dont il s'agit, et dans lesquelles il leur rappelle succinctement des théories qu'ils
ont déjà reçues à l'École Polytechnique, mais dénuées,
sans doute, des spécialités qui en facilitent les applications à la pratique des usines.

» La rédaction suivante, entreprise par M. le capitaine
d'Artillerie Morin, pour déférer au vœu du Conseil d'instruction de l'École, est un extrait du texte des Leçons
que le professeur a données en 1826 et 1828, et auxquelles il a fait, depuis 1829, quelques additions concernant : 1° l'action due à la détente des gaz qui s'écoulent
d'un réservoir par les orifices ou tuyaux de conduite, et
dont on n'avait pas encore tenu compte avant les belles
recherches de M. Navier (*Annales de Chimie et de Physique*, 1827); 2° les pertes d'actions occasionnées par le
déversement de l'eau des roues à augets à grande vitesse,
et spécialement les effets de la force centrifuge. Ces der-

nières additions, si importantes pour le calcul des roues, des marteaux de forges, des scieries, etc., forment l'objet d'un Mémoire que le professeur se proposait de présenter à l'Académie royale des Sciences, en 1830, sur les perfectionnements dont sont susceptibles les roues à augets à grande vitesse, et dont d'autres travaux et diverses circonstances l'ont forcé d'ajourner la rédaction définitive à une époque plus propice. »

La première Section de la même édition (1832) se termine par la Note suivante :

« La rédaction de cette Section avait été effectivement préparée par M. le capitaine Morin, d'après les Notes de M. Poncelet, sur les Leçons succinctes des années précédentes ; mais, ayant été revue par ce professeur, elle a reçu de lui des développements considérables, qui en font un travail presque entièrement neuf. »  A. M.

Depuis cette époque, il a été fait plusieurs tirages des *Leçons préparatoires au lever d'Usines*, sans modifications importantes à la rédaction primitive ; Poncelet n'a, du reste, laissé aucune indication écrite, touchant cette partie du *Cours*.

La présente édition est la reproduction du texte de 1832, dont toutes les notations ont été conservées, même celles auxquelles Poncelet avait renoncé dans des publications plus récentes.

Dans des Additions placées à la suite du texte, se trouvent quelques extraits des travaux ultérieurs de Poncelet.

qui complètent certaines questions traitées dans le *Cours*: telles sont la théorie des effets mécaniques de la turbine Fourneyron et diverses Notes relatives à l'écoulement de l'air, au calcul des pressions dans le cylindre des machines à vapeur, à un mécanisme propre à régulariser spontanément l'action du frein dynamométrique.

Les Additions comprennent, en outre, une Note de M. E. Rolland, sur un frein qu'il a fait construire d'après les indications de Poncelet; une Notice historique sur les roues à aubes courbes, que M. le général Didion a bien voulu rédiger spécialement pour cette publication, et qui fait connaître les derniers perfectionnements apportés par Poncelet à son tracé; enfin plusieurs Notes écrites, en 1845, par M. Yvon Villarceau, sur diverses partie du *Cours*.

Paris, 11 mai 1876.

KRETZ.

# TABLE DES MATIÈRES.



a.

## II. — Des pertuis, coursiers et canaux d'usines.

### Des pertuis des usines et des écluses.

*Jaugeage des cours d'eau.*



# NOTE.

# DEUXIÈME SECTION.

## DES PRINCIPAUX MOTEURS ET RÉCEPTEURS.

### I. — DES RÉCEPTEURS HYDRAULIQUES.

*Théorie générale des récepteurs hydrauliques par le principe
des forces vives.*



*Roues verticales à palettes planes.*

## ADDITIONS.

---

# TROISIÈME SECTION.

## DES PONTS-LEVIS.

# COURS
# DE MÉCANIQUE

## APPLIQUÉE AUX MACHINES.

## SECONDE PARTIE.

LEÇONS PRÉPARATOIRES AU LEVER D'USINES.

## PREMIÈRE SECTION.

DU MOUVEMENT PERMANENT ET DE L'ÉCOULEMENT DES FLUIDES.

I. — DES PETITS ORIFICES ET TUYAUX DE CONDUITE SERVANT A ÉCOULER L'EAU ET L'AIR DES RÉSERVOIRS OU DES GAZOMÈTRES.

### Notice historique.

1. Les équations différentielles exactes et complètes du mouvement des fluides incompressibles sont connues depuis longtemps, pour le cas d'une fluidité parfaite, et même M. Navier les a étendues à celui où le fluide est visqueux et contracte de l'adhérence avec les parois du vase qui le renferme (¹); mais elles ne peuvent guère s'appliquer aux cas usuels de la pratique, par suite des difficultés d'analyse que présente leur intégration. Les géomètres ont cherché à y suppléer par différentes hypothèses susceptibles de conduire,

---

(¹) Mémoire lu à l'Académie royale des Sciences, le 22 mars 1822.

II.

dans certains cas, à des résultats conformes à ceux de l'expérience.

Daniel Bernoulli est le premier qui appliqua le *principe de la conservation des forces vives*, d'Huyghens, à la recherche des lois de l'*écoulement des fluides* [1]; mais il estima mal la perte de force vive qui a lieu dans les changements brusques de la vitesse. D'Alembert, à l'aide de son principe général de Dynamique, et en adoptant l'hypothèse du *parallélisme des tranches*, établit une théorie plus exacte et plus rigoureuse, qui fut généralement admise. Plus tard, Borda [2], appliquant le *principe des forces vives* à l'hypothèse où le mouvement aurait lieu par filets indépendants, fit savoir en quoi péchaient les solutions de Bernoulli, et les rectifia, en tenant compte convenablement de la perte de force vive qui a lieu dans les rétrécissements et étranglements brusques des vases; il confirma, pour certains cas, cette théorie par des expériences ingénieuses et directes.

Mais, pour compléter les diverses applications, il restait à tenir compte de l'influence qu'exerce, dans certaines circonstances, la résistance que les parois des vases opposent au mouvement des liquides, par exemple dans les canaux et tuyaux de conduite d'une certaine longueur, où cette influence devient très-sensible et produit des effets très-appréciables. C'est ce qui fut tenté par M. Girard, en admettant que la résistance, dans le cas du mouvement linéaire, est proportionnelle au carré de la vitesse et au contour de la paroi; mais Coulomb ayant conclu, de quelques expériences spéciales et délicates, que cette même résistance doit être représentée à la fois par deux termes, dont l'un est proportionnel à la simple puissance et l'autre au carré de la vitesse, M. de Prony [3] est parti de là pour établir les lois du mouvement de l'eau dans les canaux et tuyaux de conduite d'une grande longueur;

---

[1] *Hydrodynamique* de Daniel Bernoulli.

[2] Mémoire de Borda *Sur l'écoulement des fluides* (*Mémoires de l'Académie des Sciences*), années 1766 et 1768.

[3] Mémoires de Prony *Sur l'écoulement des fluides et le jaugeage des eaux courantes*.

il parvint ainsi à représenter les résultats des nombreuses expériences de Couplet, Bossut ([1]), Dubuat ([2]) avec un degré d'approximation très-satisfaisant. Postérieurement, M. Navier, dans ses Notes sur la nouvelle édition de l'*Architecture hydraulique* de Bélidor, et principalement dans ses *Leçons de Mécanique appliquée* à l'École des Ponts et Chaussées, a montré comment le principe des forces vives, convenablement employé, peut servir à résoudre immédiatement les diverses questions relatives au mouvement des liquides. M. Eytelvein, célèbre ingénieur de Prusse, reprit, de son côté, les solutions de M. de Prony, relatives aux canaux et aux tuyaux de conduite, en s'appuyant du résultat d'un plus grand nombre d'expériences faites en Hollande, en Allemagne et en Italie, sur les canaux et les rivières; il introduisit, dans l'équation relative aux tuyaux de conduite, un terme de plus, servant à tenir compte des effets qui s'opèrent à leur jonction avec le réservoir de prise d'eau, mais dont l'influence sur les résultats est très-faible pour le cas des longs tuyaux, et qui fait d'ailleurs rentrer l'équation du mouvement dans celle que l'on obtient en appliquant directement à la question le principe des forces vives, comme nous le verrons plus tard.

Quant à la théorie du mouvement des fluides aériformes, elle a reçu, dans ces derniers temps et de la part de MM. Girard ([3]), d'Aubuisson ([4]) et Navier ([5]) d'importants perfectionnements qui la mettent à peu près au niveau de celle de l'Hydrodynamique. Le premier de ces savants ingénieurs, en s'appuyant sur le résultat de ses propres expériences et sur les lois du mouvement linéaire, fut conduit à supposer la résistance des tuyaux simplement proportionnelle au carré de la vitesse, et il en déduisit une formule qui représente, avec un degré d'approximation raisonnable, les résultats concernant la dépense des tuyaux d'une grande longueur, débouchant libre-

---

([1]) *Hydrodynamique* de Bossut, II<sup>e</sup> Partie.

([2]) *Principes d'Hydraulique*.

([3]) *Annales des Mines*, t. X, années 1814 et 1815. — *Annales des Mines*, t. XIII, 1826; *Idem*, 2<sup>e</sup> série, t. III, 1828.

([4]) T. V, 1821-1822, des *Mémoires de l'Académie des Sciences*, Institut.

([5]) Mémoire lu à l'Académie royale des Sciences de l'Institut, le 1<sup>er</sup> juin 1829.

ment dans l'air atmosphérique par l'une de leurs extrémités, et s'alimentant par l'autre dans un grand gazomètre ou réservoir à pression constante. Le deuxième parvint à établir, par une série de belles expériences et en se fondant uniquement sur le principe de Torricelli relatif aux fluides incompressibles, des formules pratiques très-simples, à l'aide desquelles on peut trouver la dépense de gaz qui se fait par les orifices et ajutages de différentes formes, par les tuyaux de conduite d'une grande longueur, armés ou non de buses, les coefficients constants qui entrent dans ces formules, la relation entre les pressions aux différents points, etc. Jusque-là les solutions étaient restreintes au cas où la faible variation de densité du fluide permet de le considérer comme sensiblement incompressible; c'est à M. Navier que l'on doit d'avoir montré, par une série de beaux exemples, comment, en tenant compte de l'action due à la détente des gaz, on peut ramener toutes les questions de cette espèce au principe posé par Bernoulli, d'Alembert et Borda, que nous avons déjà cité à l'occasion du mouvement des liquides proprement dits, mais en négligeant ici, conformément à la remarque déjà faite par MM. Girard et d'Aubuisson, le terme de la résistance qui contient la simple puissance de la vitesse par rapport à celui qui en contient le carré, et qui est comme infini à l'égard de l'autre, attendu la grandeur même de la vitesse que prennent les gaz sous des pressions motrices très-faibles.

### Notions fondamentales.

2. *Distinction des fluides.* — On doit distinguer avec soin les *fluides gazeux*, tels que l'air, les vapeurs, etc., des *liquides* proprement dits, tels que l'eau, etc. Les premiers sont très-variables de volume, très-compressibles, très-dilatables, par l'application de forces extérieures ou du calorique; les deuxièmes, au contraire, sont sensiblement incompressibles, et, quand on les renferme dans des espaces limités de toutes parts, ils se comportent à peu près comme les corps solides. Nous ferons toutefois observer, dès à présent, que quand la pression et, par suite, la densité des gaz varient en réalité très-

peu, on peut les considérer à leur tour comme sensiblement incompressibles et leur appliquer les mêmes raisonnements qu'aux liquides.

Une autre distinction importante à faire est celle du *mouvement permanent* et du *mouvement varié* des fluides. Le premier suppose que la vitesse en chaque point déterminé reste la même en grandeur et en intensité dans tous les instants où l'on considère le fluide. C'est ce mouvement que nous avons essentiellement à étudier, dans tout ce qui va suivre, parce qu'il répond à presque toutes les applications pratiques, et nous renverrons, pour ce qui concerne la théorie du mouvement variable, aux Traités de Mécanique de MM. Poisson et de Prony, où les lois de ce mouvement se trouvent exposées. Nous nous contenterons de rappeler que la vitesse d'écoulement des fluides ne change d'une manière sensible que dans les premiers instants où l'on a ouvert les orifices des grands vases qui les renferment, et qu'après quelques secondes, quelques minutes, la vitesse et le *régime* deviennent ordinairement constants, circonstance que l'on reconnaît toujours dans la pratique à des signes certains, soit parce que les surfaces du liquide, exposées à l'air libre, conservent une forme invariable, soit parce que leur niveau ou leur pression, en certains points, reste elle-même constante.

3. *Hypothèse du parallélisme des tranches.* — Pour pouvoir appliquer avec fruit le principe de d'Alembert et celui des forces vives à l'écoulement des fluides, on est obligé d'admettre que, pour certaines sections planes faites en travers de leur masse, les molécules sont animées d'un mouvement parallèle et commun dans une direction perpendiculaire à ces sections, c'est-à-dire que leurs vitesses sont égales et parallèles pour tous les points de ces mêmes sections. Cette supposition est connue sous le nom d'*hypothèse du parallélisme des tranches;* mais elle ne suffit pas pour qu'on puisse résoudre explicitement les problèmes du mouvement des fluides, et l'on est forcé d'admettre encore que la pression, dans le sens du mouvement, est la même pour chaque élément superficiel et égal des tranches, ce qui paraît être une

conséquence nécessaire de l'égalité et du parallélisme des vitesses. Le fait est que ces diverses suppositions sont rarement
d'accord avec ce qui se passe dans les expériences, où la résistance opposée par les parois des vases et diverses autres
causes produisent un ralentissement de la vitesse qui empêche qu'elles soient rigoureusement applicables; mais, en ré-
fléchissant au mode de démonstration, dont il sera donné des
exemples dans ce qui suit, et par lequel on applique le principe des forces vives aux lois du mouvement d'une masse
fluide comprise entre deux sections planes, on concevra facilement que l'hypothèse du parallélisme des tranches doit
donner des résultats suffisamment approchés dans beaucoup
de cas, par exemple dans celui d'un canal ou tuyau d'une
certaine longueur, dont l'axe ou la directrice est une courbe
continue présentant des coudes très-adoucis, et dont la section transversale varie très-peu. Elle l'est aussi dans d'autres
cas de la pratique, mais entre certaines limites qu'il est bon
de faire pressentir avant d'aller plus loin.

4. *Observation sur les cas où il est permis d'employer cette
hypothèse.* — Pour en donner une idée, considérons un vase
cylindrique ou prismatique, qui se vide par sa partie inférieure. On sait que, par suite de la forte convergence des
filets fluides qui arrivent de toutes parts vers l'orifice, la veine
du jet, au lieu d'avoir des dimensions égales à celles de cet
orifice, se rétrécit jusqu'à une certaine distance au dehors du
réservoir : c'est ce que l'on nomme la *contraction de la veine
fluide*, phénomène dont nous aurons plus tard l'occasion de
nous occuper en détail et dont nous nous contenterons ici
d'indiquer l'existence. Cette convergence et cette divergence
de tous les filets fluides s'étendant jusqu'à une certaine distance en dedans et en dehors du vase, il est clair qu'entre ces
limites il ne peut pas être permis d'admettre l'hypothèse du
parallélisme des tranches; mais, en deçà et au delà, la convergence cesse, comme il arrive pour les orifices circulaires, et
le mouvement a sensiblement lieu par filets parallèles; et,
comme la vitesse, en vertu de l'adhésion réciproque des molécules, tend à se mettre sensiblement en harmonie dans l'é-

tendue de la section normale au filet moyen, on est conduit à admettre que le mouvement se fait par tranches vers ces mêmes sections, ce qui permet alors d'appliquer avec quelque certitude le principe des forces vives, pour tout l'espace compris entre ces tranches; nous aurons plus d'une fois, par la suite, l'occasion de signaler des circonstances où il ne serait pas permis de raisonner de la même manière.

5. *De la continuité des fluides.* — Une autre loi, qui paraît conforme à l'observation, dans tous les cas de la pratique, c'est celle en vertu de laquelle les différentes molécules ne cessent pas d'être contiguës les unes aux autres, de former un tout sans lacune, sans espace vide, et que l'on nomme la *loi de continuité des fluides;* or, tant qu'il ne s'agit que de liquides proprement dits, ou de gaz soumis à des variations de pression peu sensibles, on peut admettre que la masse conserve extérieurement le même volume, quel que soit d'ailleurs le changement de forme qu'elle subit. Il suit de là et de la permanence du mouvement que, dans un temps donné, il passera par toutes les sections d'un vase le même volume de fluide.

Relativement aux gaz, la permanence du mouvement supposant que la densité et la pression sont toujours les mêmes aux mêmes endroits, il faudra qu'il passe par toutes les sections du vase, dans un même temps, des *masses* égales de fluide.

6. *Du mouvement permanent d'un fluide qui s'écoule d'un vase à niveau constant.* — Ces préliminaires établis, voyons maintenant comment on pourra appliquer le principe des forces vives à la recherche du mouvement permanent des fluides. Considérons une masse fluide en mouvement dans un vase, d'une forme quelconque, mais dont les sections varient par degrés insensibles; admettons que ce vase soit alimenté par sa surface supérieure AB, de manière que son niveau reste constant. Soit ABCD (*fig.* 1) la masse en mouvement, comprise entre deux sections AB et CD, pour lesquelles le parallélisme des tranches est admissible. L'écou-

lement étant supposé avoir lieu par un orifice pratiqué à la
partie inférieure du vase, et le régime établi, appelons

Fig. 1.

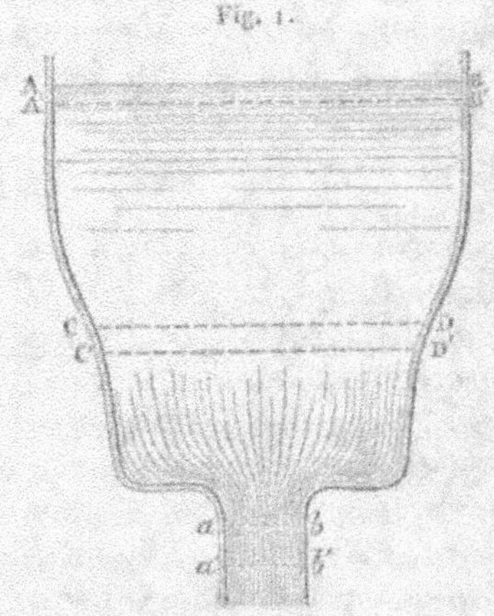

O la surface de la section AB ;

O' la surface de la section CD ;

$\Omega$ la surface de la section $ab$ de la veine fluide, à l'endroit où
elle cesse de se contracter et où le parallélisme des filets
est rétabli ;

V, V' et U les vitesses moyennes respectives dans les sections AB, CD et $ab$ ;

Z et Z' les hauteurs verticales des sections AB et CD au-dessus d'un plan horizontal quelconque de comparaison ;

$\rho$ la masse de l'unité de volume ;

$g = 9^m,8088$ ;

$\Pi$ la densité ou le poids de l'unité de volume égale à $\rho g$ ;

M la masse totale de fluide comprise entre AB et CD ;

P, P' et $p$ les pressions extérieures exercées sur l'unité de
surface des sections AB, CD et $ab$ du fluide, P agissant dans
le sens du mouvement, et P' et $p$ en sens contraire.

Examinons ce qui arrive quand la masse fluide ABCD passe
à la position infiniment voisine A'B'C'D' dans l'élément de
temps $dt$.

Nous aurons, en vertu de la continuité des fluides et en appliquant d'abord nos calculs au cas d'un liquide, tel que l'eau,

$$O.V = O'.V' = \Omega U,$$

puisque les volumes qui s'écoulent par chaque tranche doivent être égaux.

Pour établir l'équation du principe des forces vives, calculons les quantités de travail développées par les différentes forces qui agissent sur la masse, en négligeant d'abord l'influence de la résistance des parois, ce qui est permis, dans tous les cas où les sections du vase ont des dimensions comparables à sa longueur, en nous réservant d'y revenir par la suite.

Dans le transport de cette masse liquide de ABCD en A'B'C'D', la quantité de travail développée par la gravité est le produit de son poids par la hauteur dont son centre de gravité est descendu; mais, dans ce déplacement, on peut considérer la masse ABCD comme composée de deux autres; l'une A'B'CD, qui n'a pas changé de place; l'autre ABA'B', qui est descendue en CDC'D' : c'est ce qu'il est facile de voir à l'aide de la théorie des moments. Par conséquent, la quantité de travail développée par la gravité est égale à

$$\Pi.ABA'B'(Z - Z')^{\text{kgm}};$$

mais on a

$$ABA'B' = O.V\,dt = \Omega U\,dt,$$

et, si l'on appelle $d$M la masse des tranches élémentaires égales ABA'B', CDC'D', $aba'b'$, on a

$$dM = \frac{\Pi}{g}\,\Omega U\,dt,$$

et, par suite, la quantité de travail de la gravité sur la masse fluide, pendant l'élément du temps $dt$, peut être exprimée par

$$g\,dM(Z - Z')^{\text{kgm}}.$$

Pendant le même temps, la quantité de travail développée par les pressions P et P' sera

$$P.O.V\,dt^{\text{kgm}} - P'.O'.V'\,dt^{\text{kgm}};$$

et, à cause de

$$O . V \, dt = O' . V' \, dt = g \frac{dM}{\Pi},$$

elle peut se mettre sous la forme

$$g \frac{dM}{\Pi} (P - P')^{\text{kgm}}.$$

Quant à l'accroissement de la force vive, pendant l'instant $dt$, ou pendant que la masse ABCD se transporte en A′B′C′D′, remarquons que, si le mouvement est réellement parvenu à l'état de permanence, la vitesse sera la même en chaque point, et, par conséquent, la force vive de la partie A′B′CD, commune aux deux positions, sera la même. Donc, en retranchant la force vive de ABCD de celle de A′B′C′D′, pour avoir l'accroissement cherché, celle de la partie commune disparaîtra, et il restera

$$CDC'D' \times V'^2 - ABA'B' \times V^2$$

pour l'accroissement de la force vive pendant le temps $dt$; on observera que cette quantité n'est autre chose que l'accroissement de force vive que recevrait la masse ABA′B′ en se transportant en CDC′D′; d'ailleurs, d'après les notations et les relations précédentes, elle revient à

$$\rho O . V' dt \times V'^2 - \rho O' . V dt \times V^2, \quad \text{ou à} \quad dM(V'^2 - V^2);$$

par conséquent, l'équation des forces vives sera

$$dM(V'^2 - V^2) = 2g \, dM(Z - Z') + 2 \frac{g \, dM}{\Pi} (P - P').$$

En divisant de part et d'autre par $dM$ et se rappelant que l'on a

$$V = \frac{\Omega}{O} U, \quad V' = \frac{\Omega}{O'} U,$$

et posant $Z - Z' = H$, elle revient à

$$U^2 \left( \frac{\Omega^2}{O'^2} - \frac{\Omega^2}{O^2} \right) = 2gH + \frac{2g(P - P')}{\Pi}.$$

7. *Valeur de la pression en un point quelconque du vase.* — Si l'on désigne par $h$ et $h'$ les hauteurs dues aux vitesses V et V', on aura

$$V^2 = \frac{U^2 \Omega^2}{O^2} = 2gh, \quad V'^2 = \frac{U^2 \Omega^2}{O'^2} = 2gh'$$

et, par suite,

$$2g(h' - h) = 2gH + 2g\frac{P - P'}{\Pi};$$

d'où l'on tire

$$P' = P + \Pi H - \Pi(h' - h),$$

relation qui donnera la pression dans la section CD, et qui montre qu'elle est égale à celle qui a lieu sur AB, augmentée de celle qui est due à la hauteur du liquide au-dessus de la section CD que l'on considère, et diminuée de celle que produirait une colonne d'eau d'une hauteur correspondante à l'accroissement de la vitesse, de AB en CD. On voit que, si le mouvement est très-lent dans le vase, $h' - h$ sera très-faible et la pression en un point quelconque sera sensiblement la même que si le fluide était stagnant.

8. *Application à la section ab de la veine fluide.* — Pour appliquer les formules précédentes à la section *ab* de la veine et déterminer la vitesse d'écoulement, il suffit de faire $P = p$, pression extérieure à l'orifice, $O' = \Omega$, et de prendre pour H la hauteur du niveau AB au-dessus de la section *ab*, où les filets recommencent à devenir parallèles. L'équation des forces vives donne pour ce cas

$$U^2\left(1 - \frac{\Omega^2}{O^2}\right) = 2gH + 2g\frac{P - p}{\Pi},$$

d'où

$$U = \sqrt{\frac{2g\left(H + \dfrac{P - p}{\Pi}\right)}{1 - \dfrac{\Omega^2}{O^2}}}.$$

9. *Cas où la surface du réservoir est très-grande par rapport à l'orifice.* — Dans la plupart des cas de la pratique, la

surface AB ou O du réservoir étant très-grande par rapport à celle de l'orifice, le terme $\frac{\Omega^2}{O^2}$ devient très-petit et négligeable. Si, par exemple, l'orifice est $\frac{1}{10}$ de la surface du réservoir, $\frac{\Omega^2}{O^2} = \frac{1}{100}$. La formule peut être alors réduite à

$$\Pi = \sqrt{2g\left(\mathrm{H} + \frac{\mathrm{P} - p}{\Pi}\right)} \,;$$

$\Pi$ étant le poids de l'unité de volume du liquide, $\frac{\mathrm{P}}{\Pi}$ et $\frac{p}{\Pi}$ sont les hauteurs de ce liquide qui mesureraient les pressions P et $p$.

10. *Cas où l'écoulement a lieu à l'air libre et sous la pression atmosphérique.* — Enfin, s'il s'agit de l'écoulement à l'air libre de l'eau d'un réservoir, dont la surface ne soit soumise qu'à la pression atmosphérique, on a $\mathrm{P} = p$, et l'expression de la vitesse se réduit à

$$\mathrm{U} = \sqrt{2g\mathrm{H}},$$

relation démontrée en premier lieu par Torricelli, et qui exprime que, dans l'hypothèse du parallélisme des tranches, la vitesse moyenne d'écoulement est précisément celle qui est due à la hauteur du niveau au-dessus de la section contractée.

11. *Cas où l'écoulement a lieu d'un réservoir dans un autre.* — Si l'écoulement, au lieu de se faire à l'air libre, avait lieu dans un vase dont le niveau fût à une hauteur $h$ au-dessus de la section $ab$ de la veine, la pression $p$ sur l'orifice serait égale à celle de l'atmosphère augmentée du poids de la colonne d'eau $h$, et l'on aurait

$$\frac{\mathrm{P} - p}{\Pi} = -h \,;$$

et, par suite, la vitesse deviendrait à l'orifice

$$\mathrm{U} = \sqrt{2g(\mathrm{H} - h)},$$

c'est-à-dire la vitesse due à la différence de hauteur du niveau supérieur au niveau inférieur.

12. *Application de la théorie précédente au mouvement des gaz, lorsque les pressions intérieures et extérieures sont peu différentes.* — Ce qui précède peut s'appliquer aux fluides élastiques toutes les fois que la pression varie peu dans l'intérieur du réservoir, parce qu'alors, la densité ne changeant pas non plus sensiblement, on peut encore admettre qu'il passe, par les différentes sections du réservoir, des volumes égaux de fluide. On observera seulement, dans ce cas, que, les gaz étant contenus dans des vases clos, la pression P du réservoir se mesure à l'aide d'un instrument (*fig.* 2) appelé

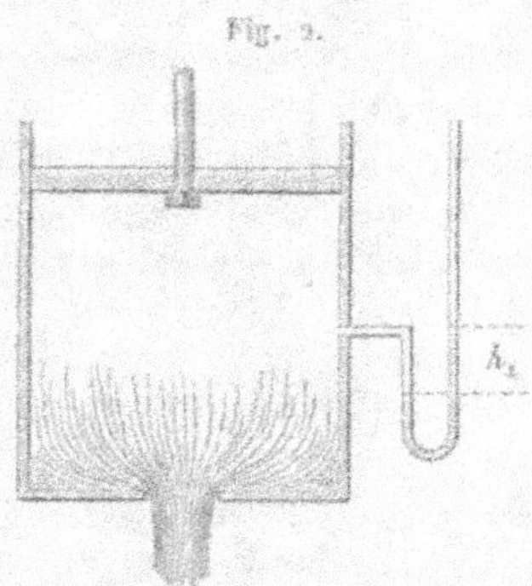

Fig. 2.

*manomètre à siphon*, et dans lequel une colonne d'eau ou de mercure indique, par sa dénivellation, l'excès ou ce que l'on nomme la *hauteur de pression*.

Si l'on désigne par $h$ cette hauteur de liquide, qui fait équilibre à l'excès de pression, et par $\Pi_1$ la densité du liquide, on aura évidemment

$$P - p = \Pi_1 h;$$

$\Pi_1$ est connu *à priori* et est égal à 1000 kilogrammes si le liquide du manomètre est de l'eau, ou à 13 598 kilogrammes si l'on se sert de mercure.

Quant à $\Pi$, ou le poids de l'unité de volume des gaz à la pression P et à une température connue, on sait que, d'après la loi de Mariotte et celle de Gay-Lussac, on a, en appelant $\Pi_0$ la densité du gaz à zéro sous la pression atmosphérique $p_0$, et $n$ la température en degrés centigrades,

$$\Pi = \frac{\Pi_0\,P}{p_0(1 + 0,00375\,n)}.$$

Pour l'air, à la pression de $0^m,760$ de mercure,

$$p_0 = 1^{k},0333 \text{ par centimètre carré,}$$
$$\Pi_0 = 1^{k},2991 \text{ le mètre cube,}$$

d'où

$$\Pi = \frac{1,2572\,P}{1 + 0,00375\,n},$$

formule dans laquelle on remplace ordinairement le terme $0,00375\,n$ par $0,004\,n$ quand il s'agit de l'air atmosphérique, afin de tenir compte de l'humidité qu'il contient toujours, et dont l'effet est évidemment d'augmenter le ressort et de diminuer la densité du gaz. D'après cela, on voit qu'il sera facile de calculer le terme

$$\frac{P-p}{\Pi} = \frac{\Pi_0}{\Pi}\,h,$$

et qu'il représentera la hauteur d'une colonne de fluide, à la pression du réservoir, capable de produire, par son poids, cette même pression. Or, par suite de la faible densité du gaz, cette hauteur sera très-considérable, et celle du sommet du réservoir au-dessus de l'orifice sera toujours négligeable par rapport à cette hauteur de pression, de sorte que, dans l'application de la formule (n° 9),

$$U = \sqrt{2g\left(\Pi + \frac{P-p}{\Pi}\right)},$$

à l'écoulement des gaz, on pourra faire abstraction du terme $2g\,\Pi$, et la valeur de la vitesse se réduira à

$$U = \sqrt{\frac{2g(P-p)}{\Pi}}.$$

13. Des expériences, faites en France par MM. Girard et d'Aubuisson, et en Suède par M. Lagerhjelm, expériences dont nous aurons plus tard l'occasion de parler, confirment, en effet, cette analogie entre l'écoulement des liquides et celui des gaz, lorsque les pressions varient très-peu dans la masse en mouvement; c'est, par exemple, ce qui arrive dans la plupart des machines soufflantes, où l'excès de la pression intérieure sur celle de l'atmosphère ne s'élève souvent qu'à $0^m,03$ ou $0^m,04$, mesurés en colonne de mercure, c'est-à-dire où les pressions ne diffèrent que de $\frac{1}{24}$ ou $\frac{1}{19}$. Mais cette manière de raisonner n'est plus admissible, dès que les pressions diffèrent notablement, comme dans les machines à vapeur, etc.; il faut alors examiner directement l'effet de la variation graduelle des pressions, ou de la détente du gaz, aux différents points de la masse.

14. *Modification à apporter aux formules pour l'écoulement des gaz quand les pressions intérieure et extérieure sont très-différentes.* — En raisonnant sur un réservoir, et dans des circonstances analogues à ce qui précède, on voit d'abord que la quantité de travail imprimée par la gravité ne changera pas, non plus que l'expression de l'accroissement de la force vive : il n'en est pas ainsi de la quantité de travail développée par la pression du gaz.

D'après ce que nous avons dit (5) de la continuité dans les fluides élastiques, il ne passera plus, par chaque tranche élémentaire, le même volume de gaz dans le même temps, mais la même masse, puisque, par hypothèse, la permanence du mouvement est établie; de là résulte qu'en conservant les notations du n° 6, et appelant $\Pi'$ et $\varpi$ les densités du fluide sous les pressions $P'$ et $p$, qui ont lieu en CD et en $ab$ (*fig.* 1), la masse élémentaire de fluide qui passera par chacune des sections AB, CD, $ab$ sera

$$dM = \frac{\Pi}{g}\,OV\,dt = \frac{\Pi'}{g}\,O'V'\,dt = \frac{\varpi}{g}\,\Omega U\,dt.$$

Si nous considérons en particulier ce qui a lieu dans le déplacement de la masse de ABCD en A'B'C'D', la quantité de travail développée par les pressions P et P' dans l'élément de temps aura toujours pour expression

$$POV\,dt - P'O'V'\,dt\,;$$

mais, d'après les relations ci-dessus, il est clair qu'elle sera nulle à chaque instant, puisque la loi de Mariotte nous apprend que les pressions sont proportionnelles aux densités, ou que

$$\frac{P}{P'} = \frac{\Pi}{\Pi'}.$$

La quantité de travail imprimée à la masse par les pressions P et P', dans chaque élément de temps, étant nulle, il s'ensuit qu'il en sera de même de la quantité de travail totale qu'elles développeront au bout d'un temps quelconque; mais, la pression variant d'une tranche à l'autre et allant en décroissant d'une manière continue, elle agit comme un ressort qui se débande et doit produire une certaine quantité de travail qui remplace celle des pressions extrêmes.

15. *Travail de la détente des gaz.* — Considérons, en effet, une masse fluide AB*ab* (*fig.* 3); soit BB' le chemin parcouru

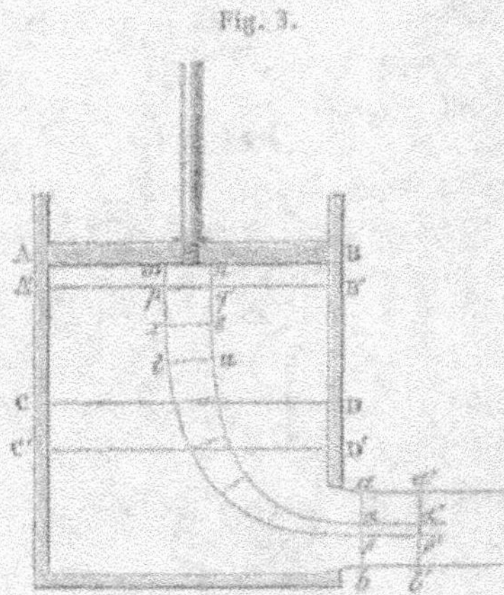

Fig. 3.

par la tranche AB, tandis que *ab* passe en *a'b'* et dans l'élé-

ment du temps. Il est aisé de voir qu'en vertu de la permanence du mouvement et de la lenteur avec laquelle on suppose que la détente a lieu dans l'intérieur de la masse, la
quantité de travail développée par cette détente, dans l'élément du temps $dt$, sera précisément égale à celle que développerait le volume $ABA'B'$ en passant de la pression P du réservoir en AB à la pression $p$ de la section contractée et en
prenant le volume $aba'b'$. Cela est à peu près évident a
*priori;* mais on peut le rendre plus sensible par un raisonnement analogue à celui qui a été employé dans le n° 6, et en
examinant ce qui se passe, à un instant donné, dans un filet
élémentaire $mn\alpha\alpha'\beta\beta'm$ supposé divisé en tranches égales en
masse, $mnqp$, $pqsr$, $rsut$, ..., $\alpha\alpha'\beta\beta'$, par des plans perpendiculaires à la direction de son axe. On voit, en effet, que si $pq$
représente précisément la position de $mn$ au bout du temps $dt$,
$rs$ représentera, au bout de ce même temps, celle de $pq$, $tu$
celle de $rs$, ..., $\alpha'\beta'$ celle de $\alpha\beta$: de sorte que chaque tranche
aura pris la place de la suivante à la fin de l'élément du temps
dont il s'agit. Or, dans ce déplacement simultané de toutes
les tranches, chacune d'elles a développé une quantité de
travail relative à l'accroissement de volume ou à la diminution de pression qu'elle a subie, c'est-à-dire à sa détente, et
la somme de toutes ces quantités de travail partielles est précisément le travail produit par la masse entière du filet
$mn\alpha\beta m$ au bout du temps $dt$ pour lequel il a pris la position $pq\alpha'\beta'p$.

Mais si, au lieu de considérer ce déplacement général et simultané des tranches fluides, nous supposons que la tranche supérieure $mnqp$ prenne successivement la place de la deuxième,
puis de la troisième et de la quatrième, etc., jusqu'à occuper
celle de la dernière tranche $\alpha\beta\beta'\alpha'$, il est clair que la somme
des quantités de travail qu'elle aura développées dans sa dé-
tente, en occupant ces positions successives, sera précisément
la même que la précédente, et cela quel que soit le mode de
son action sur les tranches voisines; donc enfin, pour obtenir
le travail demandé, il ne s'agit que de voir quel est celui qui
peut être dû au changement de volume ou de pression que
subirait l'élément $mnpq$ en passant au volume et à la pression

II.                                                       2

de $\alpha\beta\beta'\alpha'$. Donc aussi la quantité de travail totale développée dans l'élément $dt$ du temps, par la force élastique du gaz compris depuis la section supérieure AB dans le réservoir jusqu'à la section contractée $ab$, est précisément celle que développerait la masse élémentaire $dM = \dfrac{\Pi}{g} \, \mathrm{O V} \, dt = \dfrac{\varpi}{g} \, \Omega\mathrm{U} \, dt$, qui s'écoule de ce réservoir pendant $dt$, en passant du volume ABB'A' et de la pression P au volume $aa'b'b$ et à la pression $p$. Cette démonstration est générale, et elle s'applique aussi bien à l'action de la gravité sur les tranches, au changement de leur force vive (6), qu'à l'action développée dans la détente des ressorts moléculaires du fluide, pourvu cependant que le mouvement soit permanent et continu (2 et suivants).

Maintenant il est facile de démontrer que le travail développé par la détente d'un gaz quelconque contre les parois mobiles d'une enveloppe est indépendant de la forme de cette enveloppe et du mode de la détente, dès qu'elle se fait avec assez de lenteur pour qu'il devienne permis de négliger les forces motrices ou d'inertie résultant de ce changement, et de supposer que la tension, la température sont à chaque instant les mêmes aux différents points du gaz ou de l'enveloppe, conformément aux principes de Mariotte et de Pascal (¹).

Soient, en effet,

$q$ et $p$, à un instant donné de la détente, le volume et la tension du gaz;

$d\omega$ un élément superficiel quelconque de son enveloppe mobile;

$de$ l'espace qu'il décrit dans le sens normal, pensant que le volume $q$ devient $q + dq$.

Le travail développé par l'élément $d\omega$ le long du chemin $de$ sera évidemment mesuré par la quantité

$$p \, d\omega \, de$$

qu'il faudra prendre dans toute l'étendue de l'enveloppe mo-

---

(¹) *Œuvres de B. Pascal*, t. IV, Chap. V.

bile, en supposant $p$ constant; mais $d\omega\,de$ est précisément le volume élémentaire décrit par $d\omega$; donc $p\,dq$ est l'expression du travail de cette enveloppe pendant que $q$ s'accroît de $dq$. Or, si l'on nomme $q'$ et $p'$ le volume et la tension du gaz au premier instant de la détente, on aura, d'après le principe de Mariotte,

$$p = \frac{p'q'}{q} \quad \text{et} \quad p\,dq = p'q'\,\frac{dq}{q};$$

intégrant cette expression depuis $q = q'$ jusqu'à une valeur quelconque de $q$, on aura, pour le travail correspondant,

$$\int_{q'}^{q} p\,dq = p'q' \int_{q'}^{q} \frac{dq}{q} = p'q' \log \frac{q}{q'} = p'q' \log \frac{P'}{p},$$

qui est évidemment aussi l'expression du travail que devrait développer un moteur quelconque contre les parois mobiles de l'enveloppe pour ramener le gaz du volume $q$ et de la tension $p$ au volume et à la tension $q'$ et $p'$ qu'il possédait en premier lieu. D'ailleurs les logarithmes ci-dessus sont des logarithmes népériens, que l'on obtient en multipliant par 2,3026 les logarithmes ordinaires, et qu'on trouvera aussi tout calculés dans une Table placée à la fin de cette Section [1], et que nous avons empruntée à M. de Prony.

16. Revenant à la question de l'écoulement des gaz, il ne s'agira que de remarquer que l'on a

$$p' = \mathrm{P}, \quad q' = \mathrm{ABB'A'} = \mathrm{OV}\,dt = \frac{g\,d\mathrm{M}}{\Pi};$$

d'où il résulte, pour le travail dû à la détente de la masse $d\mathrm{M}$ pendant qu'elle se transporte de $\mathrm{ABB'A'}$ en $abb'a'$ (*fig.* 3), l'expression

$$\frac{g\,d\mathrm{M}}{\Pi}\, \mathrm{P} \log \left( \frac{\mathrm{P}}{p} \right)^{\text{[illisible]}},$$

_______________

[1] On n'a pas reproduit cette Table, qui se trouve déjà dans l'*Introduction à la Mécanique industrielle*. (K.)

dont le double devra être mis à la place du terme

$$\frac{2g\,d\mathrm{M}}{\Pi}\,(\mathrm{P} - p)^{km},$$

qui entre dans le second membre de l'équation des forces vives (6), en observant qu'on a ici, d'après la continuité,

$$\Pi \mathrm{O} \mathrm{V} = \Pi' \Omega \mathrm{U}.$$

Au moyen de ces seuls changements, qu'on répétera partout où il sera nécessaire, ce que l'on dira de l'écoulement des liquides s'appliquera à celui des gaz, sans qu'il soit besoin d'entrer dans de nouvelles explications.

Il en résulte qu'en faisant toujours abstraction de la résistance des parois la vitesse d'écoulement des gaz à l'orifice sera donnée, en général, par la formule

$$U = \sqrt{\frac{2g\left(\mathrm{H} + \dfrac{\mathrm{P}}{\Pi}\log\dfrac{\mathrm{P}}{p}\right)}{1 - \dfrac{\Pi'^2\,\Omega^2}{\Pi^2\,\mathrm{O}^2}}}.$$

On se rappellera, d'ailleurs, que H est tout à fait négligeable par rapport au terme $\dfrac{\mathrm{P}}{\Pi}\log\dfrac{\mathrm{P}}{p}$, surtout quand les pressions sont grandes, ce qui, dans le cas où O est aussi très-grand par rapport à $\Omega$, réduit l'expression de la vitesse à

$$U = \sqrt{2g\,\frac{\mathrm{P}}{\Pi}\log\frac{\mathrm{P}}{p}}.$$

17. *Idée de l'approximation qu'on obtient par l'application aux gaz de la théorie établie pour les liquides.* — Pour donner une idée du degré d'approximation que l'on peut obtenir en traitant, ainsi que nous l'avons fait d'abord, les gaz comme des fluides incompressibles et montrer jusqu'à quelle limite on peut employer cette méthode, nous allons comparer la valeur obtenue, pour la vitesse d'écoulement dans cette première supposition, avec celle que l'on déduit de la considé-

ration plus rigoureuse de la détente. A cet effet nous remarquerons que l'on a

$$\log \frac{P}{p} = \log \left( 1 + \frac{P-p}{p} \right)$$

$$= \frac{P-p}{p} - \frac{1}{2} \left( \frac{P-p}{p} \right)^2 + \frac{1}{3} \left( \frac{P-p}{p} \right)^3 - \dots \quad (1);$$

et si l'on a

$$P < \frac{6}{5} p,$$

ce qui a lieu dans toutes les machines soufflantes, où la pression intérieure n'excède jamais d'un cinquième celle de l'atmosphère, le terme

$$\frac{1}{2} \left( \frac{P-p}{p} \right)^2 \text{ devient moindre que } \tfrac{1}{45},$$

et l'on peut se borner à prendre

$$\log \frac{P}{p} = \frac{P-p}{p}.$$

La vitesse d'écoulement est alors donnée approximativement par

$$U' = \sqrt{2g \frac{P}{\Pi} \frac{P-p}{p}};$$

cette valeur est d'ailleurs évidemment trop forte, et si, pour la rendre un peu plus faible, on remplace $\frac{P}{\Pi}$ par $\frac{p}{\Pi}$, elle se réduit à

$$U = \sqrt{2g \frac{P-p}{\Pi}};$$

ce qui est précisément la valeur qu'on a trouvée précédemment (12) pour la vitesse d'écoulement du gaz, en faisant abstraction de sa compressibilité et en supposant qu'il sorte de l'orifice avec la densité constante qu'il a dans le réservoir.

---

(*) *Calcul différentiel* de M. Lacroix, n° 27, p. 37, 4ᵉ édition.

La formule rigoureuse, dans le cas de $P = \frac{1}{2} p$, donnerait

$$U = \sqrt{\frac{2g P}{\Pi} \log \frac{6}{5}} = \sqrt{\frac{2g P}{\Pi} \times 0,182322} = 0,427 \sqrt{\frac{2g P}{\Pi}};$$

la dernière fournit

$$U = \sqrt{\frac{2g P}{\Pi}} \sqrt{\frac{1}{6}} = 0,408 \sqrt{\frac{2g P}{\Pi}};$$

ainsi la différence des deux valeurs de la vitesse ne serait que de $\frac{19}{427}$ ou $\frac{1}{22}$, pour cette supposition de $P = \frac{1}{2} p$, au-dessous de laquelle se trouvent tous les cas de la pratique dans les machines soufflantes.

18. *Application du théorème de Thomas Simpson au calcul approximatif de* $\log \frac{P}{p}$. — Enfin, pour mettre à même de calculer la valeur du logarithme népérien de $\frac{P}{p}$, dans le cas où l'on serait dépourvu de Tables, nous rappellerons que, d'après le théorème de Thomas Simpson (Sect. I, première Partie, n° 9), si l'on partage seulement la différence entre P et $p$ en deux parties égales, on aura approximativement

$$\int_p^P \frac{dp}{p} = \log \frac{P}{p} = \frac{P - p}{6}\left(\frac{1}{P} + \frac{4}{\frac{P + p}{2}} + \frac{1}{p}\right)$$

$$= \frac{1}{6}\left[\frac{P}{p} + \frac{8(P - p)}{P + p} - \frac{p}{P}\right],$$

et dans tous les cas où le rapport de P à $p$ n'excédera pas 4,5, ce qui a rarement lieu, même pour les machines à vapeur, cette méthode donnera la valeur de $\log \frac{P}{p}$ à moins de $\frac{1}{17}$ près, ce qui est suffisant pour la pratique.

19. *Des effets de la contraction effective de la veine fluide.* — La théorie précédente nous a mis à même de déterminer

la vitesse moyenne d'écoulement par la section $ab$ de la veine
(*fig.* 4), si on la connaissait. C'est ici que se font sentir les

Fig. 4.

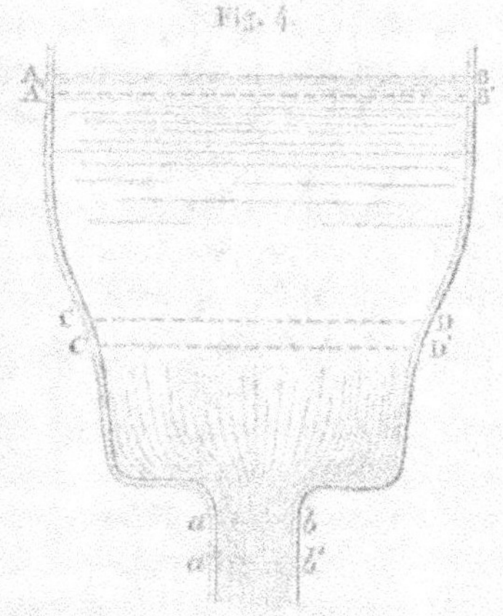

effets du phénomène de la contraction, dont nous n'avons
qu'indiqué l'existence et qu'il faut examiner plus en détail.
Par suite de l'affluence des filets intérieurs vers l'orifice, le
jet ou la veine fluide se rétrécit, après sa sortie, jusqu'à une
certaine distance, qui, pour les petits orifices circulaires, est
environ une fois le diamètre et une demi-fois pour les grands.
C'est en cet endroit, où le parallélisme des filets se rétablit
sensiblement, que nous avons supposé la section $ab$, qui se
trouve ainsi plus petite que l'orifice réel percé dans la paroi;
de plus la hauteur du niveau au-dessus de $ab$ est aussi un peu
plus grande que celle qui a lieu sur l'orifice.

Quelques auteurs ont cherché à déterminer directement le
rapport de la section contractée $ab$ de la veine à la section de
l'orifice, et ont obtenu ainsi le *coefficient de la contraction
effective*, c'est-à-dire le nombre par lequel il faut multiplier
la surface de l'orifice pour avoir celle de la section de plus
grande contraction: ils l'ont trouvé moyennement de 0,64
pour les orifices circulaires de 3 à 8 centimètres de diamètre.

Prenant ensuite pour vitesse celle $\sqrt{2gH}$ que la théorie indique, ils en déduisaient ce qu'on nomme la *dépense*, laquelle

aurait dû être précisément égale à celle que fournit l'expérience, si la vitesse dont il s'agit n'eût pas elle-même différé de la véritable ; mais ils ne tardèrent pas à se convaincre, et c'est Daniel Bernoulli qui, le premier, en fit la remarque, que les résultats ainsi obtenus étaient généralement un peu plus forts que ceux de l'expérience. Ils trouvèrent notamment que, pour les orifices ci-dessus mentionnés, l'aire par laquelle il conviendrait de multiplier $\sqrt{2gH}$, pour avoir la dépense, n'était pas 0,64 de celle de l'orifice, comme l'avaient donnée les mesures directes, mais bien 0,62 moyennement, ce qui suppose la vitesse réduite aux $\frac{0,62}{0,64} = 0,97$ de sa valeur, et ce qu'ils attribuèrent d'abord au frottement qu'éprouve le fluide de la part des parois de l'orifice.

On fut, en effet, d'autant plus fondé à admettre cette cause, qu'on voyait les orifices circulaires donner, à circonstances égales, de plus forts produits que les orifices carrés ou rectangulaires ; mais, comme cette réduction de la vitesse suppose la force vive ou la charge génératrice H réduite elle-même à $(0,97)^2$ ou 0,94 de sa valeur, ce que l'expérience des jets d'eau qui s'élèvent très-sensiblement à toute la hauteur de la chute ne confirme pas, on se trouve conduit à rejeter, en partie, l'altération prétendue de la vitesse sur les erreurs qui peuvent être commises dans la mesure, en elle-même fort délicate, de la section contractée de la veine, dont la véritable position n'est point d'ailleurs facile à découvrir, et principalement sur ce que les molécules fluides conservent encore, dans cette section, des vitesses inégales et divergentes ; car la conséquence nécessaire de cette inégalité des vitesses est de faire estimer la force vive, dans cette même section, au-dessous de sa véritable valeur. On prouve aisément, en effet (¹), que la somme des forces vives dues aux vitesses réelles et inégales surpasse nécessairement celle qui correspond à la vitesse ou

---

(¹) *Voir* le Mémoire de MM. Poncelet et Lesbros sur les expériences hydrauliques faites par eux, à Metz, dans les années 1827 et 1828, Mémoire qui s'imprime actuellement dans la Collection des *Mémoires des Savants étrangers* de l'Académie des Sciences.

à la charge génératrice moyenne, déduite de l'hypothèse du parallélisme des filets.

M. Bidone, savant géomètre italien, que nous aurons plusieurs fois l'occasion de citer, a prétendu établir, dans un Mémoire qu'il vient récemment de publier parmi ceux de l'Académie de Turin (1829), que l'aire de la section contractée était à l'aire de l'orifice dans un rapport invariable et égal à 0,67, ce qui, dans les cas les plus ordinaires, supposerait la vitesse du fluide, dans cette section, réduite aux $\dfrac{0,62}{0,67} = 0,925$ de celle, $\sqrt{2gH}$, que donne la théorie, et indiquerait que la force vive ou la hauteur génératrice serait elle-même réduite à $(0,925)^2 = 0,856$ de sa valeur, ce qui est d'autant moins admissible que les considérations théoriques de M. Bidone peuvent être en elles-mêmes contestées, et qu'elles ne sont appuyées que d'un seul fait d'expérience, rapporté dans le tome II de l'*Hydrodynamique* de Bossut, p. 13 et 14, n°s 322 et suivants, édition de 1771, fait qui est contredit par le résultat des mesures de veines relevées par Borda, Michelotti, Venturi, Eytelwein, M. Hachette et Bossut lui-même, lequel, pour un orifice carré de 35 millimètres de côté, n'a trouvé que le rapport 0,642 entre les aires de la section contractée et de l'orifice, valeur qui répond à fort peu près à la moyenne de celles qui ont été obtenues par les autres auteurs cités.

D'ailleurs, si ces résultats ont généralement donné, pour de petits orifices carrés et circulaires qui ont rarement excédé 5 centimètres de côté ou de diamètre, un coefficient de contraction effective assez approchant de 0,66, il en est d'autres, tels que ceux obtenus par Brunnaci, Poncelet et Lesbros, pour des orifices carrés et circulaires de $0^m,20$ environ de côté ou de diamètre, qui s'en écartent notablement, puisqu'ils ne s'élèvent qu'à 0,563 pour les premiers et tout au plus à 0,602 ou 0,608 pour les seconds.

**20.** *Formule pour mesurer la dépense de fluide.* — Quoi qu'il en soit de ces diverses réflexions, il n'en résulte pas moins que l'appréciation du produit des orifices par celle des dimensions de la veine contractée est un moyen fort imparfait, et qui peut conduire à des erreurs graves dans les cas où l'on opère sur de petits orifices, d'autant plus que le rapport de l'aire de la section contractée à celle de ces orifices et l'intervalle qui les sépare ne sont point invariables, et que même il n'y a pas toujours, à proprement parler et notamment pour les orifices rectangulaires, de section de plus forte contraction. En effet, dans ces orifices, le plus grand rétrécissement de la veine, dans le sens des longs côtés, n'est pas à la même distance que le plus grand rétrécissement dans le sens des petits : les filets y conservent toujours un mouvement inégal et divergent ou convergent, de sorte que l'hypothèse du parallélisme des tranches (3) n'est ici admissible que comme moyen d'approximation propre à faciliter l'application du principe des forces vives aux diverses questions sur le mouvement des fluides. C'est pourquoi on a été conduit à adopter un autre moyen plus simple et plus direct de déterminer les effets de la contraction sur la dépense des orifices, en recherchant pour chaque cas, d'après la méthode de Daniel Bernoulli, le rapport de la dépense effective à la dépense *théorique* ou *naturelle* censée représentée par la formule de Torricelli

$$A \sqrt{2gH},$$

dans laquelle A est l'aire de l'orifice véritable et H la charge du fluide au-dessus du centre de cet orifice, qui est ici censé fort petit par rapport à H. Nommant donc Q le volume de la dépense effective, $m$ son rapport à celui que donne le calcul de $A \sqrt{2gH}$, on pose

$$Q = m A \sqrt{2gH},$$

formule dans laquelle $m$ prend des valeurs variables, selon ce qui sera exposé plus loin, et qui affectent essentiellement l'aire A de l'orifice, mais qu'on peut aussi considérer comme servant en même temps à corriger la valeur de $\sqrt{2gH}$, qu'on substitue à la véritable vitesse moyenne relative à la section de plus forte contraction des veines, et qui ne peut être considérée comme lui étant sensiblement égale, que dans les seuls cas où rien ne gêne le mouvement du fluide, soit au dehors, soit au dedans du réservoir.

A ce sujet, on remarquera qu'afin d'éviter toute influence de la part des parois qui avoisinent l'orifice et de placer l'écoulement dans des circonstances identiques sous ce rapport, on a pratiqué, pour la plupart des expériences, ces orifices dans une plaque mince de métal, dont les bords étaient chanfreinés, de manière que la veine à sa sortie n'en touchât les côtés que par des arêtes; c'est ce que l'on a nommé l'*écoulement en mince paroi*. Au reste il arrive assez ordinairement dans la pratique que, bien que les parois aient une certaine épaisseur, la veine se détache encore, comme si l'écoulement avait lieu en mince paroi. C'est ce qui a lieu notamment toutes les fois que l'épaisseur de cette paroi n'excède pas la plus petite dimension de l'orifice, soit en hauteur, soit en largeur.

21. *Idée de l'influence de la forme des parois sur la contraction.* — Avant de rapporter les résultats des expériences, nous ferons sentir, par l'examen de quelques figures, l'influence de la forme des parois du vase sur la grandeur de la contraction, qui, d'après les observations de M. Hachette et d'autres physiciens, paraît dépendre fort peu de la forme même du contour ou périmètre, pourvu qu'il ne présente point d'angle rentrant.

Les *fig.* 5 et 6 donnent une idée de la manière dont les filets

convergent de toutes parts vers l'orifice, pour le cas où il est percé dans une paroi mince et plane et où il se trouve situé à une certaine distance des faces verticales ou du fond du réservoir. Ce cas est d'ailleurs celui qui se rapporte à la plupart des expériences sur la contraction des veines et pour lequel on a trouvé le rapport moyen 0,64, mentionné ci-dessus (19), entre les aires de la section contractée et de l'orifice.

La *fig.* 7 indique que, quand la paroi qui renferme l'orifice est concave à l'intérieur, le nombre des filets fluides qui peuvent converger est moindre que dans le cas d'une face plane, et que la contraction ne doit pas être aussi forte que dans les *fig.* 5 et 6 : c'est ce que l'expérience confirme. Dans le cas où

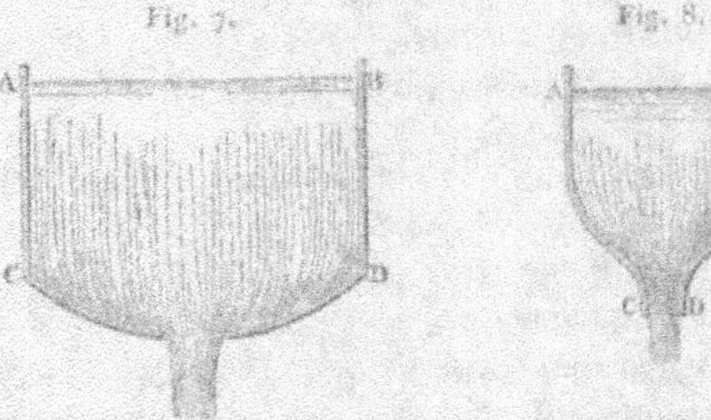


la paroi qui porte l'orifice aurait (*fig.* 8) exactement la forme que tend à prendre la veine fluide, c'est-à-dire serait terminée par un raccordement de cette forme, la contraction serait évidemment la plus petite possible ou nulle, de sorte que les filets sortiraient de l'orifice dans des directions très-sensiblement parallèles.

La *fig.* 9 montre, au contraire, que si la paroi est convexe

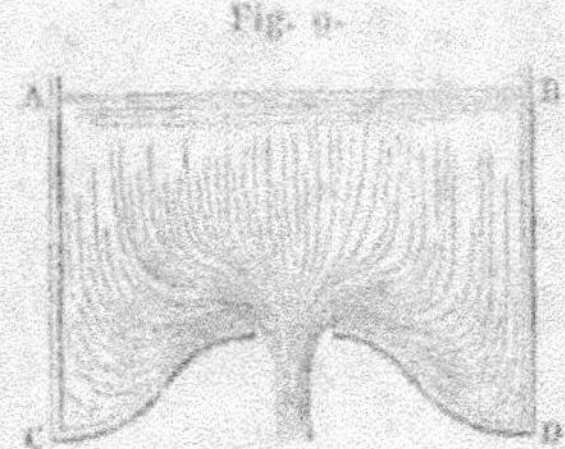


vers l'intérieur, un plus grand nombre de filets peuvent affluer vers l'orifice que dans les *fig.* 5 et 6, et que la contraction doit être ainsi supérieure à celle qui est dans le cas de la *fig.* 5.

Enfin la *fig.* 10 fait voir que la contraction doit être la plus grande possible, lorsque l'écoulement se fait par un bout de

tuyau qui pénètre dans l'intérieur du réservoir, et des parois duquel la veine tendrait à se détacher de toutes parts. Borda a trouvé, par des considérations théoriques, que l'aire de la section contractée devait alors se réduire à la moitié de celle de l'orifice. Ce résultat se trouve confirmé par les propres expériences de ce physicien et par celles de Venturi, de sorte qu'on peut admettre que le coefficient de la contraction effective se trouve compris, dans tous les cas possibles, entre les valeurs 1 et $\frac{1}{2}$ qui se rapportent respectivement aux *fig.* 8 et 10.

22. *Résultats d'expériences sur la dépense des petits orifices percés en mince paroi plane et isolés complétement des faces latérales du réservoir.* — Quant aux résultats des expériences relatives à la détermination du facteur $m$ (20), qu'on nomme quelquefois improprement *coefficient de la contraction*, et que nous désignerons simplement par l'expression de *coefficient de la dépense*, ils concernent principalement les orifices carrés ou circulaires au-dessous de $0^m,10$ de côté ou de diamètre sous des charges généralement très-fortes.

Parmi ces résultats on doit distinguer d'abord ceux qui ont été obtenus par Newton, Mariotte, Daniel Bernoulli et M. Hachette, pour des orifices très-petits ou d'un diamètre compris entre $0^m,001$ et $0^m,015$; ces résultats ont appris que, même sous les plus fortes charges, le coefficient $m$ demeure compris entre o$^m$,68 et o$^m$,74 ou o$^m$,78. Bossut, il est vrai, pour des orifices circulaires de o$^m$,013 environ de diamètre, sous des charges qui ont varié entre 96 et 280 fois ce diamètre, a trouvé le coefficient égal à o$^m$,622 environ ; mais on n'en doit pas moins admettre que, pour les très-petits orifices dont il s'agit, le coefficient a une valeur qui diffère généralement peu de o$^m$,70.

Viennent ensuite les résultats des expériences multipliées, faites par Bossut lui-même, Michelotti, Borda, Venturi, Eytelwein, MM. Hachette et Daubuisson, etc., sur les orifices circulaires de o$^m$,02 à o$^m$,16 de diamètre et les orifices carrés ou rectangulaires de o$^m$,02 à o$^m$,08 de côté, lesquels, sous les charges toutes très-fortes soumises à l'expérience, ont donné des valeurs du coefficient $m$ qui, quoique variables, sont demeurées comprises entre o,60 et o,63, et dont la moyenne générale peut être considérée comme différant très-peu de o,615, soit en plus, soit en moins, et sans qu'on puisse apercevoir une loi nécessaire dans ces variations.

Toutefois les auteurs s'accordent généralement à admettre que le coefficient décroît progressivement des plus faibles aux plus fortes charges comprises entre 10 fois et 200 ou 300 fois l'ouverture de l'orifice. Le fait qui le prouve est relatif à l'expérience du *pouce d'eau des fontainiers*, qui concerne le produit d'un orifice circulaire vertical en mince paroi, de 1 pouce ou o$^m$,027 de diamètre, avec une charge de 1 ligne ou o$^m$,00225 seulement sur le sommet. Pour cet orifice, Mariotte a trouvé $m = $ o,665, Bossut $m = $ o,650 et M. Hachette $m = $ o,690, ce qui ne laisse aucune incertitude sur l'augmentation du coefficient pour les très-petites charges ; mais, comme une seule expérience a été faite par Borda, sur la dépense du même orifice sur une charge égale à 10 fois seulement son diamètre, on ne peut rien prononcer de positif sur la loi que suit le décroissement en question pour les charges plus petites, loi qui paraît d'ailleurs très-compliquée, comme nous le verrons plus tard, lorsque nous rapporterons les résultats des expériences de MM. Poncelet et Lesbros, sur des orifices tels que ceux qu'on a à considérer dans la pratique des usines. Voici d'ailleurs à quoi conduit le rapprochement entre les résultats

des expériences de Borda, Bossut et Michelotti sur les orifices
de 1 pouce de diamètre :

| Charges en diamètres de l'orifice............. | $\frac{4}{3}$ | 10 | 48 | 81 | 108 | 141 |
|---|---|---|---|---|---|---|
| Valeurs correspondantes de $m$.............. | 0,65 | 0,623 | 0,619 | 0,618 | 0,617 | 0,616 |

On devra se rappeler, en appliquant ces résultats à la pratique, qu'ils ne conviennent qu'aux orifices percés dans une
paroi plane et mince d'un grand réservoir, et se trouvant totalement isolés des faces adjacentes, de sorte que la contraction puisse être considérée comme se faisant d'une manière
*complète*, ainsi qu'on le dit ordinairement dans la vue d'a-
bréger. Du reste cette paroi peut être horizontale, verticale
ou inclinée d'une manière quelconque à l'horizon ; elle peut
même avoir une certaine épaisseur, pourvu que, d'après ce
qui a déjà été observé précédemment (20), la veine s'en détache complétement à partir des bords intérieurs ou qui répondent au réservoir ; ce qui, je le répète, a lieu généralement toutes les fois que cette épaisseur n'excède pas 1 fois à
1 $\frac{1}{2}$ fois la distance des bords opposés et les plus rapprochés.

### Influence des ajutages.

23. *Écoulement par un tuyau additionnel ou à gueule-bée.*
— Dans le cas (*fig.* 11) où l'orifice se trouverait prolongé par

Fig. 11.

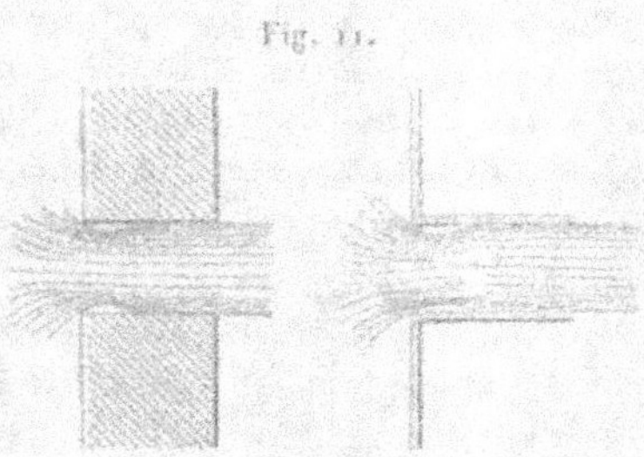

l'épaisseur des parois d'une quantité plus forte et telle que
l'eau, venant rejoindre ces parois au delà de l'orifice, les suive

exactement et remplisse en entier l'espèce de tuyau qu'elles forment, et qu'on nomme *ajutage* ou *tuyau additionnel*, l'expérience démontre que les circonstances de l'écoulement, qu'on dit alors se faire à *gueule-bée* ou à *plein tuyau*, se trouvent totalement changées, à tel point que, pour les tuyaux cylindriques d'un diamètre égal à celui de l'orifice et dont la longueur est comprise entre $1\frac{1}{2}$ et 3 fois ce diamètre, on trouve que, dans les mêmes cas pour lesquels l'orifice en mince paroi ne donnerait que le coefficient de dépense 0,61 environ, il devient 0,815 ou 0,820, quand l'écoulement se fait à gueule-bée. Ce résultat peut être considéré comme la valeur moyenne qui se déduit du petit nombre d'expériences entreprises à ce sujet, et qu'on doit à Bossut, Michelotti, Venturi, Poleni, MM. de Prony, Hachette et Eytelwein. Il est d'ailleurs susceptible de varier avec la forme de l'ajutage, et devient 0,96 environ pour ceux qui approchent le plus de la forme naturelle de la veine fluide (*fig.* 12), et 0,90 seulement

pour les ajutages pyramidaux ou coniques (*fig.* 13) dont le plus petit orifice serait à une distance de l'orifice intérieur au réservoir comprise entre 1 fois et $1\frac{1}{2}$ et 3 fois sa largeur, et dont le diamètre ou les côtés seraient respectivement les 0,80 des siens propres.

Au sujet de ces derniers ajutages, qu'on nomme ordinairement *buses* dans la pratique, il est à remarquer que les coefficients ci-dessus s'appliquent seulement à l'orifice extérieur ou au plus petit orifice, dont l'aire doit être prise pour la valeur de A dans la formule $Q = m\,\mathrm{A}\sqrt{2g\mathrm{H}}$.

On explique d'ailleurs l'augmentation de la dépense et du

coefficient dans ces divers cas, en observant que l'eau sort à
très-peu près de l'orifice extérieur en filets parallèles et n'é-
prouve ainsi qu'une contraction très-faible, qu'on doit même
considérer comme tout à fait nulle dans le cas des ajutages
cylindriques ; de sorte que, à le bien prendre, la dépense, dans
ce cas, devrait être précisément égale à celle que donne la
formule $A\sqrt{2gH}$, sans coefficient. La différence observée ne
peut évidemment tenir ici qu'à la résistance que les molécules
éprouvent à se mouvoir dans l'intérieur du tuyau, et principalement aux pertes de force vive produites par les tourbillonnements intérieurs qui résultent de la rencontre des
molécules avec les parois, après qu'elles ont traversé la section où elles se contractent en sortant de l'orifice intérieur.
L'expérience des jets d'eau avec ajutage prouve, en effet, que
c'est bien la vitesse ou la force vive qui est altérée ; car ces
jets ne remontent généralement qu'à une hauteur mesurée
par les $(0,82)^2 = 0,67$ environ de $H$, ce qui annonce une perte
de chute mesurée par le tiers de la charge génératrice ou du
travail de la pesanteur.

*Remarque générale.* — Tous ces résultats concernant les
ajutages de diverses espèces, aussi bien que ceux relatifs aux
orifices en mince paroi, sont d'ailleurs applicables aux liquides
proprement dits, tels que l'eau, ainsi qu'aux gaz de diverses
espèces : c'est du moins ce qu'on doit conclure du rapprochement des belles expériences dues à MM. Girard et d'Aubuisson, en France, avec celles qui ont été faites, avec beaucoup
de soin, par M. Lagerhjelm, en Suède.

24. *De l'influence des rétrécissements brusques ou des étranglements dans l'intérieur des vases ou conduites.* — Quelles
que soient, au surplus, les causes qui donnent lieu au phénomène de l'écoulement à gueule-bée, et pourvu qu'on
admette seulement le fait de sa formation dans certaines circonstances, on peut très-bien expliquer les résultats de l'expérience en ayant égard à la perte de force vive due à la rencontre du fluide avec les parois, et qui se produit toutes les
fois qu'il existe, dans l'intérieur des réservoirs ou des tuyaux
de conduite, des étranglements ou rétrécissements quel-

II.                                                              3

conques, qui obligent le fluide à s'y mouvoir avec une vitesse plus grande que celle qu'il possède un peu au delà de la section contractée relative à ces étranglements, c'est-à-dire dans les parties du réservoir où l'écoulement a repris sa permanence (2), son régime uniforme, et peut être censé se faire de nouveau par tranches parallèles.

Pour montrer comment on doit procéder, en général, pour tenir compte des pertes de force vive qui surviennent dans tous les cas pareils, pertes qui avaient été mal estimées d'abord par Bernoulli et Borda, et dont M. Navier a rectifié l'expression de la manière la plus heureuse, nous nommerons

$U'$ la vitesse moyenne du fluide à sa sortie de l'orifice rétréci ou dans la section contractée ;

$dM$ la masse d'une de ses tranches élémentaires ;

$u$ la vitesse de la masse fluide située en avant de cette tranche et qui est censée avoir repris un mouvement parallèle et uniforme ;

$M'$ la valeur totale de cette masse.

Les choses se passeront d'une manière tout à fait analogue à ce qui arrive (¹) dans le cas où un corps mou de masse $dM$ et animé de la vitesse $U'$ vient en rencontrer un semblable, de masse $M'$ et animé de la vitesse $u$ ; ces corps, après s'être comprimés réciproquement en changeant de forme d'une manière quelconque, s'unissent l'un à l'autre et finissent par marcher avec une vitesse commune, qui ici ne diffère pas de $u$, attendu que la masse $dM$, qui afflue de l'orifice dans chaque élément du temps, est infiniment petite par rapport à $M'$ ; donc aussi la perte de force vive résultant du changement de vitesse, et qui est principalement occasionnée ici par les tourbillonnements et les résistances intérieures du fluide, a pour mesure

$$dM(U'-u)^2,$$

valeur qui se rapporte d'ailleurs à chaque élément du temps, et qui deviendrait

$$M(U'-u)^2,$$

---

(¹) *Voir* les préliminaires de la IVe Section, Ire Partie, de ce Cours.

s'il s'agissait d'estimer la perte de force vive pendant l'unité de temps.

Si nous examinons maintenant ce qui se passe dans un réservoir (*fig.* 14) analogue à celui que nous avons considéré

Fig. 14.

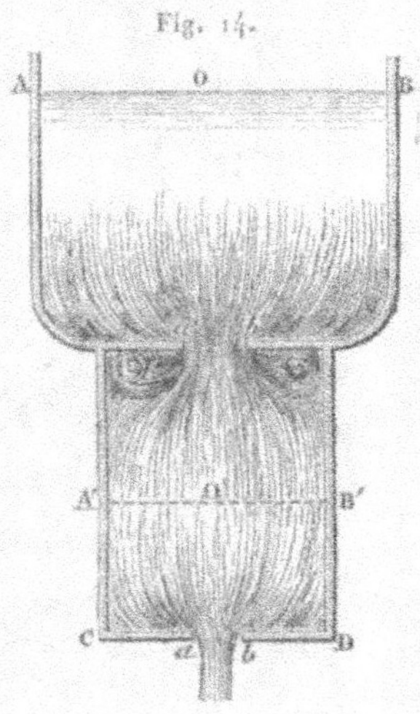

jusqu'ici, et où l'on peut admettre, pour certaines sections AB, A'B',..., l'hypothèse du parallélisme des tranches, mais qui offre, dans son intérieur, un rétrécissement subit $a'b'$, il nous sera facile de trouver l'expression de la perte de force vive qui résulte de cette disposition. Soient

$O$, $\Omega$ les surfaces des sections AB et A'B';
$\omega$, $\omega'$ les surfaces des orifices $ab$ et $a'b'$;
$V$ et $u$ les vitesses en AB et A'B';
$U$ et $U'$ les vitesses en $ab$ et $a'b'$;
$P$ et $p$ les pressions sur AB et $ab$;
$H$ la hauteur totale du niveau AB au-dessus du centre de l'orifice $ab$;
$m$ et $m'$ les coefficients de la dépense relatifs aux orifices $ab$ et $a'b'$ supposés connus;
$\Pi$ le poids de l'unité de volume du fluide;
$d\mathrm{M}$ la masse élémentaire écoulée pendant $dt$.

3.

On aura, en vertu de la continuité du fluide

$$V = \frac{m\omega U}{O}, \quad u = \frac{m\omega U}{\Omega}, \quad U' = \frac{m\omega U}{m'\omega'}.$$

En raisonnant ici comme on l'a fait précédemment, on trouvera que la quantité de travail élémentaire développée par la gravité sur la masse $dM$, écoulée dans $dt$, est

$$g\,dM.\Pi^{\text{kgm}};$$

que celle développée par les pressions $P$ et $p$ est

$$g\,dM\left(\frac{P-p}{\Pi}\right)^{\text{kgm}};$$

qu'enfin l'accroissement de la force vive de la masse $dM$, en passant de AB en $ab$, est

$$dM(U'^2 - V^2) = dM\,U'^2\left(1 - \frac{m^2\omega^2}{O^2}\right);$$

à quoi il faut évidemment ajouter la perte de force vive qui est occasionnée par l'étranglement $d'b'$, et qui, d'après ce qui précède, a pour valeur

$$dM(U' - u)^2 = dM.m^2\omega^2 U'^2\left(\frac{1}{m'\omega'} - \frac{1}{\Omega}\right)^2.$$

D'après cela, l'équation des forces vives donnera

$$dMU'^2\left(1 - \frac{m^2\omega^2}{O^2}\right) + dM\,m^2\omega^2 U'^2\left(\frac{1}{m'\omega'} - \frac{1}{\Omega}\right)^2$$
$$= 2g\,dM.\Pi + 2g\,dM\,\frac{(P-p)}{\Pi},$$

et, en divisant par $dM$,

$$U'^2\left[1 - \frac{m^2\omega^2}{O^2} + m^2\omega^2\left(\frac{1}{m'\omega'} - \frac{1}{\Omega}\right)^2\right] = 2g\Pi + 2g\frac{(P-p)}{\Pi};$$

d'où l'on déduira la vitesse moyenne d'écoulement U par $ab$, et ensuite la dépense de fluide

$$Q = m\omega U$$

pour l'unité de temps.

**25.** *Cas de l'écoulement à l'air libre et où l'orifice est très-petit par rapport aux sections du réservoir.* — S'il s'agit de l'écoulement de l'eau à l'air libre et que la surface O du réservoir soit très-grande par rapport à celle de l'orifice $\omega$ ou $ab$, l'équation se réduit à

$$U^2\left[1 + m^2\omega^2\left(\frac{1}{m'\omega'} - \frac{1}{\Omega}\right)^2\right] = 2gH,$$

d'où

$$U = \sqrt{\frac{2gH}{1 + m^2\omega^2\left(\frac{1}{m'\omega'} - \frac{1}{\Omega}\right)^2}}.$$

**26.** Dans le cas où $\omega' = \Omega$, ce qui arrive, par exemple, lorsqu'un tuyau (*fig.* 15) prismatique ou cylindrique $a'b'$CD éta-

Fig. 15.

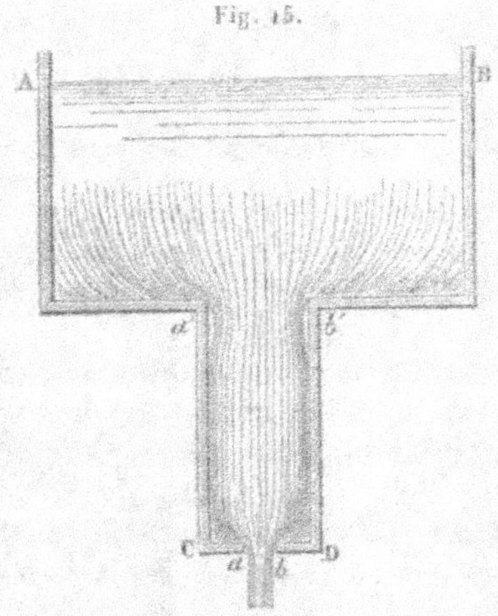

blit la communication du réservoir AB à l'orifice $ab$, l'expression de la vitesse devient, dans les hypothèses précédentes,

$$U = \sqrt{\frac{2gH}{1 + \dfrac{m^2\omega^2}{\Omega^2}\left(\dfrac{1}{m'} - 1\right)^2}}.$$

**27. *Écoulement à gueule-bée par un tuyau additionnel*. —** Enfin, si l'orifice *ab* est égal à la section du tuyau (*fig.* 16), si

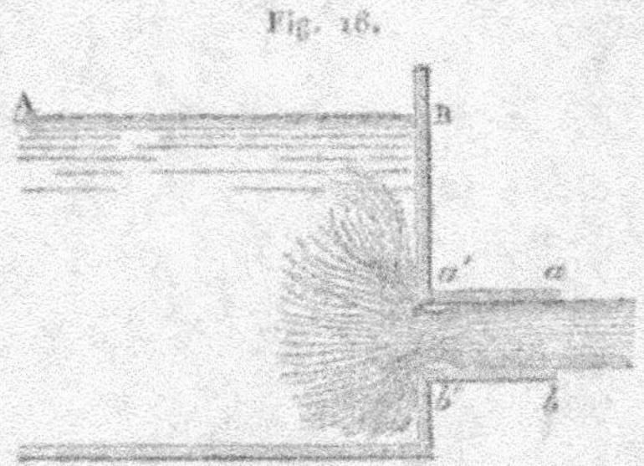

Fig. 16.

les filets suivent les parois et sortent parallèles, sans contraction apparente, c'est le cas des tuyaux additionnels dont il a été question (23), lorsque l'écoulement s'y fait à gueule-bée. Dans ces circonstances, on a

$$\omega = \Omega, \quad m = 1,$$

et la vitesse d'écoulement trouvée ci-dessus se réduit à

$$U = \sqrt{\dfrac{2gH}{1 + \left(\dfrac{1}{m'} - 1\right)^2}}.$$

Le cas actuel est un de ceux qui confirment le mieux la théorie basée sur l'hypothèse du parallélisme des tranches. En effet, le coefficient de la dépense est alors (23) égal à 0,82, dans des circonstances analogues à celles où il aurait été égal à 0,61 pour l'orifice percé en mince paroi. Or, en faisant dans la formule ci-dessus $m' = 0,61$, on trouve

$$\dfrac{1}{\sqrt{1 + \left(\dfrac{1}{m'} - 1\right)^2}} = 0,84$$

et, par suite,

$$U = 0,84 \sqrt{2gH}.$$

L'orifice d'écoulement étant ici égal à $\Omega$ ou à la section du tuyau, on voit que la vitesse moyenne d'écoulement est diminuée dans le rapport de $0,84$ à $1$; mais la dépense effective devenant

$$\omega U = 0,84 \, \omega \sqrt{2 g H},$$

il s'ensuit qu'elle est plus grande que celle qui aurait lieu par l'orifice $a'b'$, sans tuyau additionnel, puisque cette dernière serait donnée par la formule

$$0,61 \omega \sqrt{2 g H},$$

comme on l'a vu précédemment (20).

Ainsi, dans le cas d'un tuyau additionnel, l'expérience donne pour coefficient de la dépense $0,82$, et la théorie $0,84$. La faible différence qui existe entre ces nombres, ou l'excès de celui qui est fourni par la théorie sur l'autre, peut être attribuée, comme l'observe M. Navier (¹), à la résistance des parois, dont on a fait abstraction jusqu'ici.

**28.** *De l'influence d'un élargissement brusque du réservoir.* — Il se produit des effets analogues dans le mouvement d'un fluide qui passe brusquement d'une section d'un vase dans une autre beaucoup plus large; ce fluide, débouchant de la partie MN*mn* (*fig.* 17) dans la capacité PQP'Q', rencontre

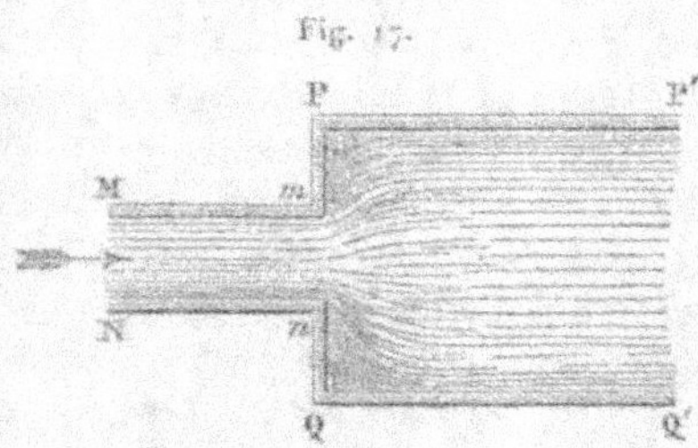

Fig. 17.

une masse fluide animée d'une vitesse moindre, s'y mêle et, après quelques tourbillonnements, marche avec elle d'un

---

(¹) *Architecture hydraulique de Bélidor*, nouvelle édition, t. I, p. 90, Note CK.

mouvement commun et uniforme. De là résulte, par conséquent, une perte de force vive facile à évaluer. Soient (*fig.* 17) $\Omega$ et $\Omega'$ les surfaces des sections MN et PQ, $u$ et $V'$ les vitesses respectives dans ces sections; les filets du fluide affluent marchant parallèlement entre eux et aux parois du tuyau MN, il n'y a pas de contraction en *mn*; et en appelant $dM$ la masse élémentaire écoulée dans l'élément du temps, la perte de force vive sera, d'après ce qu'on a vu (24),

$$dM(u - V')^2 = dM\,u^2\left(1 - \frac{\Omega}{\Omega'}\right)^2;$$

cette quantité devra, s'il y a lieu, être introduite dans l'équation des forces vives parmi ses analogues.

### Mouvement des fluides dans les tuyaux de conduite.

29. *Influence de la résistance des parois.* — Nous avons jusqu'ici fait abstraction d'une force retardatrice qui n'a, en effet, qu'une influence négligeable dans tous les cas où la vitesse du fluide est très-petite et ses sections très-grandes, mais dont il faut tenir compte lorsqu'il s'agit de tuyaux d'une grande longueur, par rapport à leur diamètre. Cette résistance est celle que les parois opposent au mouvement du fluide par suite de l'adhérence que contractent avec elles les molécules immédiatement en contact. On conçoit, en effet, facilement que, par suite de la viscosité plus ou moins grande du fluide, le retard éprouvé par ses molécules doit se transmettre de proche en proche à toute la masse, et finalement altérer le mouvement général. C'est ce que l'expérience vérifie pour les liquides comme pour les fluides élastiques.

Des observations faites par Coulomb ([1]), confirmées par les conséquences que M. de Prony en a déduites, montrent que, pour les liquides, cette résistance est proportionnelle à $\dfrac{\Pi}{g}$, $\Pi$ étant le poids de l'unité de volume du liquide au con-

---

([1]) *Mémoires de l'Institut,* III<sup>e</sup> vol. (Sciences physiques).

tour $\varpi$ du périmètre mouillé de la conduite, à la longueur L
de cette conduite, que nous supposerons sans coudes brusques
et d'une section constante ayant pour aire la quantité $\Omega$, et à
une fonction $\alpha u + \beta u'$ de la vitesse moyenne $u$ dans cette
même conduite; $\alpha$ et $\beta$ étant des coefficients constants dé-
pendants de la nature du fluide et indépendants de celle des
parois, du moins pour toutes celles qui sont ordinairement
en usage.

D'après cela, la résistance des parois sera représentée par

$$\frac{\Pi}{g}\,\varpi L\,(\alpha u + \beta u^2),$$

et le chemin parcouru par une tranche quelconque dans le
sens de cette résistance et pour l'élément du temps étant $u\,dt$,
la quantité élémentaire de travail qu'elle développe le sera
par

$$\frac{\Pi}{g}\,\varpi L\,(\alpha u + \beta u^2)\,u\,dt\,;$$

à cause de

$$dM = \frac{\Pi}{g}\,\Omega\,u\,dt,$$

l'expression de cette quantité de travail devient

$$dM\,\frac{\varpi L}{\Pi}\,(\alpha u + \beta u^2),$$

dont le double devra être retranché du second membre de
l'équation des forces vives, concernant les quantités de travail
des forces motrices.

30. *Application à l'écoulement par des conduites d'une
grande longueur.* — Appliquons ces considérations et les
précédentes à l'écoulement d'un fluide d'un grand réservoir ABCD (*fig.* 18) dans un autre A'B'C'D', à l'aide d'une
conduite à section constante $aba'b'$, supposée terminée, du
côté du réservoir inférieur, par un orifice plus petit que les
sections du tuyau. Conservons toutes les notations des nᵒˢ 24,
28 et 29, et appelons, en outre, $h$ la hauteur du niveau con-

stant du réservoir inférieur au-dessus du centre de l'orifice *ab*. Il est facile de voir, d'après ce qui a été exposé dans les nu-

Fig. 18.

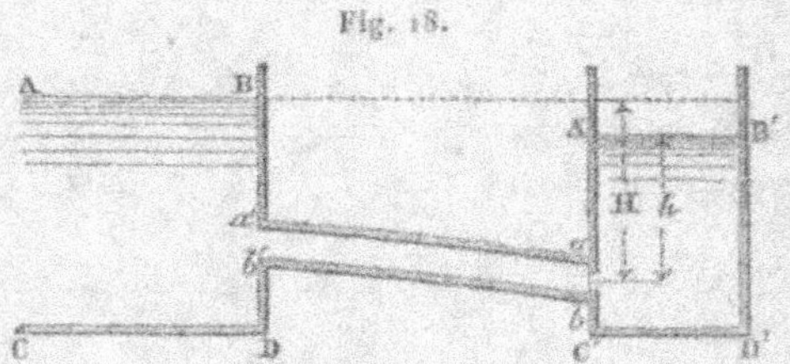

méros cités, que l'équation des forces vives relative au mouvement du fluide donnera, dans le cas actuel,

$$U^2\left[1 - \frac{m'^2\omega^2}{O^2} + m'^2\omega^2\left(\frac{1}{m'\omega'} - \frac{1}{\Omega}\right)^2 - \left(1 - \frac{m\omega}{O'}\right)^2\right]$$
$$= 2g(H - h) + \frac{2g(P - p)}{\Pi} - \frac{2\varpi L}{\Omega}(\alpha u + \beta u^2),$$

les vitesses U et *u* ayant entre elles la relation suivante :

$$m\omega U = \Omega u.$$

**31.** *Simplifications relatives aux conduites d'eau ordinaires.* — Dans la plupart des conduites d'eau ordinaires, cette relation se simplifie beaucoup, parce que les sections des deux réservoirs sont très-grandes par rapport aux orifices $\omega$ et $\omega'$, ce qui rend les fractions $\frac{\omega}{O}$ et $\frac{\omega}{O'}$ négligeables vis-à-vis de l'unité; de plus, la conduite a le même diamètre que l'orifice d'introduction $a'b'$, $\omega = \Omega$; les pressions extérieures sont égales entre elles et à celle de l'atmosphère; on a donc simplement

$$U^2\frac{m'^2\omega^2}{\Omega^2}\left(\frac{1}{m'} - 1\right)^2 = 2g(H - h) - \frac{2\varpi L}{\Omega}(\alpha u + \beta u^2)$$

et toujours

$$m\omega U = \Omega u.$$

Si de plus $\omega = \Omega$, la contraction est nulle à la sortie de la conduite, $m = 1$, $u = U$, et l'équation se réduit à

$$U^2 \left( \frac{1}{m'} - 1 \right)^2 = 2g(H - h) - \frac{2\varpi L}{\Omega} (\alpha U + \beta U^2),$$

qui donnera la vitesse U dans la conduite, quand on connaîtra la différence de niveau $H - h$.

**32.** *Cas où l'écoulement a lieu à l'air libre.* — Lorsque la conduite débouche à l'air libre par un orifice $\omega$ plus petit que la section $\Omega$ du tuyau, il n'y a plus lieu à considérer de réservoir inférieur, $h = 0$; le terme (30) $U^2 \left( 1 - \frac{m\omega}{\Omega'} \right)^2$, qui mesurait la perte de force vive éprouvée par le fluide en débouchant dans le réservoir, doit être supprimé, et l'équation devient alors, en supposant toujours $\omega' = \Omega$ et $\omega$ très-petit par rapport à O

$$U^2 \left[ 1 + \frac{m^2 \omega^2}{\Omega^2} \left( \frac{1}{m'} - 1 \right)^2 \right]$$
$$= 2gH + \frac{2g(P - p)}{\Pi} - \frac{2\varpi L}{\Omega} (\alpha u + \beta u^2).$$

Si de plus $P = p$ est égal à la pression atmosphérique, $\omega = \Omega$; on a $m = 1$, $u = U$, et l'équation se réduit à

$$U^2 \left[ 1 + \left( \frac{1}{m'} - 1 \right)^2 \right] = 2gH - \frac{2\varpi L}{\Omega} (\alpha U + \beta U^2).$$

**33.** *Détermination des coefficients $\alpha$ et $\beta$ pour les conduites d'eau ordinaires des fontaines, bassins, etc.* — Dans la plupart des conduites d'eau, L est égal à 100 fois au moins le diamètre du tuyau; le terme relatif à la résistance des parois devient très-grand alors, par rapport à $U^2 \left[ 1 + \left( \frac{1}{m'} - 1 \right)^2 \right]$; on peut donc négliger celui-ci, et, en représentant simplement $H - h$ par H; la dernière des équations du n° 32 se réduit à

$$gH = \frac{\varpi L}{\Omega} (\alpha U + \beta U^2).$$

C'est sous cette forme que M. de Prony l'a employée pour

déterminer, à l'aide du résultat des expériences de Dubuat, de Couplet et de Bossut, les valeurs de $\alpha$ et de $\beta$. Cet illustre ingénieur a trouvé, pour l'eau, les valeurs suivantes :

$$\alpha = 0,00017, \quad \beta = 0,003416.$$

En substituant ces nombres dans l'équation ci-dessus, on en tire, toutes réductions faites, avec une approximation suffisante pour la pratique,

$$U = -0^{m},025 + 53,58 \sqrt{\frac{\Omega H}{\varpi L}},$$

et, par suite, la dépense $Q = \Omega U$ sans coefficient de correction.

35. *Cas où la section du tuyau de conduite est circulaire.* — Lorsque la section du tuyau est circulaire, on a

$$\Omega = \frac{3,1416 D^{2}}{4}, \quad \varpi = 3,1416 D, \quad \frac{\varpi}{\Omega} = \frac{4}{D},$$

D désignant son diamètre, et la valeur de la vitesse devient

$$U = -0^{m},025 + 26,79 \sqrt{\frac{DH}{L}} \quad (^{1}).$$

Quant à la dépense ou au volume de fluide écoulé en une seconde, il est évidemment égal à

$$\Omega U = \frac{3,1416 D^{2}}{4} U.$$

M. Eytelwein a repris les calculs de M. de Prony, en tenant compte du terme $U^{2}\left[1 + \left(\frac{1}{m'} - 1\right)^{2}\right]$, dont l'influence est généralement peu sensible, et qu'il a représenté par $\frac{U^{2}}{\mu^{2}}$, en prenant $\mu = \frac{13}{16} = 0,8125$, ce qui ne convient qu'au cas où la

---

contraction à l'orifice intérieur, dont $m'$ est le coefficient, serait complète.

Cet ingénieur a trouvé, le mètre étant l'unité linéaire,

$$z = 0,0002193, \quad \beta = 0,0027496,$$

et par suite

$$U = \frac{-L + \sqrt{L^2 + (560776 L + 3861755 : D)\, DH}}{25,0754 L + 1726,82 D}.$$

Lorsque L est très-grand par rapport à D, 100 fois D par exemple, ce qui arrive le plus souvent, on peut négliger le terme en $D^2$ sous le radical, par rapport à $L^2$, et l'expression, en divisant haut et bas par 25,0754, revient à

$$U = \frac{-0,03988 + \sqrt{0,0015904 + 891,84 \dfrac{DH}{L}}}{1 + 68,865 \dfrac{D}{L}}.$$

Enfin on obtient une formule plus simple encore et suffisamment exacte pour la pratique ordinaire, en négligeant le terme $zU$ de la résistance des parois. Dans cette supposition, et en comparant les résultats de la formule avec ceux de l'expérience, M. Eytelwein a trouvé qu'il faut prendre

$$\beta = 0,00349987 \quad \text{ou environ} \quad \beta = 0,0035;$$

la valeur de la vitesse dans le tuyau de conduite devient ainsi, toutes réductions faites,

$$U = 26,44 \sqrt{\frac{DH}{L + 54 D}}.$$

### Écoulement des gaz.

33. *Dépense des conduites de gaz dans le cas où elles sont terminées par un orifice fixe ou ajutage quelconque* [1]. — Pour

---

[1] Nous reproduisons, à la fin de cette Section, une étude postérieure de Poncelet (1845), *Sur les expériences de M. Pecqueur, relatives à l'écoulement de l'air dans les tubes.* [K.]

les conduites de gaz, où la différence des pressions qui agissent à leurs extrémités est une fraction assez petite de la plus grande d'entre elles (17), les formules générales établies dans les n⁰ˢ 30, 31 et 32 demeurent applicables; mais il faut observer que, malgré la petitesse de cette différence, la charge génératrice $\dfrac{P - p}{\Pi}$ (12) est toujours très-grande vis-à-vis de celles H et $h$, qui répondent à la différence de niveau entre les sections extrêmes, de sorte qu'on peut faire abstraction des termes $gH$ et $gh$, qui entrent dans ces formules et se rapportent à l'action de la gravité. D'un autre côté, MM. Girard et d'Aubuisson ont été conduits, par les résultats de leurs belles expériences sur l'écoulement des fluides élastiques dans les tuyaux de conduite (¹), à regarder la résistance, dans ces tuyaux, comme simplement proportionnelle au carré de la vitesse, ce qui suppose nul le terme en $\alpha$ de cette résistance et simplifie beaucoup les formules relatives à la détermination de la vitesse et de la dépense.

Considérant, comme au n° 30, un tuyau de conduite à section uniforme, servant à établir la communication entre deux réservoirs ou gazomètres à pressions constantes P et $p$; supposant d'ailleurs cette conduite terminée par un orifice plus petit que sa section uniforme; nommant toujours

L la longueur développée de la conduite;
$\Omega$ et $\omega$ les aires de cette section et de ces orifices, supposés circulaires;
U la vitesse du fluide à sa sortie de l'orifice $\omega$ sous la pression $p$;
$u$ sa vitesse constante dans la conduite;
$m'$ le coefficient de contraction à l'origine de cette conduite;
$\Pi$ la densité du fluide dans le réservoir d'alimentation;
$m$ le coefficient de la dépense qui se rapporte à l'orifice de sortie $\omega$;

on aura, d'après le n° 32 et en négligeant le terme $2g(H - h)$

---

(¹) *Mémoires de l'Académie des Sciences de Paris*, t. V, 1811; *Annales des Mines*, t. III, année 1828.

relatif à la pesanteur,

$$U^2\left[1+\frac{m^2\omega^2}{\Omega^2}\left(\frac{1}{m'}-1\right)^2\right]=2g\frac{(P-p)}{\Pi}-\frac{8\beta L}{D}u^2,$$

ou

$$U^2\left[1+\frac{m^2 d^4}{D^4}\left(\frac{1}{m'}-1\right)^2\right]+\frac{8\beta L\,m^2 d^4}{D^5}=\frac{2g(P-p)}{\Pi},$$

à cause de

$$u=\frac{m\omega U}{\Omega}=\frac{m\,d^2}{D^2}U,$$

équation qui donne immédiatement la vitesse U à l'orifice de sortie, et, par suite, le volume

$$Q=m\omega U$$

de la dépense sous la densité $\Pi$ dans le réservoir, quand on y met, pour $\beta$, sa valeur moyenne

$$\beta=0,00315,$$

déduite des données d'expériences qui seront mentionnées plus loin.

Dans cette équation, on prendra d'ailleurs $p$ égal à la pression barométrique extérieure, si l'écoulement se fait à l'air libre, $m'=0,61$ ou $0,62$, si la contraction est complète pour l'orifice d'entrée du tuyau, ce qui est le cas ordinaire; $m=0,61$ ou $0,62$ si la même chose a lieu pour l'orifice de sortie $\omega$, $m=0,84$ environ s'il est terminé par un ajutage cylindrique, dont la longueur égalerait 2 à 4 fois son diamètre supposé très-petit par rapport à la section de la conduite. Enfin, si, comme il arrive presque toujours pour les conduites d'air qui alimentent les hauts-fourneaux et les feux d'affinerie, l'orifice $\omega$ est situé à l'extrémité d'une buse raccordée avec ces conduites, on pourra prendre, d'après les expériences de M. d'Aubuisson relatives à ce cas, $m=0,96$.

36. *Cas où la conduite est entièrement ouverte à son extrémité opposée au réservoir.* — Dans le cas particulier où la conduite est entièrement ouverte à son extrémité, de sorte

que $\Omega = \omega$, $D = d$, $u = U$, $m = 1$, l'équation ci-dessus devient simplement

$$U^2\left[1+\left(\frac{1}{m'}-1\right)^2+\frac{8\beta L}{D}\right]=\frac{2g(P-p)}{H};$$

et, si L est tellement grand par rapport à D que la quantité $1+\left(\frac{1}{m'}-1\right)^2$ puisse être négligée vis-à-vis de $\frac{8\beta L}{D}$, ce qui arrive toujours quand L surpasse 1000 fois D, la formule qui donne la vitesse de sortie se réduit à la suivante :

$$U=\sqrt{\frac{2g(P-p)D}{8\beta LH}}, \quad \text{d'où} \quad Q=\Omega U=\Omega\sqrt{\frac{2g(P-p)D}{8\beta LH}}.$$

Le cas dont il s'agit se rapportant précisément à celui des expériences faites par M. Girard, sur une conduite en fer de $0^{m}$,0158 de diamètre, adaptée au gazomètre de l'hôpital Saint-Louis, à Paris (*voir* le Mémoire déjà cité de cet auteur); on en conclut, pour $\beta$, la valeur moyenne $\beta = 0,0032$, qui surpasse un peu celle qui lui a été attribuée ci-dessus, et paraît d'ailleurs pouvoir être appliquée indistinctement à l'hydrogène carboné ou gaz oléfiant et à l'air atmosphérique, dont les densités sont entre elles à peu près dans le rapport de 0,555 à l'unité, celle de l'air étant toujours donnée par la formule (12),

$$H=\frac{H_0 P}{p_0(1+0,004n)}=\frac{1,2572 P}{1+0,004n},$$

pour la température centigrade $n$ et la pression P kilogrammètres sur un centimètre carré.

37. *Relation entre la vitesse et la pression en un point quelconque de la conduite dans le cas général.* — Revenant à nos premières hypothèses sur les tuyaux de conduite terminés par une buse ou un orifice quelconque plus petit que les sections de ce tuyau, et nommant P' la pression en un point situé aux distances $l$ et $l'$ des orifices d'entrée et de sortie de la conduite, mesurées suivant le développement de celle-ci, de sorte que $l+l'=L$, l'équation des forces vives (35) donnera, en

considérant ce qui se passe depuis le réservoir jusqu'au point dont il s'agit,

$$u^2 + \left(\frac{1}{m'} - 1\right)^2 u^2 + \frac{8\beta l u^2}{D}$$

$$= U^2\left[\frac{m^2 d^4}{D^4} + \frac{m^2 d^4}{D^4}\left(\frac{1}{m'} - 1\right)^2 + 8\beta L\,\frac{m^2 d^4}{D^5}\right] = \frac{2g(P - P')}{\Pi};$$

puis, en considérant ce qui a lieu depuis le même point jusqu'à l'extrémité de la conduite près de l'orifice de sortie,

$$U^2 - u^2 + \frac{8\beta l' u^2}{D} = U^2\left(1 - \frac{m^2 d^4}{D^4} + 8\beta l'\,\frac{m^2 d^4}{D^5}\right) = \frac{2g(P' - p)}{\Pi},$$

équations qui, ajoutées entre elles, redonnent celle du n° 35, et serviront toutes deux à calculer, soit la dépense de fluide

$$Q = \Omega u = m\omega U,$$

quand on connaîtra la pression P', soit les différences de pression P — P', P' — p et par suite P', quand on aura déterminé cette dépense ou la vitesse U par la relation du n° 35.

38. *Cas particulier où la pression est mesurée près de l'orifice de sortie.* — Supposant, en particulier, qu'on ait observé directement la pression P' en un point de la conduite situé très-près de l'orifice ou de la buse de sortie, de sorte que $l'$ soit très-petit et $l$ sensiblement égal à L, on pourra négliger le terme en $\beta l'$ dans la seconde des équations ci-dessus, qui deviendront ainsi respectivement

$$\frac{m^2 d^4}{D^4}\,U^2\left[1 + \left(\frac{1}{m'} - 1\right)^2 + \frac{8\beta L}{D}\right] = \frac{2g(P - P')}{\Pi}$$

et

$$U^2\left(1 - \frac{m^2 d^4}{D^4}\right) = \frac{2g(P' - p)}{\Pi},$$

auxquelles on peut ajouter cette autre, d'après l'observation ci-dessus,

$$U^2\left[1 + \frac{m^2 d^4}{D^4}\left(\frac{1}{m'} - 1\right)^2 + 8\beta L\,\frac{m^2 d^4}{D^5}\right] = \frac{2g(P - p)}{\Pi},$$

qui se rapporte au réservoir et à l'orifice de sortie.

II.

**39.** *Substitution des hauteurs manométriques aux pressions dans les formules.* — Si d'ailleurs ce dernier orifice débouche à l'air libre, $p$ sera égal à la pression barométrique extérieure à l'instant de l'expérience, et, si l'on nomme H et H' les hauteurs du manomètre qui mesurent l'excès des pressions P et P' au même instant sur $p$, on aura, pour le manomètre à mercure,

$$\mathrm{P} - p = 1^{kg},3598\,\mathrm{H}, \quad \mathrm{P}' - p = 1^{kg},359\,\mathrm{H}',$$

d'où

$$\mathrm{P} - p' = 1^{kg},3598(\mathrm{H} - \mathrm{H}');$$

et, pour le manomètre à eau,

$$\mathrm{P} - p = 0^{kg},1\,\mathrm{H}, \quad \mathrm{P}' - p = 0^{kg},1\,\mathrm{H}',$$

d'où

$$\mathrm{P} - \mathrm{P}' = 0^{kg},1(\mathrm{H} - \mathrm{H}'),$$

les pressions $p$, P et P' se rapportant au centimètre carré pris pour unité de surface et les hauteurs H, H' étant mesurées en mètres et fractions de mètre. Substituant donc ces valeurs de $\mathrm{P} - p$, $\mathrm{P}' - p$ et $\mathrm{P} - \mathrm{P}'$ dans les équations et formules trouvées ci-dessus, ainsi que celle de la densité $\delta$ (35) qui se rapporte au réservoir, elles se convertiront en d'autres relatives aux hauteurs manométriques H et H'.

**40.** *Loi entre les hauteurs manométriques aux différents points des conduites.* — L'un des résultats les plus remarquables que M. d'Aubuisson ait déduit de ses nombreuses expériences sur l'écoulement de l'air, dans les tuyaux de conduite d'une grande longueur (*voir* le n° 43 de son Mémoire déjà cité), consiste en ce que, si l'on nomme

H et $h$ les hauteurs manométriques à mercure dans le réservoir de pression et près de la buse ou de l'orifice de sortie ;
L la longueur développée de la conduite entre ces deux endroits, en supposant qu'il n'existe pas de coude sensible ;
D et $d$ les diamètres de cette conduite et de l'orifice de sortie,

on a approximativement, entre ces quantités, la relation

$$h = \frac{\mathrm{H}}{1 + 0{,}0238\,\mathrm{L}\,\frac{d^4}{\mathrm{D}^2}} \qquad \text{ou} \qquad \frac{\mathrm{H} - h}{h} = 0{,}0238\,\mathrm{L}\,\frac{d^4}{\mathrm{D}^2}.$$

Pour comparer ce résultat de l'expérience avec celui qu'on déduirait de la théorie précédente, il suffit d'observer que les équations du n° 37, qui nous ont occupé en dernier lieu, conviennent aux hypothèses dans lesquelles M. d'Aubuisson a opéré, en y supposant que la pression $\mathrm{P}'$, près de l'orifice de sortie, réponde à la hauteur manométrique $h$ que nous avions représentée par $\mathrm{H}'$. Or on déduit immédiatement de la première et de la seconde d'entre elles

$$\mathrm{P} - \mathrm{P}' = \frac{\mathrm{H}}{2g}\, m^2\, \frac{d^4}{\mathrm{D}^4}\, \mathrm{U}^2 \left[ 1 + \left( \frac{1}{m'} - 1 \right)^2 + \frac{8\beta\mathrm{L}}{\mathrm{D}} \right],$$

$$\mathrm{P}' - p = \frac{\mathrm{H}}{2g}\, \mathrm{U}^2 \left[ 1 - \frac{m^2 d^4}{\mathrm{D}^4} \right],$$

et par suite

$$\frac{\mathrm{P} - \mathrm{P}'}{\mathrm{P}' - p} = \frac{\mathrm{H} - h}{h} = m^2\, \frac{d^4}{\mathrm{D}^4}\, \frac{1 + \left( \dfrac{1}{m'} - 1 \right)^2 + \dfrac{8\beta\mathrm{L}}{\mathrm{D}}}{1 - m^2 \dfrac{d^4}{\mathrm{D}^4}};$$

d'où l'on tire

$$h = \frac{\left( 1 - m^2 \dfrac{d^4}{\mathrm{D}^4} \right) \mathrm{H}}{1 + m^2 \dfrac{d^4}{\mathrm{D}^4} \left[ \left( \dfrac{1}{m'} - 1 \right)^2 + \dfrac{8\beta\mathrm{L}}{\mathrm{D}} \right]},$$

formule qui s'accorde avec celle de M. d'Aubuisson, quand on on y néglige $\left( \dfrac{1}{m'} - 1 \right)^2$ vis-à-vis de $\dfrac{8\beta\mathrm{L}}{\mathrm{D}}$ au dénominateur et $m^2 \dfrac{d^4}{\mathrm{D}^4}$ vis-à-vis de l'unité au numérateur, ce qui est permis pour toutes les expériences en grand nombre de ce savant ingénieur, où L a surpassé mille fois D et D deux fois au moins $d$.

**41.** *Valeur moyenne du coefficient $\beta$ de la résistance, déduite du résultat des expériences de M. d'Aubuisson.* — En comparant, dans la rédaction des Leçons de l'hiver de 1828, les résultats obtenus par M. d'Aubuisson dans le n° 39 de son Mémoire, avec ceux qui se concluent de la formule ci-dessus, dans laquelle on avait supposé $m = 0,93$ ou $m^2 = 0,865$, on en avait déduit pour $\beta$ la valeur $\beta = 0,00308$, qui est un peu faible par rapport à celle que donnent (35) les expériences de M. Girard et qui résulte du coefficient $0,0238$ de $\frac{d^4}{D^4}$ de L auquel s'est arrêté M. d'Aubuisson à l'endroit déjà cité.

Dans son Mémoire *Sur l'écoulement des fluides élastiques*, lu le 1ᵉʳ juin 1829 à l'Académie des Sciences (*voir* le n° 26 de ce Mémoire), M. Navier est arrivé à la valeur $\beta = 0,00324$, en admettant également le coefficient $0,0238$ dont il s'agit et supposant $m = 0,94$; mais cette valeur paraît à son tour un peu trop forte.

En effet on tire de l'équation générale posée ci-dessus

$$8\beta = \frac{H-h}{h}\frac{D^2 D}{d^4 L}\left(\frac{1}{m^2}-\frac{d^4}{D^4}\right)-\frac{D}{L}\left[1+\left(\frac{1}{m}-1\right)^2\right],$$

expression dans laquelle ce dernier géomètre néglige complétement le terme négatif du second membre; ce qui conduit à attribuer à $\beta$ des valeurs d'autant plus fortes que le rapport de L à D est moindre et dont l'excès sur la véritable n'est pas toujours très-petit.

La formule trouvée par M. d'Aubuisson donnant moyennement

$$\frac{H-h}{h}\frac{D^2}{d^4}\frac{D}{L}\left(\frac{1}{m^2}-\frac{d^4}{D^4}\right)=0,0238\left(\frac{1}{m^2}-\frac{d^4}{D^4}\right),$$

on aura, pour déterminer $\beta$ dans la formule générale,

$$8\beta=0,0238\left(\frac{1}{m^2}-\frac{d^4}{D^4}\right)-\frac{D}{L}\left[1+\left(\frac{1}{m}-1\right)^2\right].$$

Supposant $m^2 = 0,61$, D égal à $0,001$L seulement et adoptant avec M. Navier, pour la valeur moyenne de $0,0238\left(\frac{1}{m^2}-\frac{d^4}{D^4}\right)$, le chiffre $0,02594$, auquel il est arrivé par le rapprochement de divers résultats d'expériences de M. d'Aubuisson, on trouve

$$8\beta = 0,02594 - 0,00141 = 0,02453, \quad \text{d'où} \quad \beta = 0,00307,$$

au lieu de la valeur $\beta = 0,00324$ adoptée en dernier lieu par M. Navier.

Les expériences directes de M. Girard, sur la dépense des longs tuyaux de conduite (36), donnent pour $\beta$ la valeur $\beta = 0,0032$; on voit qu'on ne risquera pas de se tromper de quantités appréciables en prenant pour moyenne générale

$$\beta = 0,00315,$$

comme cela a été proposé au n° 35 ci-dessus.

42. *Observation relative à la variation de densité et de pression dans les tuyaux de conduite.* — Lorsque, dans la vue d'obtenir la vitesse et la dépense avec un plus grand degré de rigueur, on remplacera, suivant ce qui a été prescrit au n° 16, le facteur $P - P'$ ou $P - p$ de l'équation des forces vives (n° 34 et suivants) par $\log \dfrac{P}{P'}$ ou $\log \dfrac{P}{p}$, il faudra aussi avoir égard à la variation de densité et de pression du gaz aux différents points de la conduite, dans le calcul des quantités de travail détruites par la résistance des parois du tuyau ; cela est surtout indispensable quand il s'agit de rechercher la loi des pressions aux différents points de ce tuyau ; mais, comme la solution de cette question conduit à des développements analytiques d'une application difficile à la pratique, où la variation de densité du fluide est toujours en elle-même très-faible (17), nous renverrons pour ces développements aux numéros compris de 20 à 25 du beau Mémoire de M. Navier *Sur l'écoulement des fluides élastiques,* déjà souvent cité.

## II. — DES PERTUIS, COURSIERS ET CANAUX D'USINES.

### Des pertuis des usines et des écluses.

43. *Différences principales entre les pertuis des écluses et les petits orifices considérés jusqu'ici.* — Il existe dans les

usines et les écluses, pour l'aménagement, la conduite et la distribution des eaux, un grand nombre de dispositions qui diffèrent notablement de celles que nous avons jusqu'ici examinées et dans lesquelles il importe de savoir apprécier la vitesse d'écoulement et les quantités de fluide dépensées. Les circonstances du mouvement s'éloignent alors davantage des hypothèses sur lesquelles est fondée la théorie précédente ; cependant, en en comparant les résultats avec ceux de l'expérience, on peut encore parvenir à des règles assez exactes pour les besoins ordinaires de la pratique. Nous allons examiner successivement les différentes dispositions le plus en usage, et indiquer les moyens de calcul à employer dans chaque cas.

Les pertuis des écluses et usines sont généralement verticaux, pratiqués dans des parois plus ou moins épaisses, limités vers la partie supérieure par une *vanne mince* mobile et accompagnés, du côté d'amont ou du réservoir, de radiers horizontaux, de bajoyers ou de murs en ailes verticaux, plus ou moins rapprochés, plus ou moins inclinés par rapport à l'axe de l'orifice d'écoulement ; de cette manière le pertuis se trouve précédé d'un canal d'arrivée, d'une étendue souvent fort petite, qui y amène l'eau par *filets horizontaux* en la recevant d'un grand réservoir d'alimentation. Cette circonstance, jointe à ce que la hauteur de l'orifice est très-comparable à la charge sur son centre, rend, au point de vue théorique, beaucoup moins exacte la supposition d'après laquelle on prend pour vitesse *moyenne d'écoulement* du liquide celle qui répond à cette charge, ainsi que l'hypothèse du parallélisme des tranches ou de l'égalité et du parallélisme des vitesses dans tous les points de l'orifice.

44. *Formule pour calculer la dépense des orifices qui ne sont pas très-petits par rapport à la charge du liquide.* — Pour procéder d'une manière plus rigoureuse, les géomètres ont limité la supposition des vitesses égales aux filets fluides qui se trouvent à une même hauteur au-dessous du niveau, et, partageant l'orifice rectangulaire en tranches horizontales infiniment minces, ils ont calculé la dépense qui se fait par cha-

cune de ces tranches, et par suite la dépense totale, en tenant compte de la variation de la charge.

Soient, en effet, $l$ la largeur constante de l'orifice, $h$ la charge sur une tranche élémentaire dont l'épaisseur sera $dh$; la dépense de fluide par cette tranche sera, d'après les considérations et hypothèses des n<sup>os</sup> 20 et précédents,

$$l\,dh\,\sqrt{2gh}\,;$$

et, pour avoir la dépense par l'orifice entier, il faudra intégrer cette expression depuis la charge $h$ sur le sommet de l'orifice jusqu'à la charge H sur sa base, ce qui donne

$$Q = l \int_{h}^{H} dh\,\sqrt{2\,gh}$$

$$= \frac{2}{3}\,l\,\sqrt{2g}\left(H^{\frac{3}{2}} - h^{\frac{3}{2}}\right) = \frac{2}{3}\,l\left(H\sqrt{2gH} - h\sqrt{2gh}\right).$$

45. *Comparaison de cette formule avec celle du n° 20, relative aux petits orifices.* — La formule que nous avons exposée (20), pour les petits orifices, revient, d'après les notations actuelles, à

$$Q = l(H - h)\sqrt{2g\,\frac{H + h}{2}}\,;$$

pour la comparer à celle que nous venons de trouver, M. de Prony ([1]) a fait voir qu'elle n'en différait que par un coefficient variable, qui s'éloigne généralement fort peu de l'unité, et dont il a donné la Table toute calculée dans l'Ouvrage cité; mais, dans la réalité, les résultats des expériences sur l'écoulement sont représentés avec autant de continuité et de régularité par la plus simple de ces deux formules; les coefficients de correction à employer ne sont pas plus constants pour l'une que pour l'autre, et, sauf le cas d'une charge extrêmement petite sur le sommet des orifices, ils ne diffèrent presque point entre eux, ainsi qu'on pourra le voir au tableau du n° 48 ci-après.

Nous bornant donc à la formule la plus facile à calculer, ap-

---

[1] Mémoire *Sur le jaugeage des eaux courantes.*

pelant $m$ le coefficient de correction de la dépense qu'elle
fournit, dans le cas où la contraction est complète (21 et 22),
nous déterminerons la dépense effective par la relation

$$Q = ml(\mathrm{H} - h)\sqrt{2g\,\frac{\mathrm{H}+h}{2}}.$$

46. *Résultats des expériences sur la dépense des orifices à
contraction complète.* — Jusqu'à ces derniers temps, les expériences sur les effets de la contraction complète dans les orifices carrés et rectangulaires en mince paroi étaient en petit
nombre et se bornaient à celles de Bossut et de Michelotti,
que nous avons déjà citées (22), sur des orifices de 0$^m$,01 à 0$^m$,08
de largeur ou de côté, avec de très-fortes charges ; les valeurs
qu'elles ont données, pour le coefficient de la dépense, ne diffèrent pas sensiblement de celles qui ont été fournies par les
orifices circulaires considérés dans des circonstances analogues (22), et paraissent, en général, dépendre fort peu du
rapport des dimensions de l'orifice. Dans des expériences récentes sur un orifice rectangulaire de 0$^m$,009 de hauteur, et
dont la largeur horizontale a varié de 0$^m$,018 à 0$^m$,144, sous des
charges comprises entre 24 et 40 fois sa hauteur (*Mémoires de
l'Académie de Turin*, p. 92 et suivantes, 1823), M. Bidone a
trouvé, pour le coefficient de la dépense, des valeurs sensiblement constantes, et qui sont demeurées comprises entre 0$^m$,620
et 0$^m$,625 ; mais M. d'Aubuisson, dans des expériences plus récentes encore (*Annales de Chimie et de Physique*, t. XLIV,
année 1830, p. 225) sur un orifice vertical de 0$^m$,02 à 0$^m$,06,
est arrivé à une conséquence différente, et qui lui fait admettre
que, pour les orifices rectangulaires allongés, le coefficient est
en général plus fort que pour les orifices circulaires et carrés,
de sorte que, étant 0$^m$,65 environ pour l'orifice carré de 0$^m$,01
de côté, sous les charges ci-dessus, il devient 0$^m$,70, moyennement, pour un orifice de 0$^m$,30 de base, avec même charge
et même ouverture, et 0$^m$,71 à 0$^m$,72 quand la base est réduite
à 0$^m$,10.

La contradiction apparente entre ces résultats ne peut évidemment tenir qu'à une différence dans le dispositif des
appareils, et notamment à ce que, pour les derniers, la lar-

geur horizontale des orifices aurait été fort comparable à celle du réservoir, ce qui tend évidemment à diminuer la contraction et à augmenter la dépense (21). La même cause explique aussi pourquoi les orifices accolés soumis à l'expérience par M. d'Aubuisson ont donné des produits plus grands que les orifices simples de même largeur, contrairement aux résultats d'autres expériences en grand dont il sera fait mention plus loin.

47. *Expériences de MM. Poncelet et Lesbros.* — Depuis l'année 1827, MM. Poncelet et Lesbros ont entrepris, sur une échelle bien plus vaste qu'on ne l'avait fait jusqu'à eux, de nouvelles expériences (¹), qui se rapprochent beaucoup plus des circonstances de la pratique. Les soins les plus minutieux et les moyens d'observation les plus exacts, ainsi que de nombreuses vérifications, ont été employés pour donner aux résultats toute la certitude possible. Ces recherches sont loin d'être terminées, mais déjà d'utiles résultats ont été consignés dans un Mémoire lu le 16 novembre 1829 à l'Académie des Sciences de l'Institut, et qui s'imprime, en ce moment, sous les yeux de M. Lesbros, dans le Recueil des *Savants étrangers* de cette illustre Société. Ils sont relatifs à des orifices verticaux rectangulaires, en parois minces, de $0^m,20$ de base, débouchant à l'air libre avec contraction complète, et dont la hauteur ou l'ouverture a varié depuis $0^m,01$ jusqu'à $0^m,20$, sous des charges d'eau comprises entre les plus faibles et celles de $1^m,70$ sur le côté supérieur, charge passé laquelle le coefficient de la dépense ne paraît plus éprouver de variations sensibles.

48. Nous nous bornerons à rapporter ici le tableau de ces résultats, étendus par interpolation jusqu'aux charges de 3 mètres, et qui donne les coefficients de correction de la dépense pour l'une et l'autre des formules ci-dessus.

---

(¹) Ces expériences ont été continuées, dans les années 1828, 1829, 1831 et 1834, par M. Lesbros. *Voir le Rapport sur un Mémoire de M. le colonel du génie Lesbros, intitulé :* « *Expériences hydrauliques relatives aux lois de l'écoulement des eaux* », fait à l'Académie des Sciences par Poncelet dans la séance du 25 novembre 1850. (K.)

Tables des coefficients des formules de la dépense des orifices rectangulaires verticaux en mince paroi, avec contraction complète et versant librement dans l'air.

TABLE I. — *Les charges étant mesurées en un point du réservoir où le liquide soit parfaitement stagnant.*

| CHARGES sur le sommet des orifices. | Coefficients de la formule $Q = l\,(H - h)\sqrt{2g\dfrac{H+h}{2}}$ pour des hauteurs d'orifices de | | | | | |
|---|---|---|---|---|---|---|
| | 0m,20. | 0m,10. | 0m,05. | 0m,03. | 0m,02. | 0m,01. |
| m | | | | | | |
| 0,002 | » | » | » | » | » | » |
| 0,005 | » | » | » | » | » | 0,705 |
| 0,010 | » | » | 0,607 | 0,630 | 0,660 | 0,701 |
| 0,015 | » | 0,593 | 0,613 | 0,632 | 0,660 | 0,697 |
| 0,02 | 0,572 | 0,596 | 0,615 | 0,634 | 0,659 | 0,694 |
| 0,03 | 0,578 | 0,600 | 0,620 | 0,638 | 0,659 | 0,688 |
| 0,04 | 0,583 | 0,603 | 0,623 | 0,639 | 0,658 | 0,683 |
| 0,05 | 0,585 | 0,605 | 0,625 | 0,640 | 0,658 | 0,679 |
| 0,06 | 0,587 | 0,607 | 0,627 | 0,640 | 0,657 | 0,676 |
| 0,07 | 0,588 | 0,609 | 0,628 | 0,639 | 0,656 | 0,673 |
| 0,08 | 0,589 | 0,610 | 0,629 | 0,638 | 0,656 | 0,670 |
| 0,09 | 0,591 | 0,610 | 0,626 | 0,637 | 0,655 | 0,668 |
| 0,10 | 0,592 | 0,611 | 0,630 | 0,637 | 0,654 | 0,666 |
| 0,12 | 0,593 | 0,612 | 0,630 | 0,636 | 0,653 | 0,663 |
| 0,14 | 0,594 | 0,613 | 0,630 | 0,635 | 0,651 | 0,660 |
| 0,16 | 0,596 | 0,614 | 0,631 | 0,634 | 0,650 | 0,658 |
| 0,18 | 0,597 | 0,615 | 0,630 | 0,634 | 0,649 | 0,657 |
| 0,20 | 0,598 | 0,615 | 0,630 | 0,633 | 0,648 | 0,655 |
| 0,25 | 0,599 | 0,616 | 0,630 | 0,632 | 0,646 | 0,653 |
| 0,30 | 0,600 | 0,616 | 0,630 | 0,632 | 0,644 | 0,650 |
| 0,40 | 0,601 | 0,617 | 0,628 | 0,631 | 0,642 | 0,647 |
| 0,50 | 0,603 | 0,617 | 0,628 | 0,630 | 0,640 | 0,644 |
| 0,60 | 0,604 | 0,617 | 0,627 | 0,630 | 0,638 | 0,642 |
| 0,70 | 0,604 | 0,616 | 0,627 | 0,629 | 0,637 | 0,640 |
| 0,80 | 0,603 | 0,616 | 0,627 | 0,629 | 0,636 | 0,637 |
| 0,90 | 0,603 | 0,615 | 0,626 | 0,628 | 0,635 | 0,635 |
| 1,00 | 0,605 | 0,615 | 0,626 | 0,628 | 0,633 | 0,632 |
| 1,10 | 0,604 | 0,614 | 0,625 | 0,627 | 0,631 | 0,630 |
| 1,20 | 0,603 | 0,614 | 0,624 | 0,626 | 0,628 | 0,626 |
| 1,30 | 0,603 | 0,613 | 0,623 | 0,624 | 0,626 | 0,623 |
| 1,40 | 0,603 | 0,612 | 0,621 | 0,621 | 0,622 | 0,618 |
| 1,50 | 0,602 | 0,611 | 0,620 | 0,620 | 0,619 | 0,615 |
| 1,60 | 0,602 | 0,611 | 0,618 | 0,618 | 0,617 | 0,614 |
| 1,70 | 0,602 | 0,610 | 0,617 | 0,616 | 0,615 | 0,612 |
| 1,80 | 0,601 | 0,609 | 0,615 | 0,615 | 0,614 | 0,612 |
| 1,90 | 0,601 | 0,608 | 0,614 | 0,613 | 0,612 | 0,611 |
| 2,00 | 0,601 | 0,607 | 0,613 | 0,613 | 0,611 | 0,611 |
| 3,00 | 0,601 | 0,603 | 0,606 | 0,608 | 0,610 | 0,609 |

Tables des coefficients des formules de la dépense des orifices rectangulaires verticaux en mince paroi, avec contraction complète et versant librement dans l'air (*suite*).

TABLE I. — *Les charges étant mesurées en un point du réservoir où le liquide est parfaitement stagnant* (flu.).

Coefficients de la formule $Q = \frac{2}{3} l\left(H\sqrt{2gH} - h\sqrt{2gh}\right)$ pour des hauteurs d'orifice de

| CHARGES sur le sommet des orifices. | 0m,30 | 0m,10 | 0m,05 | 0m,03 | 0m,02 | 0m,01 |
|---|---|---|---|---|---|---|
| 0,000 | » | » | » | » | » | » |
| 0,005 | » | » | » | » | » | 0,709 |
| 0,010 | » | » | 0,622 | 0,644 | 0,667 | 0,704 |
| 0,015 | » | 0,611 | 0,623 | 0,644 | 0,665 | 0,700 |
| 0,02 | 0,593 | 0,611 | 0,624 | 0,644 | 0,664 | 0,696 |
| 0,03 | 0,594 | 0,612 | 0,626 | 0,643 | 0,662 | 0,690 |
| 0,04 | 0,595 | 0,612 | 0,627 | 0,642 | 0,660 | 0,684 |
| 0,05 | 0,597 | 0,613 | 0,628 | 0,643 | 0,659 | 0,680 |
| 0,06 | 0,598 | 0,613 | 0,629 | 0,641 | 0,658 | 0,676 |
| 0,07 | 0,598 | 0,614 | 0,630 | 0,640 | 0,657 | 0,673 |
| 0,08 | 0,599 | 0,614 | 0,630 | 0,639 | 0,656 | 0,670 |
| 0,09 | 0,599 | 0,614 | 0,631 | 0,638 | 0,655 | 0,668 |
| 0,10 | 0,599 | 0,615 | 0,631 | 0,638 | 0,654 | 0,666 |
| 0,12 | 0,600 | 0,615 | 0,631 | 0,637 | 0,653 | 0,663 |
| 0,14 | 0,600 | 0,616 | 0,631 | 0,636 | 0,652 | 0,660 |
| 0,16 | 0,600 | 0,616 | 0,631 | 0,635 | 0,650 | 0,658 |
| 0,18 | 0,601 | 0,617 | 0,630 | 0,634 | 0,649 | 0,657 |
| 0,20 | 0,601 | 0,617 | 0,630 | 0,633 | 0,648 | 0,655 |
| 0,25 | 0,601 | 0,617 | 0,630 | 0,632 | 0,646 | 0,653 |
| 0,30 | 0,602 | 0,618 | 0,630 | 0,631 | 0,644 | 0,650 |
| 0,40 | 0,603 | 0,618 | 0,629 | 0,631 | 0,642 | 0,647 |
| 0,50 | 0,604 | 0,617 | 0,628 | 0,630 | 0,640 | 0,644 |
| 0,60 | 0,604 | 0,617 | 0,628 | 0,630 | 0,638 | 0,642 |
| 0,70 | 0,605 | 0,617 | 0,627 | 0,629 | 0,637 | 0,640 |
| 0,80 | 0,605 | 0,616 | 0,627 | 0,629 | 0,636 | 0,637 |
| 0,90 | 0,605 | 0,616 | 0,626 | 0,628 | 0,634 | 0,635 |
| 1,00 | 0,605 | 0,615 | 0,626 | 0,628 | 0,633 | 0,632 |
| 1,10 | 0,605 | 0,615 | 0,625 | 0,627 | 0,631 | 0,629 |
| 1,20 | 0,604 | 0,614 | 0,624 | 0,626 | 0,628 | 0,626 |
| 1,30 | 0,604 | 0,613 | 0,622 | 0,624 | 0,625 | 0,622 |
| 1,40 | 0,603 | 0,612 | 0,621 | 0,623 | 0,622 | 0,618 |
| 1,50 | 0,603 | 0,611 | 0,620 | 0,620 | 0,619 | 0,615 |
| 1,60 | 0,602 | 0,611 | 0,618 | 0,618 | 0,617 | 0,613 |
| 1,70 | 0,602 | 0,610 | 0,617 | 0,616 | 0,615 | 0,612 |
| 1,80 | 0,602 | 0,609 | 0,615 | 0,615 | 0,614 | 0,612 |
| 1,90 | 0,601 | 0,608 | 0,614 | 0,613 | 0,613 | 0,611 |
| 2,00 | 0,601 | 0,607 | 0,613 | 0,612 | 0,612 | 0,611 |
| 3,00 | 0,601 | 0,603 | 0,610 | 0,608 | 0,610 | 0,609 |

Tables des coefficients des formules de la dépense des orifices rectangulaires verticaux en mince paroi, avec contraction complète et versant librement dans l'air (*fin*).

TABLE II. — *Les charges étant relevées immédiatement au-dessus de l'orifice.*

| CHARGES sur le sommet des orifices. | Coefficients de la formule $Q = l\left(H - h \sqrt{2g\dfrac{H + h}{2}}\right)$ pour des hauteurs d'orifices de | | | | | |
|---|---|---|---|---|---|---|
| | 0m,20. | 0m,10. | 0m,05. | 0m,03. | 0m,02. | 0m,01. |
| m | | | | | | |
| 0,000 | 0,619 | 0,667 | 0,713 | 0,766 | 0,783 | 0,795 |
| 0,005 | 0,597 | 0,630 | 0,668 | 0,725 | 0,750 | 0,778 |
| 0,010 | 0,595 | 0,618 | 0,642 | 0,687 | 0,720 | 0,762 |
| 0,015 | 0,594 | 0,615 | 0,639 | 0,674 | 0,707 | 0,745 |
| 0,02 | 0,594 | 0,614 | 0,638 | 0,668 | 0,697 | 0,729 |
| 0,03 | 0,593 | 0,613 | 0,637 | 0,659 | 0,684 | 0,708 |
| 0,04 | 0,593 | 0,612 | 0,636 | 0,654 | 0,678 | 0,695 |
| 0,05 | 0,593 | 0,612 | 0,636 | 0,651 | 0,672 | 0,688 |
| 0,06 | 0,594 | 0,613 | 0,635 | 0,647 | 0,668 | 0,684 |
| 0,07 | 0,594 | 0,613 | 0,635 | 0,645 | 0,665 | 0,677 |
| 0,08 | 0,594 | 0,613 | 0,635 | 0,643 | 0,662 | 0,675 |
| 0,09 | 0,595 | 0,614 | 0,634 | 0,641 | 0,659 | 0,672 |
| 0,10 | 0,595 | 0,614 | 0,634 | 0,640 | 0,657 | 0,669 |
| 0,12 | 0,596 | 0,614 | 0,633 | 0,637 | 0,655 | 0,665 |
| 0,14 | 0,597 | 0,614 | 0,632 | 0,636 | 0,653 | 0,661 |
| 0,16 | 0,597 | 0,615 | 0,631 | 0,635 | 0,651 | 0,659 |
| 0,18 | 0,598 | 0,615 | 0,631 | 0,634 | 0,650 | 0,657 |
| 0,20 | 0,599 | 0,615 | 0,630 | 0,633 | 0,649 | 0,656 |
| 0,25 | 0,600 | 0,616 | 0,630 | 0,632 | 0,646 | 0,653 |
| 0,30 | 0,601 | 0,616 | 0,629 | 0,632 | 0,644 | 0,651 |
| 0,40 | 0,602 | 0,617 | 0,629 | 0,631 | 0,642 | 0,647 |
| 0,50 | 0,603 | 0,617 | 0,628 | 0,630 | 0,640 | 0,645 |
| 0,60 | 0,604 | 0,617 | 0,627 | 0,630 | 0,638 | 0,643 |
| 0,70 | 0,604 | 0,616 | 0,627 | 0,629 | 0,637 | 0,640 |
| 0,80 | 0,603 | 0,616 | 0,627 | 0,629 | 0,636 | 0,637 |
| 0,90 | 0,603 | 0,615 | 0,626 | 0,628 | 0,634 | 0,635 |
| 1,00 | 0,605 | 0,615 | 0,625 | 0,628 | 0,633 | 0,632 |
| 1,10 | 0,604 | 0,614 | 0,625 | 0,627 | 0,631 | 0,629 |
| 1,20 | 0,604 | 0,614 | 0,624 | 0,626 | 0,628 | 0,628 |
| 1,30 | 0,603 | 0,613 | 0,622 | 0,624 | 0,625 | 0,623 |
| 1,40 | 0,603 | 0,612 | 0,621 | 0,622 | 0,622 | 0,618 |
| 1,50 | 0,602 | 0,611 | 0,620 | 0,620 | 0,619 | 0,615 |
| 1,60 | 0,602 | 0,611 | 0,618 | 0,618 | 0,617 | 0,613 |
| 1,70 | 0,602 | 0,610 | 0,617 | 0,616 | 0,615 | 0,612 |
| 1,80 | 0,601 | 0,609 | 0,615 | 0,615 | 0,614 | 0,612 |
| * 1,90 | 0,601 | 0,608 | 0,614 | 0,613 | 0,613 | 0,611 |
| 2,00 | 0,601 | 0,607 | 0,614 | 0,612 | 0,612 | 0,611 |
| 3,00 | 0,601 | 0,604 | 0,606 | 0,608 | 0,610 | 0,609 |

**49.** *Conséquences dérivant de ce tableau et qui servent à en étendre les applications.* — La comparaison des chiffres de ce tableau avec ceux qui se déduisent du résultat des expériences faites par les divers autres observateurs, que nous avons souvent cités dans ce qui précède, a conduit MM. Poncelet et Lesbros à conclure : 1° que, pour tous les orifices circulaires, carrés ou rectangulaires, avec des charges sur le sommet surpassant $1^m,30$, le coefficient de la dépense demeure sensiblement le même, et paraît être indépendant de la forme et des dimensions absolues de l'orifice, pourvu toutefois qu'elles soient fort petites par rapport à celles du réservoir et que la contraction soit complète ; d'après le tableau ci-dessus, cette valeur ne varierait qu'entre $0^m,600$ et $0^m,625$, ce qui donne, à moins de $\frac{1}{40}$ près, le coefficient moyen $0^m,615$, conforme au résultat général obtenu par les autres observateurs, qui ont opéré sur de fortes charges ; 2° que, pour les charges beaucoup au-dessous de $1^m,30$, le coefficient de la dépense dépend bien moins de la forme ou de l'allongement de l'orifice que du plus petit écartement de ses bords opposés et de la grandeur absolue de la charge ; de sorte, par exemple, que l'orifice circulaire de $0^m,02$ de diamètre et l'orifice carré de même côté ont, sous les mêmes charges, des coefficients sensiblement égaux à ceux d'un orifice rectangulaire de $0^m,02$ de hauteur ou d'ouverture, quelle qu'en soit l'autre dimension, supposée toujours fort petite, par rapport à la largeur correspondante du réservoir, de sorte que la contraction soit complète.

D'après cela, et en attendant les expériences décisives que se proposent d'entreprendre à ce sujet MM. Poncelet et Lesbros, l'application des nombres du tableau pourra facilement être étendue à des orifices ou plus petits ou plus grands que ceux qu'il concerne, en observant, relativement à ces derniers, que les coefficients pour des ouvertures au-dessus de $0^m,20$ doivent peu différer de ceux que donne le tableau pour cette même ouverture, à en juger d'après leur faible différence avec ceux de l'orifice de $0^m,10$.

**50.** *Valeurs du coefficient de la dépense lorsque la contrac-*

*tion est incomplète.* — Lorsque l'un des côtés de l'orifice se trouve compris dans le prolongement d'une des parois intérieures du réservoir, perpendiculaire au plan de cet orifice, les filets fluides sortent de ce côté parallèles entre eux, et la contraction y est supprimée. La même chose a lieu pour chacun des côtés qui se trouve dans une position semblable. On possède fort peu d'expériences sur ce cas de l'écoulement : les principales sont dues à M. Bidone [1], qui a opéré sur de petits orifices de $0^m,015$ environ de hauteur et de largeur, sous des charges très-grandes par rapport à ces dimensions. On en conclut, et nous admettrons jusqu'à de nouvelles expériences que, $m$ étant le coefficient de la dépense en minces parois avec contraction complète, relatif à l'orifice et à la charge que l'on considère, il devient

$$m(1 + 0,035) \quad \text{si la contraction n'a lieu que sur trois côtés.}$$
$$m(1 + 0,072) \qquad\qquad \text{»} \qquad\qquad \text{»} \qquad\qquad \text{deux} \quad \text{»}$$
$$m(1 + 0,125) \qquad\qquad \text{»} \qquad\qquad \text{»} \qquad\qquad \text{un} \quad \text{»}$$

51. *Valeur du coefficient de la dépense pour les vannes d'écluses ordinaires.* — On a aussi quelques expériences faites sur de grands orifices, où la contraction était à très-peu près supprimée sur le côté inférieur. Elles sont relatives aux vannes des écluses et ont été faites, sur le canal du Midi, par MM. Pin et Lespinasse, au vieux bassin du Havre, par M. Lapeyre; sur le canal de Bromberg par M. Kypke, inspecteur des travaux publics en Prusse [2]. Toutes ces expériences, dans lesquelles les charges ont été très-fortes, et où les orifices avaient jusqu'à 1 mètre carré de surface, s'accordent pour assigner au coefficient de la dépense la valeur moyenne

$$m = 0,625,$$

qu'on pourra adopter avec confiance, pour l'appliquer aux pertuis des portes d'écluses, situés ordinairement très-près des radiers et pour lesquels, par conséquent, la contraction

---

[1] *Mémoires de l'Académie de Turin*, t. XXV, années 1820 et 1821.

[2] Ces dernières expériences se trouvent rapportées par M. Eytelwein, dans son excellent *Manuel de Mécanique et d'Hydraulique.* Leipzig, 1823, p. 167.

est à peu près nulle sur la base. Ce coefficient s'accorde d'ailleurs sensiblement avec celui qu'on déduirait du résultat ci-dessus de M. Bidone, combiné avec ceux que contient la colonne du tableau relative à l'orifice de $0^m,20$ de hauteur.

**52.** *Remarque relative au cas où l'orifice est noyé.* — Il est à remarquer que dans les expériences de M. Kypke, sur les écluses de Bromberg, les orifices étaient complétement noyés dans l'eau du bief inférieur, de sorte que le coefficient est le même pour ce cas que pour celui où l'orifice débouche librement dans l'air, pourvu qu'on estime alors la vitesse d'écoulement d'après ce qui a été dit au n° 11. Ce résultat est d'ailleurs conforme aux observations faites par Dubuat et d'autres observations sur les orifices noyés dans l'eau d'un bassin inférieur.

Quant au cas où l'orifice ne se trouverait qu'en partie noyé, on le supposerait partagé en deux autres : l'un débouchant librement dans l'air; l'autre sous l'eau du bief inférieur, et l'on appliquerait séparément à chacun les formules qui s'y rapportent, en adoptant un même coefficient pour la dépense.

Enfin il peut être utile de remarquer, pour certaines applications, que dans les expériences de M. Pin et de M. Lespinasse deux orifices accolés et ouverts en même temps ont donné le coefficient $0^m,55$, beaucoup au-dessous, par conséquent, de celui, $0^m,625$, qui concerne un seul orifice.

**53.** *Expérience de M. d'Aubuisson sur un grand orifice où la contraction n'avait lieu que sur deux côtés.* — A l'occasion de ses belles recherches sur les machines soufflantes, M. d'Aubuisson rapporte une expérience (¹) qu'il a faite sur un orifice rectangulaire de $0^m,02$ à $0^m,04$ d'ouverture, sous des charges qui ont varié de $0^m,40$ à $0^m,70$, et placé près du fond et d'un des côtés du réservoir. Il a trouvé pour le coefficient de la dépense

$$m = 0,696.$$

Dans ces circonstances, le coefficient pour la contraction

_________________

(¹) *Annales des Mines*, 2ᵉ série, année 1828.

complète serait [tableau (48)] environ o,635, et, en appliquant la règle du n° 50, on trouverait pour l'orifice en question

$$m = 1,072.0,65 = 0,681;$$

ce qui s'éloigne assez peu du résultat moyen obtenu par M. d'Aubuisson.

54. *Cas où la contraction n'est supprimée qu'en partie sur un ou plusieurs côtés ; buses et tuyaux additionnels.* — Lorsque, dans les usines, une des parois du réservoir sera assez rapprochée de l'orifice pour diminuer sensiblement la contraction, sans cependant l'annuler tout à fait sur ce côté, on pourra, comme simple approximation, prendre pour valeur du coefficient de la dépense la moyenne arithmétique entre celles qu'il prendrait si la contraction était totalement supprimée sur ce côté ou si elle avait lieu librement. Enfin, dans les cas rares où l'orifice serait prolongé extérieurement par un tuyau additionnel ou une buse sans rétrécissement intérieur et dont l'eau sortirait à *gueule-bée*, on adoptera pour coefficient ceux qui ont été indiqués (23) ou qui se déduisent des théories des n°° 25 et suivants.

### Des déversoirs.

55. *Écoulement de l'eau par des déversoirs.* — Quand un orifice rectangulaire pratiqué dans la paroi verticale et mince d'un réservoir est entièrement ouvert par la partie supérieure, ou que la charge sur le sommet est nulle, il forme alors ce qu'on nomme un *déversoir* ou quelquefois un *réservoir*. Les circonstances de l'écoulement sont totalement changées, attendu que le niveau s'abaisse au-dessus et en amont de l'orifice, et qu'on ne peut connaître la grandeur de la section de cet orifice que par des expériences spéciales.

Dans ces circonstances, nommant :

H la charge totale $a$B (*fig.* 19) au-dessus de la base A de l'orifice, mesurée en un endroit du réservoir ou le fluide est sensiblement stagnant ;

$l$ la largeur de l'orifice,

l'expérience montre que le volume de fluide écoulé peut être calculé par la formule

$$Q = ml\mathrm{H}\sqrt{2g\mathrm{H}},$$

qui se conclut de celle du n° 45, en y écrivant que la charge sur le sommet de l'orifice est nulle, et qui revient à celles admises par Bernoulli et Dubuat.

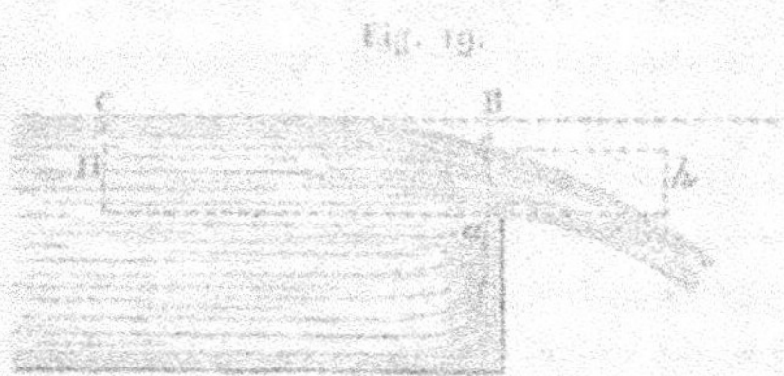

Fig. 19.

*Résultats d'expérience.* — Les observations de ce dernier, celles de Brindley et de Smeaton, enfin quelques autres observations plus récentes, dues à MM. Eytelwein et d'Aubuisson [1], et dans lesquelles la charge H a varié de $0^m,025$ à $0^m,40$, assignent à $m$, lorsque la contraction a lieu complétement sur les côtés et sur le fond, et que la veine est libre à sa sortie, des valeurs comprises depuis $0^m,40$ jusqu'à $0^m,47$, et d'autant plus fortes que la charge est plus faible ; leur moyenne générale s'écarte fort peu du nombre $0^m,42$.

56. *Influence de la contraction.* — Quant à l'influence de la contraction ou de la proximité des bords de l'orifice et des parois du réservoir, elle paraîtrait, d'après les expériences dont il s'agit, être très-faible, du moins toutes les fois que la section du réservoir demeure encore fort grande, par rapport à celle de l'orifice, et notamment lorsque le fond du réservoir est situé à une certaine distance du bord inférieur de ce dernier.

M. Bidone, qui a fait à ce sujet des expériences spéciales, a trouvé que le coefficient $m$ demeurait $0,4$, à fort peu près, que les bords verticaux de l'orifice fussent ou non dans le

---

[1] *Annales des Mines*, 2ᵉ série, année 1828.

II.                                                                5

prolongement des faces latérales et parallèles du réservoir, formant ici une sorte de canal, dont le fond était abaissé d'une certaine quantité au-dessous du bord inférieur du réservoir. Mais le mode de mesurer les charges employé par cet auteur est sujet à quelques difficultés et suppose tout au moins qu'après avoir relevé la hauteur du niveau du liquide à une certaine distance en amont de l'orifice, on ajoute à cette hauteur celle qui est due à la vitesse moyenne d'écoulement dans la section d'arrivée correspondant à la distance dont il s'agit.

Le peu d'influence exercée par la suppression de la contraction latérale des orifices en déversoirs peut d'ailleurs s'expliquer par l'augmentation sensible des résistances opposées par les parois verticales du réservoir ou canal d'arrivée, et dont l'effet est de détruire une certaine portion de la charge génératrice ou de la vitesse d'écoulement au sortir de l'orifice.

Quant à la loi suivant laquelle varie la dépense ou le coefficient $m$ avec les charges, MM. Poncelet et Lesbros l'ont étudiée avec beaucoup de soin et de précision, pour le cas d'un déversoir fort petit, par rapport aux dimensions transversales du réservoir, et pour lequel la contraction était complète sur les trois côtés. Cette loi est indiquée par la table suivante, qui se rapporte à l'orifice de $0^m,20$ de la largeur mentionnée au n° 47.

| Valeurs de H. | Valeurs de $m$. |
| --- | --- |
| $m$ | |
| 0,01 | 0,424 |
| 0,02 | 0,417 |
| 0,03 | 0,412 |
| 0,04 | 0,407 |
| 0,06 | 0,401 |
| 0,08 | 0,397 |
| 0,10 | 0,395 |
| 0,15 | 0,393 |
| 0,20 | 0,390 |
| 0,22 | 0,386 |

On pourra donc, dans la pratique, adopter pour valeur moyenne

$$m = 0,405,$$

comme l'a proposé M. Bidone, et calculer la dépense des déversoirs par la formule

$$Q = 0,405\, l \mathrm{H} \sqrt{2g\mathrm{H}},$$

pourvu toutefois que la section du réservoir soit fort grande par rapport à celle de l'orifice.

**57.** *Relation entre la charge sur le côté inférieur du déversoir et l'épaisseur de la lame d'eau.* — Lorsque l'on n'a pas à sa disposition d'instrument de nivellement pour déterminer H, on est réduit à mesurer directement l'épaisseur moyenne [1] $ab = h$ (*fig.* 19) de la lame d'eau, au-dessus du bord intérieur $a$ du déversoir. Cette hauteur $h$ est liée à la charge H et dépend aussi du rapport de la largeur $l$ de l'orifice à celle L du réservoir.

En comparant entre eux les résultats des mesures prises par MM. Bidone, Eytelwein et les leurs propres, MM. Poncelet et Lesbros sont parvenus à représenter la relation entre H et $h$, censée exprimée en millimètres et fractions de millimètre, par la formule d'interpolation

$$\mathrm{H} = h + 0,9 + \sqrt{kh + 0,81},$$

ou

$$h = \mathrm{H} + \tfrac{1}{2}k - 0,9 - \sqrt{k(\tfrac{1}{2}k + \mathrm{H} - 0,9)} + 0,81,$$

dans laquelle

$$k = 0,0196\left[19 + \left(100\,\frac{l}{\mathrm{L}} - 15,5\right)^2\right],$$

---

[1] Nous disons *moyenne*, parce que le profil de la surface supérieure de la veine dans le plan du réservoir n'est point une droite horizontale, mais une courbe à double inflexion; d'après le résultat des opérations géométriques entreprises par M. Lesbros pour déterminer la forme de cette courbe, on pourrait, sans erreur sensible, prendre pour épaisseur réduite de la lame d'eau celle qui répond au point situé à égale distance des côtés verticaux de l'orifice.

et qui n'est d'ailleurs applicable qu'autant que les bords de l'orifice ne sont pas très-près des faces adjacentes du réservoir. Elle donnerait notamment des valeurs de $\frac{H}{h}$ beaucoup plus grandes que celles de l'expérience, toutes les fois que $\frac{l}{L}$ serait au-dessus de o,4.

Dans ces circonstances, on suppléera à la formule ci-dessus, en prenant, d'après une expérience d'Eytelwein, $\frac{H}{h} = 1,175$ quand $\frac{l}{L} = 0,86$ environ, et, d'après M. Bidone, $\frac{H}{h} = 1,25$ quand $\frac{l}{L} = 1$.

### Des coursiers.

58. *Dépense des pertuis accompagnés de coursiers qui conduisent l'eau sur les récepteurs.* — L'eau qui s'écoule des pertuis des usines est souvent conduite sur les roues ou récepteurs, au moyen de canaux découverts d'une certaine longueur, qu'on nomme *coursiers* ou *coursières*. Le cas le plus ordinaire est celui ( *fig.* 20) où le coursier a une petite lon-

Fig. 20.

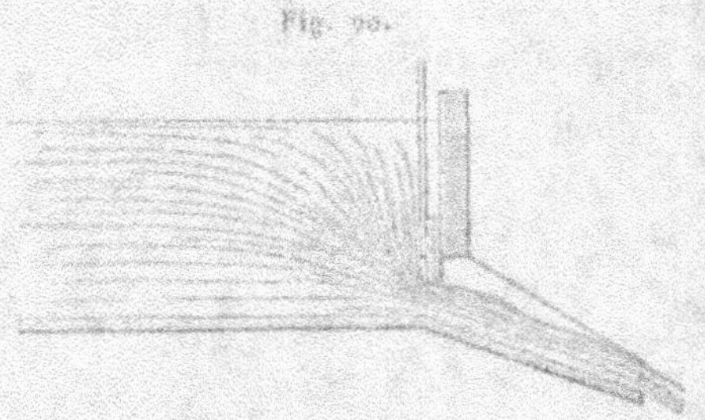

gueur et une pente assez rapide et où son fond et ses côtés sont dans le prolongement des bords intérieurs de l'orifice, Bossut affirme ( *Hydrodynamique*, t. II, n° 585 ) que la dépense est la même que si le canal était enlevé et Dubuat a admis ce fait ( *Principes d'Hydraulique*, t. I, chap. VII, n° 189 ), sans vérification préalable, pour tous les cas où l'eau du coursier

ne vient pas refluer vers l'orifice, de manière à recouvrir la
veine ; mais ce résultat ne paraît être vrai que pour les fortes
charges dans le réservoir avec de fortes ouvertures. Lorsque
la charge est faible, la vitesse d'écoulement l'est aussi, et il
paraît, d'après des expériences récentes de MM. Poncelet et
Lesbros, que la dépense est altérée par la présence du coursier,
de façon que le coefficient décroît sans cesse avec les charges,
au lieu d'augmenter à mesure que les charges diminuent,
comme il arrive assez généralement (47 et suivants) pour les
orifices en mince paroi et débouchant librement dans l'air.

Le cas des fortes charges étant le plus général dans les usines
que MM. les élèves ont à lever, ils n'éprouveront pas de difficulté pour calculer les quantités de fluide écoulé.

59. *Vitesse vers la naissance du coursier.* — Quant à la vitesse, on admet encore qu'elle est sensiblement égale à celle
qui est due à la hauteur de charge au-dessus du centre de
l'orifice, à l'endroit où a lieu la plus grande contraction de la
veine ; mais au delà, c'est-à-dire à une distance d'environ deux
fois la largeur de l'orifice, il s'opère un effet analogue à celui
que nous avons apprécié pour les tuyaux additionnels (27).
La veine sollicitée par la pesanteur et la résistance du fond
du coursier s'élargit et finit bientôt par rencontrer les parois
latérales de ce dernier, la vitesse est diminuée et le fluide
perd une portion de sa force vive, qu'il est ici très-difficile
d'évaluer directement, attendu que le fluide ne reprend pas
immédiatement un régime uniforme, comme cela a lieu sensiblement pour le cas des tuyaux fermés et complétement
remplis ou versant l'eau à gueule-bée.

On se contente ordinairement d'admettre que la vitesse est
altérée dans la même proportion que pour les tuyaux dont il
s'agit, et que notamment elle se réduit aux 0,82 environ de
celle qui est due à la charge correspondante du réservoir,
quand la contraction est complète dans l'orifice et généralement suivant le rapport (27)

$$\frac{1}{\sqrt{1 + \left(\dfrac{1}{m} - 1\right)^2}},$$

lorsque le coefficient $m$ relatif à cette contraction est quelconque ; mais cette règle est sujette à contestation, attendu que le fluide est libre à la surface supérieure et n'y éprouve aucune perturbation dans son mouvement.

Si d'ailleurs la pente du coursier et ses dimensions, ainsi que la vitesse du fluide à sa sortie de l'orifice, étaient telles que la veine n'en rencontrât pas les parois, il est clair qu'il n'y aurait pas de perte de vitesse ni de force vive.

60. *Cas où le remou dans le canal recouvre complétement la veine.* — Lorsqu'au contraire la pente du coursier et la charge dans le réservoir sont assez faibles pour que la résistance des parois ou des obstacles extérieurs quelconques force le liquide à s'amonceler, à gonfler le long du coursier et près de l'orifice, de manière à recouvrir entièrement la veine contractée, la pression sur cette veine est augmentée et la vitesse sensiblement altérée, aussi bien que la dépense qui se ferait si le canal n'existait pas.

Soient

$\omega$ l'aire de l'orifice et $\Omega$ celle de la section du canal en un point où le régime puisse être censé devenu sensiblement uniforme ;

V et U la vitesse dans la section contractée et dans $\Omega$ ;

$m$ le coefficient de contraction de la dépense pour l'orifice $\omega$ ;

H—$h$ la différence de hauteur entre le niveau dans le réservoir et dans le canal ;

Q la dépense par seconde.

D'après Dubuat (*Principes d'Hydraulique*, t. I, p. 189 et suivantes), on aura pour calculer la dépense dans ce cas

$$Q = 0,85\,\Omega\sqrt{2g(H - h)},$$

le coefficient 0,85 affectant essentiellement la vitesse

$$\sqrt{2g(H - h)};$$

mais le principe des forces vives conduit à une règle plus générale et qui paraît plus sûre.

En effet, on aura évidemment (11, 24 et suivants) l'équation

$$U^2\left[1+\left(\frac{\Omega}{m\omega}-1\right)^2\right]=2g(H-h),$$

qui donne

$$U=\sqrt{\frac{2g(H-h)}{1+\left(\frac{\Omega}{m\omega}-1\right)^2}}\quad\text{et}\quad Q=\Omega\sqrt{\frac{2g(H-h)}{1+\left(\frac{\Omega}{m\omega}-1\right)^2}},$$

formules auxquelles il n'est pas nécessaire d'appliquer de coefficient de correction, et que confirment assez bien les résultats, non encore publiés, des expériences de M. Lesbros, relatives à ce cas.

On aura donc aussi

$$V=\frac{\Omega U}{m\omega}=\sqrt{\frac{2g(H-h)}{\frac{m^2\omega^2}{\Omega^2}+\left(1-\frac{m\omega}{\Omega}\right)^2}},$$

$$Q=M\omega V=m\omega\sqrt{\frac{2g(H-h)}{\frac{m^2\omega^2}{\Omega^2}+\left(1-\frac{m\omega}{\Omega}\right)^2}};$$

et, si l'on suppose, en particulier, que $\Omega$ soit très-grand par rapport à $\omega$, on retombera sur la formule

$$V=\sqrt{2g(H-h)},$$

qui se rapporte (11 et 46) au cas où l'orifice est noyé dans l'eau d'un bassin ou réservoir inférieur, très-grand par rapport à ses dimensions propres.

L'expression générale de V conduit encore au même résultat, quand on y suppose $\Omega=m\omega$, et de plus on a alors $U=V$; mais cette supposition est incompatible avec celle d'où nous sommes partis, et d'après laquelle l'eau éprouverait dans le canal un remou qui viendrait refluer vers l'orifice et recouvrir entièrement la veine contractée : elle ne pourrait se réaliser d'ailleurs qu'autant qu'on aurait donné la forme de cette veine (*fig.* 21) à l'origine du canal, dont le surplus en

serait le prolongement exact et aurait une pente telle que
l'action de la gravité suffit pour anéantir continuellement
l'effet des résistances passives, qui tendent à ralentir la vitesse

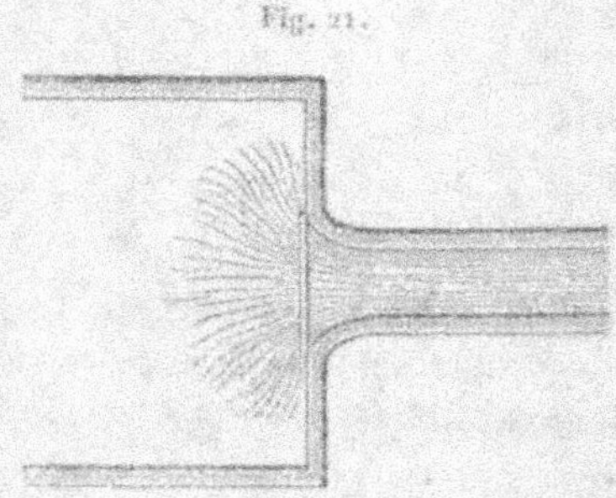

Fig. 21.

ou à augmenter les sections de l'eau. Or, la veine contractée
s'écoulant en dehors du réservoir comme si elle était parfaitement libre et soumise seulement à la pression atmosphérique, il ne paraît pas qu'on doive calculer la vitesse par la
formule $\sqrt{2g(H - h)}$, mais bien par celles qui ont été données aux n⁰ˢ 44 et 45.

61. *Observations relatives au cas où la veine contractée
n'est qu'en partie recouverte par le remou.* — Lorsque la contraction a lieu sur le fond et les côtés de l'orifice et que le
coursier n'affecte pas, à son origine, la forme de la veine liquide (*fig.* 22), il arrive ordinairement que, sous de grandes
charges dans le réservoir, cette veine se détache complétement
des parois latérales et de son fond, du moins aux environs
de la section de plus forte contraction, et alors, comme nous
l'avons vu (58), la vitesse et la dépense sont les mêmes que
si le canal était supprimé, malgré le gonflement ou l'amoncel-
lement d'eau, qui se fait un peu au delà de cette section et qui
est occasionné par les chocs et résistances de toute espèce ;
mais, lorsque la charge est très-faible, la veine se déprime et
s'élargit, le gonflement se rapproche de l'orifice, l'eau qui le
forme se précipite dans les vides latéraux dont elle est d'abord
et successivement repoussée, et qu'elle finit bientôt par rem-

plir plus ou moins parfaitement, en altérant ainsi la pression éprouvée par la veine et le mode de l'écoulement.

Fig. 22.

Telle est la cause qui produit la diminution de la dépense ou du coefficient $m$ de la formule du n° 45 pour les petites charges, diminution qui, d'après les expériences inédites de M. Lesbros, peut faire descendre ce coefficient au-dessous de 0,40 pour le même orifice et la même charge qui, d'après le tableau du n° 48, donnerait par exemple, $m = 0,65$ ou $m = 0,70$. Aussi le cas des petites charges et du recouvrement incomplet de la veine est-il un de ceux qui laissent le plus d'incertitude sur la véritable mesure de la dépense effective, attendu la difficulté de saisir un caractère physique du phénomène de l'écoulement, assez prononcé pour permettre d'assigner la diminution du coefficient qui correspond à chaque cas. Cette incertitude, au surplus, est absolument la même que celle qui se manifeste pour les tuyaux additionnels (23 et 27), toutes les fois que la charge d'eau est très-faible ou que la longueur du tuyau est fort petite. Il arrive, en effet, alors que le coefficient peut varier entre 0,82 et 0,61, selon que le li-

quide suit plus ou moins bien les parois de ce tuyau, ou sort
avec une vitesse moyenne plus ou moins altérée.

62. *Cas des orifices découverts, prolongés par un canal ou
coursier.* — Quant au cas des orifices découverts à la partie
supérieure ou en déversoirs (55), et qui sont prolongés extérieurement par un canal ou coursier rectangulaire, les mêmes
circonstances se reproduisent encore, comme on peut le voir
par les expériences de Christian (*Mécanique industrielle*, t. 1),
qui ont donné, dans ce cas, pour la formule

$$Q = ml\mathrm{H}\sqrt{2g\mathrm{H}},$$

des valeurs du coefficient $m$ généralement au-dessous de celles
qui se rapportent aux déversoirs versant librement dans l'air,
et qu'a obtenues le même auteur par des procédés qui, d'ailleurs, laissent quelque incertitude sur le degré de précision
des résultats. Tout ce qu'il est permis d'en conclure, c'est que
le coefficient pour l'orifice avec canal est au coefficient pour
l'orifice sans canal à peu près dans le rapport de 0,96 à
l'unité ; ce qui lui donnerait pour valeur moyenne (56)

$$0,405 \times 0,96 = 0,39,$$

qui, probablement, est un peu trop forte, et répond, d'ailleurs, à un cas où la largeur horizontale de l'orifice égalait
celle du réservoir, ce qui annulait les contractions latérales.

Il ne paraît pas, d'ailleurs, que, dans ce cas, la veine ait été
recouverte par le gonflement de l'eau du canal. Dans celui où
elle le serait, comme il arrive pour certaines prises d'eau,
sans vanne de retenue, on pourrait, d'après Dubuat, continuer à prendre, pour calculer la dépense, la formule ci-dessus (60)

$$Q = \Omega\mathrm{U} = m\Omega\sqrt{2g(\mathrm{H} - h)},$$

dans laquelle on supposerait au coefficient la valeur

$$m = 0,90,$$

déduite du résultat de ses expériences, qui se rapportent essentiellement au cas où les fonds du réservoir et du canal sont

dans le prolongement l'un de l'autre, et où la largeur de ce dernier diffère assez peu de celle de l'orifice de prise d'eau.

Mais il sera probablement plus exact de procéder d'après la méthode qui a été indiquée au n° 52, en considérant l'orifice comme partagé en deux autres (*fig.* 23), dont l'un AD

Fig. 23.

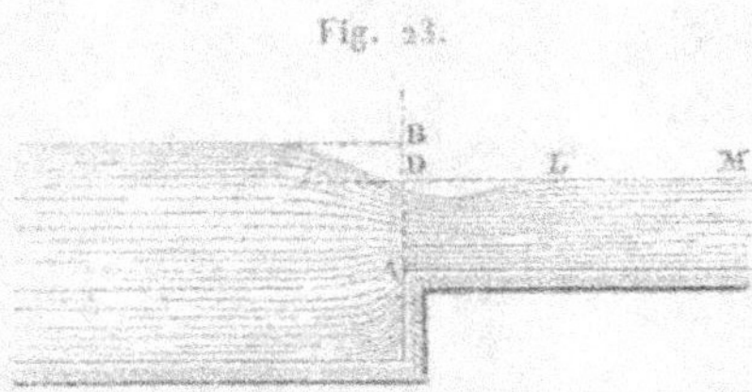


entièrement noyé sur une hauteur déterminée par le prolongement de la surface de pente **LM** des eaux dans le canal, et l'autre **BD** pour lequel l'eau s'écoule librement dans l'air, ainsi qu'il arrive pour les déversoirs sans canal.

63. *Avantages que l'on trouve à diminuer la contraction.* — Pour éviter les pertes de force vive qui se font (53) à l'entrée dans le coursier, par suite du rétrécissement de la veine au sortir de l'orifice, on termine quelquefois ce dernier par une sorte de buse, qui approche plus ou moins de la forme qu'affecte naturellement le jet (60), et qui est exactement prolongée par les parois du coursier ; mais cette disposition est vicieuse, attendu qu'il en résulte toujours une perte de force vive comparable à celle qui répond à la charge génératrice du liquide (23 et suivants) dans le réservoir, perte qui augmente d'ailleurs considérablement quand, ainsi que cela se pratique dans certaines usines, la buse est fermée de toutes parts et que l'ouverture de son orifice d'entrée est réglée par une vanne mince (*fig.* 24) ; il arrive alors que l'eau, après avoir subi une première contraction sous cette vanne, vient choquer les parois de la buse, et, ne pouvant en sortir librement, se gonfle, en remplit toute la capacité et perd ainsi l'excès de sa vitesse primitive sur celle qu'elle est obligée de prendre en se disséminant sur une plus grande étendue de section (24).

En disposant, au contraire, les choses vers l'intérieur du
réservoir, c'est-à-dire en amont de la vanne, de façon que la

Fig. 24.

contraction latérale du fond soit à peu près annulée, au moment où l'eau s'écoule par-dessous cette vanne pour se
rendre dans le coursier, qui forme le prolongement exact des
bords de l'orifice, on sera certain que la perte de force vive
sera absolument insensible, puisqu'elle ne dépendra que des
altérations de vitesse subies par le liquide dans l'intérieur du
réservoir, c'est-à-dire dans des sections fort grandes et où la
vitesse est elle-même fort petite par rapport à celle qui a
lieu au sortir de l'orifice.

64. *Dispositions employées pour diminuer la contraction.* —
Pour remplir ce but, on place le fond de l'orifice et du coursier dans le prolongement de celui du réservoir, ou si cela
n'est pas possible, on raccorde ces deux fonds (*fig.* 25) par
une surface courbe tangente à chacun d'eux, ou, enfin, s'ils
sont trop distants, on se contente de terminer celui de l'orifice par un arrondissement présentant la forme naturelle du
rétrécissement de la veine. On pratique des raccordements
ou des arrondissements analogues pour les côtés verticaux de
l'ouverture, ainsi qu'il suit : *ad* étant la largeur réelle que
doivent avoir le coursier et l'orifice ou la veine à sa sortie,

on prendra $ab = \frac{1}{3}cd$ environ, $ef = ab = \frac{1}{3}cd$ au moins, ou $ef = \frac{1}{2}ab = \frac{1}{6}cd$ au plus; puis on réunira $a$ et $b$ aux parois du coursier prolongé vers l'intérieur du réservoir au moyen de courbes ayant la forme indiquée sur la figure et qui leur soient tangentes.

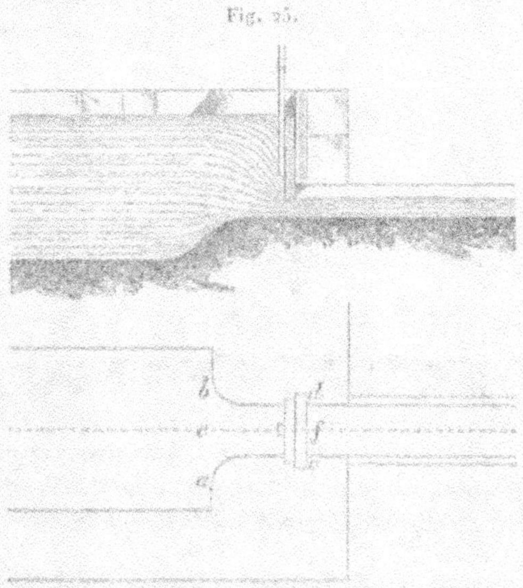

Fig. 25.

Les choses étant ainsi disposées, la contraction se trouvera sensiblement détruite sur trois des côtés de l'orifice, la vitesse à l'origine du coursier sera à très-peu près égale à celle qui est due à la charge génératrice moyenne dans le réservoir, et le coefficient de la dépense aura pour valeur, même dans le cas de charges ou d'ouvertures assez fortes :

1° Si la vanne mince placée en $cd$ est verticale,

$$0,70;$$

2° Si elle est inclinée ($fig.$ 26), ainsi que la retenue, à 1 de base sur 2 de hauteur,

$$0,74;$$

3° Si elle est inclinée (*fig.* 26), ainsi que la retenue, à 1 de base sur 1 de hauteur,

0,80.

Sous de faibles charges et de petites ouvertures de vanne on devra, dans les mêmes circonstances, augmenter ces nom-

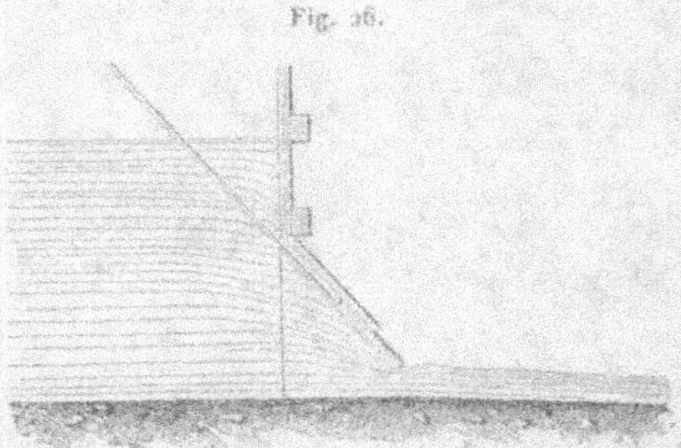

Fig. 26.

bres de $\frac{1}{5}$ environ de leurs valeurs ci-dessus, en observant, d'ailleurs, que la hauteur de l'orifice, quand la vanne est inclinée, doit être prise perpendiculairement au fond du coursier.

Ces nombres ont été, d'ailleurs, déduits du résultat moyen de diverses expériences faites par M. Poncelet, à l'occasion de ses recherches sur les roues à aubes courbes avec vannes inclinées (*Mémoire sur les roues hydrauliques à aubes courbes*, etc.; Metz, 1827). On peut voir, dans les nᵒˢ 37 et 44 de ce Mémoire, comment la présence du coursier, même assez fortement incliné, peut faire décroître le coefficient de la dépense théorique (61) à mesure que la charge diminue.

Quant à l'utilité d'incliner la vanne et la retenue vers le dehors du réservoir, elle n'a pas pour objet précisément de diminuer la contraction supérieure de la veine, mais bien de rapprocher le plus possible, dans certains cas, l'orifice des récepteurs hydrauliques, ce qui diminue les altérations de la vitesse du liquide, produites par la résistance des parois du coursier.

### Des canaux.

65. *Mouvement de l'eau dans les canaux d'une grande longueur à régime constant.* — Les usines sont souvent précédées de canaux d'une grande longueur, destinés à y amener les eaux. Dans la plupart des cas, la pente est uniforme, assez faible, le profil est constant, la surface de l'eau est parallèle au fond du canal et la vitesse moyenne est sensiblement la même dans les diverses sections, ce qui fait dire alors que le *régime* du canal est *uniforme*.

On admet encore ici, et l'expérience confirme que la résistance des parois peut être représentée, comme dans le cas des tuyaux de conduite (29), par une fonction de la forme

$$\frac{H}{g} \varpi L (\alpha U + \beta U^2),$$

dans laquelle H, L, $g$, U ont la même signification que pour les tuyaux, mais où $\varpi$ est le *périmètre mouillé* de la section du canal, $\alpha$ et $\beta$ étant encore des coefficients constants.

Le régime étant supposé uniforme, l'équation du mouvement du fluide, sous la seule pression de l'atmosphère, se réduit (34) à

$$gH - \frac{\varpi L}{\Omega} (\alpha U + \beta U^2) = 0,$$

H étant la pente du canal sur la longueur L que l'on considère, et $\Omega$ l'aire constante du profil.

66. *Valeurs des coefficients $\alpha$ et $\beta$, calculées par M. de Prony.* — M. de Prony représente le rapport $\dfrac{\Omega}{\varpi}$ de l'aire de la section à son périmètre mouillé par R, qu'il appelle, avec Dubuat, le *rayon moyen*, et par I le rapport $\dfrac{H}{L}$ de la pente totale à la longueur, I étant alors la pente par mètre courant ou la déclivité, ce qui donne à l'équation ci-dessus la forme

$$gRI = \alpha U + \beta U^2.$$

En comparant les résultats donnés par cette formule avec ceux qu'a obtenus directement Dubuat, d'après trente et une expériences sur les canaux découverts, M. de Prony en déduit pour $\alpha$ et $\beta$ les valeurs

$$\alpha = 0{,}000436, \quad \text{d'où} \quad \frac{\alpha}{g} = 0{,}00004445 ;$$

$$\beta = 0{,}003034, \quad \text{d'où} \quad \frac{\beta}{g} = 0{,}0003093 ,$$

et par suite

$$U = -0^m{,}07185 + \sqrt{0{,}005163 + 3233{,}438 \frac{\Omega H}{\omega L}}$$

ou

$$U = -0^m{,}07185 + \sqrt{0{,}005163 + 3233 . RI},$$

en remplaçant $\dfrac{\Omega}{\omega}$ par R et $\dfrac{H}{L}$ par I (¹). Si l'on néglige le premier terme sous le radical par rapport au second, cette expression de la vitesse se réduit à

$$U = -0^m{,}07185 + 56{,}86 \sqrt{RI}.$$

67. *Valeurs des coefficients* $\alpha$ *et* $\beta$, *calculées par M. Eytelwein. Observation importante de M. de Prony à ce sujet.* — M. Eytelwein (Mémoire déjà cité), reprenant l'équation de M. de Prony et se servant du résultat d'expériences récentes faites sur de grandes rivières par MM. Funck, Brunnings et Woltemann, a déterminé de nouvelles valeurs de $\alpha$ et $\beta$, qui sont

$$\alpha = 0{,}000238, \quad \text{d'où} \quad \frac{\alpha}{g} = 0{,}0000243 ;$$

$$\beta = 0{,}003586, \quad \text{d'où} \quad \frac{\beta}{g} = 0{,}0003655 .$$

Par suite, la vitesse moyenne devient

$$U = -0^m{,}03319 + \sqrt{0{,}00110163 + 2733{,}66 RI}.$$

---

(¹) *Recherche sur la théorie des eaux courantes*, par M. de Prony.

D'après la comparaison faite postérieurement par M. de Prony (¹) entre les résultats de cette dernière formule et de la précédente, il a trouvé que l'une et l'autre représentaient, avec un degré d'exactitude à peu près pareil, ceux des expériences tant anciennes que nouvelles; de plus, il a remarqué que ces résultats étaient également bien représentés par la formule du n° 34, relative aux tuyaux de conduite, et même avec un degré d'exactitude comparable à celui de la formule ci-dessus de M. Eytelwein, quoique celle-ci soit déduite d'une variété plus grande d'expériences. Cette observation peut être importante pour beaucoup de cas.

La relation

$$gRI = \alpha U + \beta U^2$$

servira donc à déterminer la vitesse, comme on vient de le voir, lorsque l'on connaîtra la déclivité ou la pente par mètre courant du canal et son rayon moyen ou le rapport de l'aire de la section au périmètre mouillé; elle servira aussi à faire l'établissement du canal sous des conditions relatives à la vitesse, à la forme et à la pente qu'on peut se donner, selon les cas, en observant que, si l'on nomme Q la dépense par seconde, on a

$$Q = \Omega U.$$

Pour faciliter les calculs, M. de Prony a donné (*voir* l'ouvrage cité en dernier lieu) une Table des valeurs du terme RI et des vitesses correspondantes, calculées d'après ses formules et celles de M. Eytelwein.

### Jaugeage des cours d'eau.

68. *Relations entre la vitesse moyenne, la vitesse à la surface et la vitesse au fond.* — Lorsqu'on n'a pas à sa disposition les instruments nécessaires pour déterminer avec l'exactitude suffisante la pente d'un canal sur une longueur convenable, on cherche à mesurer la vitesse moyenne par

---

(¹) *Recueil de cinq Tables, pour faciliter et abréger les calculs*, etc. Imprimerie royale, septembre 1825.

l'observation directe. Les expériences de Dubuat prouvent que la vitesse est loin d'être la même dans tous les endroits d'un canal ou d'un cours d'eau à régime uniforme; qu'elle est la plus grande vers le milieu et un peu au-dessous de la surface, et qu'elle diminue depuis cet endroit jusqu'au fond et en s'approchant des rives. Cet habile observateur en a déduit une relation entre la vitesse V à la surface dans le plus fort courant, la vitesse W au fond et la vitesse moyenne U. M. de Prony en a proposé une autre plus simple, plus exacte et qui ne dépend ni de la figure, ni de la grandeur absolue des sections. On a, d'après ce célèbre ingénieur,

$$U = \frac{V(V + 2,37187)}{V + 3,15312} \quad \text{et} \quad W = 2U - V.$$

On peut s'épargner le calcul de la première de ces formules au moyen de la Table suivante :

| Valeurs de V. | Valeurs de $\frac{U}{V}$. |
| --- | --- |
| m | |
| 0,0 | 0,752 |
| 0,5 | 0,786 |
| 1,0 | 0,812 |
| 1,5 | 0,832 |
| 2,0 | 0,848 |
| 2,5 | 0,862 |
| 3,0 | 0,873 |
| 3,5 | 0,883 |
| 4,0 | 0,891 |

Dans les cas les plus ordinaires de la pratique, où la vitesse moyenne est comprise entre 0$^m$,20 et 1$^m$,50 par seconde, on pourra se contenter de prendre simplement, d'après M. de Prony,

$$U = 0,816V \quad \text{ou} \quad U = 0,8V.$$

69. *Moyens de mesurer la vitesse à la surface.* — Quant aux moyens à employer pour mesurer directement la vitesse dans le plus fort courant, on en a proposé et mis plusieurs en usage, dont nous allons indiquer les principaux :

*Tube de Pitot.* — Le tube de Pitot consiste en un tube recourbé, ordinairement en fer-blanc, coudé à angle droit; l'une des branches se place horizontalement dans le sens du courant, l'ouverture dirigée en amont. Dans l'autre branche, alors verticale, le fluide s'élève à une hauteur en rapport avec la vitesse du courant et que l'on mesure à l'aide d'un flotteur gradué. Les oscillations continuelles du niveau dans la branche verticale et la nécessité de *tarer* l'instrument dans un courant bien connu sont des inconvénients qui le rendent d'un usage peu commode.

*Moulins à ailettes.* — On a imaginé aussi de se servir d'un moulinet léger à axe horizontal, portant des ailettes en partie immergées à la surface de l'eau, dont on observait la vitesse de régime, soit directement, soit à l'aide d'un compteur; mais la difficulté d'installer l'instrument et de tenir compte des résistances provenant du frottement sur les tourillons et de l'air sur les ailettes a forcé d'y renoncer dans la plupart des cas.

*Strommesser.* — Un autre instrument à axe horizontal avec ailettes inclinées, que l'on plonge dans l'eau à différentes profondeurs et qui porte un compteur, a aussi été employé en Allemagne, sous le nom de *Strommesser*, mais la difficulté de le tarer exactement est la même que pour les précédents.

*Flotteurs.* — Le moyen le plus simple et le plus exact encore consiste à jeter dans le milieu du courant un flotteur léger, en bois de chêne, par exemple, qui dépasse très-peu la surface du liquide, afin d'offrir peu de prise à l'action de l'air. On le jette à l'eau un peu en amont du point où l'on commence à mesurer la longueur, et on le suit avec une montre sur la plus grande étendue possible. En répétant les opérations plusieurs fois, on parvient à déterminer, avec une exactitude suffisante, la vitesse à la surface, d'où l'on déduit ensuite, d'après ce qui a été dit ci-dessus (68), la vitesse moyenne U, et par suite la dépense $Q = \Omega U$, ce qui suppose, d'ailleurs, le régime uniforme ou les sections constantes sur une certaine étendue du canal.

70. *Vitesse de régime des cours d'eau.* — Quant à la vitesse au fond, s'il n'est pas nécessaire de la connaître pour calculer

le produit d'eau, il importe, dans l'établissement des canaux, de la renfermer entre des limites convenables. En effet, si elle est trop grande, elle peut détériorer le canal en entraînant les matériaux qui le constituent, et si elle est trop faible les vases et les limons apportés par les pluies d'orage se déposeraient en abondance et obstrueraient le lit.

Il résulte des observations de Dubuat que les vitesses sous lesquelles les substances qui composent le lit des canaux commencent à être entraînées sont données par le tableau suivant, extrait de ses *Principes d'Hydraulique*, t. II :

| Désignation des substances. | Vitesse par seconde au fond. |
|---|---|
| | m |
| Argile brune propre à la poterie | 0,081 |
| Gros sable jaune | 0,217 |
| Gravier de la Seine, gros comme un grain d'anis | 0,108 |
| »  gros comme un pois au plus | 0,189 |
| »  gros comme une fève de marais | 0,325 |
| Galets de mer arrondis de $0^m,027$ de diamètre | 0,650 |
| Pierre à fusil anguleuse du volume d'un œuf de poule | 0,975 |

À ces données, qui peuvent servir à l'établissement des canaux et fournir des indications approximatives et précieuses sur leur vitesse de stabilité ou de régime, quand ils sont construits, nous joindrons, d'après Navier, les données suivantes, extraites de l'*Encyclopédie d'Édimbourg*, article *Bridge*, rédigée par MM. Telford et Nimmo :

| Désignation des substances. | Limite de la vitesse de stabilité. |
|---|---|
| | m |
| Terre détrempée, brune | 0,076 |
| Argile tendre | 0,152 |
| Sable | 0,305 |
| Gravier | 0,609 |
| Cailloux | 0,614 |
| Pierres cassées, silex | 1,220 |
| Cailloux agglomérés, schistes tendres | 1,520 |
| Roches en couches | 1,830 |
| Roches dures | 3,050 |

**71.** *Jaugeage des cours d'eau.* — L'opération par laquelle on évalue le produit ou la dépense d'un cours d'eau par seconde, ou dans un temps donné, est ce qu'on nomme le *jau-geage de ce cours d'eau.*

On peut opérer ce jaugeage par différents moyens, soit en recueillant directement le volume du liquide écoulé, dans un temps donné, au moyen de vases ou de bassins d'une capacité connue, soit, si le courant possède un régime uniforme, en observant la vitesse à sa surface pour en conclure la vitesse moyenne (59 et 60); soit en barrant directement le cours d'eau, s'il ne l'est déjà, et pratiquant dans ce barrage un orifice de fond ou de superficie disposé de manière que les règles des n°⁵ 47 et suivants puissent recevoir une application certaine; puis observant la hauteur à laquelle se maintient le niveau du liquide dans le réservoir supérieur, quand le mouvement est devenu exactement *permanent* (2), ou tel qu'il y arrive précisément autant d'eau qu'il s'en écoule par l'orifice dont il s'agit.

C'est ainsi que les fontainiers employaient pour les faibles produits d'eau un moyen qui consiste à barrer le courant avec une planche mince dans laquelle on perce sur une même ligne horizontale une suite d'ouvertures circulaires de 1 pouce (27 millimètres) de diamètre, qu'on ferme d'abord avec des tampons, puis qu'on débouche successivement et en nombre suffisant pour que le niveau en amont devienne constant et s'établisse exactement à une ligne au-dessus du sommet de tous les orifices, auquel cas chacun d'eux débitait environ 14 pintes de 48 pouces cubes par minute, ce qui revient à 19ᵐ,195 par vingt-quatre heures.

72. *Du pouce des fontainiers et du module d'eau métrique.* — C'est là, en effet, ce que l'on nomme encore de nos jours, quoique improprement, le *pouce d'eau des fontainiers*, pouce qu'on subdivise en 144 lignes d'eau, et dont les évaluations, faites par Mariotte, Couplet et Bossut, sont loin de s'accorder entre elles (22), ni avec celle que nous avons rapportée ci-dessus et qui est assez généralement adoptée depuis quelque temps.

Ces incertitudes sur la valeur du pouce d'eau, qui proviennent essentiellement de l'influence variable de la paroi de l'orifice, quand elle n'est pas pratiquée dans une plaque mince de métal, et de la difficulté de mesurer avec précision d'aussi faibles charges, ont engagé M. de Prony (*voir* l'Ouvrage cité au n° 58, notes des pages 25 et 26) à prendre pour *module d'eau* 10 mètres cubes censés écoulés en vingt-quatre heures, et dont le double est, d'après les expériences de ce célèbre ingénieur, fourni par un orifice circulaire de $0^m,02$ de diamètre pratiqué dans une paroi de $0^m,017$ d'épaisseur, sous une charge d'eau de $0^m,05$ sur le centre. Ces proportions, comme on voit, font rentrer l'orifice qui donne le double module métrique dans la classe (23) des ajutages ou tuyaux additionnels dont l'eau sort à *gueule-bée*.

73. *Détermination de la vitesse avec laquelle l'eau arrive sur le récepteur.* — Nous avons vu précédemment (59 et suivants) comment on peut déterminer la vitesse moyenne du liquide à une distance de l'orifice égale à 2 ou 3 fois sa largeur; il nous reste à indiquer la marche à suivre pour déduire du calcul et de l'observation la vitesse absolue que possède l'eau en arrivant sur le récepteur. Nous allons, à cet effet, examiner les cas principaux qui se présentent dans la pratique.

Fig. 27.

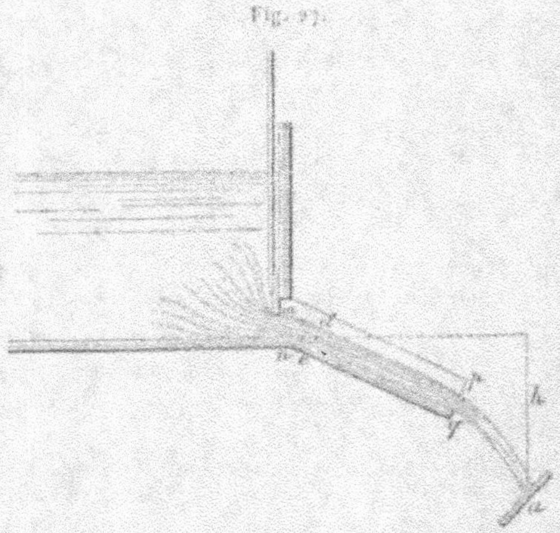

Considérons d'abord un coursier *mnpq* (*fig.* 27), tel qu'il s'en rencontre fréquemment dans les forges, incliné à 30 ou 40 degrés, assez court pour que l'on puisse faire abstraction de la résistance de ses parois, et qui dirige l'eau sur un récepteur quelconque; soit $a$ le point d'arrivée du liquide sur ce récepteur, et $h$ la hauteur de ce point au-dessous du centre de la section $cd$ pour laquelle U est la vitesse moyenne estimée approximativement, comme il a été dit dans les n°[s] 59 et suivants; on aura évidemment, d'après le principe des forces vives et en appelant V la vitesse absolue cherchée avec laquelle le fluide atteint le point $a$,

$$V^2 = \sqrt{U^2 + 2gh} = \sqrt{2g\left(\frac{U^2}{2g} + h\right)}.$$

*Cas où le coursier a une certaine longueur et peut être abordé par le dessus.* — Si la pente du coursier n'est pas assez roide et sa longueur assez petite pour qu'on puisse négliger la résistance des parois, il se présente deux cas à examiner. Le premier est celui où l'on peut aborder le dessus et l'ex-

Fig. 18.

trémité inférieure du coursier; alors on mesurera l'aire $\Omega'$ du profil de la lame d'eau vers cette extrémité en un point pour lequel la dépression qui caractérise le déversoir (53) est prête à se manifester d'une manière sensible; ayant d'ailleurs calculé la dépense Q, qui se fait par l'orifice, d'après les méthodes précédemment exposées, on prendra approximativement

$$U' = \frac{Q}{\Omega'}.$$

Mesurant ensuite la hauteur $h$ du centre de cette section $\Omega'$ au-dessus du point $a$ d'arrivée de l'eau sur le récepteur, on aura, comme ci-dessus, pour la vitesse avec laquelle le liquide atteint le point $a$,

$$V' = \sqrt{U'^2 + 2gh}.$$

Comme moyen de vérification, on pourra, dans certains cas favorables et notamment dans ceux où le liquide aurait un régime sensiblement uniforme dans une grande partie du canal, considérer la section relevée $\Omega'$ comme celle d'un déversoir, et appelant $H'$ la hauteur moyenne de l'eau dans cette section, calculer de nouveau la dépense par la formule (49), mais en tenant compte de la vitesse moyenne $U'$ obtenue ci-dessus, ce qui donnera

$$Q = 0,40 l H' \sqrt{U'^2 + 2gH'},$$

qui devra être satisfaite par les valeurs déjà obtenues de $Q$ et $U'$.

74. *Cas où le coursier ne peut être abordé par-dessus.* — Le deuxième cas des longs coursiers est celui où l'on ne peut pas atteindre le dessus du canal et y mesurer directement des profils : il faut alors se contenter des moyens suivants, en eux-mêmes forts imparfaits, mais qui ne sauraient entraîner à des erreurs graves. Ayant déterminé, par la formule du n° 59, la valeur

$$U = \sqrt{\frac{2gH}{1 + \left(\frac{1}{m} - 1\right)^2}}$$

de la vitesse moyenne $U$, dans une section située en avant de l'orifice et à deux fois environ sa largeur, on calculera une première valeur approchée de la vitesse moyenne $U'$ dans la section $\Omega'$ placée vers le bout du coursier, en négligeant la résistance des parois et ne tenant compte que de la hauteur de pente $h'$, comprise entre ces deux sections, et l'on aura

$$U' = \sqrt{U^2 + 2gh'}\,;$$

prenant ensuite, pour la vitesse du régime, censé uniforme, dans le coursier, une vitesse

$$u = \frac{U + U'}{2},$$

on s'en servira pour calculer une deuxième valeur $U''$ de la vitesse vers l'extrémité, au moyen de l'équation

$$dM(U''^2 - U'^2) = 2g\,dM\,h' - 2dM\,\frac{\varpi L}{\Omega}\,(\alpha u + \beta u^2)\,;$$

d'où, en divisant par $dM$ et négligeant le terme $\alpha u$, on tirera pour la vitesse approchée, dans la section $\Omega'$ située vers le bout du coursier,

$$U'' = \sqrt{U'^2 + 2gh' - 2\,\frac{\varpi L}{\Omega}\,\beta u'},$$

expression dans laquelle on fera d'ailleurs $\beta = 0,0035$, et l'on mettra pour $\varpi$ et $\Omega$ les valeurs correspondant à la vitesse moyenne $u$, qu'on a prise pour celle du régime uniforme et qui se déduisent facilement de la dépense connue $Q$ et de la largeur du coursier.

Au moyen de la valeur de $U''$, on calculera ensuite, comme dans le cas précédent, la vitesse absolue $V$ avec laquelle l'eau atteint le récepteur. Pour plus d'exactitude, on pourrait considérer ce qui se passe dans chaque tranche élémentaire du liquide comprise entre la section $\Omega$ et celle qui est située à une petite distance de l'orifice et pour laquelle la vitesse moyenne est $U$; puis déterminer, à l'aide du Calcul intégral et en tenant compte de la résistance des parois, la valeur de la vitesse ou de la section en chaque point, en fonction de celles qui se rapportent à un point donné; mais une telle rigueur serait ici sans objet, et nous renverrons, pour tout ce qui concerne les recherches de cette nature, aux additions qui terminent cette Section.

**75.** *Des cabinets d'eau.* — Il nous reste à parler d'une disposition mise en usage dans quelques usines, notamment dans les forges, pour amener l'eau sur le récepteur, lorsque le réservoir principal en est très-éloigné. On établit alors, près du récepteur, un petit réservoir particulier (*fig.* 29),

Fig. 29.

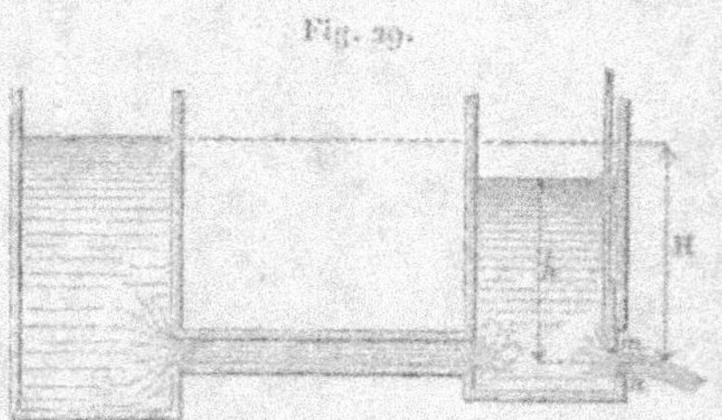

nommé *cabinet d'eau*, que l'on met en communication avec le bassin principal, au moyen d'un tuyau de conduite cylindrique ou prismatique; la vanne de service de la roue est placée en *mn*. Lorsqu'elle est fermée, le niveau est à la même hauteur dans les deux réservoirs; mais, quand on l'ouvre pour faire marcher la roue, les pertes de force vive, que nous avons appris à calculer (30), occasionnent une dénivellation, qui équivaut à une diminution réelle de la chute totale et dont il importe de tenir compte.

Admettant, pour la simplicité des formules et ainsi que cela a effectivement lieu dans la plupart des cas, que les orifices d'entrée et de sortie de la conduite soient égaux entre eux et à la section constante $\Omega$ de cette conduite, appelons

U la vitesse moyenne dans la conduite;

$m$ le coefficient de contraction de la dépense à son origine;

$m'$ celui qui répond à l'orifice de sortie *mn*, du cabinet d'eau;

A l'aire de la section transversale de ce cabinet;

$\omega$ et $v$ l'aire et la vitesse moyenne de sortie du fluide par l'orifice *mn*;

H la hauteur du niveau du réservoir principal au-dessus du centre de cet orifice;

$h$ la hauteur du niveau du cabinet d'eau au-dessus du même point.

$\varpi$, L, $\alpha$ et $\beta$ ayant la même signification qu'aux n$^{os}$ 30 et suivants, on aura évidemment

$$v^2 + U^2 \left( \frac{1}{m} - 1 \right)^2 + U^2 \left( 1 - \frac{\Omega}{A} \right)^2 = 2gH - \frac{2\varpi L}{\Omega} (\alpha U + \beta U^2);$$

en considérant à part ce qui se passe dans le cabinet d'eau, on aura, en appelant $\omega$ l'aire de l'orifice $mn$,

$$v^2 \left( 1 - m'^2 \frac{\omega^2}{A^2} \right) = 2gh,$$

et en éliminant $v$ entre ces deux équations, on en tirera une relation entre la différence H $- h$ des niveaux des réservoirs et la vitesse moyenne U dans la conduite, qui d'ailleurs peut être déduite du volume de fluide écoulé par $mn$.

Dans la plupart des cas de la pratique, $\Omega$ et $\omega$ sont assez petits, par rapport à A, pour que l'on puisse négliger $\frac{\Omega}{A}$ et $\frac{\omega^2}{A^2} m'^2$ vis-à-vis de l'unité; les deux équations ci-dessus se réduisent ainsi aux suivantes :

$$v^2 + U^2 \left( \frac{1}{m} - 1 \right)^2 + U^2 = 2gH - \frac{2\varpi L}{\Omega} (\alpha U + \beta U^2)$$

et

$$v^2 = 2gh;$$

d'où l'on tire cette troisième

$$H - h = \frac{U^2}{2g} \left[ \left( \frac{1}{m} - 1 \right)^2 + 1 \right] + \frac{\varpi L}{g \Omega} (\alpha U + \beta U^2),$$

à laquelle on doit ajouter celle-ci :

$$m' \omega v = \Omega U,$$

qui exprime que la dépense par l'orifice $mn$ est la même que celle qui se fait par chacune des sections du tuyau.

Éliminant U et $v$ entre ces diverses équations, on obtiendra la valeur de $h$ en H; mais, afin de simplifier les calculs, on pourra sans inconvénient supposer ici $\alpha = 0$; en prenant pour $\beta$ la valeur $\beta = 0,0035$ (34), on obtiendra l'équation

$$\mathrm{H} - h = \left\{ \frac{m'^2 \omega^2}{\Omega^2} \left[ \left( \frac{1}{m} - 1 \right)^2 + 1 \right] + 2\beta m'^2 \frac{\varpi \mathrm{L} \omega^2}{\Omega^3} \right\} h,$$

qui servira à calculer la perte de chute $\mathrm{H} - h$ en fonction de $\mathrm{H}$.

76. *Observations relatives à l'application de ces formules à la pratique.* — On remarquera que, dans cette application de l'hypothèse du parallélisme des tranches et du principe des forces vives, on admet nécessairement que les dimensions du cabinet d'eau sont assez grandes pour que, après les tourbillonnements qui ont lieu au débouché de la conduite, le parallélisme se rétablisse en avant de l'orifice *mn*; ce qui exige que le cabinet ait au moins en largeur, dans le sens du mouvement, deux ou trois fois le diamètre de la conduite.

L'expression ci-dessus met à même d'apprécier les inconvénients des cabinets d'eau et montre l'influence des dimensions de la conduite, que l'on doit faire aussi courte et aussi large que possible.

Nous ajouterons que, plusieurs élèves ayant observé avec soin la différence de niveau $\mathrm{H} - h$, et ayant ensuite recherché sa valeur par la formule ci-dessus, ils ont constamment obtenu du calcul le même résultat que de l'observation; ce qui montre la confiance que doivent inspirer les formules ci-dessus dans les applications à la pratique.

77. *Perte de force vive occasionnée par les coudes ou changements brusques de direction des conduites ou canaux.* — Dans l'établissement des équations relatives aux tuyaux de conduite ou aux canaux, nous avons supposé jusqu'ici qu'ils ne présentaient pas de coudes ou changements brusques de direction capables de reproduire une altération sensible de la vitesse. Lorsqu'il en existe, on peut tenir compte de la perte de force vive qui en résulte par la formule suivante, déduite par M. Navier du résultat des expériences de Dubuat.

En appelant

$c$ la longueur développée du coude;

$r$ son rayon de courbure;

$\mathrm{U}$ la vitesse moyenne dans la section supposée constante,

la perte de force vive due à chaque coude peut être représentée par

$$d\,\mathrm{M}\,.\,\mathrm{U}^{2}(0,0039 + 0,0186\,r)\frac{c}{r^{2}},$$

et l'on devra, dans les applications, l'ajouter aux autres pertes
de force vive, autant de fois qu'il y aura de coudes dans l'é-
tendue du canal ou de la conduite que l'on considère.

78. *Cas où la vanne est précédée d'un canal découvert qui
communique librement avec le réservoir.* — Une disposition
qui a quelque analogie avec la précédente et qui occasionne
aussi une perte de chute est celle d'un canal découvert ou
coursier étroit (*fig.* 3o), employé pour mettre le réservoir en

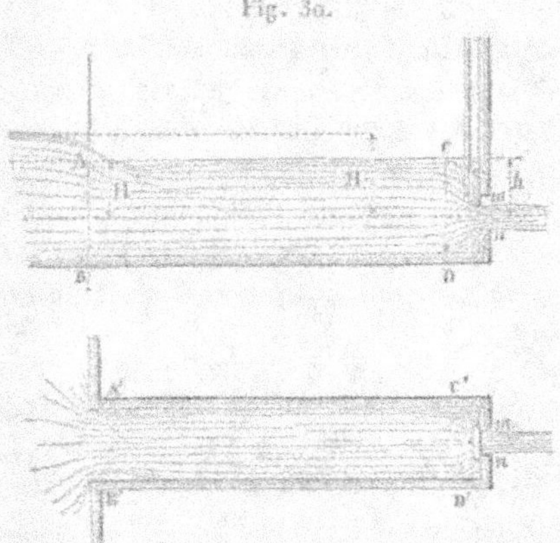

Fig. 3o.

communication avec l'orifice. Lorsque le régime s'est établi
dans ce canal, dont la pente et le profil sont censés constants,
la surface supérieure AC des eaux y prend une légère pente,
qui est employée à vaincre la résistance de ses parois; de
plus, il se forme à son entrée ou à la prise AB un ressaut ou
une chute, qui est nécessaire pour imprimer au fluide la vitesse de régime qu'il prend dans le canal et dont la variation,
pour les différentes sections, est ici supposée très-faible, de
sorte qu'elle peut être remplacée par sa valeur moyenne aussi

bien que l'aire variable de ces sections. On pourra donc assimiler ce cas au précédent, en considérant le canal comme une sorte de tuyau dans lequel la surface de l'eau n'éprouve aucun frottement et se trouve simplement soumise à la pression atmosphérique ordinaire. Conservant d'ailleurs les notations précédentes, on aura

$$v^2 + U^2\left(\frac{1}{m'} - 1\right)^2 = 2gH - \frac{2\omega}{\Omega}L(\alpha U + \beta U^2),$$

et

$$v^2 - U^2 = \left(1 - \frac{m^2\omega^2}{\Omega^2}\right)v^2 = 2gh, \quad m\omega v = \Omega U = Q;$$

équations dans lesquelles on devra supposer à $m'$ la valeur qui convient au cas où la contraction est nulle sur le sommet de l'orifice d'entrée AB du canal.

Quant à la chute qui se forme un peu au delà de cet orifice ou en aval de la prise d'eau, on pourra la calculer directement, d'après ce qui a été dit au n° 62. Supposant, en effet (*fig.* 30), la surface supérieure des eaux dans le canal prolongée jusqu'en H, et nommant H' la hauteur de ce point au-dessus du centre de l'orifice *mn*, on aura, d'après Dubuat (62), pour le cas où le fond du canal forme la continuation de celui du réservoir,

$$U = 0,9\sqrt{2g(H - H')}, \quad \text{d'où} \quad H - H' = 1,23\frac{U^2}{2g}.$$

Ces valeurs diffèrent, d'ailleurs, très-peu de celles qu'on obtiendrait de l'équation

$$U^2\left[1 + \left(\frac{1}{m'} - 1\right)^2\right] = 2g(H - H'),$$

dans laquelle on supposerait $m' = 0,67$, et qui se conclut de l'équation du n° 32, en y substituant $\omega = \Omega$.

De plus, la pente H' — $h$ qui se fait à la surface des eaux du canal étant ici censée employée uniquement à vaincre la résistance de ses parois, on a aussi

$$2g(H' - h) = \frac{2\omega}{\Omega}L(\alpha U + \beta U^2).$$

Cette nouvelle équation, étant combinée avec la précédente, redonne celle que nous avons posée en premier lieu, en observant que $v^2$ y est égal à $U^2 + 2gh$, de sorte qu'on peut lui donner cette forme

$$\mathrm{H} - h = \frac{\mathrm{U}^2}{2g}\left[ 1 + \left( \frac{1}{m'} - 1 \right)^2 \right] + \frac{\varpi \mathrm{L}}{g\,\Omega}\,(\alpha \mathrm{U} + \beta \mathrm{U}^2),$$

sous laquelle elle ne diffère en rien de l'équation qui a été obtenue dans le n° 75, pour le cas des cabinets d'eau avec tuyau de conduite.

Ce résultat, auquel on devait bien s'attendre, prouve d'ailleurs que, à circonstances semblables, il est à peu près indifférent d'adopter l'une ou l'autre disposition, en dérivant ainsi l'eau par le fond ou par la surface, et la même conséquence aurait lieu encore pour le cas où l'orifice $m$ se trouverait précédé d'un petit réservoir ou cabinet d'eau, dans lequel déboucherait une conduite découverte ; car on arriverait aux mêmes formules que pour celui où elle est entièrement fermée.

### III. — Additions relatives au régime variable des eaux dans les canaux ou conduites découvertes.

79. *Observation préliminaire.* — Lorsque le régime d'un courant d'eau est uniforme dans toutes ses parties, ce qui suppose ses sections, sa pente, sa direction et les vitesses de chacun de ses filets invariables, l'inertie ne jouant absolument aucun rôle, la pression en ses différents points est évidemment la même que pour l'état d'équilibre ou de repos ordinaire, c'est-à-dire qu'elle se compose de la pression atmosphérique ordinaire augmentée de celle qui est due à la hauteur verticale du point considéré au-dessous de la surface de niveau correspondante du liquide. De plus, en raison des résistances du lit, il s'établit, entre les vitesses des divers points, des rapports qui demeurent invariables pour toutes les autres sections, et en vertu desquels il devient permis de substituer les considérations d'une vitesse moyenne unique à toutes celles dont il s'agit, et de supposer ainsi que le mouvement

se fait par tranches planes parallèles; c'est ce que Dubuat exprime en disant que le courant est *réglé*. Quant à la force vive, dans chaque section, il est aisé de voir qu'elle surpasse nécessairement d'une certaine quantité celle qui se déduit de la considération de la vitesse moyenne relative à la dépense du courant, ce qui n'empêche nullement les équations du n° 65 d'avoir lieu, puisqu'elles sont indépendantes de cette force vive.

Mais les choses se passent différemment lorsque la direction, le profil et la pente du lit varient en chaque point du courant, ou si seulement cette dernière se trouve être plus forte ou plus faible que celle qui convient au régime uniforme; les forces d'inertie et centrifuge (Sect. I, première Partie, n°s 13 et 14) jouent alors un rôle tout particulier pour altérer les vitesses et les pressions en chaque point, altérations auxquelles correspondent, à la surface supérieure et libre du courant, des dénivellations qui maintiennent l'équilibre entre les pressions dues aux forces motrices et celles qui proviennent du poids seul du liquide. Toutefois, lorsque les changements s'opèrent avec lenteur et graduellement, de sorte que les sections et le régime varient peu dans une étendue assez grande du courant, circonstances qui se présentent fréquemment, tant pour les canaux artificiels que pour les rivières, on ne risquera probablement pas de se tromper d'une manière appréciable, en admettant encore que le régime se trouve réglé à peu près comme s'il était rigoureusement uniforme, et que la pression en chaque point y est mesurée comme on vient de le dire. Considérant d'ailleurs le mouvement comme se faisant toujours par tranches planes perpendiculaires à la direction du courant et animées en tous leurs points d'une vitesse moyenne égale à celle qui se déduit de la dépense divisée par leur aire, on parvient, par l'application du principe des forces vives, à plusieurs résultats utiles pour la pratique et que confirme pleinement l'expérience.

80. *Application du principe des forces vives aux courants à régime variable.* — Soient AB, CD (*fig.* 31) deux sections transversales d'un pareil courant, perpendiculaire à la direc-

trice B*b*B' de son lit, et dont O et O' sont les aires, U et U' les vitesses moyennes respectives. Soit *ab* une section intermédiaire quelconque, ayant pour aire ω, pour périmètre

Fig. 31.

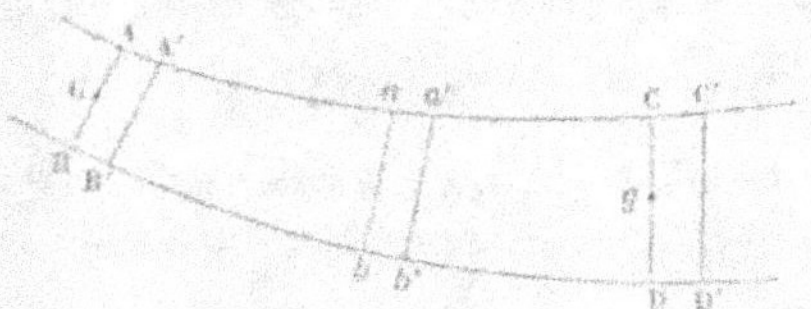

mouillé ϖ, pour vitesse moyenne *u*, et dont la distance B*b* à AB, mesurée sur le développement de la directrice du lit, soit représentée par *l*, celle de CD à AB l'étant par L. Nommons, de plus,

*d*M la masse liquide qui s'écoule par chaque tranche pendant *dt*;

Π la densité ou le poids de l'unité de volume du liquide;

Q la dépense par seconde;

H et H' les hauteurs du niveau supérieur A et C de l'eau dans les sections AB et CD, au-dessus d'un plan horizontal inférieur quelconque;

$H_i$ et $H'_i$ celles des centres de gravité G et *g* de AB et CD au-dessus du même plan;

*h* et *h'* leurs hauteurs respectives au-dessous des points supérieurs A et C.

La quantité d'action imprimée par la gravité au fluide pendant *dt* et depuis la section AB jusqu'à celle CD aura évidemment pour valeur

$$g\, d\mathrm{M}(H_i - H'_i).$$

Quant à celles que lui impriment, en sens contraire et dans le même temps, les pressions exercées perpendiculairement à la surface des sections dont il s'agit, on remarquera que la somme de ces pressions a respectivement pour valeur

En AB............ Π O *h*;
En CD............ Π O' *h'*.

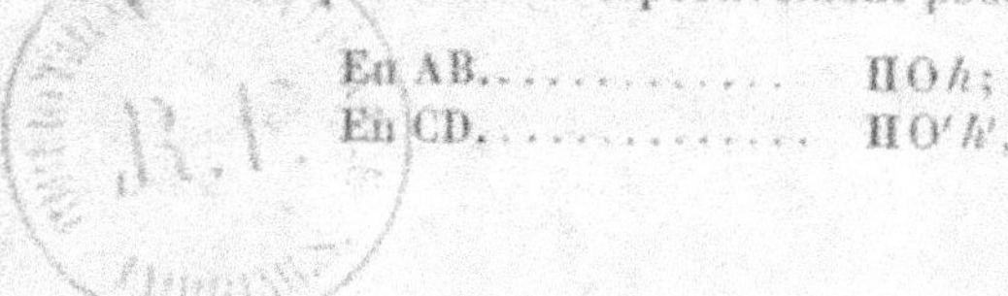

7

développant les quantités de travail élémentaires

$$\Pi O h U \, dt = \Pi Q \, dt . h = g \, dM \, h$$

et

$$- \Pi O' h' U \, dt = - g \, dM \, h',$$

dont la somme, censée agir de bas en haut, est ainsi égale à

$$g \, dM (h - h'),$$

cette quantité devant s'ajouter à celle qui se rapporte à l'action de la gravité, on aura, pour le travail dû à la fois à toutes ces forces,

$$g \, dM (H_{\prime} + h - H'_{\prime} - h') = g \, dM (H - H'),$$

résultat qui, à la rigueur, pourrait être considéré comme évident *a priori*.

La quantité de travail détruite pendant l'instant $dt$ par la résistance des parois du canal sur la tranche en $ab$ pouvant être encore ici exprimée par la formule

$$dM \frac{\varpi \, dl}{\omega} (\alpha u + \beta u^2),$$

il est clair qu'on aura (29), d'après l'équation des forces vives et en supprimant le facteur $dM$ commun à tous les termes,

$$\frac{U^2 - U'^2}{2} = \frac{U'^2}{2} \left( \frac{O^2}{O'^2} - 1 \right) = g(H - H') + \int_{l_0}^{L} \frac{\varpi}{\omega} (\alpha u + \beta u^2) \, dl,$$

équation dont, pour plus d'exactitude (71), le premier membre devrait être multiplié par un facteur constant à déterminer par expérience, et qui, en attribuant à $\alpha$ et $\beta$ les valeurs rapportées au n° 66, donnerait U en fonction de L, si l'on connaissait la loi qui lie entre elles les quantités $\varpi$, $\omega$, $u$ et $l$, de manière à pouvoir intégrer immédiatement la fonction sous le signe qui représente le travail des résistances.

Pour découvrir cette loi, on observe qu'en remplaçant les sections quelconques AB et CD par deux sections infiniment voisines $ab$ et $a' b'$, le principe des forces vives donne également

$$\tfrac{1}{2} du^2 = u \, du = g \, dH - \frac{\varpi}{\omega} (\alpha u + \beta u^2) \, dl,$$

$d$H représentant la hauteur verticale du point $a$ au-dessus du point $a'$ du niveau supérieur, de sorte qu'elle est négative lorsque $a$ se trouve situé plus bas que $a'$, et positive dans le cas contraire.

81. *Équation différentielle du mouvement des tranches et remarque à ce sujet.* — Nommons (*fig.* 32) $\varphi$ l'angle que

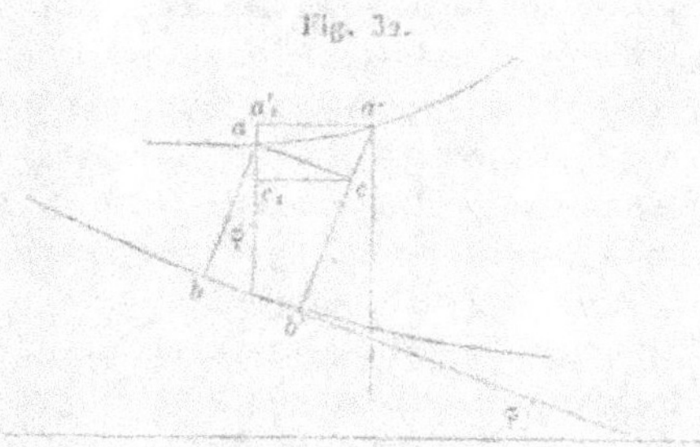

Fig. 32.

forme avec l'horizontale l'élément $bb' = dl$ de la directrice du canal; $y$ la profondeur $ab$ du courant au-dessus du point $b$, mesurée suivant la perpendiculaire à cette directrice. Par le point $a$ menons à $bb'$ la parallèle $ac$, rencontrant en $c$ l'ordonnée $a'b'$ voisine de $ab$, et par le point $a'$ l'horizontale $a'a'_1$, rencontrant en $a'_1$ la verticale du point $a$; on aura évidemment

$$ac = dl, \quad a'c = dy \quad \text{et} \quad aa'_1 = -d\text{H}.$$

Projetons également le point $c$ en $c_1$ sur la verticale de $a$ par l'horizontale $cc_1$; on aura finalement

$$-d\text{H} = aa'_1 = a'_1c_1 - ac_1 = a'c\cos\varphi - ac\sin\varphi$$
$$= dy\cos\varphi - dl\sin\varphi$$

et, par suite,

$$u\,du = g\,dl\sin\varphi - g\,dy\cos\varphi - \frac{\varpi}{\omega}(\alpha u + \beta u^2)\,dl;$$

mais on a

$$Q = \omega u, \quad u = \frac{Q}{\omega}, \quad du = -\frac{Q\,d\omega}{\omega^2};$$

d'ailleurs $\omega$, $\varpi$ et $\varphi$ sont des fonctions données de $l$ et $y$; donc

7.

l'équation ci-dessus établit une relation nécessaire entre $l$, $y$, $dl$ et $dy$, qui, étant intégrée dans chaque cas particulier, donnera la forme du profil de la surface supérieure du courant.

Cette équation est, aux notations près, celle qui a été obtenue par M. Bélanger dans un fort beau Mémoire ayant pour titre : *Essai sur la solution numérique de quelques problèmes relatifs au mouvement permanent des eaux courantes* (Paris, 1828), et dont il a déduit plusieurs conséquences utiles, conformes aux résultats des expériences faites par M. Bidone sur les *remous* ou *gonflements* d'eau produits par le barrage des courants (*Mémoires de l'Académie de Turin*, t. XXV, année 1820). Cette même équation se trouve rapportée dans la rédaction des Leçons de l'hiver de 1828, époque à laquelle le travail de M. Bélanger n'avait point encore paru, et elle y est spécialement appliquée aux canaux à profils rectangulaires constants, avec pente uniforme, qui intéressent plus particulièrement les usines hydrauliques, et donnent d'ailleurs lieu à des solutions faciles (¹).

82. *Intégration par approximation de l'équation, dans le cas où le profil du lit et la pente du courant sont constants.* — Supposant, en effet, le profil transversal du lit invariable et la pente uniforme, de sorte que $\varphi$ soit donné; nommant d'ailleurs $x$ la largeur horizontale du lit à la surface supérieure de la section $\omega$, on aura évidemment

$$d\omega = x\,dy$$

et, par suite,

$$du = -\frac{Q\,d\omega}{\omega^2} = -\frac{Q}{\omega^2}\,x\,dy = -\frac{u}{\omega}\,x\,dy;$$

substituant cette dernière valeur dans l'équation générale

---

(¹) L'Académie royale de Metz avait proposé pour sujet de concours, en 1817, la question suivante : *Déterminer la courbe que forme une eau courante en amont d'un barrage*, question qui se rattache à celle dont il s'agit ici et qu'a parfaitement résolue M. Bélanger dans son Mémoire; mais que l'Académie désirait voir accompagnée d'expériences spéciales sur la forme des remous.

dont il s'agit, on en déduira

$$dl = \frac{\dfrac{u^2}{\omega}\, x - g\cos\varphi}{\dfrac{\varpi}{\omega}(\alpha u + \beta u^2) - g\sin\varphi}\, dy.$$

Pour intégrer le second membre de cette équation, on se donnera une série de valeurs équidistantes de $y$, à compter de celle $y'$ qui répond à la section du canal pour laquelle $l = 0$, et qui est censée connue *a priori*; on en déduira facilement les valeurs correspondantes de $\omega$, $\varpi$, $u$ et, par suite, celle de la fraction qui multiplie $dy$. Appliquant à ces résultats la méthode de Thomas Simpson (Sect. I, 1<sup>re</sup> Partie, n° 9), on obtiendra, sans beaucoup de peine, les valeurs de $l$ qui correspondent à celles dont il s'agit, ce qui fera connaître la loi même du mouvement.

S'il s'agit, en particulier, d'un canal à section rectangulaire et constante dont $b$ soit la largeur horizontale, on aura

$$x = b, \quad \omega = by, \quad \varpi = b - 2y, \quad u = \frac{Q}{\omega} = \frac{Q}{by},$$

$$d\omega = b\, dy = -\frac{Q\, du}{u^2}$$

et, par suite,

$$dl = \frac{bQ^2 - g\omega^3 \cos\varphi}{Q(b^2 + 2\omega)(\alpha\omega + \beta Q) - gb\omega^3 \sin\varphi}\, d\omega$$

$$= \frac{bQ^2 - g\cos\varphi\, b^3 y^3}{Qb + 2y(\alpha by + \beta Q) - gb^3 y^3 \sin\varphi}\, dy.$$

L'intégrale générale de chacune de ces équations donnerait la loi qui lie les valeurs de $l$ à celles de $\omega$ ou de $y$. Quant à la relation entre $l$ et $u$, elle serait donnée par l'intégration de cette troisième équation

$$dl = \frac{Q(Qg\cos\varphi - bu^2)}{u^2[(b^2 u + 2Q)(\alpha u + \beta u^2) - gbQ\sin\varphi]}\, du;$$

mais cette intégration, aussi bien que les précédentes, exigeant la résolution d'une équation du troisième degré, tant que $\sin\varphi$

ou la hauteur de pente par mètre courant ne sera pas nulle, il sera plus simple de procéder, comme il a été indiqué ci-dessus, par voie d'approximation.

On trouvera d'ailleurs dans le Mémoire de M. Bélanger diverses applications numériques, que MM. les élèves feront bien de consulter et qui montrent que les calculs ne sont pas aussi compliqués qu'on pourrait se l'imaginer d'abord.

83. *Conséquences diverses qui résultent de l'équation ci-dessus.* — Revenant à l'équation générale

$$dl = \frac{\dfrac{u^2}{\omega}\,x - g\cos\varphi}{\dfrac{\varpi}{\omega}(\alpha u + \beta u^2) - g\sin\varphi}\,dy,$$

on remarquera que si, en donnant différentes valeurs consécutives à $y$, d'où résultent celles de $\omega$, $\varpi$ et $u$, le dénominateur de la fraction devient nul avant son numérateur, on aura en même temps

$$\frac{\varpi}{\omega}(\alpha u + \beta u^2) - g\sin\varphi = 0, \qquad \frac{dy}{dl} = 0,$$

ce qui indique évidemment (65) que le régime est devenu uniforme pour la valeur correspondante de $l$, ou que la surface supérieure de l'eau est devenue parallèle au fond du lit; mais comme, avant l'instant dont il s'agit, $dl$ acquiert des valeurs très-grandes, $l$ croît aussi d'une manière très-rapide; de sorte que ce n'est pour ainsi dire qu'à une distance infinie que le régime devient rigoureusement uniforme.

Si, au contraire, le numérateur de la fraction ci-dessus devient nul avant son dénominateur, on aura à la fois

$$\frac{u^2}{\omega}\,x - g\cos\varphi = 0, \qquad \frac{dy}{dl} = \infty,$$

ce qui annonce que la surface supérieure de l'eau est devenue verticale pour la valeur correspondante de $u$ ou de $l$; et, comme les valeurs de $dl$ changent de signe à compter de ce point, on voit que cette surface devrait revenir sur elle-même, ce qui présente une absurdité manifeste et montre qu'aux environs du point dont il s'agit l'hypothèse du parallélisme des tranches devient inadmissible, et qu'il se produit un changement brusque dans le régime du courant.

84. *Confirmation de ces conséquences par l'expérience des remous et des ressauts qui se forment dans les courants barrés transversalement.* — En rapprochant ces conséquences du résultat des expériences de M. Bidone sur les courants barrés transversalement (*fig.* 33), et dans lesquels l'eau est

Fig. 33.

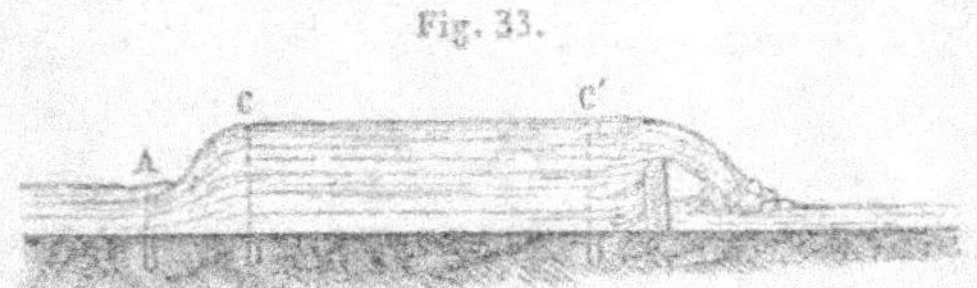

contrainte de s'élever ou de gonfler jusqu'à une certaine distance en amont, à laquelle son niveau se déprime brusquement et forme un *ressaut* avec le surplus du courant, en faisant, dis-je, ce rapprochement, M. Bélanger en conclut que la formule ci-dessus représente d'une manière satisfaisante les différentes circonstances du phénomène.

Nommant d'ailleurs U la vitesse moyenne dans la tranche d'amont AB, qui précède immédiatement le ressaut, U' celle de la tranche d'aval CD, H — H' la différence de hauteur entre les points supérieurs de ces tranches respectives, on a

$$U'^2 - U^2 = 2g(H - H') \quad \text{ou} \quad \frac{U^2}{2g} - \frac{U'^2}{2g} = H' - H;$$

relation qu'on déduit immédiatement de celle du n° 80 ci-dessus, en négligeant les résistances dans la petite étendue du canal comprise entre AB et CD, et qu'avec M. Bélanger on peut traduire en disant que *la hauteur du ressaut est égale à la différence des hauteurs dues aux vitesses du courant en amont et en aval de ce ressaut.*

Cette proposition se trouvant vérifiée à peu près rigoureusement par les résultats des observations de M. Bidone, il en

résulte que le changement de régime du courant se fait sans
perte sensible de force vive, ce qui tient à ce qu'il n'y a point
ici de tourbillonnement ou de divergence dans le mouvement des filets fluides, comme cela aurait lieu si le canal
présentait par lui-même un rétrécissement brusque à l'endroit dont il s'agit (24).

85. *Détermination de la hauteur du ressaut.* — Supposant
également, avec ce savant ingénieur, que le canal soit rectangulaire et sa pente très-faible, nommant $h$ la profondeur en AB,
$h'$ celle en CD, et enfin $\xi$ la hauteur effective $H - H'$ du ressaut, on aura sensiblement

$$\xi = h' - h, \quad U'^2 = \frac{h^2}{h'^2} U^2 = \frac{h^2}{(\xi + h)^2} U^2$$

et, par suite,

$$H' - H = \xi = \frac{U^2}{2g}\left[1 - \frac{h^2}{(\xi + h)^2}\right];$$

d'où l'on tire, en posant $\dfrac{U^2}{2g} = \varepsilon$,

$$\xi = \frac{\varepsilon}{2} - h + \sqrt{\varepsilon\left(\frac{\varepsilon}{4} + h\right)},$$

qui servira à calculer $\xi$ quand $h$ et U seront donnés.

86. *Manière dont on détermine la vitesse, la section et la
dépense au débouché inférieur du courant.* — Comme le régime, à la prise d'eau d'un canal, dépend essentiellement de
celui qu'il acquiert en aval ou au débouché, et que de ce
premier régime peut dépendre aussi, comme on l'a vu au
n° 53, le produit ou la dépense qui se fait par l'orifice d'alimentation, on devra d'abord s'occuper de ce qui se passe au
débouché, soit pour calculer directement la dépense, par les
règles expliquées précédemment, soit pour en déduire au
moins la hauteur et la vitesse des sections en ce point, de
manière à être en état de déterminer, de proche en proche,
comme nous l'avons déjà expliqué ci-dessus, le régime du
canal dans ses sections successives et à compter de celles
dont il s'agit en remontant vers la prise d'eau.

Par exemple, dans le cas de la *fig.* 33 ci-dessus, où le canal est supposé terminé par un barrage en déversoir, on aura, pour déterminer la dépense ou la hauteur H′ de l'eau au-dessus du sommet de ce barrage (55), la formule

$$Q = 0,41 H' \sqrt{2g \left( H' + \frac{U'^2}{2g} \right)} = O'U',$$

si cette aire est comparable à l'aire O′ de la section du canal pour laquelle on relève la charge maxima H′ et dont la vitesse moyenne est représentée par U′.

La dernière équation donnera U′ et, par suite, Q, si O′ et H′ ont été relevés directement, ou H′ et U′ si Q est connu *a priori*, en observant que O′ est fonction de H′ et de la hauteur du barrage.

Les mêmes formules sont d'ailleurs applicables, quelle que soit cette hauteur du barrage, qui peut être ainsi nulle, pourvu toujours que le canal débouche librement dans l'air.

Si, au contraire (*fig.* 34), il débouche dans un réservoir ou

Fig. 34.

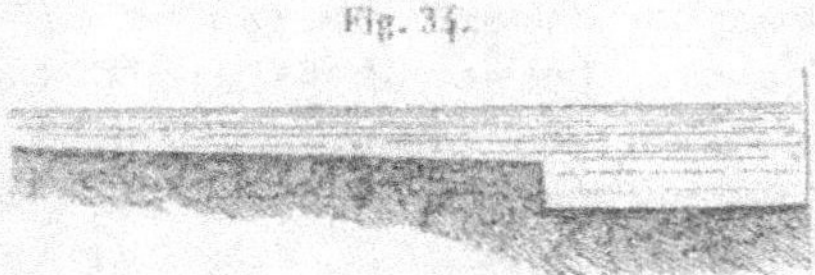

courant d'eau inférieur, dont le niveau général est connu, on aura bien la profondeur d'eau et la section O′ au débouché, mais non pas U′ et Q, qu'il faudra déterminer par des observations directes, en se reportant, par exemple, à la prise d'eau ou à une partie du courant dont le régime soit sensiblement uniforme et dont la dépense puisse être ainsi jaugée (66).

Si enfin le sommet du barrage s'élève au-dessus du niveau de l'eau dans le canal et que l'orifice soit placé près de son fond, et limité à l'ordinaire par une vanne mobile (*fig.* 35), on se servira, pour le même objet, des formules

$$Q = O'U' = m\omega V, \quad V = \sqrt{\frac{2gH'}{1 - m^2 \frac{\omega^2}{O'^2}}}.$$

$\omega$, V et $m$ étant l'aire, la vitesse et le coefficient de contraction de la dépense, qui se rapportent à l'orifice qu'on suppose déboucher librement dans l'air.

Fig. 35.

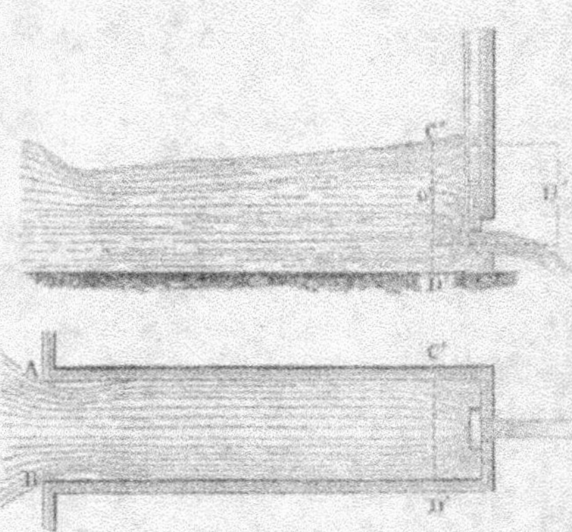

**87.** *Détermination du régime du courant à compter du débouché inférieur.* — Les quantités O′, U′ étant ainsi connues pour la section O′ du canal voisine du débouché, on procédera au calcul des valeurs successives de $l$ comptées de cette même section, par la formule du n° 75, dans laquelle on devra ici changer le signe de $dl$ ou du facteur de $dy$, puisque nous partons des sections inférieures du canal; on aura donc la relation

$$ l = \int \frac{g\cos\varphi - \frac{u^2}{\omega}\, x}{\frac{\omega}{\omega}\,(\alpha u + \beta u^2) - g\sin\varphi}\, dy, $$

qui fera connaître la forme de la surface supérieure du courant, jusqu'à l'endroit du ressaut, s'il en existe, ou jusqu'à la prise d'eau en AB, si cette surface est exactement continue, de sorte que $g\cos\varphi - \frac{u^2}{\omega}\, x$ ne devienne jamais nul pour l'intervalle considéré.

Dans le premier cas, la position du ressaut sera déterminée, ainsi que sa hauteur $\xi$, au moyen des relations exposées ci-dessus; ce qui fait connaître aussi le régime dans la section d'amont du courant, d'où l'on déduira ensuite celui qui a lieu dans les différentes sections, jusque tout près de la prise d'eau, en procédant toujours de la même manière, à l'aide de l'intégrale qui donne $l$. Ce cas se rapportant généralement à celui où la pente du canal est très-forte et la vitesse à la prise très-grande, on voit que la dépense y sera à peu près la même (58) que si le canal était enlevé.

88. *Influence du régime du courant sur la dépense et la chute qui se forme à la prise d'eau.* — D'ailleurs l'intégrale ci-dessus met à même de prévoir, dans certains cas, si les résistances du canal peuvent exercer une influence sur le mode de l'écoulement de la veine sortant de l'orifice d'alimentation; car, si aux environs de cet orifice les valeurs de $l$ croissent dans le même sens que celles de $\omega$ ou $y$, c'est-à-dire, si le facteur de $dy$,

$$\frac{g \cos\varphi - \dfrac{u^2}{\omega} x}{\dfrac{\varpi}{\omega}(\alpha u + \beta u^2) - g \sin\varphi},$$

y est positif, ce sera un signe certain que l'action de la gravité suffit, et au delà, pour vaincre les résistances du canal; de sorte que la présence de celui-ci ne pourra altérer en aucune façon la dépense, même dans le cas où il formerait le prolongement exact des bords de l'orifice, et *a fortiori* dans tous ceux où il s'en trouverait détaché de toutes parts. Mais, s'il en est autrement, la dépense pourra être altérée, comme on l'a vu (58), suivant une loi qui reste encore à déterminer.

Quant au cas où le calcul annoncerait que le ressaut est situé à une distance du débouché du canal plus grande que celle qui répond à l'orifice d'alimentation, la veine et cet orifice se trouvant en tout ou en partie recouverts par le remous ou gonflement du canal sur une hauteur que le calcul aura mis à même d'apprécier, la chute qui se fait à la prise pourra être déterminée au moyen des formules du n° 78.

On voit par cette discussion comment on peut découvrir *a*

*priori* et de proche en proche l'état ou le régime d'un courant d'eau en ses différents points et la hauteur de chute qui se forme aux endroits où il éprouve un changement brusque ; mais on a dû s'apercevoir que cela suppose expressément que la dépense ou la vitesse et la section soient données *a priori* ou par l'observation, en un certain point et lorsque le régime est devenu permanent.

# NOTE.

Sur les expériences de M. Pecqueur, relatives à l'écoulement de l'air dans les tubes, et sur d'autres expériences avec orifices en minces parois (¹).

Dans une récente Communication (*voir* la séance du 23 juin dernier), M. Pecqueur, l'un de nos plus habiles mécaniciens, bien connu de l'Académie par d'utiles, de remarquables inventions, vient de lui présenter un résumé de nombreuses et intéressantes expériences sur l'écoulement de l'air dans les tuyaux de conduite, expériences qu'il a exécutées en mai et juin derniers, avec MM. Bontemps et Zambaux, associés à ses travaux. Le but spécial et pratique de ces expériences est de déterminer la perte de force motrice opérée par l'écoulement de l'air au travers des longs tubes d'alimentation de l'ingénieux système de chemin de fer, à air comprimé, qu'ils ont soumis à l'examen de l'Académie dans la séance du 17 juin 1844, afin de mettre ses Commissaires en mesure de prononcer sur le mérite de l'invention.

En lui adressant ce résumé d'expériences, M. Pecqueur manifeste le désir que les principaux résultats en soient vérifiés par la Commission avant l'enlèvement des appareils, et que l'application des lois qu'ils indiquent en soit faite à l'appréciation de son système de chemin de fer atmosphérique. Dans ces expériences, on se servait d'une grande chaudière en tôle de fer, rivée et à tubes bouilleurs, nommée *magasin*, de la contenance de 2926 litres, et dans laquelle l'air était refoulé au moyen d'une pompe à compression mue par la machine à vapeur à rotation immédiate de M. Pecqueur. Le faible intervalle de temps qui devait s'écouler entre la séance du lundi 23 juin et l'époque de la livraison de cette chaudière, l'importance même des résultats obtenus me déterminèrent à accepter, avec empressement, l'offre obligeante que M. Pecqueur voulut bien me faire, de visiter ses appareils, et de les soumettre à quelques expériences avant la présentation officielle du Mémoire à l'Académie et la réunion des membres de la Commission dont j'ai l'honneur de faire partie.

(¹) Extrait des *Comptes rendus des séances de l'Académie des Sciences* du 21 juillet 1845.

J'ai pensé que, en attendant l'époque où il deviendrait possible à cette Commission de porter un jugement motivé sur le chemin de fer atmosphérique de M. Pecqueur, l'Académie et le public scientifique ou industriel recevraient avec intérêt la communication des principaux résultats des expériences auxquelles cet ingénieur s'est livré conjointement avec MM. Bontemps et Zambaux, ainsi que des expériences complémentaires qu'ils ont bien voulu entreprendre le 21 juin, en ma présence et à ma sollicitation, dans la vue d'éclaircir quelques points délicats et jusqu'ici controversés, concernant les lois de l'écoulement des gaz.

L'appareil dont M. Pecqueur s'est servi dans ses expériences se composait du grand réservoir ou magasin dont il a été parlé et dans lequel l'air était refoulé à plusieurs atmosphères ; d'un autre réservoir plus petit en tôle mince de cuivre, nommé *grand récipient*, de la contenance de 180 litres, qui communiquait avec le magasin par un tube de $0^m,80$ de longueur, $0^m,04$ de diamètre, muni d'un robinet à l'entrée ; enfin, d'un dernier réservoir de 55 litres, qui communiquait avec le précédent au moyen de tubes en plomb, de divers diamètres et longueurs, dans lesquels on s'était proposé de faire couler l'air sous des différences de pressions plus ou moins grandes. Chacun des trois réservoirs était muni d'un manomètre à mercure et à air libre, servant à mesurer l'excès de la pression intérieure sur celle de l'atmosphère ; le petit récipient était, en outre, muni d'un robinet qui, en permettant de lâcher plus ou moins d'air au dehors, servait à maintenir la pression à un état constant pendant la durée de l'expérience.

Après le refoulement de l'air dans le magasin et la fermeture du robinet d'admission de cet air, qui s'y trouvait ainsi condensé à plusieurs atmosphères, l'un des observateurs était occupé à régler l'ouverture du robinet d'écoulement de ce magasin, de manière à maintenir l'air du grand récipient à une pression constante au-dessus de celle que le second observateur tâchait de maintenir pareillement constante dans le petit récipient. Un troisième observateur était occupé à compter le nombre des oscillations d'un pendule à secondes pendant la durée de l'expérience, dont le commencement correspondait à l'instant précis où la tension décroissante dans le magasin se trouvait de ½ atmosphère au-dessus de la tension fixe du grand récipient, tandis que la fin correspondait à l'instant même où le manomètre du magasin se trouvait abaissé au niveau de celui du grand récipient.

Il résultait effectivement de ce dispositif qu'en négligeant la faible différence existant entre la pression barométrique extérieure et la pression atmosphérique moyenne, mesurée par une colonne de $0^m,76$ de mercure, le volume de l'air écoulé, ramené à cette dernière pression, devait être équivalent à la moitié de la capacité du grand magasin, soit 1463 litres, en négligeant, d'autre part, le faible abaissement de température survenu dans ce même magasin, par l'effet de la dilatation de l'air qu'il contenait primitivement. En divisant le volume de 1463 litres ou 1$^{mc}$,463 par le nombre de secondes observé au pendule, MM. Pecqueur, Bontemps et Zambaux obtenaient le volume de la dépense par seconde, qu'ils ramenaient, par un calcul facile, à la pression intérieure du grand récipient, afin d'en conclure la vitesse d'écoulement de l'air dans les tubes servant à établir la communication avec le petit récipient.

Le rapprochement et la comparaison des nombreux résultats ainsi obtenus avec des tubes de 4 à 68 mètres de longueur, de 1 à 3 centimètres de diamètre, dans des circonstances où la pression effective a varié entre 3 ½ et 2 atmosphères dans le grand récipient, entre 3 ½ et 1 atmosphère dans le petit, sous des différences de pression ou charges motrices comprises entre ½ et ½ d'atmosphère, et qui se sont élevées jusqu'à la moitié de la pression absolue du grand récipient, ce rapprochement, cette comparaison, disons-nous, ont conduit M. Pecqueur aux conséquences suivantes :

1° *Pour un tuyau donné, la durée de l'écoulement d'un même poids d'air ou d'un même volume, sous la tension du grand récipient, est en raison inverse de la racine carrée de la différence des pressions ou des densités de l'air dans les deux récipients;*

2° *Toutes choses égales d'ailleurs, cette même durée est en raison directe de la racine carrée des longueurs des tuyaux;*

3° *Par conséquent, les vitesses d'écoulement sous la densité du réservoir ou grand récipient sont proportionnelles à la racine carrée du rapport de la différence des pressions à la longueur des tuyaux, lorsque ceux-ci ont le même diamètre;*

4° *Pour des tuyaux de même longueur et dans lesquels l'air est soumis aux mêmes pressions, tant en amont qu'en aval, les vitesses sont en raison directe de la racine cubique de l'aire des sections.*

De ces quatre lois, la première et l'énoncé qui lui correspond dans la troisième sont conformes à celle que l'on déduit de l'ancienne théorie, où l'on suppose que les gaz, soumis à une différence de pression constante, s'écoulent sans détente et à la manière des fluides incompressibles, c'est-à-dire en conservant la densité qu'ils avaient dans le réservoir ; théorie qui n'avait, jusqu'ici, été vérifiée que par les résultats des expériences de MM. Girard et d'Aubuisson, exécutées sous des différences de pression extrêmement faibles. La deuxième loi, relative à l'influence de la longueur, et son analogue de la troisième, ne diffèrent de celles qui se concluent des mêmes théories ou expériences que par une quantité généralement fort petite, qui doit être ajoutée au terme relatif à la résistance des tuyaux, dont elle est véritablement indépendante, et vis-à-vis duquel elle peut être approximativement négligée pour des longueurs de tubes semblables à celles des principales expériences de M. Pecqueur.

Quant à la quatrième loi, elle attribue aux diamètres des tubes une influence un peu supérieure à celle que leur assignent les théories déjà citées, puisque les vitesses, au lieu de croître comme la puissance $\frac{2}{3}$ du diamètre, doivent simplement être proportionnelles à leur racine carrée, ou, ce qui revient au même, elles doivent croître comme la racine quatrième de l'aire des sections des tubes, et non comme leurs racines cubiques. Or cette différence peut également s'expliquer par l'omission du terme, indépendant de la résistance ou du frottement des tuyaux, qui provient, comme on le sait, des pertes de forces vives éprouvées par le fluide, tant à sa sortie qu'à son entrée dans ces tuyaux ; pertes constatées par le phénomène des ajutages et dont les nouvelles expériences, relatives aux tubes les plus courts, rendent l'existence également manifeste.

Ce n'est point ici le lieu d'insister sur les applications que M. Pecqueur a faites, du résultat de ses expériences, au projet d'établissement de son chemin de fer à air comprimé ; la conséquence à laquelle il arrive, et d'après laquelle la perte de travail ou de pression motrice pour pousser l'air à des distances de plus de 154 kilomètres, soit 38 lieues, dans des tuyaux de $0^m,3$ de diamètre, ne s'élèverait qu'au $\frac{1}{3}$ ou au $\frac{1}{4}$ seulement de la force employée, cette conséquence, disons-nous, paraît à l'abri de toute contestation, si l'on entend faire abstraction des fuites, des changements que pourrait subir la température extérieure, et qu'il n'existe aucun étranglement dans la conduite. Une aussi faible influence des frottements sous de petites vitesses, ou de grands diamètres, est parfaitement conforme aux résultats des expériences antérieures sur l'écoulement des liquides et des gaz, résultats que ceux de M. Pecqueur viennent ainsi confirmer pour des circonstances très-variées et des pressions considérables, puisqu'elles ont atteint, comme on l'a vu, le double de la pression extérieure. Nous passerons à une autre série d'expériences, qui intéressent plus particulièrement les progrès de la théorie de l'écoulement des gaz, et l'application générale que l'on peut avoir à en faire aux divers cas de la pratique.

Dans cette nouvelle suite d'expériences, MM. Pecqueur, Bontemps et Zambaux ont supprimé le petit récipient, et, sans rien changer au surplus de l'appareil, ils ont laissé l'écoulement s'opérer à l'air libre, au travers des mêmes tubes qui avaient déjà servi aux précédentes expériences. Nous choisissons de préférence, pour la soumettre au calcul, la série dont les résultats sont consignés dans le tableau suivant, extrait textuellement de la Notice de M. Pecqueur, attendu qu'elle laisse le moins à désirer sous le rapport de la régularité et de l'exactitude. Les tubes, en plomb étiré, qui ont servi à ces expériences, avaient, sous différentes longueurs, $0^{mq},0000083$ de section, ou $0^m,010228$ de diamètre ; l'un et l'autre obtenus au moyen de la pesée de l'eau de pluie que contenait 1 mètre de longueur de ces tubes. La pression effective et constante dans le grand récipient était de 2 atmosphères mesurées en colonne de $0^m,76$ de mercure ; la pres-

sion barométrique extérieure et la température n'ont point été observées,
non plus que dans les précédentes expériences ; mais, en consultant le
tableau météorologique du Bureau des Longitudes, dont M. Laugier a bien
voulu me communiquer l'extrait, et en se reportant à la date du 2 juin
(7 à 9 heures du soir), il nous a été possible de tenir compte, approximativement, de ces données essentielles dans les formules et les calculs.
Ajoutons que la dépense, ou le volume constant de gaz écoulé pendant
les durées distinctes de ces mêmes expériences, a été évalué à $1^{mc}$,643
sous la pression atmosphérique moyenne de $0^m$,76, et cela d'après une
appréciation qui suppose que la température intérieure de l'air était la
même que celle de l'atmosphère, ce qui s'écarte quelque peu de la vérité,
comme on le verra ci-après.

| Longueurs des tubes. | Durées de l'écoulement. | Dépenses par seconde. |
|---|---|---|
| m | s | mc |
| 18,00 | 202 | 0,00724 |
| 9,00 | 148 | 0,00989 |
| 4,50 | 106 | 0,01380 |
| 2,25 | 85 | 0,01721 |
| 1,125 | 72 | 0,02032 |
| 0,562 | 59 | 0,02480 |
| 0,281 | 53 | 0,02760 |
| 0,149 | 51 | 0,0287 |
| 0,070 | 51 | 0,0287 |

Dans ce tableau, les longueurs, les durées et les dépenses de gaz sont
respectivement évaluées en mètres linéaires, en secondes sexagésimales et
en mètres cubes ou fractions de mètre cube.

Pour comparer les résultats contenus dans la dernière ligne verticale
de ce tableau avec ceux de la théorie qui suppose la densité constante
dans toute l'étendue du réservoir et des tubes, j'ai pris les formules connues

$$(1) \qquad Q = \Pi \frac{P}{p} V = \Omega \frac{P}{p} \sqrt{\frac{2g(P-p)}{\Pi\left(K + \frac{b2}{D}L\right)}},$$

$$(2) \qquad \Pi = \Pi_0 \frac{P}{P_0} \frac{1}{1+\alpha\theta},$$

où $g = 9^m$,809, $P$ représente la pression intérieure dans le récipient, relative au mètre carré ; $p$ la pression atmosphérique extérieure ; $\Pi$ la densité ou le poids du mètre cube d'air sous la pression $P$ et la température
intérieure $\theta$, supposée ici la même que celle du dehors ; $\Pi_0 = 1^k$,299 la
densité de l'air à zéro fournie par les Tables, $P_0 = 10330^{kg}$ la pression

atmosphérique moyenne de $0^m,76$ de hauteur de mercure; $z = 0,004$ le coefficient que l'on a coutume d'adopter dans ce genre de calculs pour tenir compte de l'humidité de l'air; K une constante relative aux contractions et pertes de forces vives qui ont lieu à l'embouchure et au débouché des tubes; $\Omega$ et D l'aire et le diamètre de leur section uniforme; L leur longueur; $\beta$ un coefficient numérique relatif à la résistance de leurs parois; V enfin la vitesse d'écoulement du gaz par seconde, et Q le volume correspondant de la dépense ramenée de la pression P du réservoir à la pression extérieure $p$.

On a supposé, avec M. Pecqueur et sans aucune correction, $P = 2P_0$, $p = P_0$, $\Omega = 0^{mq},000083$, $D = 0^m,01028$; faisant, en outre, $g = 9^m,809$, $H = 1^m,3$, $z = 0,004$, enfin $\theta = 20^\circ$, ce qui s'écarte peu de la vérité, et substituant ces différentes valeurs ainsi que celles de Q et de L, fournies par le tableau, dans les formules qui donnent H et Q, on en a déduit les valeurs correspondantes de la fonction $K + \dfrac{8\beta}{D}L$, ou, plutôt, $K\dfrac{D}{8} + \beta L$.

Prenant ensuite pour abscisses les longueurs L des tubes, et pour ordonnées les valeurs ainsi obtenues, on a construit une série de points qui se sont trouvés sur une même droite, à des différences près véritablement négligeables dans une question de cette espèce, et qui démontrent que la fonction dont il s'agit est, en réalité, très-propre à représenter l'ensemble des résultats de l'expérience. De plus, on déduit de cette comparaison toute simple

$$K = 2,475, \quad \beta = 0,00295,$$

quantités dont les valeurs, substituées dans l'expression ci-dessus de la dépense Q, reproduisent les résultats du tableau à un degré d'exactitude comparable à celui que comportent les expériences mêmes auxquelles ils correspondent respectivement.

La constante K dépend, comme on l'a vu, du dispositif de l'embouchure des tubes; d'après le résultat des expériences connues relatives aux liquides, elle s'élèverait, au plus, à $1,5$; mais on doit remarquer que ces tubes n'aboutissaient pas directement aux parois du récipient servant de réservoir, et qu'ils s'en trouvaient séparés par un bout de tuyau de $0^m,04$ de diamètre, de $0^m,3$ environ de longueur et formant un coude arrondi sous un angle droit; circonstance qui, par elle-même, a dû modifier un peu les lois du mouvement, indépendamment des étranglements accidentels qui pouvaient avoir lieu dans les tubes, soit par les flexions auxquelles ils ont été naturellement soumis, soit à cause des dépôts résultant de l'opération du masticage de leur embouchure. Les résultats mentionnés ci-après démontrent, en effet, que cette considération n'est point fondé sur une pure hypothèse et se trouve conforme à la réalité des faits.

Quant à la constante, elle est peu inférieure à la valeur $0,00324$ qui lui a été assignée par M. Navier ([1]) d'après le résultat des expériences de M. d'Aubuisson, et sans tenir compte, ainsi que je viens de le faire, du terme constant K ; mais elle se rapproche beaucoup plus de la valeur 0,00307 que j'avais antérieurement déduite de la discussion du résultat de ces mêmes expériences ([2]) et de celle 0,00297 que lui avait primitivement assignée M. d'Aubuisson ([3]), en admettant ce terme et négligeant, à la vérité, dans le calcul, quelques circonstances peu influentes. L'accord de ces derniers résultats avec le précédent met en droit de conclure que le coefficient $\beta$ est, en effet, sensiblement indépendant de la densité du fluide qui parcourt les tubes ; car, on l'aperçoit aisément, les corrections qu'il faudrait apporter aux résultats de nos premiers calculs en raison des effets de température et de pression, sans affecter aucunement le rapport des constantes K et $\beta$, tendraient, tout au plus, à les augmenter de quelques centièmes de leurs valeurs respectives.

L'accord non moins remarquable des données expérimentales du tableau ci-dessus et des formules se soutient, à quelques anomalies près évidentes, pour tous les cas où l'on a opéré avec le grand récipient, en laissant écouler directement le fluide dans l'atmosphère : expériences qui datent de la même époque que les précédentes, et dans lesquelles, sous des longueurs L, de 34 et 68 mètres, le rapport de P à $p$ a varié de $1\frac{1}{2}$ à $2\frac{1}{4}$. Il suffira de faire remarquer que le résultat en serait plus approximativement représenté, en moyenne, si l'on augmentait K et $\beta$ de quelques centièmes de leurs valeurs ci-dessus, en prenant, par exemple, K = 2,6 et $\beta$ = 0,003.

D'un autre côté, la Notice présentée à l'Académie des Sciences par M. Pecqueur, ne concernant que des tubes dont la moindre longueur égalait à peu près sept fois le diamètre, laissait à désirer que la série rapportée plus haut fût continuée jusqu'à des longueurs comparables à celles des ajutages cylindriques ordinaires, ou à peu près nulles, afin de se placer dans la condition des minces parois ; car on sait qu'alors les phénomènes de l'écoulement se trouvent complétement modifiés. Malheureusement, le tube de 0$^m$,7 de longueur avait été démonté, et, pour satisfaire à mon désir, il devint nécessaire de substituer un autre bout de tube neuf, exactement calibré à 0$^m$,001028 de diamètre, et auquel on donna successivement les longueurs indiquées dans la Table ci-dessous, qui contient le résultat des expériences exécutées en ma présence, par MM. Pecqueur, Bontemps et Zambaux, le 21 juin dernier, de 3 à 7 heures

---

([1]) *Mémoire sur l'écoulement des fluides élastiques dans les vases et les tuyaux de conduite*, lu à l'Académie des Sciences le 1$^{er}$ juin 1829.

([2]) *Leçons lithographiées de l'École d'application de Metz, Cours de Mécanique appliquée aux machines*, seconde Partie, 1$^{re}$ Section, n° 41.

([3]) *Traité d'Hydraulique*, 2$^e$ édition, pages 591 et suivantes.

de l'après-midi, sous une pression barométrique voisine de $0^m,76$, et une température d'environ 25 degrés C., résultats qui se trouvent ici comparés à ceux que donnent les formules pratiques bien connues

$$(3) \quad \begin{cases} Q = \mu\Omega\,\dfrac{P}{p}\,V = \mu\Omega\,\dfrac{P}{p}\sqrt{\dfrac{2g(P-p)}{\Pi}} \\[2mm] = \mu\Omega\sqrt{2g\,\dfrac{P}{\Pi_0}\left(\dfrac{P}{p}-1\right)\dfrac{P}{p}(1+0,004\theta),} \end{cases}$$

dans lesquelles les lettres ont les valeurs et les significations déjà rapportées ci-dessus, et $\mu$ représente d'ailleurs un coefficient de *correction* ou de *contraction* purement numérique, analogue à celui qui se rapporte à la dépense des ajutages.

| Numéros des expériences. | Longueurs des tubes. | Durées moyennes en secondes. | Dépenses par seconde à la pression P. | Valeurs du coefficient $\mu$. |
|---|---|---|---|---|
| | m | s | mc | |
| 1............ | 0,100 | 40,33 | 0,03158 | 0,632 |
| 2............ | 0,050 | 46,00 | 0,03180 | 0,636 |
| 3............ | 0,025 | 45,00 | 0,03251 | 0,650 |
| 4............ | 0,01 | 44,00 | 0,03325 | 0,665 |
| 5............ | 0,00 | 54,67 | 0,02676 | 0,535 |

Les coefficients $\mu$, donnés par la dernière colonne de cette Table, suivent, comme on voit, à très-peu près, la marche de ceux qui ont été obtenus par Michelotti et d'autres observateurs habiles, pour l'écoulement des liquides dans les ajutages de différents diamètres; mais ils sont généralement beaucoup plus petits, quoiqu'il y ait lieu de présumer que le maximum de leur valeur, évidemment compris dans l'intervalle 0,650 à 0,665, doive se rapprocher de 0,70. Ces mêmes coefficients, du moins leur maximum 0,665 et leur minimum 0,535, relatifs aux orifices en mince paroi, sont aussi de beaucoup inférieurs à ceux qui ont été obtenus par MM. d'Aubuisson et Lagerhjelm pour l'écoulement de l'air dans des circonstances analogues. Les valeurs respectives de ces derniers coefficients ont, en effet, été trouvées, par le premier de ces observateurs, égales à 0,649 et 0,926 en moyenne, sous des différences de pressions extrêmement faibles et dans des circonstances où le dispositif des orifices devait tendre à augmenter les contractions intérieures, et par conséquent les coefficients à la sortie. Dans les expériences de M. Lagerhjelm, qui a opéré sous des différences de pressions beaucoup plus fortes, ces mêmes valeurs, en calculant les dépenses par les formules ci-dessus, et laissant de côté deux expériences sur douze, relatives aux minces parois, dont les résultats, complétement anormaux, se trouvent évidemment transcrits, d'une manière erronée, dans la Table de cet auteur, ces mêmes coefficients de *correction* se sont encore élevés à 0,584 et 0,78, en moyenne.

L'excès considérable de ces derniers coefficients sur les nôtres, obtenus, à la vérité, sous des différences de pressions vingt fois plus fortes, nous a fait penser qu'il devait exister, à l'embouchure, quelque obstacle intérieur, analogue à ceux qui ont pu accroître les valeurs de la constante K dans les expériences relatives aux longs tuyaux, obstacle qui devait plus particulièrement porter sur la réduction du diamètre des orifices ou sections de ces tuyaux ; car le principe des forces vives, d'accord en cela avec les faits de l'expérience relatifs aux ajutages, indique que les contractions et frottements occasionnés par le dispositif de l'appareil où les orifices étaient, comme on l'a vu, pratiqués à l'extrémité d'un tube recourbé, outre qu'ils ne pouvaient exercer une influence appréciable pour le diamètre $o,01028$, soumis ici à l'expérience, tendaient, au contraire, à augmenter la valeur de la dépense effective et du coefficient $\mu$, tout en produisant une diminution de vitesse, une perte de charge motrice ou de force vive.

Ces doutes, ces incertitudes sur les véritables valeurs du coefficient de contraction, relatif aux orifices en minces parois, dans les expériences qui nous occupent, ne pouvaient être levés qu'en modifiant complétement le dispositif ou en supprimant tout ajutage intérieur ou extérieur. M. Pecqueur n'hésita pas à percer la paroi latérale du grand récipient, en tôle de cuivre de 1 millimètre environ d'épaisseur, d'un orifice de $o^m,01028$ de diamètre, évasé extérieurement avec une fraise, placé, d'ailleurs, à de très grandes distances du fond du récipient ou du tube d'admission, et à l'aide duquel on opéra exactement comme dans les précédentes expériences, que les dernières ont suivies pour ainsi dire sans intervalle. Le même orifice fut ensuite agrandi de manière à lui donner un diamètre exact de $o^m,0145$, et dont l'aire était ainsi à très-peu près le double de celle du précédent. Nous inscrivons ici les données moyennes de ces deux expériences, qu'on a eu le soin de répéter trois fois consécutivement :

| | | |
|---|---|---|
| Diamètres des orifices................................ | $o^m,01028$ | $o^m,0145$ |
| Durées totales de l'écoulement.................... | $52^s$ | $26^s$ |
| Dépenses par seconde, à la pression $p = P_g$. | $o^m,02813$ | $o^m,05626$ |
| Valeurs du coefficient de contraction $\mu$...... | $o,563$ | $o,566$ |

La légère différence de ces coefficients doit être principalement attribuée aux erreurs qui ont pu être commises sur le mesurage des diamètres ou sur l'appréciation du temps au moyen du pendule à secondes. L'un et l'autre se rapprochent beaucoup plus, comme on voit, du coefficient $o,584$, obtenu par M. Lagerhjelm, que celui $o,535$ de nos précédentes expériences, quoiqu'il lui soit encore inférieur ; et, si l'on a égard aux différences considérables des pressions génératrices dans les deux cas, on sera conduit à admettre, en faisant entrer pareillement en ligne de compte le résultat moyen o,65, obtenu par M. d'Aubuisson pour des pressions très-petites ($\frac{1}{4}$ d'atmosphère au plus), que le *coefficient de contraction est, pour les gaz comme pour les liquides, susceptible de décroître à mesure que les charges augmentent* (¹), et cela suivant une marche absolument pareille; car l'expérience de Mariotte sur le pouce de fontainier, dans laquelle la charge était de 1 ligne seulement, a donné $\mu = $ o,67, ou mieux o,69, tandis que les plus fortes charges ont abaissé la valeur de $\mu$ à o,60, dans les expériences de Michelotti.

Cette circonstance pourra en même temps servir d'explication à la différence très-forte qui existe entre les coefficients de contraction o,65 et o,584 de MM. Lagerhjelm et d'Aubuisson, différence qui, jusqu'ici, avait été rejetée uniquement sur les erreurs d'observations ou sur le dispositif de la tubulure, assez large, qui recevait les orifices de ce dernier expérimentateur. Je le répète, ce dispositif n'exerçait en lui-même, pas plus que dans les expériences de M. Pecqueur, aucune influence appréciable pour accroître le coefficient de contraction des plus petits orifices, et les chances d'erreurs à craindre, dans les circonstances analogues, reposent principalement sur l'évaluation du diamètre de ces orifices.

D'un autre côté, si l'on se reporte au texte de M. d'Aubuisson (*Annales des Mines*, t. XIII, année 1826), on verra, par les observations qui suivent le tableau de ses expériences, que ce savant ingénieur avait d'abord obtenu le coefficient o,707 pour l'orifice de o$^m$,01 de diamètre, et que ce n'est qu'en corrigeant cette dimension dans les calculs qu'il est arrivé au coefficient moyen o,65, dont il excuse, en quelque sorte, la prétendue exagération, en citant une expérience de feu notre confrère M. Girard, dans laquelle le coefficient de contraction, pour un orifice de o$^m$,01579 de diamètre et une charge génératrice de o$^m$,03383, mesurée en colonne d'eau, s'est également élevé à o,714. Aussi pensons-nous que la valeur de ce coefficient, relatif à d'aussi petites charges, est plus voisine de o,71 que de o,65. C'est, au surplus, ce qui résulte également de la grandeur même du coefficient moyen o,926 obtenu par M. d'Aubuisson, pour les courts ajutages, comme on le verra ci-après.

Maintenant, si l'on observe que la moyenne o,564 des coefficients fournis par les expériences ci-dessus, sur les orifices en mince paroi, excède à peine de $\frac{1}{49}$ le coefficient o,535 obtenu précédemment, on ne fera aucune difficulté d'admettre qu'il existait pour ce dernier cas, dans l'orifice lui-même, une cause de réduction, sinon de la vitesse, du moins de la section où s'opère la plus forte contraction du jet. Le démontage du tube accessoire, courbe, qui avait servi dans toutes les expériences anté-

---

(¹) *Expériences hydrauliques*, présentées à l'Académie des Sciences en 1829, par MM. Poncelet et Lesbros. Paris, 1832.

rieures de MM. Pecqueur, Bontemps et Zambaux, est venu finalement
confirmer ce soupçon; car les écailles de mastic durci que contenait ce
tube, poussées, soulevées par le courant d'air, ont dû se présenter devant
l'orifice d'admission, l'obstruer plus ou moins, sans pouvoir le franchir
entièrement, et, par suite, oblitérer la veine en provoquant, dans le cas
des ajutages ou tubes extérieurs de diverses longueurs, une série de réflexions, d'ondulations décroissantes qui devaient produire l'effet d'autant
d'étranglements ou de rétrécissements, plus ou moins brusques, de la *section vive* de ces tubes.

De là, d'ailleurs, l'explication de la solution de continuité qui se laisse
apercevoir entre les résultats de la deuxième série d'expériences, relative
aux courts ajutages, et ceux de la première série, où, sous un même diamètre $0^m,01028$, le tube de $0^m,07$ a donné une moindre dépense que ses
correspondants de $0^m,05$ et $0^m,10$ de longueur dans l'autre série. De là
aussi l'explication de l'exagération même de la valeur $2,475$ de la constante K, à laquelle nous sommes parvenus pour la première série d'expériences, constante que M. Eytelwein supposait d'environ $1,515$ dans
ses recherches de 1814 sur l'écoulement de l'eau au travers des tuyaux de
conduite, que M. d'Aubuisson a prise égale à l'unité dans la formule qui
représente le résultat de ses expériences sur le mouvement de l'air, et
dont la valeur, d'après la théorie de Borda, fondée sur l'hypothèse d'une
perte de force vive à l'entrée de la conduite, aurait dû être ici

$$K = 1 + \left(\frac{1}{\mu} - 1\right)^2 = 1,757$$

seulement, même en prenant le coefficient de contraction $\mu$, relatif à l'orifice d'introduction, égal à la valeur $0,535$ que lui assignent nos dernières
expériences pour le cas de la paroi mince ou d'un ajutage de longueur
nulle, placé à l'extrémité de la tubulure de $0^m,30$.

Or la grande différence entre cette dernière valeur $1,757$ de K et la
valeur effective $K = 2,475$, dans les premières expériences sur les longs
tubes, paraît indiquer que la perte de force vive ou la réduction de vitesse
et de dépense qui lui correspondent serait, en effet, plus grande que ne le
suppose le coefficient $\mu = 0,535$, qui porte ici plus spécialement sur l'aire
de l'orifice d'introduction; de sorte qu'il faut bien admettre, non pas seulement qu'il y avait diminution de la section du jet à l'entrée des tubes,
mais, comme on l'a dit, oblitération et, par suite, production de rétrécissements véritables dans la *section vive* du courant, lesquels, pour les longs
tubes en plomb soumis à l'expérience de M. Pecqueur, ont pu se joindre
aux défauts naturels de calibrage de ces tubes si facilement déformables.
Ces défauts n'existant pas, je l'affirme, dans les expériences faites le 21 juin
en ma présence, sur les ajutages de $0^m,10$ de longueur et au-dessous,

cela seul suffit pour expliquer la solution de continuité, l'anomalie remarquée entre les deux séries de résultats qui s'y rapportent.

Mais il y a plus encore : on sait que la théorie de Borda, appliquée aux courts ajutages, donne dans le cas des liquides un coefficient de réduction de la vitesse o,86, au lieu de o,8a indiqué par l'expérience ; ce qui suppose une nouvelle cause d'accroissement des pertes de force vive, dont la formule ci-dessus ne tient pas compte, et à laquelle on aura égard en lui appliquant le facteur numérique 1,1 pour tous les cas analogues. L'exactitude de l'expression ci-dessus de K, qui provient des pertes de force vive, a été admise, d'après Borda, par Petit, Navier et d'autres auteurs, cette exactitude, comme on sait, a été révoquée en doute, dans ces derniers temps, par quelques personnes prévenues contre le mode de démonstration que ces illustres savants avaient employé, en invoquant le principe de Carnot ou la théorie du choc des prétendus corps durs, comme si la réalité des nombreux faits qui confirment un pareil résultat pouvait dépendre de la nature des démonstrations géométriques dont on s'est servi pour le justifier ou l'établir *a priori*. C'est pourquoi il me paraît utile de faire observer que l'on arrive à la même conséquence par plusieurs genres de raisonnements, dont le moins contestable peut-être repose sur une donnée mathématique et physique entièrement évidente : c'est que les molécules fluides, à cause de leur parfaite mobilité, ne peuvent, quand il existe une cause de trouble ou de ralentissement plus ou moins brusque, perdre l'excès de leur vitesse primitive de régime, c'est-à-dire uniforme et parallèle, sur celle qu'elles prennent ensuite, qu'en tourbillonnant les unes autour des autres, ou en pirouettant sur elles-mêmes : car le travail dû à la faible adhérence qui les unit entre elles, les vibrations qu'elles reçoivent ou excitent par leur frottement contre les parois, etc., toutes ces causes ne sauraient rendre compte de la diminution de vitesse rapide et apparente qui nous occupe, et qui s'observe dans une infinité de circonstances. Or la force vive d'un corps ou d'un assemblage quelconque de molécules se compose, comme on sait, d'après un théorème de Lagrange, de la force vive relative au mouvement de translation générale du centre de gravité, et de celle qui se rapporte à la rotation autour de ce centre ou au déplacement relatif des parties.

Lors donc qu'on applique le principe de la conservation des forces vives aux fluides, en supposant leurs molécules animées d'un simple mouvement de translation parallèle, dans certaines régions prismatiques d'un vase, on commet une double erreur, dont l'une, celle qui a été évaluée par Borda, provient de la force vive *dissimulée* dans la rotation des molécules ou groupes de molécules, et dont l'autre est généralement due (*) à l'in-

---

(*) *Voir* le Mémoire déjà cité : *Expériences hydrauliques*, pages 166 et suiv., n° 159.

égalité et à l'obliquité même des vitesses ou des filets fluides ; c'est pourquoi on doit les considérer comme autant de pertes qui viennent s'ajouter au terme relatif à la force vive principale ou de pure translation. Ces différentes pertes, bien qu'elles ne soient pas rigoureusement déterminées par le calcul, dans l'état actuel de nos connaissances théoriques, peuvent du moins être observées et appréciées au moyen de la comparaison des résultats fournis par le théorème général des forces vives, avec les données immédiates de l'expérience. De plus, il convient de remarquer qu'il en est ainsi de toutes les autres pertes de travail provenant des actions moléculaires, dont la nature intime nous sera, de longtemps encore, inconnue, telles que frottements et réactions au contact, vibrations, oscillations et résistances diverses.

Nier, en particulier, l'existence des pertes ou dissimulations de force vive dans le cas qui nous occupe, ce serait se refuser à l'évidence même des faits et des résultats irrécusables de l'expérience exposés ci-dessus, lesquels démontrent que, pour ce cas, et bien qu'il s'agisse de l'écoulement d'un gaz, les pertes dont il s'agit, loin d'être nulles ou très-faibles, comme l'ont prétendu ceux qui font entrer en ligne de compte le jeu de l'élasticité moléculaire, deviennent, au contraire, notablement supérieures à celles qui s'observent, dans le cas analogue, pour les liquides.

A l'égard de l'accroissement $0,1$ de K, mentionné plus haut, il s'explique d'après la circonstance que les vitesses des molécules fluides qui parcourent les tubes dans nos expériences, quoique parallèles, sont inégales à la sortie de ces tubes ; ce qui fait que la somme de leurs forces vives surpasse réellement celle qui se déduit de l'hypothèse du parallélisme des tranches ou d'une *vitesse moyenne* calculée expérimentalement, comme on est obligé de le faire, d'après Bernoulli, dans l'application des formules, en divisant la dépense effective par l'aire de la section transversale des tubes.

D'après cette manière de voir, le coefficient maximum de réduction de la vitesse ou de la dépense, dans le cas des courts ajutages, serait représenté par la formule

$$(4) \qquad \mu' = \frac{1}{\sqrt{1,1\left[1+\left(\frac{1}{\mu}-1\right)^2\right]}} = \frac{0,95}{\sqrt{1+\left(\frac{1}{\mu}-1\right)^2}}$$

dans laquelle on néglige, à juste raison, le frottement des parois, vis-à-vis des autres causes perturbatrices qui viennent changer complétement et brusquement la loi du mouvement.

En faisant $\mu = 0,535$, comme nous l'avons trouvé dans le cas de l'orifice en mince paroi, de $0^m,01028$ de diamètre, placé à l'extrémité de la tubulure courbe, on obtient $\mu' = 0,72$, valeur beaucoup plus forte que le maximum $0,665$ des coefficients de réduction fournis par notre der-

nière Table d'expériences, et qui suppose à la constante K une valeur
$2,262$, très-voisine de celle $2,475$ que nous lui avons trouvée pour les
longs tubes, quoiqu'elle lui soit encore inférieure par suite des causes
anomales précitées. Si l'on adopte, au contraire, le coefficient de contraction $\mu = 0,564$ fourni par nos dernières expériences, en minces parois, où
il ne devait exister aucune cause de trouble, on trouve $\mu' = 0,76$, et tel
nous paraît devoir être, à très-peu près, le coefficient de réduction maximum de la dépense ou de la vitesse, dans le cas des courts ajutages, sous
des différences de pression équivalentes à 1 atmosphère.

Enfin, si l'on applique pareillement la formule qui donne $\mu'$ aux expériences citées de MM. Lagerhjelm et d'Aubuisson, sur les courts ajutages,
en y supposant successivement $\mu = 0,584$ et $\mu = 0,65$, on obtient :
$1^\circ$ $\mu' = 0,78$, au lieu des coefficients $0,84$ et $0,72$ fournis par les deux
expériences anomales du premier de ces observateurs; $2^\circ$, $\mu' = 0,84$, au
lieu de $0,926$, moyenne des résultats obtenus par le second. Mais si,
conformément aux observations ci-dessus, l'on adopte, d'après l'expérience de M. Girard relative aux très-petites charges et aux minces parois, $\mu = 0,714$, on trouve, pour ce dernier cas, $\mu' = 0,89$, ce qui confirme la conséquence déduite du rapprochement des mêmes observations.

D'après cela, il nous paraît donc impossible, même en se bornant au
petit nombre des faits précédents, de révoquer en doute, pour le cas qui
nous occupe, la légitimité de la méthode d'après laquelle Borda, dans son
remarquable Mémoire de 1766, a proposé d'évaluer la perte de force vive,
et l'on ne peut qu'être surpris autant qu'affligé, dans l'intérêt des applications de la Science, de voir les auteurs déjà mentionnés, probablement
mal éclairés à cet égard, nier les conséquences d'un principe aussi solidement établi. Je rappellerais d'ailleurs à ce sujet, s'il était nécessaire, que,
dans les nombreuses applications que j'ai eu à faire de ce même principe,
à l'appréciation des effets des machines où l'air et l'eau étaient mis en
mouvement, les résultats du calcul se sont toujours accordés convenablement avec ceux de l'observation directe. Bientôt d'ailleurs, je l'espère,
il me sera possible de publier les données des nombreuses expériences
exécutées à Toulouse, par M. Castel et par moi, dans les années 1840 et
1841, en vue de vérifier, d'une manière plus spéciale, la perte de force
vive produite par les étranglements de diverses grandeurs, dans les vases
où circulent les liquides; et alors, je me plais à le croire, la conviction
intime que j'ai toujours eue de l'exactitude de cette même expression, et
que partagent aussi tous ceux qui ont consenti à en faire des applications, deviendra assez générale pour que cette exactitude, désormais à
l'abri de toute discussion, soit mise au nombre des faits les mieux établis.

On sait d'ailleurs qu'avant Borda, Daniel Bernoulli, dans son immor-
telle *Hydrodynamique*, avait aussi reconnu l'existence d'une perte de
force vive ou de charge motrice dans les changements brusques de sec-

tion des vases, perte d'abord démontrée par une curieuse et célèbre expérience de Mariotte. Bernoulli, en effet, avait parfaitement senti qu'il
se passe ici quelque chose d'analogue à ce qui a lieu dans la rencontre
des corps privés de toute élasticité, et cela en vertu même du principe
de la conservation du mouvement du centre de gravité ou de son analogue relatif aux échanges des pressions et des quantités de mouvement ;
mais il n'avait pas osé en tirer la conséquence, admise depuis par Borda,
que la perte de force vive est justement mesurée par la force vive due à
la *vitesse perdue*, et il se borna à l'estimer. pour les fluides, d'après la
différence même des forces vives qui ont lieu avant et après le changement brusque ; principe qui a été admis ensuite par Dubuat, Bossut
et leurs successeurs, MM. Eytelwein, d'Aubuisson, etc., malgré les ingénieuses expériences de Borda, pour établir le vice et l'inexactitude de
cette doctrine, de laquelle il résulterait, par exemple, pour le cas qui nous

occupe, que l'on devrait substituer à l'expression $1 + \left(\dfrac{1}{\mu} - 1\right)^2$ celle-ci

$\dfrac{1}{\mu^2}$, pour les courts ajutages, en changeant implicitement l'acception de $\mu$,

qui devient ainsi le coefficient de réduction même fourni par l'expérience.
Or, sans insister ici sur les erreurs auxquelles cette manière de raisonner
a pu conduire dans quelques cas, il est évident qu'une formule qui, au
point de départ, et pour le cas le plus simple, est impuissante à rien découvrir en se fondant sur le fait primitif et bien connu de la contraction
intérieure, est par là même dénuée de tout caractère de certitude et d'u-
tilité.

Nous avons un peu insisté sur cette discussion et les précédentes, parce
qu'elles tendent à éclaircir un point fondamental et d'autant plus important de la théorie de l'écoulement des gaz, qu'elles nous permettront de
poser avec confiance, et en attendant des observations encore plus pré-
cises, des règles pratiques pour calculer le volume de la dépense des orifices en minces parois planes et des tubes de divers diamètres ou longueurs ; mais auparavant il paraît indispensable de présenter brièvement
quelques autres remarques également essentielles pour l'objet qui nous
occupe.

Observons d'abord que les légères incertitudes qui pourraient exister
sur la véritable valeur de la constante K, qui entre au dénominateur de
la formule (1) relative à la dépense par les longs tubes complètement ouverts aux extrémités et sans étranglements intérieurs, ne pourrait exercer
qu'une influence négligeable dans les cas d'application où le diamètre serait, au plus, le $\frac{1}{100}$ de leur longueur ; qu'ainsi la discussion qui précède,
relative à l'influence de la perte de force vive à l'entrée, leur est à peu
près étrangère, et ne devrait être prise en considération qu'autant qu'il
s'agirait de tubes fort courts, ou dans lesquels les rétrécissements seraient

beaucoup plus grands ou plus multipliés que ne le suppose la simple
contraction, la déviation même du jet existant à l'embouchure de ceux
que M. Pecqueur a soumis à ses belles et nombreuses expériences. Quant
aux défauts inhérents au bosselage des tuyaux, à leur réduction de
section intérieure, ils deviendront moins apparents pour des conduites
d'un grand diamètre, et, dans tous les cas, comme on l'a vu, leur influence
ne peut que tendre à accroître un peu les pertes de force vive ou la constante K, dont, au surplus, on diminuerait de 0,55 environ la valeur, si
l'on évasait convenablement l'embouchure des conduits.

D'un autre côté, l'erreur commise sur l'appréciation du diamètre des
tubes soumis à l'expérience, et l'effet même de leur dilatation sous l'influence des changements de température, n'ont pu qu'être insensibles
d'après le mode et les circonstances du mesurage. Nous avons également
fait observer, au commencement de cette Note, que les corrections à apporter dans les formules (1) et (3), qui servent à calculer les dépenses,
relativement aux pressions et aux températures, ne pouvaient qu'introduire dans les résultats un facteur numérique plus ou moins voisin de
l'unité, et qui, en effet, n'exercerait aucune influence appréciable, s'il
était permis d'admettre, comme on l'a fait dans les calculs, que les températures du grand récipient et du magasin ou réservoir alimentaire
fussent demeurées égales à celle du dehors; mais il paraît évident qu'il
n'a pas dû en être ainsi, puisque la pression, dans ce réservoir, a diminué
graduellement pendant la durée des expériences, de manière à passer, dans
un intervalle souvent moindre qu'une minute, de $2\frac{1}{2}$ à 2 atmosphères.

Une observation dans laquelle M. Pecqueur et moi avons tenu note du
relèvement de la pression finale dans le magasin, après l'écoulement de
l'air qui avait servi à l'une des dernières expériences sur l'orifice de
$0^m,0145$, et dont le résultat moyen se trouve rapporté plus haut, cette
observation, dis-je, nous a convaincus que l'abaissement de la température
intérieure a dû être appréciable, puisqu'elle correspondait à un relèvement de tension de 0,08 environ d'atmosphère, provenant du réchauffe-
ment même de la masse fluide au travers de l'enveloppe. Le calcul
approximatif que, depuis, j'ai établi sur cette donnée, d'après quelques
hypothèses plus ou moins plausibles, tendrait à prouver que la réduction
à faire subir au coefficient $\mu$ de la contraction, pour les orifices en minces
parois et des différences de pressions équivalentes à 1 atmosphère, pourrait s'élever aux 0,06 environ de la valeur 0,564 qui lui a été attribuée
précédemment, ce qui donnerait $\mu = 0,53$ seulement. Mais ce calcul ne
tient pas compte de l'échauffement produit antérieurement par le refoulement de l'air dans le magasin, ainsi que de plusieurs autres circonstances favorables* tendant à diminuer le chiffre ci-dessus de la réduction :
ce chiffre s'applique, en effet, à l'une des expériences où l'influence du
refroidissement a dû être le plus considérable, et nous l'avons choisie de

préférence, dans la vue de reconnaître s'il y avait lieu de modifier les
conséquences auxquelles on est conduit, d'après l'ensemble des résultats
obtenus par M. Pecqueur; résultats dont l'accord satisfaisant, soit entre
eux, soit avec les faits antérieurement connus, permettrait d'espérer une
solution usuelle et suffisamment approchée des questions relatives à l'écoulement de l'air par les orifices des vases et des conduites. En attendant
nous pouvons tirer du rapprochement de ces différents faits quelques
conséquences dont la plus importante se rapporte aux lois, aux circonstances physiques mêmes qui accompagnent l'écoulement des gaz, et sur
lesquelles je n'ai point jusqu'ici insisté.

M. Navier, dans un Mémoire déjà cité, est parvenu à une série de remarquables formules, en se fondant sur l'hypothèse que, pendant leur
écoulement, les gaz se détendent exactement suivant la loi de Mariotte;
ce qui revient à supposer que le rayonnement des parois et la chaleur
qu'elles reçoivent de l'espace extérieur ou des corps environnants maintiennent ces gaz à une température à très-peu près constante. MM. de
Saint-Venant et Wantzel ont déjà démontré, dans un intéressant Mémoire inséré en 1839, au XXVII$^e$ Cahier du *Journal de l'École Polytechnique*, en s'appuyant du résultat de leurs propres expériences, que les
formules de M. Navier, outre qu'elles conduisent à quelques difficultés
d'interprétation, n'étaient point conformes aux effets naturels lors des
fortes différences de pressions; mais l'appareil employé par ces savants
ingénieurs, dans cette circonstance, et celui dont ils se sont servis postérieurement [1], en vue de découvrir les lois de l'écoulement de l'air par
les orifices percés en parois plus ou moins minces, ne leur ont pas permis
d'arriver, même pour ce cas simple, au résultat général que les précédentes expériences de M. Pecqueur mettent en parfaite évidence, et qui
est relatif à la suppression de toute détente ou dilatation avant l'arrivée
du fluide dans l'espace extérieur.

Celles que j'ai exécutées, de concert avec cet habile constructeur, le
21 juin dernier, sur des orifices de cette espèce et sous des différences de
pressions équivalentes à 1 atmosphère, ces expériences montrent, en
particulier, malgré la légère incertitude existante sur les effets du refroidissement de l'air dans le magasin, que la formule logarithmique de M. Navier, relative à ce cas, ne saurait être admise pour calculer la dépense;
car, afin d'en faire coïncider les résultats avec ceux de l'expérience, il
conviendrait de lui appliquer un coefficient de réduction qui, d'après
le calcul, serait à très-peu près 1,7 fois celui qui se rapporte aux formules (3) relatives à l'hypothèse de l'incompressibilité, c'est-à-dire
$1,7 . 0,564 = 0,96$, ou, tout au moins, $1,7 . 0,53 = 0,90$. Or de pareils

---

[1] *Comptes rendus des séances de l'Académie des Sciences*, t. XVII (1843),
page 1149.

résultats sont tout à fait en désaccord avec les notions théoriques et expérimentales acquises sur la contraction des veines gazeuses ou liquides au sortir des réservoirs de compression ; ils supposeraient la destruction progressive de toute courbure des filets dans la veine, courbure qui maintient la pression dans l'orifice, à une valeur qui diffère très-peu de la pression motrice entière, comme on le sait par des expériences de plus d'une espèce. Il paraît, au contraire, évident que les effets de contraction dépendent principalement de la forme géométrique du réservoir ou de l'orifice et croissent même avec la pression, comme il arrive pour les liquides ; cette circonstance suffit pour expliquer la constance de la densité, avant l'instant où le fluide, parvenu à la section pour laquelle la contraction devient la plus forte, animé d'ailleurs de sa vitesse totale, va s'épanouir ou se détendre par une sorte d'explosion que le refroidissement et la condensation des vapeurs rendent très-sensible à l'œil.

Au surplus, les phénomènes de contraction peuvent être observés pour la vapeur d'eau, aussi bien que pour les gaz permanents, à toutes températures ou à toutes pressions, et il y a tout lieu de supposer que l'écoulement s'y opère aussi, sans aucune détente et à la manière des liquides. Mais, si les phénomènes dont il s'agit rendent le fait évident pour le cas de l'écoulement par les orifices en minces parois, on ne saurait l'expliquer aussi facilement pour celui où l'écoulement s'opère dans les longs tubes soumis à l'expérience par M. Pecqueur ; car les mêmes principes qui conduisent à l'équation (1) pour calculer la dépense de gaz par ces tubes montrent aussi que la pression moyenne qui, d'abord, atteint sa valeur minimum dans l'espace où s'opère la contraction de la veine, croît ensuite très-rapidement par l'effet de la courbure des filets, dirigée en sens inverse, pour finir par décroître lentement et progressivement en raison des frottements, jusqu'au débouché du tube où on la suppose ordinairement égale à la pression extérieure.

Or le mouvement dans toute cette dernière partie, dont l'étendue, selon nos expériences sur les simples ajutages, est, à 2 diamètres près, égale à la longueur entière du tube, ce mouvement étant uniforme et parallèle, doit permettre d'assimiler l'effet des pressions à celui qui aurait lieu dans un espace relativement en repos ; de sorte que, d'après les notions généralement admises sur les propriétés statiques des fluides gazeux, la diminution progressive de ces pressions devrait être suivie d'une détente que le rayonnement des parois, s'il était appréciable pour des mouvements aussi rapides, ne pourrait qu'augmenter encore. On est donc contraint d'admettre, ou que, par des causes jusqu'ici inexpliquées, la diminution de la pression *moyenne*, causée par le frottement du gaz le long du tube, produit un abaissement proportionnel de la température, de manière à maintenir la densité constante d'après les lois combinées de Mariotte et de Gay-Lussac, ou que ce frottement lui-même n'a pour effet que de produire des vibrations, des rotations moléculaires qui ne modifient pas sensiblement la pression et la densité, de sorte qu'ici encore la perte de force motrice ne serait que de la force vive dissimulée; ou bien, ce qui est moins satisfaisant pour l'esprit, mais moins hasardeux peut-être, les effets calorifiques et dynamiques se balanceraient assez pour masquer, dans les formules et lorsqu'il s'agit seulement de tubes de 68 mètres de longueur, ceux qui accompagnent d'ordinaire la diminution de densité des gaz.

D'ailleurs il y a tout lieu de croire que des compensations analogues s'opèrent dans l'écoulement de la vapeur d'eau au travers des tubes, même quand ils sont métalliques et d'une certaine longueur. Enfin on sait que, malgré les savantes recherches des géomètres et des physiciens, on ne possède pas encore des idées bien arrêtées sur ce qu'on nomme la pression ou la température des fluides en mouvement, et que l'on manque aussi d'instruments propres à les apprécier avec une suffisante exactitude, car les manomètres, les piézomètres et les thermomètres, à cause des effets dynamiques qu'ils provoquent ou de leur peu de sensibilité, ne sauraient être employés, même dans le cas de mouvements uniformes un peu rapides.

En résumé, et en attendant de nouvelles vérifications expérimentales, nous conclurons de l'ensemble des discussions et des faits exposés dans la précédente Note :

1° Que les gaz suivent, dans leur écoulement au travers des orifices et des tubes, entre des limites étendues de pressions ou de longueurs de ces tubes, les mêmes lois que les liquides ou que s'ils étaient parfaitement incompressibles;

2° Qu'ils éprouvent aussi les mêmes contractions et pertes de forces vives, dont les dernières sont indiquées, d'une manière suffisamment approchée, par les méthodes de l'illustre Borda;

3° Que, pour les orifices en minces parois, très-petits par rapport aux dimensions transversales du réservoir et dont les gaz s'écouleraient sous une pression constante, le coefficient $\mu$ de la *contraction* extérieure de la veine, applicable aux formules (3), qui fournissent la dépense par seconde, est approximativement

$$0,71, \quad 0,65, \quad 0,58, \quad 0,56 \quad \text{ou} \quad 0,55$$

sous des différences de pressions équivalentes à

$$0,003, \quad 0,010, \quad 0,050, \quad 1,000$$

fois la pression extérieure respectivement, l'orifice se trouvant d'ailleurs parfaitement isolé des faces latérales du réservoir, ou la contraction étant ce qu'on nomme *complète*;

4° Que, sous les mêmes charges ou pressions relatives, le coefficient $\mu$

ou $\mu'$ de *réduction* de la vitesse et de la dépense, applicable aux formules (3), est, pour les mêmes orifices, muni d'un court ajutage, sensiblement représenté par la formule (4);

5° Enfin que, pour les gaz s'écoulant sous les mêmes conditions, au travers de longs tubes, sans obstacles ni rétrécissements intérieurs plus ou moins brusques, et qui débouchent librement dans une capacité extérieure très-grande, où le gaz est maintenu à une pression constante, la dépense et la vitesse peuvent être calculées au moyen des formules (1) et (2), sans coefficients de réduction, et en y supposant aux constantes K et $\beta$ les valeurs

$$K = 1,1 \left[ 1 - \left( \frac{1}{g} - 1 \right)^2 \right], \quad \beta = 0,003,$$

dans la première desquelles on substituera, pour le coefficient $\iota$ de contraction relatif à l'orifice d'introduction, les valeurs qui se trouvent indiquées ci-dessus.

En terminant, nous ferons observer que ces conclusions viennent confirmer et corroborer, d'une manière remarquable, les opinions ou assertions émises dans deux Notes [1] insérées aux pages 1058 et 1094 du t. XVII des *Comptes rendus des séances de l'Académie des Sciences* (année 1843), Notes qui avaient trait à une discussion relative au mode de calculer le travail et la pression dans le cylindre des machines à vapeur en tenant principalement compte des frottements, des pertes de force vive que le fluide éprouve dans son passage de la chaudière au cylindre, et de celui-ci au condenseur. Ces assertions, fondées sur l'observation de faits assez nombreux et l'accord satisfaisant des données immédiates de l'expérience et du calcul, avaient besoin d'une justification plus absolue, et qui nous a été offerte par les utiles travaux de M. Pecqueur. Les conséquences qui se déduisent de l'ensemble des résultats obtenus laissent, à la vérité, encore quelques incertitudes, du moins quant à la détermination de certains coefficients ou facteurs numériques des formules; mais il y a tout lieu d'espérer, grâce au généreux dévouement de M. Pecqueur pour les intérêts de la science et de l'industrie, que cette détermination pourra prochainement être soumise à une vérification plus directe et plus précise, de manière à fixer entièrement l'opinion du public et de l'Académie.

---

[1] Nous reproduisons la plus importante de ces deux Notes à la fin de la Section II. (K.)

# DEUXIÈME SECTION.



## I. — DES RÉCEPTEURS HYDRAULIQUES.

### Théorie générale des récepteurs hydrauliques par le principe des forces vives.

1. *Considérations générales sur les moteurs hydrauliques.*
— On possède un grand nombre de moyens d'utiliser l'action
de l'eau sur les machines, parmi lesquels il faut distinguer
les roues hydrauliques, qui produisent immédiatement le
mouvement de rotation continu autour d'un axe fixe, et qui,
par ce motif et par beaucoup d'autres, sont généralement employées dans les usines de l'industrie.

Quel que soit le mode adopté pour transmettre l'action de
l'eau aux machines, le principe des forces vives assigne des
conditions à remplir, pour que *l'effet utile* et transmis s'approche le plus possible de la quantité de travail absolu développée par la gravité sur l'eau motrice, dans sa descente depuis le niveau supérieur du réservoir jusqu'à celui du bief
inférieur ou canal de fuite. Cette manière générale d'envisager la question jetant beaucoup de jour sur les applications
du principe des forces vives aux divers modes d'action de l'eau
sur les machines, nous croyons utile de nous y arrêter un instant, avant de passer au cas particulier des roues hydrauliques, le seul que nous ayons à examiner ici d'une manière
spéciale.

2. *Perte de force vive à l'entrée de l'eau dans la machine.*
— Quand une certaine masse d'eau agit constamment et de la
même manière sur une machine, elle y arrive avec une vitesse antérieurement acquise V, et qui est relative à la hau-

teur totale de la chute depuis le niveau du réservoir jusqu'au point où elle atteint la machine, à la résistance et aux pertes de force vive de toute espèce qu'elle a éprouvées depuis sa sortie du réservoir; ces pertes, qui équivalent à une véritable diminution de la chute, pouvant être évaluées approximativement, d'après ce qui a été exposé dans les n° 73 et suivants de la première Section, nous ne nous en occuperons plus, et nous considérerons simplement la hauteur de chute $h$ due à V, et qui reste réellement disponible au point où l'eau atteint la machine. Cela posé, si ce point possède une vitesse $v$ qui diffère de V, soit en intensité, soit en direction, il y aura, dans presque tous les cas, décomposition de la vitesse V, et, par suite, perte de force vive. Si l'on nomme M la masse de fluide qui afflue uniformément sur la machine dans l'unité de temps, cette perte pourra être représentée par une expression de la forme

$$M u^2$$

si l'on considère le mouvement pendant l'unité de temps, ou par

$$d M u^2$$

s'il ne s'agit que de l'élément du temps $dt$; $u$ étant une vitesse fonction de V et de $v$, ainsi que de la masse et de la forme de la machine.

3. *Perte de force vive à la sortie, travail dû à la pesanteur.* — Après le choc il pourra arriver, ou que l'eau quitte entièrement la machine, ou qu'elle y demeure fixée pendant un certain temps, soit qu'elle en prenne et conserve la propre vitesse $v$, soit qu'elle se meuve sur ses parties mobiles, en glissant dans des canaux, etc. Dans le premier cas, elle aura exercé toute son action sur la machine pendant la durée même du choc; dans le deuxième et le troisième, elle continuera à agir par son inertie et son poids. Généralement elle quittera la machine avec une vitesse absolue $w$, et la gravité aura développé sur elle, dans sa descente sur la machine, depuis le point d'entrée A jusqu'au point de sortie B, ou plus exactement, jusqu'au niveau du bief inférieur, par lequel elle s'é-

chappe de l'usine, une certaine quantité d'action, qu'il sera facile d'apprécier quand on connaîtra la hauteur partielle $h'$ dont elle sera descendue à compter du point d'entrée A.

Fig. 36.

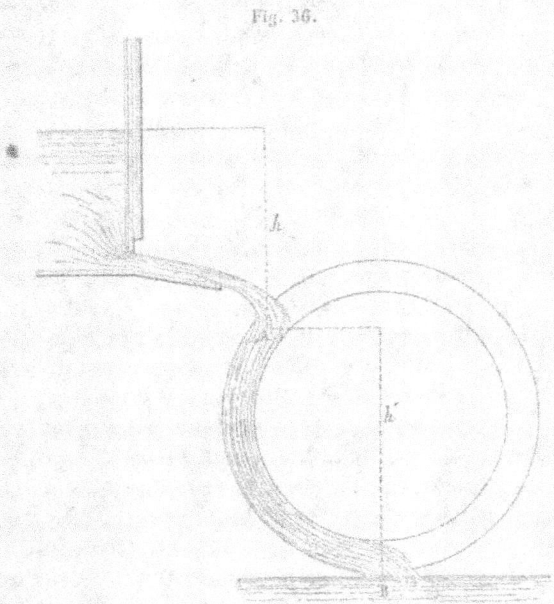

4. *Perte de travail dont on peut négliger l'influence dans les cas ordinaires.* — Il se pourra encore que l'eau éprouve de nouveaux chocs dans l'intérieur des canaux de circulation de la machine, lesquels produiraient un surcroît de perte de force vive; enfin, si la vitesse le long des parois de ces canaux est très-grande, elle éprouvera, de la part de ces parois, une résistance dont il sera, dans certains cas, nécessaire de tenir compte, mais qui, généralement, sera tout à fait négligeable. Si d'ailleurs on voulait tout calculer avec rigueur, il faudrait encore avoir égard à la perte de force vive occasionnée par la résistance que la machine éprouve à se mouvoir dans l'air atmosphérique; mais, vu le peu de densité de cet air et la faible vitesse du mouvement ordinaire des machines, il arrive

presque toujours qu'on peut négliger l'influence de cette résistance.

5. *Le mouvement des récepteurs n'est considéré qu'à partir de l'instant où il est devenu permanent, sinon uniforme, et où l'on peut négliger l'inertie de ses parties.* — Maintenant il est essentiel de remarquer que, lorsqu'on vient à ouvrir la *pale* ou *vanne* qui donne accès à l'eau sur la machine, censée en repos, celle-ci ne peut prendre instantanément la vitesse propre au travail; cette vitesse augmente donc progressivement, à partir de zéro, de la manière qui a déjà été expliquée en général dans la première Section de la première Partie. Au bout d'un certain nombre de périodes de révolutions ou d'oscillations, le mouvement atteint sensiblement sa limite, il se régularise et reste uniforme ou du moins *permanent;* avant cette époque, tout calcul est en quelque sorte impossible, et c'est toujours à cet état régulier du mouvement qu'il faudra appliquer ce que nous allons dire dans ce qui suit.

Or, la vitesse des pièces de la machine redevenant la même à la fin de chaque oscillation, on peut, lorsqu'il ne se produit pas d'intermittences brusques dans leur mouvement, négliger l'influence de l'inertie de ces pièces, c'est-à-dire supposer que leur force vive reste constante à tous les instants du mouvement, ou que son accroissement est nul entre deux instants suffisamment éloignés.

6. *La résistance peut être censée remplacée par un poids qu'il s'agirait d'élever au moyen du récepteur.* — D'un autre côté, on peut toujours assimiler l'effet utile de la machine à celui qui consisterait à élever un poids à une certaine hauteur, pendant qu'il se consomme la masse d'eau $d\mathrm{M}$ ou $\mathrm{M}$, et rien n'empêche de remplacer ce poids par un certain effort P, qui agirait dans la direction de la vitesse $v$ du point d'action ou d'entrée de l'eau sur la machine; de sorte que la quantité d'action développée par cet effort P, en sens contraire du mouvement, sera mesurée par

$$\mathrm{P}v^{\mathrm{kgm}},$$

dans l'unité de temps, si la vitesse $v$ et la pression peuvent être regardées comme sensiblement constantes, ou par

$$\text{P}v\, dt^{\text{kem}},$$

dans l'élément du temps, quand elles sont variables.

7. *Équation des forces vives, son énoncé pour le cas actuel.* — Observant donc que l'on peut ici appliquer les mêmes considérations qui ont été employées pour découvrir les lois du mouvement permanent d'une masse liquide, attendu que le fluide moteur se meut sensiblement par tranches planes et parallèles avant son entrée dans la roue et après sa sortie dans le canal de fuite ou de décharge, nous aurons, en vertu du principe des forces vives et dans chaque élément du temps, depuis A jusqu'en B (*fig.* 36),

$$d\text{M}(w^2 - \text{V}^2) = 2g\, d\text{M}\, h' - 2\text{P}v\, dt - d\text{M}\, u^2,$$

en faisant abstraction des résistances passives éprouvées par le fluide dans l'intérieur de la machine.

Si la vitesse $v$ d'entrée, et par conséquent la vitesse $w$ de sortie de l'eau, sont simplement constantes, on pourra considérer le mouvement pendant un intervalle quelconque de temps, par exemple, pendant une seconde, prise pour unité, et l'équation deviendra alors

$$\text{M}(w^2 - \text{V}^2) = 2g\text{M}\, h' - 2\text{P}v - \text{M}\, u^2,$$

d'où

$$\text{P}v = \text{M}g h' + \frac{\text{M}\text{V}^2}{2} - \frac{\text{M}w^2}{2} - \frac{\text{M}u^2}{2},$$

et, par conséquent, à cause de $\text{V}^2 = 2gh$,

$$\text{P}v = \text{M}g(h + h') - \frac{\text{M}}{2}(w^2 + u^2),$$

équation dans laquelle $\text{M}g$ est le poids d'eau écoulée dans une seconde ; $\text{M}g(h + h')$ la quantité d'action imprimée à cette eau par la gravité, dans sa descente de la hauteur $h + h'$, qui constitue réellement la chute disponible ; $\text{M}w^2$ la force vive conservée par le fluide à sa sortie de la machine ; $\text{M}u^2$ la force vive qu'il perd par le choc à son entrée, et $\text{P}v$ l'effet utile ou la quantité de travail transmise. Cette équation signifie donc que *l'effet utile est égal à la quantité d'action totale due à la chute disponible, diminuée de la moitié de la force vive conservée par l'eau quand elle quitte la machine, et de la moitié de celle qu'elle perd en y entrant, par suite du choc.*

8. *Condition du maximum absolu d'effet utile.* — Il résulte de là, par conséquent, que, pour que la machine transmette le maximum absolu d'effet utile ou de travail, on devra avoir

$$Pv = Mg(h + h')^{\max} \quad \text{ou} \quad w' + u' = o;$$

d'où

$$v = o \quad \text{et} \quad u = o \text{ séparément};$$

c'est-à-dire que *l'eau doit arriver sans choc sur la machine et en sortir sans vitesse;* que d'ailleurs, pour le plus grand effet, il faut encore que l'eau quitte la roue par le point le plus bas ou au niveau du bief inférieur et qu'elle ne perde pas une portion de sa force vive dans le canal d'arrivée, et enfin que la somme $h + h'$ diffère le moins qu'il est possible de la chute totale disponible H. Les deux conditions ci-dessus ne peuvent souvent pas être remplies, quelquefois même elles s'excluent réciproquement ou sont incompatibles; dans ces circonstances, on est obligé de se contenter de faire remplir à la machine les conditions qui conviennent au *maximum d'effet relatif,* conditions qu'on obtient par les méthodes connues, c'est-à-dire en rendant nul le coefficient différentiel de l'effet utile $Pv$, par rapport aux quantités variables dont il est permis de disposer lors de l'établissement de la machine; nous en verrons incessamment des exemples. Revenons aux conditions du *maximum absolu.*

9. *Avantages de l'uniformité de mouvement.* — On voit d'abord, par cette discussion générale, combien il est avantageux de disposer les moteurs hydrauliques de façon que la vitesse de leurs parties puisse devenir uniforme; car, si $v$ et $u$ sont continuellement variables par la constitution de la machine, il sera évidemment impossible d'éviter les pertes de force vive; or ce but est parfaitement rempli par les roues

hydrauliques à mouvement de rotation continu, et, par conséquent, leur supériorité sur les balanciers hydrauliques et autres machines à mouvement alternatif se trouve à l'avance démontrée, pour tous les cas où la machine doit posséder une certaine vitesse. Mais, si la vitesse est indifférente, on arrivera encore à des résultats très-approchés du maximum d'effet absolu, en diminuant les vitesses $V$, $v$ et $\varpi$ simultanément, puisque la réaction deviendra sensiblement nulle. Cette diminution de toutes les vitesses est donc la condition générale de l'établissement des moteurs à mouvement alternatif.

10. *Expression de la perte de force vive qui se fait à l'instant où le fluide atteint le récepteur.* — Examinons en particulier la condition de

$$u = o,$$

et pour cela supposons qu'en arrivant sur la machine l'eau vienne rencontrer une planchette ou face plane AB (*fig.* 37),

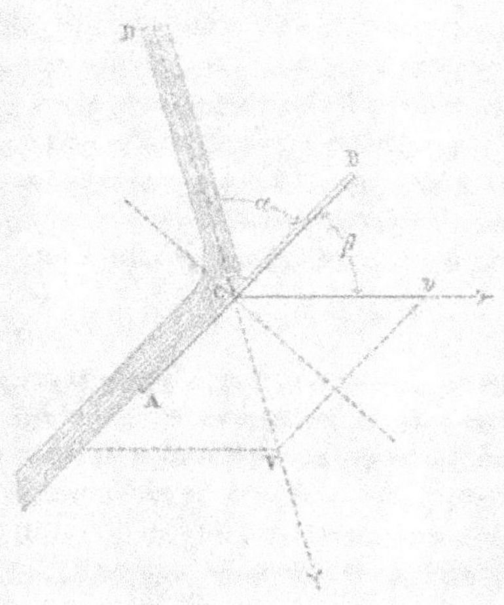

Fig. 37.

qui se meut avec la vitesse $v$ dans la direction C$v$, formant avec celle de la palette l'angle BC$v = \beta$; que pareillement le fluide arrive, par filets parallèles, avec la vitesse V et sous une direction CD ou CV, formant avec AB l'angle BCD ou ACV $= \alpha$. On peut concevoir les vitesses $v$ et V décomposées chacune en deux autres, dont l'une suivant AB et l'autre suivant la perpendiculaire à AB; on aura respectivement pour les composantes parallèles à AB

$$v \cos\beta \quad \text{et} \quad V \cos\alpha,$$

et pour les composantes perpendiculaires à AB

$$v \sin\beta \quad \text{et} \quad V \sin\alpha;$$

cela posé, il y aura évidemment choc, ou réaction du fluide contre la palette, si $v \sin\beta$ diffère de $V \sin\alpha$, c'est-à-dire que le fluide choquera la palette si l'on a

$$V \sin\alpha > v \sin\beta,$$

et qu'au contraire il en sera choqué si

$$V \sin\alpha < v \sin\beta,$$

la palette marchant alors à la rencontre du filet. Supposons que la palette ait une étendue telle que les filets fluides en sortent parallèlement à sa direction, ce qui revient à admettre que les molécules dont ils se composent aient perdu en totalité l'excès de leur vitesse sur celle de la palette, dans le sens perpendiculaire à son plan; chaque masse élémentaire $d$M de la veine aura aussi perdu, pendant tout le temps de la réaction, une quantité de mouvement mesurée par

$$d\text{M}(V \sin\alpha - v \sin\beta),$$

et qui en suppose une autre, égale et de signe contraire, gagnée par la masse de la palette et du système dont elle fait partie, en vertu du principe de l'action et de la réaction.

Or, si l'on suppose que $d$M représente précisément la masse de liquide qui atteint ou quitte la palette dans chaque élément $dt$ du temps, il paraîtra évident, d'après un raisonnement souvent employé (*voir* notamment le n° 6, Section I), et qui ne suppose pas nécessairement la décomposition par tranches planes et parallèles; il paraîtra, dis-je, évident, que l'expression ci-dessus indique aussi la valeur de la quantité

de mouvement perdue pendant l'instant $dt$ par toute la masse
de liquide en contact avec la palette. D'après cela, et sans
qu'il soit nécessaire d'aller plus loin, il est bien clair que la
perte de force vive correspondante, tant du liquide que de la
palette, sera mesurée par cette autre expression

$$d\mathrm{M}(\mathrm{V}\sin\alpha - v\sin\beta)^2 \quad (^1).$$

Car ici, d'une part, le liquide et la palette ont acquis à la fin
de l'élément $dt$ du temps la même vitesse normale dans le
sens perpendiculaire, ou, si l'on veut, ils cheminent d'un mouvement commun dans cette direction; d'une autre, la masse

---

($^1$) Pour démontrer cette conséquence *a priori* dans le cas qui nous occupe,
nous nommerons P la somme des pressions perpendiculaires souffertes par le
plan AB, abstraction faite d'ailleurs de l'action de la gravité sur le fluide et des
résistances qu'il éprouve dans le sens et de la part de ce plan; nous désignerons
pareillement par $\Omega$ l'aire des sections uniformes et transversales de la veine,
avant l'instant où elle a atteint la palette, $\Pi$ la densité du liquide, $g = 9^{m},8088$
la gravité; nous nommerons pareillement, pour un instant quelconque, $ds = v\,dt$
la vitesse virtuelle du point d'application de la force P sur la palette AB, $dm$
un élément de masse quelconque du système solide, dont cette dernière fait
partie, $\mathrm{K}\,ds$ la vitesse virtuelle, $\mathrm{K}$ étant un rapport invariable pour une même
masse, mais qui est susceptible de varier d'un élément à l'autre; la vitesse de
$dm$ à l'instant considéré sera ainsi représentée par $\mathrm{K}v$, sa force motrice ou
plutôt la résistance qu'il oppose à l'action de P le sera par $dm\,\mathrm{K}\dfrac{dv}{dt}$, et le moment virtuel de cette force par

$$\mathrm{K}\,dm\,\frac{dv}{dt}\,\mathrm{K}\,ds = \mathrm{K}^2\,dm\,\frac{dv}{dt}\,ds,$$

dont la valeur, prise pour l'étendue entière du corps, pourra être représentée
par l'intégrale

$$\frac{dv}{dt}\,ds \int \mathrm{K}^2\,dm = \mathrm{M}_1\frac{dv}{dt}\,ds,$$

$\mathrm{M}_1$ étant en quelque sorte la masse de ce corps rapportée au point d'action du
fluide.

Mais il doit y avoir à chaque instant équilibre entre les différentes forces
motrices ou d'inertie $dm\,\mathrm{K}\dfrac{dv}{dt}$ et la pression P, dont le moment virtuel est
$P\,ds\sin\beta$; donc on aura aussi à chaque instant

$$P\,ds\sin\beta = \mathrm{M}_1\frac{dv}{dt}\,ds \quad \text{ou} \quad P\,dt = \frac{\mathrm{M}_1}{\sin\beta}\,dv,$$

expression qui représente évidemment la quantité totale de mouvement gagnée

agissante du premier est en quelque sorte infiniment petite, par rapport à celle de la seconde censée réunie avec le système solide dont elle fait partie.

**11.** *Expression de la perte de force vive par seconde.* — Si l'on suppose, d'ailleurs, que les chocs partiels se renouvellent continuellement et avec la même intensité dans chaque élément du temps, soit sur la même palette, soit sur d'autres semblables, la perte de force au bout d'une seconde sera mesurée par

$$\int d\mathrm{M}(\mathrm{V}\sin\alpha - v\sin\beta)^2 = \mathrm{M}(\mathrm{V}\sin\alpha - v\sin\beta)^2.$$

Dans le cas où $\alpha$, $\beta$ et $\mathrm{V}$ varieraient, mais de très-peu, pendant que la palette AB est en prise, on pourra prendre la perte de force vive par rapport à leurs valeurs moyennes, pendant

---

par le système de la palette, pendant l'élément $dt$ du temps, et comme, d'après le principe de l'action égale et contraire à la réaction, cette quantité doit être précisément égale à celle qui a été détruite dans le même temps par la masse agissante du liquide, on aura

$$\mathrm{P}\,dt = \frac{\mathrm{M}_{\text{,}}}{\sin\beta}\,dv = d\mathrm{M}(\mathrm{V}\sin\alpha - v\sin\beta),$$

qui fera connaître la pression P à chaque instant du choc, quand on pourra apprécier la masse élémentaire de fluide qui vient, dans chaque élément du temps, rencontrer la palette.

Pour trouver la perte de force vive subie pendant le choc ou la réaction réciproque de la masse $d\mathrm{M}$ du liquide et de celle de la palette, on remarquera qu'avant l'instant $dt$ la force vive était, pour la première masse,

$$d\mathrm{M}\mathrm{V}^2\cos^2\alpha + d\mathrm{M}\mathrm{V}^2\sin^2\alpha,$$

et pour la seconde

$$v^2\int \mathrm{K}^2\,dm = \mathrm{M}_{\text{,}}v^2;$$

qu'après, ou lorsque les deux corps ont acquis, suivant la normale, la vitesse commune $(v + dv)\sin\beta$, elle est, pour la masse $d\mathrm{M}$,

$$d\mathrm{M}\mathrm{V}^2\cos^2\alpha + d\mathrm{M}(v + dv)^2\sin^2\beta = d\mathrm{M}\mathrm{V}^2\cos^2\alpha + d\mathrm{M}v^2\sin^2\beta.$$

en observant que la vitesse $\mathrm{V}\cos\alpha$, dans le sens de la palette, n'a par hypothèse subi aucune altération, et pour la masse M,

$$\mathrm{M}_{\text{,}}(v + dv)^2.$$

Retranchant la somme des forces vives après le choc de celle qui avait lieu aule choc; si elles variaient beaucoup, il faudrait intégrer en conséquence, $\alpha$, $\beta$ et V devenant fonctions du temps, de même que $dM$ qui peut toujours s'exprimer par une fonction de la forme $\dfrac{\Pi}{g}$ AV$dt$, $\Pi$ étant la densité du fluide ; mais, dans la pratique, cela est rarement nécessaire.

12. *Cas où la perte de force vive à l'entrée est nulle.* — La perte de force vive sera nulle si l'on a

$$V \sin \alpha = v \sin \beta;$$

c'est-à-dire qu'il n'y aura pas de réaction entre la palette et le fluide, si, décomposant V en deux, de façon que l'une des

paravant, il viendra pour la perte cherchée, en négligeant les infiniment petits du second ordre par rapport à ceux du premier,

$$dM V^2 \sin^2 \alpha - dM v^2 \sin^2 \beta - 2 M_1 v dv;$$

mais nous avons trouvé ci-dessus

$$M_1 dv = dM (V \sin \alpha - v \sin \beta) \sin \beta,$$

ce qui donne finalement, pour la perte de force vive cherchée, l'expression

$$dM (V \sin \alpha - v \sin \beta)^2,$$

comme il s'agissait de le démontrer.

On peut facilement, d'après ce qui précède, déterminer la valeur de la pression P exercée par le fluide sur la palette dans le sens perpendiculaire. En effet, dans le cas où une seule palette reçoit l'action du liquide, elle fuit devant lui, avec une vitesse $v \cos (\alpha + \beta)$ mesurée dans le sens de V ; et, par conséquent, la masse $dM$, qui, dans chaque élément du temps, atteint la palette, a pour expression

$$dM = \Omega \frac{\Pi}{g} [V + v \cos (\alpha + \beta)] dt,$$

d'où l'on conclut

$$P = \frac{\Pi}{g} \Omega [V + v \cos (\alpha + \beta)] (V \sin \alpha - v \sin \beta),$$

relation qui, dans le cas où les angles sont égaux et $\alpha = 90°$, donne

$$P = \frac{\Pi}{g} \Omega (V - v)^2$$

et, pour $v = 0$, donne

$$P = \Pi \Omega \frac{V^2}{2g};$$

mais, dans les roues hydrauliques, chaque palette étant incessamment remplacée

composantes soit égale à $v$, l'autre composante se trouve naturellement dirigée suivant la palette; ou si, en formant le parallélogramme sur $v$ et le prolongement de V, le côté $v$ V est parallèle à AB; car alors il est clair, d'après l'inspection de la *fig.* 37, que les composantes de $v$ et de V, perpendiculaires au plan AB, seront égales.

La condition $V \sin \alpha = v \sin \beta$ sera remplie en particulier quand V sera égal à $v$ et qu'on aura en outre $\sin \alpha = \sin \beta$, ce qui correspond à $\alpha = \beta$ ou à $\alpha = 180° - \beta$. Dans le premier cas, V et $v$ forment des angles égaux de part et d'autre de AB; dans le second, $v$ se confond en grandeur et en direction avec V, et alors la palette et le fluide sont animés d'un mouvement de transport commun.

Enfin, si l'on avait séparément $\sin \alpha = 0$ et $\sin \beta = 0$, la condition serait encore satisfaite; ce cas est celui où le fluide arrive sur la palette dans la direction de son prolongement et

---

au même lieu par une autre, tout le fluide vient successivement les rencontrer, et la masse élémentaire $dM$, qui perd dans chaque élément du temps la vitesse $V \sin \alpha - v \sin \beta$, a pour expression

$$dM = \frac{\Pi}{g} \Omega V dt,$$

ce qui donne, pour la pression P, la valeur

$$P = \frac{\Pi}{g} \Omega V (V \sin \alpha - v \sin \beta),$$

relation qui, pour $\alpha = \beta = 90°$, donne

$$P = \frac{\Pi}{g} \Omega V (V - v),$$

et pour $v = 0$

$$P = \frac{\Pi}{g} \Omega V^2 = 2 \Pi \Omega \frac{V^2}{2g}.$$

Cette dernière formule, déjà trouvée ci-dessus pour le cas d'une palette isolée, est vérifiée par les expériences directes de Bossut et de Dubuat, pour le cas où le plan immobile offre une étendue telle que le fluide perde toute sa vitesse normale relative; l'expérience apprend d'ailleurs que, lorsque l'aire de la palette diffère très-peu de celle de la veine, la valeur de la pression se réduit à la moitié de celle que donne la formule ci-dessus.

On pourra consulter sur ces différentes questions les n°s 47, 104, etc., de l'Ouvrage de M. Coriolis sur le *Calcul de l'effet des machines.*

où elle est animée d'une vitesse dirigée dans le même sens ; il se présentera dans les roues à aubes courbes.

13. *Perte de force vive quand la palette marche à la rencontre du fluide.* — Si la palette se mouvait à la rencontre du fluide, il faudrait changer le signe de $v$ dans l'expression de la perte de force vive, qui deviendrait

$$M (V \sin\alpha + v \sin\beta)^2$$

pour l'unité de temps et ne peut être nulle que par $V = o$ et $v = o$ ou par $\sin\alpha = o$ et $\sin\beta = o$.

14. *Vitesse relative avec laquelle le fluide coule sur la palette.* — Quant à la vitesse relative sur la palette, elle est $V \cos\alpha + v \cos\beta$ ou $V \cos\alpha - v \cos\beta$, selon le sens de $v$, et c'est en vertu de cette vitesse initiale relative que le fluide coule sur la palette après le choc.

Lorsque l'on a $\sin\alpha = o$ et $\sin\beta = o$, on a vu (12) que la force vive détruite par le choc est nulle. Dans ce cas, relatif aux roues à aubes courbes, si $V$ et $v$ sont dirigées dans le même sens, on a $\cos\alpha = 1$ et $\cos\beta = 1$, et par suite la vitesse initiale relative est

$$V - v.$$

15. *Réflexions relatives à l'influence des dimensions respectives de la veine et de la palette.* — Il faut bien se rappeler (10 et note) que ce qui précède suppose que la palette est entièrement libre ou isolée, ou plutôt que le fluide peut s'échapper librement à son pourtour ; que de plus celui-ci a perdu tout l'excès de sa vitesse normale ; ce qui exige que cette palette ait une étendue convenable. Il faut aussi considérer que, si cette palette a une surface très-peu différente de la section transversale de la veine affluente, celle-ci conservant encore une portion de sa vitesse normale, la perte de force vive est moindre ainsi que la pression exercée perpendiculairement à cette palette et que par conséquent la force vive que le liquide conserve en quittant sa surface est plus grande.

16. *Cas où la palette est contenue dans un coursier, qui forme une espèce de canal.* — Si la palette est limitée de part

et d'autre par des faces latérales, ou renfermée dans un canal, de manière que le fluide ne puisse pas s'échapper latéralement et soit obligé de couler le long de cette palette, il perd alors réellement presque toute sa vitesse normale relative

$$V \sin \alpha - v \sin \beta,$$

et la perte de force vive, dans l'unité de temps, est, comme nous l'avons trouvé (11),

$$M(V \sin \alpha - v \sin \beta)^2,$$

M étant toujours la masse de fluide écoulé dans l'unité de temps, et les palettes se succédant les unes aux autres au même lieu sans discontinuité.

17. *Cas où V et v sont parallèles.* — Si, en particulier, la palette se mouvant dans un coursier avec un petit jeu et une vitesse $v$ dirigée dans le même sens que la vitesse avec laquelle le fluide afflue, il arrive qu'en avant et en arrière de la palette l'eau ne se meuve plus qu'avec la vitesse $v$, et que le liquide ne choque plus réellement cette palette, mais la masse ou le remou qui est en avant, il perd toute la vitesse relative

$$V - v,$$

et par suite la force vive

$$M(V - v)^2,$$

comme on l'a vu pour le mouvement de l'eau dans les canaux ou tuyaux de conduite. On remarquera que ceci est, jusqu'à un certain point, indépendant de l'inclinaison de la palette AB,

Fig. 18.

pourvu, toutefois, que le fluide ne puisse pas la déborder ni s'y élever sensiblement au-dessus de la section d'eau en aval.

Ce cas est celui des roues à palettes planes, dont nous nous occuperons plus loin.

18. *Cas où le fluide rencontre successivement les différentes parois d'un vase.* — Si, après avoir choqué la palette AB, le fluide en rencontre une autre BC (*fig.* 39) ou une masse de

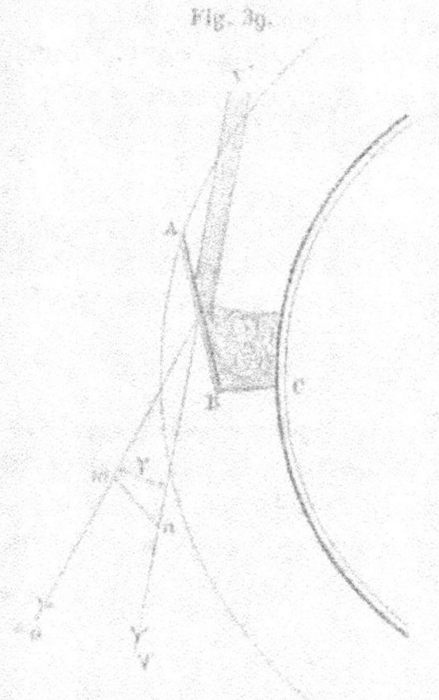

Fig. 39.

liquide déjà arrivée sur la machine, et qu'il se trouve ensuite contenu dans une espèce de vase ou d'*auget*, il se produira une nouvelle perte de force vive ; après quelques tourbillonnements, tout mouvement relatif sera éteint et le fluide ne conservera que la vitesse propre de l'auget. Dans ce cas, V et $v$ étant toujours la vitesse du filet à son entrée et celle de l'auget, en appelant $\gamma$ l'angle qu'elles font entre elles, la vitesse relative ou perdue sera

$$mn = u = \sqrt{V^2 + v^2 - 2\,V v \cos\gamma};$$

et la perte de force vive dans l'unité de temps aura pour expression

$$M(V^2 + v^2 - 2\,V v \cos\gamma);$$

quantité qui ne sera nulle en général que si l'on a

$$\gamma = 0 \quad \text{et} \quad V = v;$$

c'est-à-dire que les vitesses devront être égales en direction et en intensité.

19. *Discussion de la condition relative à la vitesse de sortie du fluide.* — Examinons maintenant si l'on peut satisfaire à la deuxième condition du maximum d'effet, c'est-à-dire faire en sorte que la vitesse de sortie du fluide soit nulle, ou

$$w = 0.$$

D'après ce que nous avons vu (16), le fluide, après le choc, coulera sur la palette avec une vitesse initiale relative

$$V \cos\alpha \pm v \cos\beta,$$

selon les cas ; ensuite, les forces accélératrices ou retardatrices agissant sur lui, il quittera la palette avec une autre vitesse relative, dont la direction sera le prolongement du dernier élément de la palette et que nous appellerons $u'$ (*fig.* 40).

Fig. 40.

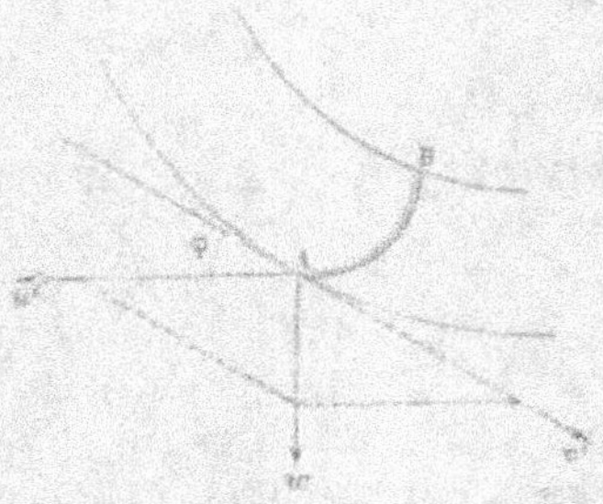

$v'$ étant la vitesse de la palette au point A de sortie ; $\varphi$ l'angle compris entre $u'$ et le prolongement de la direction de $v'$ ; la vitesse absolue de sortie sera

$$w = \sqrt{u'^2 + v'^2 - 2\,u'\,v'\cos\varphi},$$

laquelle ne sera généralement nulle que si l'on a simultanément

$$u' = v' \quad \text{et} \quad \varphi = 0.$$

Cette condition exprime que la vitesse relative du fluide, à sa sortie, doit être égale à la vitesse de translation de la palette et dirigée en sens contraire. Or il est impossible d'y satisfaire tout à fait, attendu la difficulté qu'éprouverait l'eau à s'échapper ou à dégorger du récepteur; l'angle $\varphi$ notamment ne paraît pas devoir être pris beaucoup au-dessous de 30 degrés; d'ailleurs il existe une relation nécessaire entre $v'$ et V, par suite de celle qui se trouve établie entre V et $v$ et de la liaison des pièces de la machine: on voit donc qu'en général il ne sera pas possible d'avoir à la fois

$$u = 0 \quad \text{et} \quad w = 0,$$

et qu'on sera réduit à chercher un *maximum* relatif de la quantité P$v$, ou un *minimum* relatif du terme

$$\frac{M(u^2 + w^2)}{2},$$

d'après les données de la question dont on pourra disposer, telles, par exemple, que la vitesse $v$ du récepteur ou celle V d'arrivée du liquide. C'est ce *maximum* que nous allons actuellement nous occuper de rechercher pour les différents récepteurs le plus en usage dans les usines.

### Roues verticales à palettes planes.

**20.** *Description sommaire.* — Ces roues, malgré leurs défauts très-graves, sont encore le plus généralement employées dans les usines, par suite de la simplicité de leur construction et de l'empire de la routine. Elles consistent ordinairement (*fig.* 41) en deux ou plusieurs jantes circulaires en bois, soutenues par quatre, six ou huit bras assemblés sur l'arbre qu'ils traversent ou embrassent extérieurement. Des *aubes* ou palettes planes, ordinairement en bois, sont placées à la circonférence extérieure des jantes, et fixées sur les prolongements des bras ou sur des *bracons* assemblés dans les jantes. On donne assez généralement à ces palettes $0^m,30$ à $0^m,40$ de

Fig. 40.

largeur dans le sens du rayon, on les écarte de $0^m,30$ à $0^m,40$ à la circonférence extérieure, et leur longueur varie avec la force du cours d'eau, ou celle qu'on veut obtenir du moteur. Un coursier, ordinairement rectiligne, emboîte inférieurement les aubes, auxquelles on ne doit laisser, de côté et en dessous, qu'un jeu de $0^m,01$ à $0^m,02$, mais que les charpentiers maladroits portent quelquefois de $0^m,05$ à $0^m,06$ et plus. La pente de ce coursier varie de $\frac{1}{8}$ à $\frac{1}{12}$.

L'épaisseur de la lame d'eau qui sort de la vanne, ou plutôt celle qui s'établirait dans le bas du coursier si la roue était enlevée, ne doit être que de $\frac{1}{2}$ à $\frac{1}{3}$ de la hauteur des aubes, dans le sens du rayon, afin que le remous qui se produit en avant ne puisse pas dépasser le côté intérieur de ces aubes.

La vanne est ordinairement verticale et à une certaine distance de la roue; sa largeur est le plus souvent égale à celle du coursier et, d'après ce que nous avons vu (Sect. I, n$^{os}$ 58 et suiv.), il en résulte une perte de force vive que nous avons appris à calculer, ainsi que la vitesse V avec laquelle l'eau rencontre la première aube qu'elle choque.

**21.** *Équation particulière à des roues à palettes planes.* — D'après cela, conservant les notations précédentes, par lesquelles nous avons appelé

P l'effort moyen exercé par le fluide à la circonférence de la roue qui passe par le milieu de la partie plongée des aubes, ou la résistance utile à vaincre ;

$v$ la vitesse à cette circonférence moyenne ;

V celle d'arrivée de l'eau sur les aubes ;

M la masse d'eau dépensée en une seconde.

Il est clair, d'après la description succincte que nous venons de donner, et d'après ce qui précède (n⁰ˢ 7 et suiv.), que l'on aura

$$u = \mathrm{V} - v, \quad w = v ;$$

et, comme nous supposons que l'eau arrive sur la roue dans sa partie inférieure, on a

$$h' = o.$$

L'équation générale du n° 7 devient donc dans ce cas, et en supposant que le mouvement de la roue ait atteint l'uniformité,

$$\mathrm{P}v = \tfrac{1}{2}\mathrm{M}\mathrm{V}^2 - \tfrac{1}{2}\mathrm{M}(\mathrm{V} - v)^2 - \tfrac{1}{2}\mathrm{M}v^2$$

ou, en réduisant,

$$\mathrm{P}v = \mathrm{M}(\mathrm{V} - v)v^{\text{ksm}}.$$

**22.** *Condition du maximum d'effet relatif.* — La valeur de l'effet utile P$v$ étant nulle pour V $= v$ ou pour $v = o$, il doit exister entre ces quantités une relation qui la rende un *maximum*. Ici V est donné par la hauteur de chute disponible ; cette quantité est donc constante, et, si l'on différentie par rapport à $v$, on trouve, pour le cas du *maximum*,

$$v = \tfrac{1}{2}\mathrm{V} ;$$

et par suite, pour la valeur *maximum* de l'effet utile,

$$\mathrm{P}v = \tfrac{1}{4}\mathrm{M}\,gh^{\text{ksm}}.$$

Le produit M$gh$ du poids de l'eau dépensée par la hauteur de chute disponible est ce que l'on appelle la *quantité de tra-*

*vail* ou l'*effet disponible*, quantité qui n'est elle-même qu'une certaine fonction de celle qui est due à la chute entière, comprise depuis le niveau supérieur dans le réservoir jusqu'au point du coursier où l'eau s'échappe de la roue, et qu'on nomme l'*effet utile absolu* du cours d'eau; on voit, d'après ce qui précède, que, même dans le cas du maximum, l'effet utile des roues à palettes n'est théoriquement que la moitié de celui qui est réellement disponible à l'instant où l'eau atteint la roue.

**23.** *Résultats de l'expérience et formules pratiques.* — Les expériences de Bossut et de Smeaton ont montré que, dans la pratique, le *maximum* d'effet correspond, réellement à la vitesse de roue

$$v = \tfrac{2}{5}V = 0,40\,V,$$

et a pour valeur

$$0,3\,M\,gh,$$

de sorte que l'effet utile pratique se réduit aux 0,60 de l'effet théorique; le même rapport s'applique aussi aux cas où les vitesses $v$ et V ne sont pas dans les proportions ci-dessus, pourvu que cette proportion ne s'écarte pas trop de celle qui se rapporte au *maximum* d'effet. D'après cela, on aura, dans le cas général,

$$Pv = 0,60\,M(V - v)v^{k\,gm},$$

et dans celui du *maximum*,

$$Pv = 0,30\,M\,gh^{k\,gm}.$$

Nous appellerons désormais Q le volume d'eau dépensé par seconde, exprimé en mètres cubes, et nous aurons par conséquent

$$1000\,Q^{kx} = Mg;$$

ce qui donne pour les formules pratiques ci-dessus, dans le cas général,

$$Pv = \frac{0,60 \times 1000\,Q}{g}(V - v)v^{k\,gm},$$

dans le cas du maximum

$$Pv = 0,30 \times 1000\,Q\,h^{k\,gm},$$

desquelles on tire respectivement, pour la valeur de l'effort exercé par l'eau à la circonférence moyenne des palettes et dans le sens du courant moteur,

$$P = \frac{600\,Q}{g}(V - v)^{kg} \quad \text{ou} \quad P = \frac{300\,Q\,h^{kg}}{v}.$$

**24.** *Cas où le jeu des aubes dans le coursier est très-grand.* — Lorsque, au lieu de remplir exactement le coursier ou de n'avoir qu'un faible jeu, les aubes sont beaucoup plus petites, une portion considérable du liquide passe au-dessous et à côté d'elles sans agir : l'effet utile se trouve diminué de beaucoup. Dans ce cas, pour pouvoir faire le calcul avec quelque exactitude, il ne faut introduire, dans les formules ci-dessus, que le poids de la quantité d'eau qui agit directement sur la roue. Pour cela, connaissant, d'après les règles que nous avons établies (Sect. I, n$^{os}$ 73 et suiv.), le volume d'eau Q dépensé par l'orifice et la vitesse V d'arrivée sur la roue, le quotient $\frac{Q}{V}$ donnera approximativement l'aire de la section d'eau *abcd* (*fig.* 7) dans le canal, et par suite la hauteur *ab* du niveau

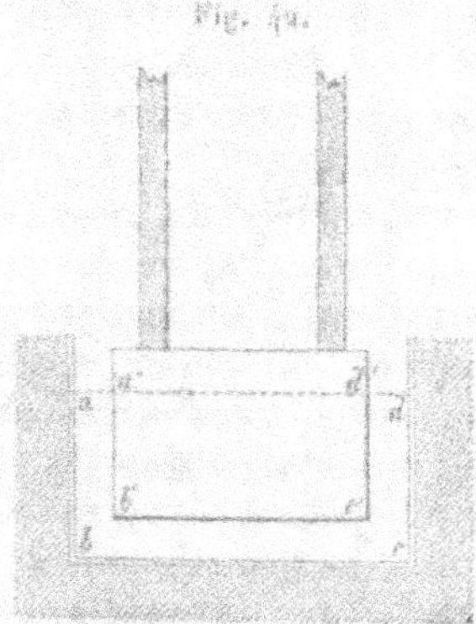

Fig. 7.

moyen sous la roue, pendant le mouvement, hauteur que, dans la plupart des cas, on pourra même mesurer directement quand les aubes seront enlevées, ce qui vaudra mieux. Connaissant *ab* et le jeu inférieur des aubes dans le coursier, on connaîtra l'aire *a' b' c' d'* soumise directement à l'action du courant. Nommant A' cette aire, A l'aire *abcd*, on aura

$$A = \frac{Q}{V} \quad \text{et} \quad \frac{A'}{A} = \frac{A'V}{Q};$$

par suite, les formules théoriques du n° 23 deviendront, pour le cas général,

$$P\,v = \frac{1000\,A'V}{g}\,(V - v)v^{kgm}, \quad P = \frac{1000\,A'V}{g}\,(V - v)^{kg},$$

Des expériences de M. Christian [1] montrent que, dans ce cas, la vitesse de la roue qui correspond au maximum d'effet est encore

$$V = 0,4V,$$

et qu'alors l'effet réel est de 0,75 environ de celui que donne la formule ci-dessus quand les ailes sont entièrement plongées dans l'eau du courant.

**25.** *Perfectionnements proposés par divers auteurs.* — Ainsi, dans la pratique et dans les circonstances les plus favorables, ces roues transmettent moins que le tiers du travail absolu du moteur, et, dans les constructions ordinaires, l'effet utile est encore beaucoup plus faible et ne s'élève guère qu'aux 0,20 ou 0,25 de cette quantité.

Plusieurs auteurs ont cherché les moyens d'augmenter l'effet utile des roues à palettes. Deparcieux et Bossut, en inclinant les aubes vers l'amont d'un angle de 25 degrés sur le prolongement des rayons, ont obtenu une légère augmentation d'effet pour les roues emboîtées dans un coursier incliné à l'horizon [2]. D'un autre côté, Fabre [3] a prescrit de pratiquer un seuil et un rélargissement au coursier sous l'axe de la roue, afin de faciliter le dégorgement de l'eau. On a aussi proposé de donner aux joues du pertuis la forme de la veine

[1] *Mécanique industrielle*, t. I, p. 339.
[2] *Traité d'Hydrodynamique*, t. II, n°s 812 et suivants.
[3] *Essai sur la construction des machines hydrauliques*

fluide et d'incliner la vanne le plus possible sous la roue, ce qui a pour effet, comme nous l'avons vu (Sect. I, n° 64), de diminuer la contraction et la perte de force vive dans le coursier, ainsi que l'effet de la résistance des parois. Enfin, d'après Morosi, on a ajouté, sur les côtés verticaux des aubes, des rebords ou liteaux d'environ $0^m,05$ à $0^m,08$ de saillie.

Les deux premiers moyens sont d'un assez bon effet ; quant aux rebords, des expériences spéciales, faites sur un moulin à pilon de la poudrerie de Metz par M. Poncelet, prouvent que l'augmentation qui en résulte peut s'élever du douzième au quinzième de l'effet utile, transmis dans le cas où les palettes sont sans rebords. Tous ces moyens de perfectionnement ne sauraient, néanmoins, élever le maximum d'effet utile au delà des 0,35 de l'effet absolu. Ils ne peuvent donc remédier au défaut qu'ont les roues à palettes planes de ne transmettre qu'une faible portion du travail moteur, par suite des pertes de force vive dues aux chocs et à la vitesse que conserve l'eau après avoir agi. Néanmoins ces roues ont quelques qualités importantes pour l'industrie, et la principale, c'est la faculté de pouvoir prendre une grande vitesse sans que l'effet utile s'écarte du maximum qui leur est propre, ce qui dispense, dans beaucoup de circonstances, d'employer des engrenages multipliés. Dans la vue de conserver aux roues verticales à aubes ce précieux avantage, tout en évitant les pertes de force vive dont il vient d'être parlé, M. Poncelet a imaginé les roues à aubes courbes, dont nous allons donner la théorie.

### Roues verticales à aubes courbes.

26. *Description sommaire.* — Ces roues, destinées à remplacer partout avec avantage les anciennes roues à ailettes, et dont un grand nombre existent déjà en France et à l'étranger, doivent leurs qualités à la forme des aubes et à un ensemble de dispositions pour lesquelles on a mis à profit les résultats de la théorie et de l'expérience, et sur lesquelles nous entrerons d'abord dans quelques détails.

Le pertuis est disposé de la manière suivante (*fig.* 43) : le fond du coursier et celui du réservoir sont à peu près dans le

prolongement l'un de l'autre ou raccordés tangentiellement ;
les côtés verticaux sont garnis de parties arrondies, d'après ce

Fig. 43.

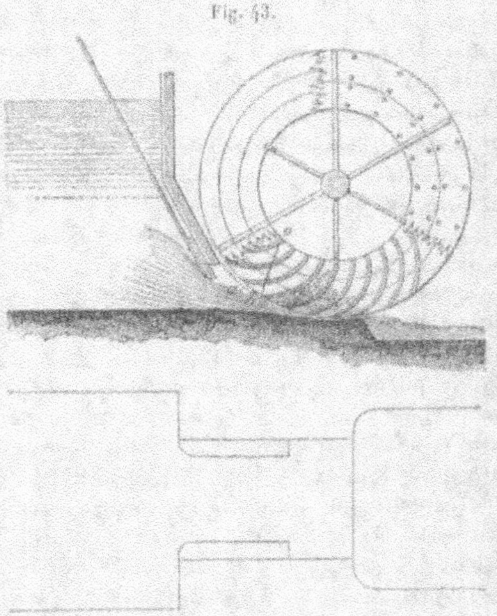

qui a été prescrit (Sect. I, n° 64), et destinées à annuler la
contraction latérale ; la vanne est inclinée sous la roue, ordinairement à 1 ou 2 de base sur 2 de hauteur. Il résulte de là
que la contraction est beaucoup diminuée et que le coefficient de la dépense est 0,75 ou 0,80, selon l'inclinaison plus
ou moins grande de la vanne (Sect. I, n° 64).

De plus, le coursier ayant exactement la même largeur que
l'orifice, la veine fluide conserve à peu près les mêmes dimensions qu'à sa sortie, et il ne se fait presque pas de perte
de force vive.

La pente du coursier, depuis l'orifice jusqu'au-dessous de
la roue, est de $\frac{1}{17}$ à $\frac{1}{12}$, afin de conserver à l'eau toute la vitesse qu'elle a en sortant de cet orifice, ce qui, au surplus,
n'est point indispensable.

Le fond du coursier est tangent à la circonférence extérieure de la roue, sauf un petit jeu indispensable. Sous la roue et à partir du rayon qui est perpendiculaire à cette partie rectiligne du coursier, les aubes se trouvent emboîtées dans une portion de cercle concentrique à la roue et dont le développement est égal à l'intervalle de deux aubes consécutives, augmenté de $0^m,05$ à $0^m,06$, afin qu'il en embrasse au moins deux, et que l'eau ne puisse pas s'échapper par le vide qu'elles laisseraient entre elles et le fond du coursier, dans certaines positions, si ce fond était tout à fait rectiligne [1].

Cet arc de cercle se termine par un ressaut brusque dont le sommet doit être au niveau des eaux moyennes dans le canal de fuite et qui a pour objet de faciliter le dégorgement de la roue. Dans le même but, on donne à ce canal de fuite toute la section, c'est-à-dire toute la largeur et la profondeur qu'il peut recevoir dans chaque localité immédiatement à partir du ressaut.

Les aubes sont assemblées et contenues entre deux couronnes annulaires montées sur un certain nombre de bras et destinées à empêcher l'eau de se répandre latéralement, au lieu d'agir sur ces aubes. La largeur de ces couronnes, dans le sens du rayon, doit être le quart au moins de la hauteur de chute, comme on le verra plus loin. L'écartement intérieur des couronnes est ordinairement de $0^m,06$ à $0^m,10$ plus grand que la largeur de l'orifice et du coursier, afin que l'eau entre facilement dans les aubes. Les joues verticales du coursier ont, au-dessous de la roue, une échancrure circulaire concentrique aux couronnes, pour qu'elles puissent librement tourner sans permettre à l'eau de s'échapper par les côtés de la roue, qui, d'ailleurs, doit être entièrement dégagée latéralement et extérieurement.

La courbure des aubes est indifférente, pourvu qu'elle soit continue et se raccorde à peu près tangentiellement avec la circonférence extérieure des couronnes et qu'elle se termine sur leur circonférence intérieure à peu près à angle droit. On

---

[1] *Voir*, à la fin de la Section III, une Note sur les modifications apportées ultérieurement, par Poncelet, à ce tracé.  (K.)

la fait ordinairement circulaire, et, pour en déterminer le centre, on élève au point *b* (*fig.* 43), où la surface de la lame d'eau rencontre la circonférence extérieure de la roue, une perpendiculaire sur cette surface *ab*, puis on prend le centre en *o* sur cette ligne, près de la circonférence intérieure de la couronne, en dedans de cette circonférence si la largeur des couronnes est grande, en dehors si elle est petite, afin de ne pas donner aux aubes un développement inutile et que leur dernier élément soit à peu près dirigé dans le sens du rayon. D'après cette construction, on voit que les aubes ne sont pas tout à fait tangentes à la circonférence extérieure, ce qui rendrait la sortie de l'eau difficile, et le tracé montre que l'inclinaison des deux courbes ou de leurs tangentes sera d'environ 27 degrés pour des lames d'eau de $0^m,2$ à $0^m,3$ d'épaisseur.

Quant au nombre des aubes, il est ordinairement de 36 pour les roues de 3 à 4 mètres de diamètre et de 48 pour celles de 6 à 7 mètres. On les fait en tôle de fer de 4 à 6 millimètres d'épaisseur, ou en bois comme les douves d'un tonneau, et on les assemble dans les joues. Les bords des aubes en bois doivent être terminés par une feuille mince de tôle, pour éviter le choc de l'eau sur la tranche.

27. *Équation particulière des roues à aubes courbes.* — D'après cette description, il est facile de concevoir les modifications à faire à l'équation générale (7) des moteurs pour l'appliquer à cette roue. Soient V la vitesse moyenne avec laquelle la lame d'eau arrive à la circonférence extérieure de la roue et qui, d'après la description du pertuis et du coursier, sera sensiblement celle due à la charge d'eau sur le seuil ; $v$ la vitesse à la circonférence extérieure de la roue. Il est d'abord clair que les vitesses V et $v$ étant dirigées dans le même sens, à très-peu près, il n'y aura pas de choc à l'entrée du fluide dans la roue et qu'on aura $u = 0$.

De plus, $h'$ est nul aussi, puisque l'eau arrive à la partie inférieure de la roue et à peu près au niveau du bief inférieur.

Quant à la vitesse relative d'introduction de l'eau dans les aubes, elle sera évidemment égale à V — $v$ ; et c'est avec cette vitesse que le liquide s'élèvera le long des courbes. Son mouvement sera d'abord retardé par la gravité et par la force centrifuge; mais, sans discuter encore, comme nous le ferons plus loin, les effets simultanés de ces deux forces, on voit facilement qu'après être parvenue au point le plus élevé de sa course l'eau se trouvera soumise, en redescendant, aux mêmes forces, qui, pour chaque position, lui restitueront précisément la même vitesse qu'elle avait en montant. L'eau sortira donc de l'aube avec une vitesse relative tangente à sa courbure en son extrémité, à peu près tangente aussi à la circonférence de la roue et égale à sa vitesse d'introduction $V - v$; mais comme, en vertu du mouvement de translation qui lui est commun avec l'aube, elle est, en outre, animée de la vitesse $v$ en sens contraire de $V$, il s'ensuit que sa vitesse absolue de sortie, que nous avons désignée par $w$, sera

$$w = V - 2v.$$

D'après cela, l'équation générale du n° 7 devient, pour cette roue,

$$Pv = \tfrac{1}{2}MV^2 - \tfrac{1}{2}M(V - 2v)^2 \quad \text{ou} \quad Pv = 2M(V - v)v.$$

Cette relation nous montre que l'effet utile théorique de cette roue est double de celui des roues à aubes planes ordinaires.

28. *Condition du maximum d'effet.* — La condition du maximum d'effet étant $w = 0$, ce qui revient ici à

$$V - 2v = 0 \quad \text{ou} \quad v = \tfrac{1}{2}V,$$

elle est la même que pour les roues à palettes ordinaires; mais l'effet utile maximum est encore double et a pour valeur

$$Pv = \tfrac{1}{2}MV^2 = MgH.$$

en nommant $H$ la charge d'eau sur le centre de l'orifice, c'est-à-dire qu'il est égal au plus grand de tous les efforts possibles et que, théoriquement, cette roue transmet en entier la quantité de travail que la gravité imprime à l'eau dans sa descente.

**29.** *Dimensions à donner aux couronnes. Effets de la force centrifuge.* — La hauteur à laquelle l'eau peut s'élever en glissant sur les aubes détermine la largeur à donner aux couronnes; il est donc important d'étudier un peu son mouvement d'ascension le long des courbes, dont jusqu'ici nous n'avons dit qu'un mot en établissant la théorie de la roue.

A cet effet nous remarquerons que, attendu que le chemin décrit par chaque point de la roue est sensiblement rectiligne et horizontal pour le temps assez petit où l'eau reste en contact avec une même aube, on peut sans inconvénient faire abstraction du mouvement de transport général de celle-ci pour ne s'occuper que de celui de l'eau qui la parcourt, pourvu qu'on tienne compte des effets de la force centrifuge dus à la rotation de l'aube.

Considérons donc un élément $dM$ de masse d'un filet fluide montant sur cette aube. Soient

$\omega$ la vitesse angulaire de la roue;
$r$ la distance de l'élément $dM$ au centre de la roue;

la vitesse de rotation de l'élément $dM$ sera

$$\omega r$$

et la force centrifuge qui tendra à l'empêcher de monter sera

$$\frac{dM.\omega^2 r^2}{r} = dM.\omega^2 r.$$

Si cette masse parcourt, dans l'élément du temps $dt$, l'espace $dr$ dans le sens du rayon de la roue, la quantité de travail élémentaire que la force centrifuge développera sur elle sera

$$dM.\omega^2 r\,dr^{\text{kgm}}.$$

En désignant par R et R' les rayons extérieur et intérieur de la couronne, la quantité de travail total développée sur cet élément par la force centrifuge, depuis l'entrée jusqu'à la distance R', sera

$$dM.\omega^2 \frac{(R^2 - R'^2)^{\text{kgm}}}{2}.$$

Quant à l'action de la gravité, comme l'eau s'introduit par le bas de la roue, le chemin parcouru dans le sens de sa direction sera simplement égal à R — R', et le travail total de cette force dans ce mouvement sera

$$g\,d\mathrm{M}(\mathrm{R} - \mathrm{R}')^{\text{kgm}}.$$

Si, parvenue à cette hauteur, la masse élémentaire $d\mathrm{M}$ a perdu toute sa vitesse, la variation de sa force vive sera

$$d\mathrm{M}(\mathrm{V} - v)^2,$$

puisqu'à l'entrée elle était animée de la vitesse relative $\mathrm{V} - v$.

Négligeant, d'ailleurs, dans ce mouvement la résistance des parois, qui doit avoir assez peu d'influence, le principe des forces vives donnera

$$d\mathrm{M}(\mathrm{V} - v)^2 = d\mathrm{M}.\omega^2(\mathrm{R}^2 - \mathrm{R}'^2) + 2\,g\,d\mathrm{M}(\mathrm{R} - \mathrm{R}')\,(^1),$$

---

($^1$) Pour opérer d'une manière entièrement rigoureuse, on remarquera que la force motrice ou d'inertie due au mouvement relatif tangentiel de la molécule $d\mathrm{M}$ sur la courbe des aubes, force que nous représenterons par

$$d\mathrm{M}\frac{d^2 s}{dt^2} = d\mathrm{M}\frac{du}{dt},$$

$s$ étant l'arc décrit par $d\mathrm{M}$ sur cette courbe et $u$ sa vitesse relative au bout d'un certain temps, on remarquera, dis-je, que cette force motrice est égale à la composante de la force centrifuge $\omega^2 r\,d\mathrm{M}$ suivant l'élément $ds$ de la courbe, augmentée de celle du poids $g\,d\mathrm{M}$ suivant cette même direction; nommant donc $\psi$ et $\varphi$ les angles variables formés, à l'instant que l'on considère, par la force centrifuge et la gravité avec l'élément $ds$, on aura pour le mouvement relatif sur la courbe et dans la supposition où celui de la roue est donné on obligé

$$\frac{d^2 s}{dt^2} = \omega^2 r \cos\psi + g\cos\varphi = \omega^2 r\frac{dr}{ds} + g\cos\varphi;$$

attendu que $ds\cos\psi = dr$ et que les composantes normales des forces ne contribuent en rien au mouvement sur la courbe et sont censées détruites par la réaction de la roue ou négligeables vis-à-vis des forces motrices qui animent ses différentes molécules.

Multipliant cette équation par $ds$ et intégrant depuis R jusqu'à R', ou depuis $u = \mathrm{V} - v$ jusqu'à une valeur quelconque $u = u'$ répondant à $r = \mathrm{R}'$, on aura l'équation

$$u^2 - u'^2 = \omega^2(\mathrm{R}^2 - \mathrm{R}'^2) + 2g\int_{\mathrm{R}}^{\mathrm{R}'} \cos\varphi\,ds.$$

Pour intégrer le dernier terme du deuxième membre, il faudrait connaître *a priori* $\varphi$ en fonction de $s$; ce qui n'est pas, puisque $s$ est lui-même fonction

d'où l'on tire

$$\frac{(V - v)^2}{2g} = \omega^2 \frac{R^2 - R'^2}{2g} + R - R'.$$

Dans cette relation on connaît V, $v = \omega R$, $\omega$ et R; il sera donc facile d'en déduire R', et par suite la largeur R − R' des couronnes; on trouve

$$R' = - g + \frac{\sqrt{(g + \omega^2 R)^2 - (V - v)^2 \omega^2}}{\omega^2}.$$

La force centrifuge tendant à empêcher l'eau de monter, il est clair que, si l'on avait fait abstraction de cette cause de retard, on aurait trouvé pour R − R' une valeur trop grande; elle eût été

$$R - R' = \frac{(V - v)^2}{2g};$$

et, dans le cas du maximum d'effet où l'on a vu que $v = \tfrac{1}{2}V$,

---

de $t$ et dépend de la loi du mouvement relatif sur la courbe, loi qui suppose l'intégration de l'équation différentielle ci-dessus ramenée préalablement à une autre qui ne contienne que deux variables, telles que le temps et l'angle décrit par la courbe autour de l'axe de la roue.

Mais, si l'on admet, comme c'est ici le cas, que la direction du rayon variable $r$ diffère très-peu de celle du rayon vertical de la roue pendant tout le mouvement d'ascension ou de descente de la masse $dM$ sur la courbe, $r$ différera aussi très-peu de $\rho$, ou $\cos\varphi\,ds$ de $dr$, de sorte qu'on aura approximativement

$$\int_R^{R'} \cos\varphi\,ds = R - R',$$

conformément à ce qui a été admis dans le texte.

En général, si l'angle décrit par la roue pendant que la molécule $dM$ se meut d'une extrémité à l'autre de la courbe est très-petit, de sorte que cette courbe puisse être censée rester sensiblement parallèle à sa position moyenne, on pourra calculer l'intégrale $\int \cos\varphi\,ds$ pour cette position moyenne, sans avoir égard au mouvement de transport général dont il s'agit; mais $ds \cos\varphi$ est la projection de $ds$ sur la verticale; donc $\int_R^{R'} \cos\varphi\,ds$ a sensiblement pour valeur la hauteur verticale comprise entre les points de la courbe qui répondent aux distances R et R' à l'axe de la roue.

on aurait eu

$$R - R' = \frac{V^2}{8g} = \frac{1}{4}H.$$

Ainsi, en donnant aux couronnes une largeur égale au quart de la chute disponible, on serait sûr que l'eau, en montant le long des aubes, ne pourrait les dépasser dans le cas dont il s'agit ; mais il arrive souvent que la roue marche avec une vitesse un peu moindre que celle qui convient au maximum d'effet, et dans la réalité la veine d'eau n'est pas réduite à un filet élémentaire, comme nous l'avons supposé ; les premières parties introduites sur une aube étant poussées par celles qui sont en arrière, l'eau s'élève un peu plus haut que ne l'indiquent les considérations précédentes : c'est pourquoi on devra donner aux couronnes une largeur un peu plus forte que celle qu'on en déduirait. Pour des chutes de $0^m,60$ à $0^m,80$, on la prendra égale à $\frac{1}{4}$ ou $\frac{1}{3}$ de la chute, et, pour de plus grandes, on la fera égale à $\frac{1}{4}$ ou $\frac{1}{5}$ de la chute.

Quant à la descente du fluide le long des aubes, il est clair qu'en chaque point il sera soumis aux mêmes forces, qui développeront sur lui des quantités totales de travail précisément égales à celles qu'elles ont produites dans la montée, et qu'arrivé à la circonférence extérieure il aura recouvré sa vitesse d'introduction $V - v$.

30. *Résultats de l'expérience et formules pratiques.* — Nous n'avons indiqué jusqu'ici que les résultats déduits de la théorie des roues à aubes courbes ; passons aux modifications que l'expérience y a apportées. Des observations, faites d'abord sur un modèle, et répétées ensuite sur des roues construites en grand [1], ont montré que la vitesse correspondant au maximum d'effet était moyennement

$$v = 0,55\,V,$$

et que pour des chutes de 2 mètres ou au-dessus et des ouvertures de vanne de $0^m,08$ à $0^m,12$, l'effet utile pratique était les

---

[1] *Mémoire sur les roues hydrauliques à aubes courbes*, par M. Poncelet.

o,65 de l'effet théorique; on a donc, pour le cas général,

$$Pv = 1,3o\, M(V - v)v = 1,3o\, \frac{1000\,Q}{g}(V - v)v^{\text{kilm}}$$

et, pour celui du maximum,

$$Pv = o,65\, M g H = o,65 \cdot 1000\, QH^{\text{kilm}},$$

Pour des chutes de $1^{\text{m}},5o$ et au-dessous, avec des orifices de $0^{\text{m}},2o$ à $0^{\text{m}}3o$ d'ouverture, l'effet utile pratique est o,75 de l'effet théorique ; et la formule devient, pour le cas général,

$$Pv = 1,5o\, M(V - v)v = 1,5o\, \frac{1000\,Q}{g}(V - v)v^{\text{kilm}}$$

et, pour celui du maximum,

$$Pv = o,75\, M g H = 75o\, QH^{\text{kilm}}.$$

En divisant les deux membres de ces équations par $v$, on en tire respectivement

$$P = 1,5o\, \frac{1000\,Q}{g}(V - v)^{k} \quad \text{ou} \quad P = 75o\, \frac{QH^{k}}{v}$$

pour la valeur de l'effort moyen exercé horizontalement par l'eau à la circonférence extérieure de la roue.

On voit que les roues à aubes courbes transmettent des $\frac{2}{3}$ aux $\frac{3}{4}$ de la quantité de travail absolu développée par la gravité sur le moteur, c'est-à-dire toujours plus du double de ce qu'on obtient des meilleures roues à aubes planes, tout en conservant l'avantage de pouvoir marcher à de grandes vitesses, sans s'écarter de leur maximum d'effet. Ces résultats ont d'ailleurs été vérifiés sur des roues à aubes courbes, exécutées en grand dans plusieurs contrées de la France et à l'étranger, où l'on a souvent obtenu un effet utile et net, c'est-à-dire abstraction faite de toutes pertes occasionnées par la résistance des tourillons, de l'air, etc., qui s'est élevé aux $\frac{3}{4}$ de l'effet maximum et absolu qui se rapporte à la chute totale mesurée depuis le niveau du réservoir jusqu'au ressaut sous la roue.

**Roues de côté à palettes emboîtées dans un coursier circulaire.**

**31.** *Description sommaire.* — On nomme ordinairement
*roues de côté* (*fig.* 44) celles dont les aubes sont emboîtées

Fig. 44.

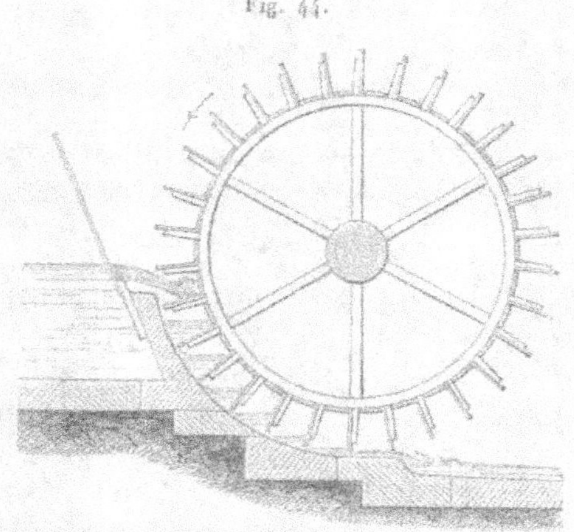

dans un coursier circulaire et entre ses parois verticales, et
qui reçoivent l'eau à peu près à la hauteur de leur axe, soit
par une vanne ordinaire, soit par un déversoir. On ne laisse
ordinairement entre le fond du coursier et ses parois qu'un
jeu très-petit, qu'on doit tâcher de réduire à $0^m,01$ ou $0^m,02$ au
plus, pour éviter la fuite de l'eau ; dans le même but, on ferme
l'intervalle entre deux aubes, vers la circonférence intérieure,
mais on laisse cependant entre ce fond et l'aube précédente
un jour de $0^m,04$ à $0^m,08$, pour que l'air contenu entre deux
aubes consécutives puisse s'échapper, à mesure que l'eau y
pénètre.

D'après cette disposition, on voit qu'à son entrée dans la
roue l'eau choque les aubes, qu'elle descend ensuite vers le
bief inférieur, et qu'elle en sort par le bas à très-peu près avec
la vitesse de la roue. On doit d'ailleurs ici, comme dans les
roues à aubes courbes, pratiquer sous la roue un ressaut et un

II.                                                        11

élargissement brusque du coursier pour le dégorgement des
eaux.

32. *Équation particulière des roues de côté.* — On dispose
ordinairement la prise d'eau de manière que la vitesse d'arrivée V soit dirigée dans le sens de la tangente à la circonférence milieu des aubes ou de la vitesse $v$; en admettant donc
qu'il en soit ainsi, il est clair que la vitesse perdue par une
masse d'eau quelconque à son entrée sera

$$u = V - v;$$

l'eau descend ensuite, depuis son introduction jusqu'à sa sortie, d'une hauteur $h'$, puis elle s'échappe avec une vitesse

$$w = v.$$

D'après cela, l'équation générale des récepteurs hydrauliques
devient, dans ce cas,

$$P v = \frac{1}{2} M V^2 + M g h' - \frac{M (V - v)^2}{2} - \frac{M v^2}{2}$$

ou, en réduisant,

$$P v = M g h' + M (V - v) v.$$

Le deuxième terme du deuxième membre de cette équation
est précisément l'effet utile dû au choc de l'eau, comme nous
l'avons vu pour les roues à palettes ordinaires (21), et le premier terme est la quantité de travail développé par la gravité
sur l'eau dépensée, pendant sa descente de la hauteur $h'$.

33. *On ne peut obtenir de ces roues le maximum absolu
d'effet utile.* — Pour comparer l'effet utile P $v$ à la quantité de
travail absolue du moteur, nous remplacerons $V^2$ par $2 g h$, et
l'équation deviendra

$$P v = M g (h + h') - \frac{1}{2} M [(V - v)^2 + v^2]^{kgm}.$$

Il est alors évident que, la hauteur totale $h + h'$ étant donnée
et constante dans chaque cas, le maximum d'effet aura lieu si

$$(V - v)^2 + v^2 = o$$

ou si l'on a séparément

$$V = v \quad \text{et} \quad v = o.$$

On voit donc que, dans ce cas, il n'est pas possible d'obtenir le maximum absolu d'effet utile, mais qu'on en approchera d'autant plus que la vitesse $v$ de la roue sera plus faible, ainsi que V.

34. *Conditions du maximum d'effet relatif.* — A défaut du maximum absolu, il faut au moins chercher à obtenir un maximum relatif, et il se présente deux cas distincts, que nous allons examiner.

Si le pertuis est établi, ainsi que la roue, la vitesse d'arrivée V est donnée : il ne restera de variable que $v$; égalant donc à zéro le coefficient différentiel du deuxième membre pris par rapport à $v$, on a pour la condition du maximum

$$v = \tfrac{1}{2}V,$$

comme pour les roues à aubes planes ou courbes, où V était aussi donné par la nature de la question. L'équation de la roue devient alors

$$Pv = Mgh' + \tfrac{1}{2}Mgh = Mg\left(h' + \frac{h}{2}\right).$$

Lorsqu'au contraire on a, par des considérations particulières relatives à la vitesse nécessaire pour le service de l'usine, fixé *a priori* la valeur de $v$, il s'agit de déterminer V; mais, comme la hauteur totale de chute $h + h'$ est constante, quoique $h$ et $h'$ séparément puissent varier, la différentiation du second membre de l'équation

$$Pv = Mg(h + h') - \frac{M}{2}\left[(V - v)^2 + v^2\right]$$

donne pour condition du maximum relatif d'effet utile

$$V = v,$$

et pour cet effet utile

$$Pv = Mg(h + h') - \frac{M}{2}v^2.$$

Ainsi, dans ce cas, la perte de force vive ou d'effet utile n'est produite que par la vitesse que l'eau conserve en sortant de la roue, et l'on voit, comme précédemment, qu'il y a avantage à faire $v$ aussi petit que le permettent le service de l'usine et l'uniformité du mouvement.

35. *Résultats de l'expérience relativement à la vitesse.* — L'expérience montre que, pour des roues bien centrées, construites en fer, par conséquent peu sujettes à varier de densité dans leurs différentes parties et dont le moment d'inertie est considérable, on ne peut guère donner à $v$ une valeur au-dessous de

$$v = 0^m,60 \quad \text{ou} \quad v = 0^m,80 \text{ par seconde,}$$

et que pour les roues ordinaires en bois, qui par la porosité de la matière peuvent cesser d'être centrées, ce que les praticiens appellent *acquérir du pesant*, on ne peut pas faire $v$ plus petit que

$$v = 1^m \text{ à } 1^m,50 \text{ par seconde.}$$

$v$ étant connu, on en déduit V et, par suite, la hauteur $h$ génératrice de la vitesse V. Dans le cas où $v = V = 1^m$, on trouve $h = 0^m,05$ environ; ce qui montre que la charge d'eau doit toujours être très-faible : aussi emploie-t-on alors des vannes descendantes ou en déversoir qui s'abaissent pour laisser arriver l'eau.

On ne peut pas toujours se renfermer dans la limite ci-dessus sans être exposé par suite à donner des dimensions exagérées aux roues dans le sens de leur axe, mais on limite cependant la plus forte épaisseur d'eau sur la vanne à $0^m,20$ et, quand on a une masse d'eau considérable à dépenser ou un moteur puissant à établir, on augmente en conséquence la longueur de la roue parallèlement à l'axe. On voit souvent de ces roues de côté qui ont 6 à 7 mètres de longueur horizontale.

36. *Cas où les directions des vitesses V et v font un angle sensible.* — Nous avons admis précédemment que la vitesse V était dirigée dans le même sens que $v$ et que, par suite, la vitesse perdue était $V - v$; mais il arrive souvent qu'il n'en est pas ainsi. Alors, d'après ce que nous avons vu dans la théorie générale des moteurs hydrauliques (18), en appelant $\gamma$

l'angle des deux vitesses V et $v$, la perte de force vive due au choc à l'arrivée sera

$$M(V^2 + v^2 - 2Vv\cos\gamma),$$

et, si l'angle $\gamma$ est droit, $\cos\gamma = o$, et elle devient

$$M(V^2 + v^2).$$

C'est aussi ce que l'on trouve directement, en observant que le fluide arrivant sur la roue perd d'abord, contre le fond, sa vitesse V et la force vive $MV^2$, puisque, l'aube suivante le rencontrant avec une vitesse $v$ perpendiculaire à la sienne propre, c'est comme si le fluide la choquait en sens contraire du mouvement avec cette même vitesse, ce qui occasionne une nouvelle perte de force vive $Mv^2$, et par suite la perte totale est

$$M(V^2 + v^2).$$

On devra donc tenir compte de cette circonstance dans les levers, afin d'estimer convenablement la perte de force vive à l'entrée du fluide sur la roue dans tous les cas où la hauteur $h = \dfrac{V^2}{2g}$, c'est-à-dire la tête d'eau et la vitesse de la roue seraient assez fortes pour que la perte de force vive du liquide à l'entrée sur la roue devînt appréciable.

37. *Résultats d'expériences et formules pratiques.* — L'effet utile théorique étant en général

$$Pv = Mgh' + M(V - v)v,$$

il nous reste à indiquer les modifications que l'expérience a conduit à y apporter.

Des observations (¹), faites en 1828 à l'aide du frein de M. de

---

(¹) Dans l'édition de 1836, ce passage a été modifié comme suit :

« Des observations faites en 1828 à l'aide du frein de M. de Prony, sur une des grandes roues en fonte de la manufacture d'armes de Chatelleraut, sur celle de la fonderie de Toulouse et sur celle de la sécherie artificielle de la poudrerie de Metz (*Expériences sur les roues hydrauliques*, par A. Morin, capitaine d'artillerie), montrent que, pour des vitesses comprises entre $v = o,7o$ et $v = 2,3o$, le rapport de l'effet utile réel à l'effet disponible est $o,74$, et que la

Prony, sur une des grandes roues en fonte de la manufacture d'armes de Chatellerault [1], montrent que le terme $M(V - v)v$, qui provient de la perte de force vive, à l'entrée, et de celle que l'eau conserve à sa sortie de la roue, ne doit être corrigé par aucun coefficient, ce qui prouve que ces deux pertes de force vive sont bien estimées par la théorie. Quant au premier terme $Mgh'$, huit expériences, où la vitesse $v$ de la circonférence moyenne des aubes a varié de 1 mètre à $1^m,3o$, montrent qu'il doit être multiplié par le coefficient $o^m,85$ à $o^m,9o$, ce qui donne, par la formule pratique relative à ces roues,

$$P v = o{,}85 M g h' + M(V - v) v^{kgm}.$$

On remarquera que, dans ces roues, comme dans toutes celles du même genre qui sont construites avec soin et un jeu très-faible, la hauteur du niveau du réservoir au-dessus du point d'entrée de l'eau n'est qu'une petite fraction de la chute

---

rapport ne varie pas sensiblement tant que celui de $v$ à $V$ est compris entre o,33 et o,66, ce qui donne pour la formule pratique relative à ces roues

$$P v = o{,}74 \left[ M g h' + M(V - v) v \right] v^{kgm}.$$

« On remarquera que, dans ces roues, comme dans toutes celles du même genre qui sont construites avec soin et un jeu très-faible, la hauteur du niveau du réservoir au-dessus du point d'entrée de l'eau n'est qu'une petite fraction de la chute totale, ce qui diminue l'influence du terme $M(V - v)v$ sur les résultats.

« Les roues sur lesquelles ont été faites les expériences que nous venons de citer sont dans ce cas : les aubes tournaient dans les coursiers avec un jeu de $o^m,o1$ au plus sur le fond et sur les côtés, l'eau s'échappait facilement en aval, et c'est à la réunion de toutes ces circonstances que l'on doit attribuer les bons résultats qu'on en obtient. Dans la pratique ordinaire, où tous les détails d'exécution ne sont pas aussi soignés, le coefficient du terme $Mgh'$ descend jusqu'à o,65, et même plus bas, si le jeu dans le coursier excède $o^m,o2$, et c'est d'après l'examen de la machine que l'on devra lui assigner la valeur convenable.

« En se rappelant que $Mg = 1ooo\,Q^{k5}, Q$ étant le volume d'eau dépensé par seconde, la formule ci-dessus revient à

$$P = 74o\,Q \left[ h' + \frac{(V - v)v}{g} \right]^{kgm}. \quad »$$

[1] *Mémorial de l'Officier d'artillerie*, n° 3.

totale, ce qui diminue l'influence du terme $M(V - v)v$ sur les résultats.

Les roues sur lesquelles ont été faites les expériences que nous venons de citer sont dans ce cas : les aubes tournent dans un coursier en fonte avec un jeu de $0^m,01$ au plus sur le fond et sur les côtés, l'eau s'échappe facilement en aval, et c'est à la réunion de toutes ces circonstances que l'on doit attribuer les bons résultats qu'on en obtient. Dans la pratique ordinaire, où tous les détails d'exécution ne sont pas aussi soignés, le coefficient du terme $Mgh'$ descend jusqu'à $0,75$ : c'est d'après l'examen de la machine que l'on devra lui assigner la valeur convenable; dans le cas le plus fréquent, on pourra prendre pour formule pratique des roues de côté

$$Pv = 0,80 \, M \, gh' + M(V - v)v,$$

lorsque le jeu des aubes dans le coursier ne dépassera pas $0^m,01$ à $0^m,02$, que la vitesse n'excédera pas 2 mètres à $2^m,50$ par seconde, et que la charge d'eau sur le point d'entrée n'excédera pas $\frac{1}{4}$ ou $\frac{1}{2}$ de la chute totale. En se rappelant que $Mg = 1000 \, Q^{kg}$, Q étant le volume d'eau dépensé par seconde, la formule ci-dessus revient à

$$Pv = 1000 \, Q \left[ 0,80 \, h' + \frac{(V - v)v}{g} \right]^{kgm}.$$

Enfin, pour les anciennes roues de côté mal construites, dans lesquelles la hauteur de la portion circulaire qui emboîte la roue est souvent au-dessous du quart de leur chute totale, on ne devra pas s'attendre à ce que l'effet utile s'élève beaucoup au-dessus de celui que donne la formule

$$Pv = 1000 \, Q \left[ 0,8 \, h' + \frac{0,65(V - v)v}{g} \right],$$

dont le maximum répond à $v = \frac{1}{2} V$.

Cette formule pratique est d'ailleurs conforme aux résultats d'observations directes faites sur ce genre de roues, notamment sur l'une des roues du moulin à pilons de la poudrerie de Metz.

**38.** *On doit comparer la capacité des augets au volume d'eau introduit.* — Une circonstance qu'il faut observer avant d'appliquer ces formules, c'est le rapport de la capacité des augets ou de l'intervalle compris entre deux aubes au volume d'eau qui doit y être introduit; car il faut être sûr que tout le fluide qui s'écoule ou doit s'écouler par l'orifice peut être admis sur la roue. On y parvient facilement en observant que, si l'on désigne par

$n$ le nombre des aubes de la roue;

$q$ la capacité disponible de l'intervalle compris entre deux aubes consécutives, leur fond et le coursier circulaire;

$\mu$ le nombre des révolutions de la roue dans une minute;

$\dfrac{n\mu q}{60}$ le volume d'eau qui peut être admis dans la roue en une seconde;

$Q$ le volume d'eau dépensé par l'orifice, calculé par les formules données pour l'écoulement des fluides,

on doit toujours avoir

$$Q < \frac{n\mu q}{60} \quad \text{ou au plus} \quad Q = \frac{n\mu q}{60}.$$

Lorsque, au contraire, on trouvera que $Q > \dfrac{n\mu q}{60}$, le volume d'eau introduit sur la roue ou dépensé par l'orifice ne sera plus $Q$, mais $\dfrac{n\mu q}{60}$, et l'on aura alors

$$M = \frac{1000}{g} \frac{n\mu q}{60}.$$

D'ailleurs il se forme alors, près de la prise d'eau, un remous ou gonflement qui altère le mode de l'écoulement et ne permet plus de calculer la dépense, comme si l'orifice versait librement dans l'air (*voir* Sect. I, n° 38 et suiv.).

Dans cette même circonstance on pourra négliger le terme $M(V - v)v$ de l'équation générale, qui se rapporte à l'action due au choc de l'eau sur la roue, et prendre simplement

$$Pv = 0{,}75 \frac{1000\, n\mu q}{60} h' = 12{,}5\, n\mu q h'.$$

si l'on est certain, d'ailleurs, que l'eau remplit, en effet, l'intervalle disponible entre les aubes.

### Roues à augets.

**39. *Description sommaire*.** — Ces roues diffèrent des précédentes en ce que l'eau qui les fait mouvoir, au lieu d'être contenue entre les aubes, les parois et le fond d'un coursier circulaire, est reçue dans des *pots* ou *augets* disposés à leur circonférence (*fig.* 45). Le fluide y entre ordinai-

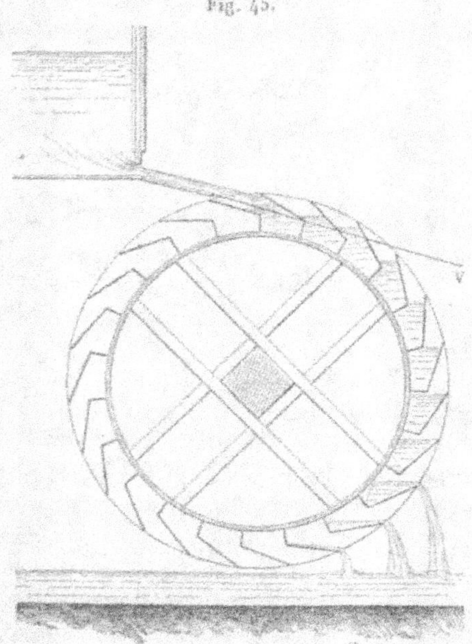

Fig. 45.

rement vers la partie supérieure, prend la vitesse de la roue et descend, avec les augets qui le contiennent, jusqu'à une certaine hauteur, où son niveau atteint le bord de l'auget. A partir de cette position l'eau commence à sortir et le versement continue jusque vers le bas de la roue. Dans les grandes roues qui marchent lentement, la vitesse avec laquelle le liquide sort des augets est sensiblement celle de la roue, et d'ailleurs le versement commence très-bas : c'est pourquoi, dans la théorie ordinaire de ces roues, on admet que l'eau ne les quitte qu'après être descendue de toute la hauteur $h'$ du point d'introduction au-dessus du bief inférieur ou du bas de la roue.

40. *Équation particulière des grandes roues à augets à petite vitesse et recevant l'eau par le sommet.* — Dans ces suppositions, la théorie de ces récepteurs est la même que celle des roues de côté.

Si les vitesses V et $v$ sont dirigées dans le même sens, la vitesse détruite par le choc est $V - v$, et la perte de force vive est

$$M(V-v)^2;$$

la vitesse de sortie

$$w = v,$$

et par suite l'équation de la roue à augets est

$$Pv = \frac{1}{2}MV^2 + Mgh' - \frac{M(V-v)^2}{2} - \frac{Mv^2}{2}$$

ou, en réduisant,

$$Pv = Mgh' + M(V-v)v;$$

et, si l'on veut comparer l'effet utile de la roue au travail absolu du moteur, on peut, en remplaçant $V^2$ par sa valeur $2gh$, mettre l'équation sous la forme

$$Pv = Mg(h+h') - \frac{1}{2}M[(V-v)^2 + v^2].$$

Ces équations, dans lesquelles il faudrait d'ailleurs remplacer V par V$\cos\gamma$, si la vitesse d'arrivée de l'eau formait (36) un angle $\gamma$ assez grand avec la circonférence ou la vitesse $v$ de la roue ; ces équations, disons-nous, sont identiquement les mêmes que celles des roues de côté, et, en cherchant le maximum d'effet, on trouve encore que le maximum absolu ne peut avoir lieu que pour

$$V = v \quad \text{et} \quad v = 0;$$

ce qui indique qu'il n'en existe pas, mais qu'on s'en approchera le plus possible en faisant marcher la roue très-lentement.

41. *Conditions du maximum d'effet relatif.* — Pour le maximum relatif on trouvera, de même qu'au n° 34,

$$v = \tfrac{1}{2} V$$

quand V est donné ou que la prise d'eau existe, et

$$v = V$$

quand on peut régler V à volonté, $v$ devant toujours être très-petit.

42. *Résultats d'expériences et formules pratiques, relatifs aux grandes roues bien réglées.* — Les grandes roues à augets qui sont construites de nos jours réalisent à peu près les hypothèses sur lesquelles se fonde la théorie précédente ; elles admettent facilement l'eau dépensée par le pertuis, et celle-ci y perd réellement la force vive $M(V-v)^2$ ; le mouvement étant, de plus, assez lent, la vitesse avec laquelle l'eau quitte la roue est aussi celle même de cette roue, de sorte que le terme $M(V-v)v$ représente exactement les effets dus à la vitesse d'introduction et de sortie du liquide. La seule différence notable ne peut provenir que du versement de l'eau qui se fait au-dessus du bas de la roue, d'où résulte que la hauteur parcourue par le liquide n'est pas tout à fait égale à $h'$. On conçoit que le versement commencera d'autant plus tôt que le volume d'eau introduit dans les augets sera plus grand par rapport à leur capacité et que le rayon de la roue sera plus petit. C'est pourquoi on a soin, dans les bonnes constructions, de ne verser dans les augets que la moitié au plus de l'eau qu'ils pourraient contenir et d'augmenter le rayon de la roue en y faisant arriver l'eau au-dessous du sommet.

Dans ces circonstances ([1]), des expériences faites, en 1828,

---

[1] Dans l'édition de 1836, la fin du paragraphe est modifiée comme suit :

« Dans ces circonstances, des expériences faites en 1828 sur une grande roue de 10 mètres environ de diamètre, établie à Guebwiller, et en 1834 et 1835 sur une grande roue à augets en fer de 10 mètres environ de diamètre, établie à Guebwiller, département du Haut-Rhin [1], ont montré que le terme $Mgh'$ de la formule devait être affecté du coefficient de correction 0,85 à 0,90, et qu'alors la formule pratique

$$Pv = 0,85\,Mgh' + M(V - v)v^{kzm}$$

représentait bien les résultats de l'expérience.

Dans cette roue la hauteur du niveau du réservoir au-dessus de l'auget qui recevait l'eau n'était guère que de $\frac{1}{14}$ à $\frac{1}{15}$ de la chute totale; de sorte que le terme $M(V - v)v$ avait très-peu d'influence sur les résultats.

Lorsque la charge d'eau au-dessus du point d'admission sera égale à $\frac{2}{7}$ ou $\frac{1}{2}$ de la chute totale et que la roue n'aura que 5 à 8 mètres de diamètre, on représentera les résultats de l'expérience par la formule

$$Pv = 0,80\,Mgh' + M(V - v)v^{kzm},$$

en admettant toujours que la roue marche lentement, que les augets ne sont qu'à moitié remplis et reçoivent l'eau vers le sommet de la roue.

43. *Résultats des expériences en petit de Smeaton pour les dispositions les plus ordinaires* [2]. — Smeaton a fait en Angle-

---

sur des roues de $3^m,425$, $2^m,18$ et $2^m,74$ de diamètre (*Expériences sur les roues hydrauliques*, par M. A. Morin, capitaine d'artillerie), ont montré que le terme $Mgh'$ de la formule devait être affecté du coefficient de correction 0,78, et qu'alors la formule pratique $Pv = 0,78\,Mgh' + M(V - v)v$ représentait les résultats à $\frac{1}{20}$ près.

« Dans les trois premières roues, la hauteur du niveau du réservoir au-dessus de l'auget qui recevait l'eau n'était guère qu'une petite partie de la chute totale, de sorte que le terme $M(V - v)v$ avait très-peu d'influence sur les résultats. »

[1] *Mémorial de l'Officier d'artillerie*, n° 3.

[2] Dans l'édition de 1836, le paragraphe 43 est remplacé par le suivant :

« 43. *Observations sur l'application de la formule pratique précédente.* — Dans l'application de la formule précédente, on devra rechercher préalablement, par la méthode indiquée au n° 38, le volume d'eau admis dans chaque auget et s'assurer qu'il ne dépasse pas de beaucoup la moitié de leur capacité.

« Il faut de plus que, pour les petites roues de $2^m,50$ environ de diamètre, la

terre (¹) des expériences sur un modèle de roues à augets de
0$^m$,62 de diamètre, dans lesquelles la chute ou tête d'eau au-
dessus du sommet de la roue a varié depuis ¼ jusqu'à près de
½ de la hauteur de cette roue, et qui, par conséquent, se rapprochent beaucoup des circonstances dans lesquelles se trouvent placées la plupart des anciennes roues d'usines. Les résultats moyens, pour le cas du maximum d'effet et des petites
vitesses de roues, en sont assez fidèlement représentés par la
formule

$$P v = 0{,}79\,M g h' + 0{,}15\,M g h = M g (0{,}79 h' + 0{,}15 h).$$

$h$ étant la hauteur du niveau supérieur de l'eau dans le réservoir au-dessus du sommet de la roue, et la vitesse de celle-ci
étant comprise entre 0$^m$,55 à 0$^m$,65 par seconde.

L'énorme déchet éprouvé ici par la portion de chute $h$, qui
constitue la tête d'eau, ne peut évidemment provenir que de
la mauvaise disposition du pertuis, du coursier et du mode
d'admission du liquide sur la roue, par suite de laquelle la
composante $V \cos \gamma$ de la vitesse $V$ de ce dernier dans le sens
du mouvement de la roue (36) se trouve elle-même réduite
dans des proportions d'autant plus fortes que la chute $h$ est
plus grande. Aussi ne saurait-on être étonné de voir que les

---

vitesse $v$ ne dépasse pas 2 mètres par seconde et, pour les grandes roues de 3 à
4 mètres et plus, qu'elle n'excède pas 2$^m$,50.

« Le rapport des vitesses $v$ et $V$ peut d'ailleurs varier depuis 0,30 jusqu'à 0,80
sans que l'effet utile éprouve d'altération notable, ce qui offre le grand avantage de pouvoir faire fonctionner ces roues à des vitesses très-différentes selon
les besoins de travail de l'usine.

« Les formules théorique et pratique précédentes supposent d'ailleurs que
l'eau soit admise convenablement et tangentiellement dans les augets, et qu'il
n'y ait aucune sorte de rejaillissement; mais, s'il en est autrement et que notamment la vitesse d'arrivée du liquide forme un angle $\gamma$ avec la circonférence
moyenne des augets, on devra adopter la formule théorique

$$P v = M g h + M (V \cos \gamma - v) v,$$

à laquelle on appliquera le coefficient moyen 0,78, qui se déduit du résultat des
expériences sur une roue de 2$^m$,34 de diamètre et pour laquelle on avait
$\cos \gamma = 0{,}98$. »

(¹) *Recherches expérimentales sur l'eau et le vent*, traduction de M. Girard,
de l'Institut; Bachelier, Paris, 1827, 2$^e$ édition, p. 28.

résultats obtenus par Smeaton ne puissent être représentés approximativement par la formule du n° 40 ci-dessus, même pour les vitesses médiocres qui correspondent au maximum d'effet de la roue. Néanmoins, comme les usines présentent un grand nombre de roues à augets dont le mode d'admission de l'eau n'est pas plus favorable, on pourra se servir de la formule ci-dessus pour en calculer l'effet utile dans le cas du maximum et de vitesses à la circonférence comprises entre $0^m,6$ et $1^m,5$ pour les plus petites roues, $0^m,6$ et 2 mètres ou $2^m,5$ pour les plus grandes.

Ces formules supposent, d'ailleurs, que l'eau soit admise convenablement et tangentiellement dans les augets et qu'il n'y ait aucune sorte de rejaillissement ; mais s'il en est autrement et que, notamment, la vitesse d'arrivée du liquide forme un angle $\gamma$ avec la circonférence moyenne des augets, on devra adopter la formule

$$P v = M g h + M (V \cos \gamma - v) v,$$

à laquelle on appliquera le coefficient moyen 0,8, qui se déduit du résultat des expériences en petit de Smeaton [1], pour le cas où la vitesse de la roue n'est pas fort grande et s'écarte peu de celle qui convient au maximum d'effet.

44. Quant au cas où le point d'admission de l'eau sur la roue se trouve situé beaucoup au-dessous du sommet de celle-ci, il n'existe aucune expérience qui mette en état d'apprécier la valeur que doit prendre alors le coefficient de la formule du n° 40. On pourra admettre, en attendant qu'il ait été fait des expériences spéciales, que le coefficient du terme $M g h'$ est d'autant plus réduit par le versement de l'eau que la hauteur du point d'entrée sur la roue est plus abaissée, et que, notamment, quand ce point est situé à la hauteur de l'axe de la roue, le coefficient se trouve réduit à 0,6 au moins. En effet, si nous représentons par $n D$ la fraction du diamètre de la roue qui représente la portion de chute perdue par ce ver-

---

[1] *Recherches expérimentales sur l'eau et le vent*, traduction de M. Girard, de l'Institut; Bachelier, Paris, 1827; 2ᵉ édition, p. 25.

sement, celle qui est utilisée par le poids de l'eau se trouvera généralement exprimée par la formule

$$h' - n\,\mathrm{D}.$$

Or nous savons que, quand $h' = \mathrm{D}$, on a environ

$$h' - n\,\mathrm{D} = 0,8\,h', \quad \text{d'où} \quad n = 0,2,$$

et partant

$$h' = \tfrac{1}{2}\,\mathrm{D};$$

la chute utile sera mesurée par

$$h' - 0,2\,\mathrm{D} = h' - 0,4\,h' = 0,6\,h',$$

comme cela a été avancé ci-dessus.

Ces considérations, qui montrent tout le désavantage des roues à augets prenant l'eau de côté, ne sont point, d'ailleurs, applicables aux roues de cette espèce emboîtées dans des coursiers circulaires, et pour le calcul desquelles on pourra procéder ainsi qu'il a été expliqué à l'occasion des roues à aubes également emboîtées.

45. *Cas où les roues à augets marchent à de grandes vitesses.* — Il existe dans beaucoup d'usines des roues à augets qui sont bien loin de permettre les hypothèses sur lesquelles se fonde la théorie du n° 40 : telles sont presque toutes celles qui font marcher les marteaux de forge et, en général, les roues à augets à grande vitesse. Dans ces circonstances, le diamètre étant en outre assez petit, la force centrifuge exerce une action qu'il n'est plus permis de négliger à cause de sa grande influence.

46. *Détermination de la courbure que la surface de l'eau prend dans les augets.* — Considérons, en effet, une masse élémentaire $dm$ de fluide contenue dans un auget. Soient (*fig.* 46) $r$ sa distance $Cm$ à l'axe; $\omega$ la vitesse angulaire de la roue; la force centrifuge qui agira dans le sens du rayon pour éloigner cette masse sera

$$dm.\omega^2 r;$$

d'une autre part, elle est sollicitée par son poids $g\,dm$.

Il est facile de voir que la résultante de ces deux forces viendra couper la verticale CI du centre en un point I tel, qu'on aura la proportion

$$\omega^2 r : g :: r : CI, \quad \text{d'où} \quad CI = \frac{g}{\omega^2};$$

$g$ et $\omega$ étant constants pour une même roue parvenue à son

Fig. 46.

état de mouvement uniforme, il s'ensuit que la force répulsive (¹), qui tend à faire sortir le fluide des augets, passe constamment par le point I; ce qui indique, d'après les lois connues de l'équilibre des fluides, que la surface de l'eau dans l'auget sera cylindrique et concentrique à I dans toutes les positions.

Par conséquent, dès que la surface de niveau passera par le bord de l'auget, l'eau commencera à se déverser, et il est évi-

_______

(¹) En nommant $\rho$ la distance $m$I du centre de répulsion à la masse $dm$, il est aisé de voir aussi que l'intensité de cette force a pour expression très-simple la quantité

$$\rho \omega^2 dm,$$

qui, intégrée en décomposant la masse du liquide par couches concentriques de niveau, donnera la loi des pressions dans toute l'étendue du vase et des parois.

dent, d'après la valeur de CI, que, pour un volume donné introduit dans l'auget, le déversement commencera d'autant plus tôt que la roue marchera plus vite.

47. *Introduction de l'eau dans les augets.* — Mais la force centrifuge n'agit pas seulement sur l'eau après son entrée dans les augets, elle peut même empêcher tout à fait son introduction. Examinons, en effet, ce qui se passe au moment où la veine fluide vient rencontrer un auget.

Soient (*fig.* 47)

Fig. 47.

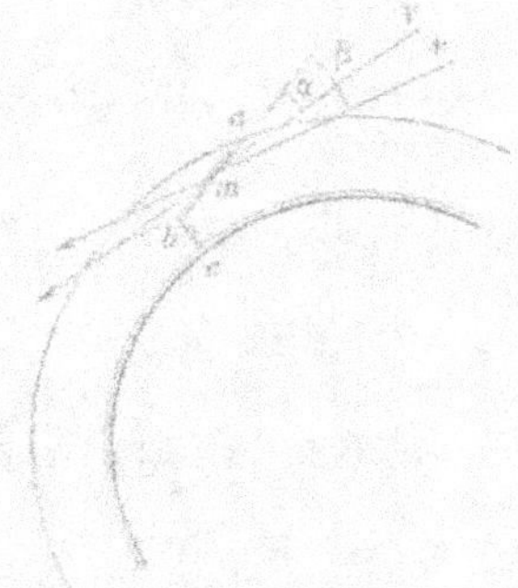

*abc* l'auget;

V la vitesse d'arrivée du fluide;

*v* la vitesse de la roue, mesurée à la circonférence moyenne des augets.

Nous avons vu (12) que, pour éviter le choc perpendiculairement à la face *ab*, il fallait qu'en décomposant la vitesse V en deux autres, dont l'une soit égale à *v*, la seconde fût naturellement dirigée suivant une parallèle *ab*; or cela démontre bien clairement que, pour que le liquide ne soit pas repoussé par la palette antérieure de l'auget, de manière à être rejeté hors de la roue, il est nécessaire que cette seconde composante, qui représente la vitesse relative d'introduction de l'eau, forme avec les vitesses V et *v* de plus petits angles que ceux *am*V, *amv*, qui répondent à la direction de *ab*, de sorte que le fluide soit contraint d'agir sur la face intérieure de l'auget. Il faut, de plus, que cette vitesse d'introduction ne soit pas trop faible, condition qui, réunie à la précédente, exige évidemment que la vitesse absolue V du liquide surpasse sensiblement celle $v$ de la roue, en ne formant pas un trop grand angle avec elle; mais cela ne suffit pas encore pour que l'eau soit introduite dans l'auget : il faut, de plus, que la force centrifuge ne la rejette pas au dehors dès qu'elle a atteint la face $ab$. Or, d'après ce que nous avons vu (16), en appelant $\alpha$ et $\beta$ les angles que les vitesses V et $v$ font avec $ab$, la vitesse relative ou d'écoulement de l'eau dans le sens $ab$ sera

$$V \cos \alpha - v \cos \beta,$$

et la force vive correspondante d'une masse $dM$ admise sur la roue aura pour expression

$$dM (V \cos \alpha - v \cos \beta)^2.$$

Nous avons vu aussi (29) qu'en appelant R et R' les rayons correspondant aux extrémités $a$ et $b$ de la face $ab$, le travail total développé par la force centrifuge sur la masse $dM$, de $a$ en $b$, sera

$$\frac{dM . \omega^2 (R^2 - R'^2)}{2}$$

Enfin, si nous nommons $z$ la hauteur du point d'admission de $dM$ au-dessus du fond de l'auget, la gravité ajoutera à cette force vive, d'après ce qui a été observé dans la note du n° 29 déjà cité, la quantité

$$2 g z \, dM,$$

en supposant, d'ailleurs, que la roue ne décrive qu'un petit angle pendant que la masse $dM$ chemine sur la palette $ab$. Par conséquent, pour que cette masse atteigne le fond de l'auget, il faudrait qu'on eût

$$dM . \omega^2 (R^2 - R'^2) < dM (V \cos \alpha - v \cos \beta)^2 + 2 g z \, dM.$$

Si l'on connaît R, R', V, $\alpha$, $v$ et $\beta$, on pourra facilement déterminer la plus grande valeur de $\omega$, au delà de laquelle la masse

$d$M , non-seulement n'atteindrait pas le fond de l'auget, mais en serait bientôt repoussée.

48. *Position de l'auget la plus favorable pour l'introduction de l'eau.* — La quantité d'eau qui peut être introduite dans les augets est importante à connaître, et la position du centre I des courbes de niveau peut servir à la déterminer plus simplement que le calcul. En effet, il sera toujours facile de mesurer l'aire comprise entre les faces des augets et le cercle tracé du rayon $a$I (*fig.* 48), et en la multipliant par

Fig. 48.

la longueur des augets on aura le volume cherché. On voit, d'ailleurs, que, toutes les fois que l'angle I$ab$ sera droit ou obtus, il pourra s'introduire de l'eau ; mais, si cet angle est aigu, le cercle de la surface de niveau passant en dehors de $ab$, on sera sûr qu'il n'en entrera pas du tout. C'est ce qui arrivera toujours pour le premier auget placé sur la verticale, quand le centre I sera en dedans de la circonférence extérieure de la roue. Le douxième auget pourra tout au plus commencer à en recevoir, si la face $ab$ est perpendiculaire à $a$I, et ce n'est guère que vers le troisième ou le quatrième qu'il s'introduirait assez d'eau pour faire marcher la roue. Dans tous les cas, la position du point I fera connaître l'auget vers lequel il faut diriger l'eau, pour qu'elle puisse être admise le plus avantageusement possible.

12.

**49.** *Cas où le centre de répulsion est en dehors de la circonférence.* — Ce que nous venons de dire suppose que le point I se trouve en dedans de la circonférence intérieure de la roue, ce qui arrive souvent pour les roues de marteaux de forge, qui marchent avec une vitesse de 30 à 35 tours par minute : aussi observe-t-on que, dans ces roues, l'eau n'arrive guère que vers le troisième auget à partir du sommet. Si le centre de répulsion I est en dehors de la roue (*fig. 49*), le

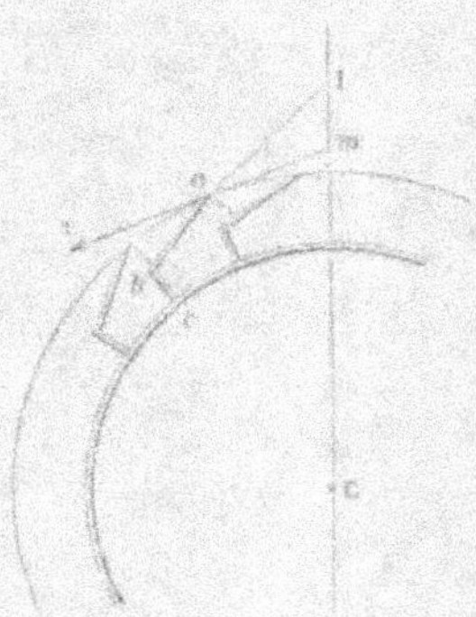

Fig. 49.

volume d'eau qu'un auget peut recevoir croît avec l'angle I*am*, et, par conséquent, son maximum correspond à l'auget supérieur. Aussi, dans la plupart des roues où la vitesse n'est pas très-grande et où le centre I se trouve en dehors de la circonférence extérieure, on est dans l'usage d'admettre l'eau au sommet de la roue.

**50.** *Détermination du point où le filet moyen rencontre la circonférence extérieure de la roue.* — Pour s'assurer que l'eau peut être admise dans la roue et connaître la quantité qui y est reçue, il est donc nécessaire de déterminer le point où la lame d'eau qui s'échappe de l'orifice atteint la circonférence extérieure : cela n'offre aucune difficulté. En effet, d'après ce que nous avons vu (Sect. I, n° 73 et suiv.), on pourra toujours calculer approximativement la vitesse *u* à l'extrémité du coursier qui amène l'eau sur la roue, d'après les circonstances de l'écoulement et les données locales. La pente du coursier étant aussi connue, appelons $\theta$ ( *fig.* 5o ) l'angle que

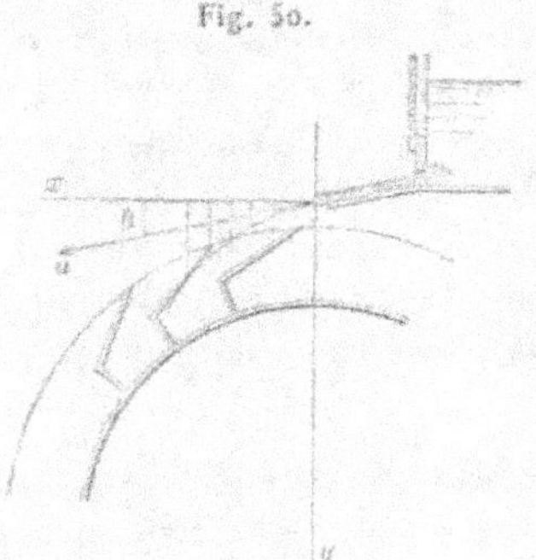

Fig. 5o.

fait sa direction avec l'horizontale et considérons la trajectoire du filet moyen. On aura pour la déterminer, en prenant pour son origine l'extrémité inférieure du coursier et comptant les $y$ dans le sens vertical et les $x$ dans le sens horizontal,

$$\frac{d^2 y}{dt^2} = g, \quad \frac{d^2 x}{dt^2} = o,$$

d'où

$$y = \frac{g t^2}{2} + ut \sin\theta \quad \text{et} \quad x = ut \cos\theta.$$

On pourrait combiner ces équations avec celle de la circonférence extérieure de la roue, rapportée à la même origine; mais, comme le calcul serait compliqué, on arrivera au but avec une exactitude suffisante par le tracé d'une portion de la trajectoire, qu'on exécutera ainsi qu'il suit : on se donnera différentes valeurs successives de $x$, qu'on portera sur l'axe des $x$; on conclura de la seconde relation ci-dessus les valeurs de $t$ qui leur correspondent, et on les substituera dans celle qui donne $y$. On aura donc les valeurs de $y$ correspondant aux valeurs de $x$ qu'on s'est données, et l'on obtiendra ainsi autant de points de la trajectoire qu'on voudra; puis par ces points on fera passer une courbe dont l'intersection avec la circonférence extérieure sera le point cherché. Par le calcul ou simplement à la règle on mènera en ce point une tangente à la courbe, et l'on aura la direction de V. On s'assurera alors qu'elle est dirigée sur le côté intérieur de la face *ab* de l'auget, et que l'eau peut être admise dans la roue.

On pourrait se proposer le problème inverse, c'est-à-dire, étant données la vitesse de la roue, la forme et la position de l'auget où l'eau doit arriver, la direction et l'intensité de V, déterminer la direction et l'intensité de $u$; la solution, un peu compliquée par le calcul, se simplifierait par des méthodes de tracé suffisamment exactes pour la pratique.

**51.** *Théorie des roues à augets à grande vitesse.* — Nous avons beaucoup insisté sur les circonstances de l'introduction de l'eau dans les augets, parce qu'elle est d'une grande importance pour les roues à grande vitesse. Examinons actuellement comment on peut tenir compte du versement de l'eau dans le calcul de l'effet utile de la roue.

Conservons les mêmes notations que précédemment, et désignons de plus par

$\gamma$ l'angle des deux vitesses V et $v$;

$q'$ le volume d'eau introduit dans chaque auget;

$n$ le nombre d'augets de la roue;

$\mu$ le nombre de révolutions de la roue en une minute;

Q le volume d'eau dépensé par l'orifice en une seconde;

$h'$ la hauteur dont le centre de gravité de $q$ est descendu depuis l'instant de son introduction dans la roue jusqu'à la position où l'eau commence à se déverser;

$q$ le volume contenu dans un auget quelconque après que le versement a commencé;

$h$ la hauteur du centre de gravité de ce volume au-dessus du niveau du bief inférieur ou du bas de la roue;

M la masse d'eau reçue en une seconde sur la roue.

La force vive de l'eau à l'entrée est

$$MV^2;$$

celle qu'elle perd par le choc dans l'auget est (36)

$$M(V^2 + v^2 - 2Vv\cos\gamma);$$

celle qu'elle conserve à sa sortie successive des augets

$$\mathrm{M}\,v^2.$$

La quantité de travail développée par la gravité sur le volume introduit $q'$ pendant sa descente de la hauteur $h'$ est

$$1000\,q'\,h'\ {}^{\mathrm{kgm}};$$

et, comme en une seconde il passe $\dfrac{n\,v}{60}$ augets, la quantité de travail correspondante en une seconde sera

$$1000\,\frac{n\,v}{60}\,q'\,h'\ {}^{\mathrm{kgm}}.$$

Lorsque toute l'eau fournie par l'orifice sera reçue par la roue, on aura

$$\frac{n\,v}{60}\,q' = \mathrm{Q},$$

et, par conséquent, cette quantité de travail sera alors

$$1000\,\mathrm{Q}\,h'\ {}^{\mathrm{kgm}}.$$

Quant aux augets qui versent l'eau, le travail élémentaire de la gravité, sur l'un deux, sera

$$1000\,q\,dh,$$

et, pour toute la durée de sa descente, depuis le moment du versement jusqu'à l'instant où il n'y a plus d'eau dans l'auget, on aura, pour la quantité de travail développée par la gravité,

$$1000\,\int q\,dh$$

à prendre entre des limites convenables. Le nombre d'augets qui passent dans une seconde étant $\dfrac{n\,v}{60}$, le travail de la pesanteur par seconde, dans la période du versement, sera

$$1000\,\frac{n\,v}{60}\,\int q\,dh\ {}^{\mathrm{kgm}}.$$

Enfin le travail de la résistance ou l'effet utile dans une seconde étant

$$P v^{\text{kgm}},$$

l'équation des forces vives sera

$$M v^2 - M V^2 = M (V^2 + v^2 - 2 V v \cos\gamma)$$

$$= 2 \times 1000 \frac{n a}{60} (q' h' + \textstyle\int q\,dh) - 2 P v;$$

d'où, en réduisant, on tire

$$P v = 1000 \frac{n a}{60} (q' h' + \textstyle\int q\,dh) + \frac{1000 Q}{g} (V \cos\gamma - v) v,$$

Lorsque $\gamma = 0$ ou qu'il est assez petit pour qu'on puisse prendre $\cos\gamma = 1$, cette équation se réduit à

$$P v = 1000 \frac{n a}{60} (q' h' + \textstyle\int q\,dh) + \frac{1000 Q}{g} (V - v) v.$$

**52.** *Méthode approximative de calcul.* — Dans le second membre de cette équation il n'y a d'inconnues que $h'$ et la valeur totale de $\int q\,dh$; on peut les déterminer par le calcul, en tenant compte de toutes les circonstances du versement de l'eau; mais les formules auxquelles on parvient sont trop compliquées pour pouvoir servir aux applications, et l'on peut y suppléer par des méthodes approximatives que nous allons exposer.

La première chose à déterminer, c'est la position de l'auget où l'eau commence à se déverser : pour cela, ayant fait un profil de la roue, on tracera par le bord de chaque auget la courbe circulaire de niveau qui lui correspond; puis on cherchera par tâtonnements, en mesurant le profil du volume d'eau contenu dans quelques augets, vers quelle position ce volume est égal à celui qui a été introduit. Si le commencement du versement ne correspond à aucun des augets tracés, on décrira au-dessus ou au-dessous de celui qu'on aura reconnu le plus près de cette position quelques arcs de cercle concentriques à I (*fig.* 51) et assez rapprochés les uns des autres.

Aux points où ils rencontreront la circonférence extérieure,
on tracera des profils d'augets, et l'on calculera le volume qui
correspond aux courbes de niveau qu'on s'est données. Après

Fig. 51.

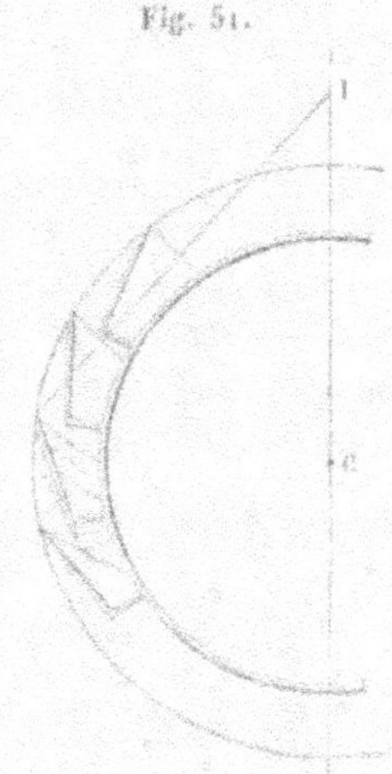

trois ou quatre tâtonnements au plus, on trouvera avec une
exactitude suffisante la hauteur du bord de l'auget, où l'eau
commence à se déverser, au-dessous de celui où elle a été
reçue. Cela fait, on sera en état de calculer le terme $q'h'$.

Quant au terme $\int q\,dh$, ne pouvant recourir aux méthodes
ordinaires d'intégration, on emploiera celle qui résulte du
théorème de Thomas Simpson. A cet effet on partagera en un
nombre pair de parties égales la hauteur ($fig.$ 52) du bord de
l'auget qui commence à perdre son eau au-dessus du niveau du
bief inférieur ou du bas de la roue; par les points de division
on mènera des horizontales qui rencontreront la circonférence
extérieure de la roue; par ces intersections et du centre I on
décrira les courbes circulaires du niveau et l'on tracera le profil correspondant des augets. On calculera alors les valeurs
successives du volume $q$; en les désignant par $q_1$, $q_2$, $q_3$, $q_4$, ...
et appelant $m$ le nombre pair des parties de $h_1$, chacune d'elles
sera égale à $\dfrac{h_1}{m}$, et l'on aura, avec une approximation suffi-

sante pour la pratique,

$$\int q\,dh = \frac{h_1}{3m}\left[q_1 + 2(q_3 + q_5 + q_7 + \ldots) + 4(q_2 + q_4 + \ldots) + q_{m+1}\right].$$

Dans la plupart des applications, il suffira de faire $m = 4$, et l'on aura alors

$$\int q\,dh = \frac{h_1}{12}\left[q_1 + 2q_3 + 4(q_2 + q_4) + q_5\right]^{h_1 q_m};$$

d'ailleurs $q_1 = q'$ et $q_5 = o$, puisqu'au bas de la roue il ne reste plus d'eau; il pourra même arriver qu'il en soit ainsi de $q_4$, ce qui ne changera rien au calcul; mais alors il faudrait prendre un plus grand nombre de positions pour avoir une valeur assez approchée.

Fig. 52.

On voit donc que l'on pourra, dans tous les cas, tenir compte des effets de la force centrifuge et du versement de l'eau, sans difficulté et par des calculs très-simples. Il sera indispensable de recourir à cette méthode toutes les fois que la rapidité du mouvement l'exigera, et c'est ce que l'on reconnaîtra de suite lorsque la valeur $\frac{g}{\omega^2}$ de la distance CI sera telle qu'il ne soit plus permis de regarder les surfaces de niveau dans les augets comme sensiblement horizontales.

**53.** *Résultats d'expérience relatifs à cette formule.* — Des observations faites sur une roue à grande vitesse d'une scierie des Vosges, et sur une roue à faible vitesse et de très-grandes dimensions, ont montré que cette nouvelle formule des roues à augets, où l'on tient compte de toutes les circonstances du mouvement, donne des résultats entièrement conformes à l'expérience, et que, par conséquent, elle n'a pas besoin d'être corrigée par un coefficient numérique; on l'emploiera donc telle que la théorie la donne.

Les pertes principales des roues à augets étant dues au versement de l'eau pour les roues à petite vitesse comme pour celles à grande vitesse, on en diminuera l'effet en donnant aux augets une capacité triple ou au moins double du volume d'eau qu'ils doivent recevoir, ce qui est facile. Dans la pratique, le profil des roues à augets (*fig.* 53) offre quelques

Fig. 53.

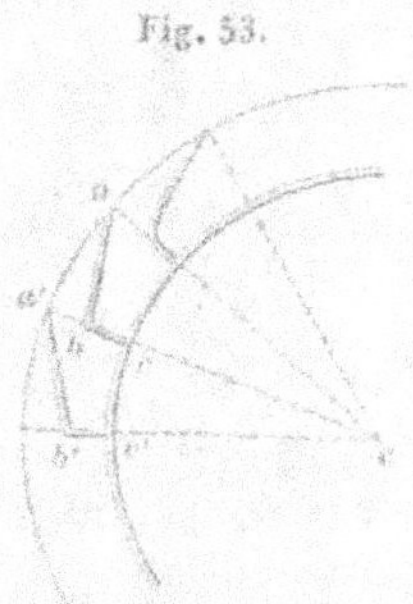

dimensions à peu près constantes; ainsi l'écartement des augets à la circonférence extérieure varie entre $0^m,30$ et $0^m,40$, la largeur des couronnes ou joues dans lesquelles ils sont assemblés est aussi de $0^m,20$ à $0^m,50$, le fond $bc$ est dirigé vers le centre de la roue et le bord de l'auget suivant $a'b'c'$, $bc = \frac{1}{2} a'c$. Quelquefois, et notamment dans les forges, le fond est perpendiculaire à $ab$, ses faces $ab$ et $bc$ sont ordinairement planes et en bois; mais, dans les grandes roues en fer, on leur donne une légère courbure pour arrondir l'angle $b$ et ne pas rompre, en la ployant, la tôle dont on les fait.

### Des roues hydrauliques à axe vertical.

54. Nous n'avons parlé jusqu'ici que des roues hydrauliques dont l'axe est horizontal et qui sont le plus en usage ; mais il ne sera pas inutile de montrer comment les principes que nous avons établis s'appliquent au cas où l'axe est vertical, parce qu'on rencontre quelquefois cette disposition particulièrement dans les moulins à farine, où elle a l'avantage de dispenser de toute communication de mouvement.

55. *Roues horizontales à palettes planes.* — Considérons d'abord le cas d'une roue à palettes planes (*fig.* 54), mue

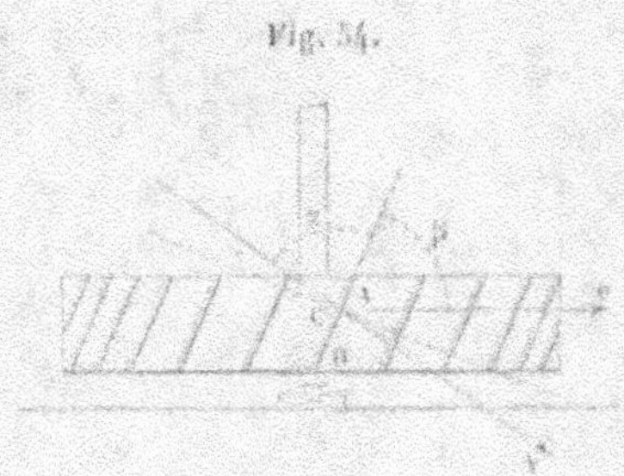

Fig. 54.

uniquement par le choc de l'eau, et dont l'axe soit vertical. La théorie de cette espèce de roue, supposée parvenue à l'état de mouvement uniforme, est la même que celle des roues verticales à palettes planes. En effet soient

V la vitesse avec laquelle le filet moyen de la veine d'eau affluente atteint la palette plane AB ;

$\alpha$ l'angle que cette vitesse fait avec la palette ;

$v$ la vitesse horizontale du point choqué de la palette, lorsque le mouvement de la roue est devenu sensiblement uniforme ;

$\beta$ l'angle de cette vitesse avec la palette.

La direction de la vitesse V est ordinairement comprise dans le plan vertical tangent à la circonférence décrite par le point choqué C, ainsi que la vitesse $v$. Cela posé, il résulte des principes établis au n° 11 et en admettant que l'étendue des palettes soit assez grande pour que le liquide ait perdu l'excés de sa vitesse normale sur celle de ces palettes, que la perte de force vive subie par la masse d'eau $d\mathrm{M}$, qui afflue sur la roue dans chaque unité de temps, aura pour mesure

$$\mathrm{M}(\mathrm{V}\sin\alpha - v\sin\beta)^2;$$

après le choc, le fluide coulera le long de la palette avec une vitesse relative (16)

$$\mathrm{V}\cos\alpha + v\cos\beta,$$

puisque la composante de la vitesse de la roue dans le sens de la palette est dirigée en sens contraire de celle de V; par conséquent, si l'on fait abstraction de l'action de la pesanteur, pendant que l'eau glisse sur la palette, ce qui est permis ici, vu le peu de hauteur de ces palettes, la vitesse absolue avec laquelle l'eau quittera l'aube sera

$$w = \sqrt{(\mathrm{V}\cos\alpha + v\cos\beta)^2 + v^2 - 2v(\mathrm{V}\cos\alpha + v\cos\beta)\cos\beta}.$$

L'équation du mouvement de la roue sera donc

$$\mathrm{P}v = \frac{\mathrm{M}\mathrm{V}^2}{2} - \frac{\mathrm{M}(\mathrm{V}\sin\alpha - v\sin\beta)^2}{2}$$
$$- \frac{\mathrm{M}[(\mathrm{V}\cos\alpha + v\cos\beta)^2 + v^2 - 2v(\mathrm{V}\cos\alpha + v\cos\beta)\cos\beta]}{2},$$

ou simplement, en réduisant,

$$\mathrm{P}v = \mathrm{M}(\mathrm{V}\sin\alpha - v\sin\beta)v\sin\beta.$$

Le second membre de cette équation contient quatre quantités variables V, $v$, $\alpha$ et $\beta$. La première a pour limite la vitesse due à la chute disponible au-dessus de la roue; et, comme il est d'ailleurs évident que l'effet utile théorique augmente avec V, on devra prendre cette quantité aussi grande que possible, c'est-à-dire diminuer la hauteur de la roue, en augmentant ses autres dimensions, s'il est nécessaire, pour qu'elle puisse recevoir toute l'eau à dépenser. Regardant donc V comme déterminée par des considérations de localité et de construction, il faudra faire successivement varier dans le second membre $v$,

$\alpha$ et $\beta$, pour obtenir les conditions du maximum relatives à chacune de ces quantités, et voir si l'on peut les accorder entre elles. On obtient ainsi les relations suivantes, en différentiant par rapport à $v$ :

$$V \sin\alpha - 2v\sin\beta = 0 ;$$

d'où, pour le maximum,

$$v = \frac{V \sin\alpha}{2 \sin\beta}.$$

En différentiant par rapport à $\alpha$,

$$V \cos\alpha = 0, \quad \text{d'où} \quad \alpha = 90°,$$

et par suite

$$v = \frac{V}{2 \sin\beta}.$$

En différentiant par rapport à $\beta$,

$$V \sin\alpha - 2v\sin\beta = 0,$$

d'où, comme en premier lieu,

$$\sin\beta = \frac{V \sin\alpha}{2v}.$$

Cette dernière relation étant la même que la première, on voit que l'angle $\beta$ demeure indéterminé, de sorte qu'on a simplement, pour assurer le maximum d'effet relatif,

$$\alpha = 90° \quad \text{et} \quad v = \frac{V}{2 \sin\beta},$$

conditions auxquelles il est toujours possible de satisfaire. Il en résulte de plus que l'on pourra toujours aussi donner à la roue la vitesse que l'on voudra, puisqu'il suffira de déterminer en conséquence l'angle $\beta$, d'après la deuxième condition. Lorsque les relations ci-dessus ont lieu, la valeur de l'effet utile transmis par la roue est

$$Pv = \frac{MV^2}{4} = \frac{Mgh}{2} ;$$

si l'on désigne, comme précédemment, par $h$ la hauteur de

chute disponible au-dessus du point où l'eau rencontre les aubes.

Ainsi, dans ces roues, le maximum de l'effet utile théorique est encore la moitié du travail total développé par la gravité sur le poids d'eau dépensé.

56. *Rapport de l'effet utile pratique à l'effet théorique.* — Dans la pratique, l'effet utile est nécessairement au-dessous de ce qu'indique la théorie ; il est même douteux que les roues ordinaires de ce genre réalisent, comme les bonnes roues verticales à aubes, les $\frac{3}{4}$ de l'effet théorique. Cependant, si les aubes ont une surface beaucoup plus grande que la section moyenne de la veine fluide à son entrée, si elles sont enfermées dans un coursier qui leur laisse peu de jeu, ou mieux encore entre deux tambours cylindriques, on pourra admettre, d'après des expériences faites en 1820 sur une des roues du moulin des Minimes à Toulouse, sur le canal de Languedoc, par MM. Tardy et Piobert, capitaines d'artillerie, avec un frein analogue à celui de M. de Prony, que le rapport de l'effet pratique à l'effet théorique varie de 0,70 à 0,75 ; mais il faut observer que les palettes de cette roue sont légèrement concaves. Ces expériences ont aussi montré que le maximum d'effet correspond dans la pratique, à très-peu près, à la relation $v = \dfrac{V}{2\sin\beta}$, ainsi que l'indique la théorie.

D'après cela, la formule pratique à employer serait alors, pour le cas général,

$$Pv = 0{,}70 M (V \sin\alpha - v \sin\beta) v \sin\beta,$$

d'où

$$P = 0{,}70 M (V \sin\alpha - v \sin\beta) \sin\beta,$$

et, dans celui du maximum d'effet,

$$Pv = 0{,}35 M gh, \quad P = 0{,}35 \frac{Mgh}{v}.$$

Une circonstance qu'il importe d'observer dans les roues dont on veut apprécier l'effet utile, c'est la manière dont l'eau s'en échappe ; il arrive, en effet, souvent que l'intervalle entre les aubes vers le bas de la roue n'est pas assez grand pour que le liquide sorte librement. Alors il s'accumule dans la roue et dans l'espèce de cylindre ou d'entonnoir dans lequel elle tourne, s'y élève, sous l'action de la gravité et de la force centrifuge, en forme de paraboloïde, jusqu'à ce que la pression qui en résulte sur l'orifice ou l'intervalle inférieur des aubes soit suffisante pour que le fluide affluant puisse s'écouler. Nous n'entrerons pas dans l'examen détaillé de ce qui se passe alors dans ces roues, et nous nous bornerons à indiquer le moyen d'éviter cet inconvénient lors de leur établissement. Pour cela, négligeant toujours la hauteur de la roue dans le sens vertical que l'on doit restreindre le plus possible, on aura dans le cas du maximum d'effet où $\cos z$ est sensiblement nul, pour la vitesse relative avec laquelle l'eau coule le long de l'aube,

$$v \cos\beta,$$

et, en la multipliant par l'aire libre par laquelle l'eau s'écoule vers le bas des aubes, on déterminera celle-ci ou l'angle $\beta$, de manière que le produit soit au moins égal au volume d'eau qui arrive sur la roue dans une seconde.

57. *Roues à palettes creuses.* — Lorsque, au lieu d'être planes, les aubes présentent une forme concave (*fig.* 55), ce qui est

Fig. 55.

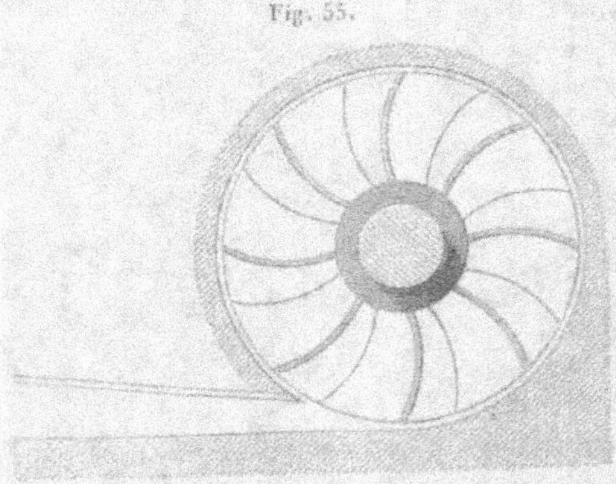

le cas des moulins du Basacle à Toulouse, et du moulin des

Trois-Tournants à Metz, et que l'eau peut s'échapper librement, l'effet utile doit, toutes choses égales d'ailleurs, être un peu plus grand que pour les aubes planes. Mais, comme dans ces roues on n'a pas évité le choc à l'entrée, ni la perte de force vive à la sortie, on ne peut guère espérer que la différence soit très-sensible. Dans les usines que nous venons de citer, le coursier qui amène l'eau sur la roue est presque horizontal, l'échappement ne se fait pas librement, l'eau s'accumule dans la roue, et, d'après des observations faites par M. Poncelet, celles de Metz aux moulins des Trois-Tournants et des Quatre-Tournants ne rendraient guère que le $\frac{1}{11}$ du travail absolu dû à la chute totale de l'eau dépensée.

**58.** *Roues horizontales cylindriques à palettes courbes.* — On dispose quelquefois les roues horizontales (*fig.* 56) de manière que l'eau y agisse à son entrée par le choc et ensuite

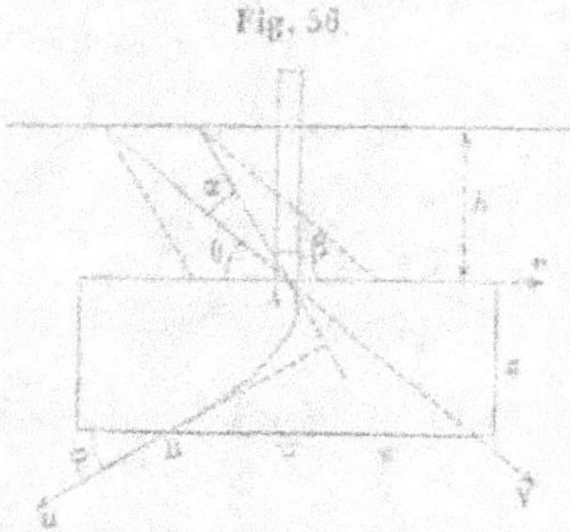

Fig. 56.

par son poids, en descendant le long des aubes. Dans ce cas, la hauteur de la roue ne peut plus être négligée, et, en la désignant par $z$, il est facile de voir qu'en conservant les notations précédentes la perte de force vive à l'entrée sera encore (11)

$$M(V \sin \alpha - v \sin \beta)^2.$$

La vitesse relative de l'eau au bas de la roue sera

$$\sqrt{(V \cos \alpha + v \cos \beta)^2 + 2gz} = u,$$

et sa vitesse absolue de sortie, en nommant $\varphi$ l'angle que fait le dernier élément de l'aube avec l'horizon, aura pour valeur

$$w = \sqrt{u^2 + v^2 - 2uv\cos\varphi};$$

au moyen de quoi l'équation générale du mouvement de cette roue sera

$$Pv = Mg(h + z) - \frac{M(V\sin\alpha - v\sin\beta)^2}{2} - \frac{2}{M(u^2 + v^2 - 2uv\cos\varphi)}.$$

Pour rendre nulle la perte de force vive à l'entrée de la roue, il suffira de faire en sorte (12) que

$$V\sin\alpha = v\sin\beta.$$

Quant à la vitesse $w$, avec laquelle l'eau quitte la roue, elle ne peut être nulle généralement qu'autant que $\cos\varphi = 1$ et que $u = v$; la première condition indique que l'aube doit avoir son dernier élément horizontal; la seconde revient à

$$(V\cos\alpha + v\cos\beta)^2 + 2gz = v^2.$$

En développant, puis remplaçant $\cos^2\alpha$ et $\cos^2\beta$ par $1 - \sin^2\alpha$ et $1 - \sin^2\beta$, et retranchant des deux membres $2Vv\sin\alpha\sin\beta$, elle devient, toutes réductions faites,

$$Vv\cos(\alpha + \beta) + g(h + z) = 0;$$

d'où, en observant que $\alpha + \beta = 180° - \theta$, en appelant $\theta$ l'angle de la vitesse $V$ et de $v$ pris en sens contraire, on tire

$$v = \frac{g(h + z)}{V\cos\theta}.$$

Lorsque ces conditions seront satisfaites, on obtiendra le maximum d'effet théorique absolu

$$Pv = Mg(h + z),$$

c'est-à-dire que ces roues, comme celles à augets et à aubes courbes, peuvent théoriquement transmettre toute la quantité de travail développée par la gravité sur l'eau dépensée; bien entendu qu'on ne prendra toujours pour $h$ que la hauteur due à la vitesse que l'eau possède à son arrivée, après avoir subi les effets de la contraction et les différentes pertes qui peuvent provenir de la disposition de la prise d'eau.

Dans la pratique, il n'est pas possible de faire $\varphi = o$, et l'on est obligé de donner à cet angle une ouverture d'au moins 3o degrés, comme dans les roues à aubes courbes ; mais il n'en résulte qu'une perte assez faible de force vive à la sortie.

On possède sur ces roues assez peu d'expériences propres à faire connaître le rapport de l'effet utile pratique à l'effet théorique. Borda, qui en a donné une théorie, admet qu'il est égal à o,75, et nous adopterons ce chiffre, en attendant des observations spéciales, de sorte que, dans le cas général, on aura pour formule pratique

$$P v = o,75 \left[ M g (h + z) - \frac{M (V \sin \alpha - v \sin \beta)^2}{2} - \frac{M (u^2 + v^2 - 2 u v \cos \varphi)}{2} \right],$$

et, dans le cas du maximum d'effet,

$$P v = o,75 M g (h + z) = o,75 \times 1000 Q (h + z),$$

Q désignant, comme précédemment, en mètres cubes le volume d'eau dépensé en une seconde.

On remarquera que, dans l'établissement de ces roues, il conviendra : 1° de faire $z$ assez grand ou de diminuer $h$, afin que la vitesse d'introduction V ne soit pas trop forte, ce qui tendra à augmenter $v$ ; 2° de diminuer, autant que possible, l'écartement des tambours concentriques qui envelopperont les aubes, afin que la vitesse $v$ du milieu de ces aubes ne diffère pas trop de celle des circonférences intérieure et extérieure ; 3° enfin, par la même raison, de faire la roue aussi grande que le comporteront les localités.

59. *Turbine à axe vertical de M. Burdin.* — M. Burdin, ingénieur des Mines, a proposé et construit des roues nommées par lui *turbines*, et dans lesquelles il a cherché à satisfaire aux conditions du maximum d'effet de la manière suivante. Le réservoir (*fig.* 57) est au-dessus de la roue, des orifices sont percés à son fond et prolongés par des tuyaux

additionnels, dont le bas est horizontal et dirigé dans le sens
de la circonférence; la charge d'eau sur le centre de ces orifices est égale à la moitié de la chute totale et la vitesse de la
roue au point où elle reçoit le liquide est celle due à cette

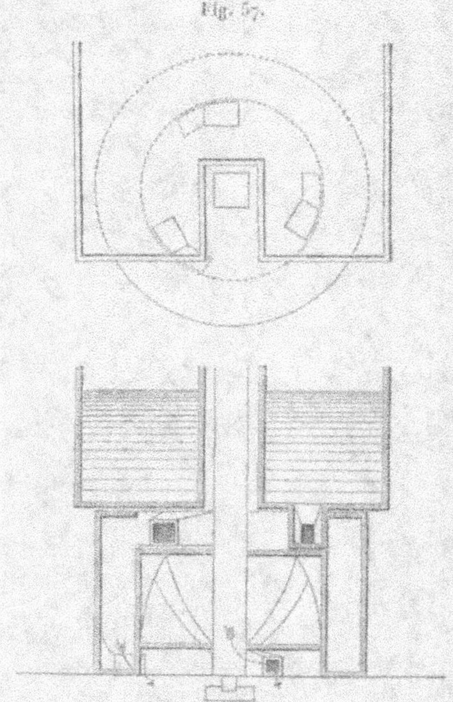

Fig. 57.

charge; l'eau atteint donc la roue à peu près sans vitesse relative. Elle s'échappe ensuite par des canaux renfermés dans
deux enveloppes concentriques à l'axe et arrive au bas de la
roue, après avoir parcouru une hauteur égale à l'autre moitié
de la chute totale. Les extrémités des canaux de fuite sont
dirigées horizontalement et tangentiellement à la circonférence
dans le sens contraire à celui de son mouvement; et, comme
l'eau acquiert dans cette direction, en descendant, une vitesse
due à la moitié de la chute, c'est-à-dire précisément égale à

celle de la roue, il s'ensuit qu'elle doit sortir sans vitesse absolue.

Dans une Note insérée dans les *Annales des Mines*, 2ᵉ série, p. 517, M. Burdin annonce que l'effet utile de ces roues est les 0,75 de la quantité de travail dépensée par le moteur.

60. *Roues horizontales à axe conique.* — Ce qui précède ne s'applique qu'aux roues cylindriques dans lesquelles le point d'entrée et celui de sortie de l'eau sont à la même distance de l'axe, de manière que sa vitesse ne peut être altérée par l'action de la force centrifuge; mais, quand l'eau entre dans la roue plus loin ou plus près de l'axe qu'elle n'en sort, cette force se joint à la gravité, pour changer la force vive due à la vitesse initiale $V \cos\alpha + v \cos\beta$, avec laquelle l'eau entre dans la roue.

Nommons

$\omega$ la vitesse angulaire constante de la roue;
$R'$ la distance à l'axe du point d'entrée de l'eau;
$R$ la distance à l'axe du point de sortie;

La vitesse relative d'introduction sera

$$V \cos\alpha + \omega R' \cos\beta,$$

et la force possédée par l'eau à son entrée sera

$$M(V \cos\alpha + \omega R' \cos\beta)^2.$$

En appelant $u$ la vitesse relative avec laquelle l'eau s'écoule le long du dernier élément des aubes, sa force vive sera, à la sortie,

$$M u^2,$$

et, d'après le principe des forces vives, l'accroissement

$$M[u^2 - (V \cos\alpha + \omega R' \cos\beta)^2]$$

devra être égal au double de la quantité de travail due à la gravité pendant sa descente et qui sera

$$2 M g z,$$

augmentée ou diminuée du double de celle qui est développée par la force centrifuge ([1]), selon qu'elle agit dans le sens du mouvement de l'eau ou en sens contraire; or la quantité de travail total développée par la force centrifuge sur la masse d'eau M passant de la distance R' à la distance R de l'axe est (29)

$$\frac{M\omega^2(R^2 - R'^2)}{2},$$

et, par conséquent, l'équation des forces vives relative à ce mouvement sera

$$M[u^2 - (V\cos\alpha + \omega R'\cos\beta)^2] = 2Mgz + M\omega^2(R^2 - R'^2),$$

d'où l'on tire

$$u^2 = (V\cos\alpha + \omega R'\cos\beta)^2 + 2gz + \omega^2(R^2 - R'^2).$$

En appelant toujours $\varphi$ l'angle de cette vitesse relative $u$ et de la vitesse $\omega R$ de la roue au point de sortie, on aura, pour la vitesse absolue avec laquelle l'eau quitte la roue,

$$w = \sqrt{u^2 + \omega^2 R^2 - 2u\omega R\cos\varphi},$$

et l'équation du mouvement de la roue sera, en désignant par $v$ la vitesse d'un point quelconque et par P l'effort tangentiel exercé en ce point,

$$Pv = Mg(h + z) - \frac{M(V\sin\alpha - \omega R'\sin\beta)^2}{2}$$
$$- \frac{M(u^2 + \omega^2 R^2 - 2u\omega R\cos\varphi)}{2}.$$

---

([1]) On peut voir, par la Note du n° 29, que ces considérations, dues à M. Navier (*Architecture hydraulique* de Bélidor, nouvelle édition, t. I, note aa, p. 455), ne sont ici applicables que parce que l'axe de la roue est vertical, et qu'elles cesseraient de l'être dans le cas où l'axe serait horizontal ou incliné, comme cela a lieu dans certaines roues fort ingénieuses, qui ont été imaginées par M. Burdin, et auxquelles il a appliqué généralement le nom de *turbines*, dans un Mémoire sur ces roues, présenté il y a déjà plusieurs années à l'Académie royale des Sciences de l'Institut. Cela pourra servir d'ailleurs à expliquer pourquoi les tentatives faites pour établir des turbines à axe horizontal ou incliné ont généralement mal réussi, et je ne puis que me féliciter qu'en appelant en 1830 l'attention de M. Coriolis sur cette fausse application du principe des forces vives il ait été conduit à entreprendre sur ce sujet des recherches dont il a été rendu, par MM. de Prony et Poisson, un compte très-favorable dans la séance de l'Académie des Sciences du 31 octobre dernier.

Les conditions du maximum d'effet seront encore

$$V \sin \alpha = \omega R' \sin \beta, \quad \cos \varphi = 1 \quad \text{et} \quad u = \omega R;$$

la dernière donne

$$(V \cos \alpha + \omega R' \cos \beta)^2 + 2gz - \omega^2 R'^2 = 0,$$

d'où l'on tirera, comme au n° 58,

$$\omega R' = -\frac{g(h+z)}{V \cos(\alpha + \beta)} = \frac{g(h+z)}{V \cos \theta},$$

en appelant $\theta$ l'angle supplémentaire de $\alpha + \beta$, ou celui que la vitesse $v$ de la roue fait avec celle de l'eau affluente.

L'établissement de ces roues est donc soumis aux mêmes conditions que celui des roues cylindriques, et l'on voit que, théoriquement, elles sont aussi susceptibles de donner le maximum absolu d'effet utile théorique. Dans la pratique, on admettra qu'elles réalisent 0,75 à 0,80 de cet effet théorique, jusqu'à ce que des expériences aient été faites.

61. *Roue à réaction.* — La théorie que nous venons de donner est due à M. Navier [1] et convient particulièrement aux roues coniques ou à poires, ainsi qu'aux roues dites *à réaction*, telles que celles de Segner, de Manoury-Dectot. Dans cette dernière (*fig.* 58), l'eau entre dans la roue par la partie inférieure de son axe, qui est vertical; elle circule dans des canaux horizontaux perpendiculaires à cet axe et s'échappe à leur extrémité, en sens contraire du mouvement, par des orifices très-petits relativement au diamètre des tuyaux d'introduction. Il suit de cette disposition que l'angle des vitesses $V$ et $\omega R'$ est à peu près droit, et que, d'une autre part, la vitesse $V$ est très-faible; par conséquent, la vitesse $\omega R'$, relative au maximum d'effet, est infinie, ce qui montre que ces roues doivent, au moins dans la pratique, marcher à de très-grandes vitesses. On observera, en leur appliquant la théorie précédente, qu'elles doivent être disposées de manière qu'il n'y ait dans les canaux où l'eau cir-

---

[1] *Architecture hydraulique* de Bélidor, 2ᵉ édition, p. 455.

cule ni étranglement ni coudes trop brusques capables de
produire des pertes de force vive autres que celles dont nous

Fig. 53.

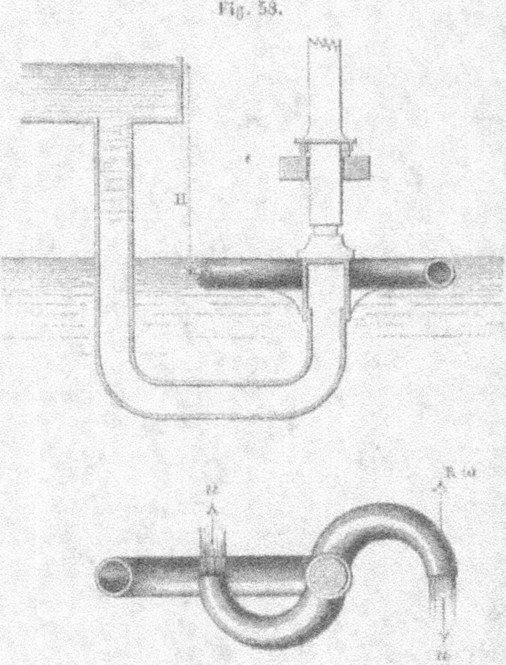

avons tenu compte. Il est facile, d'ailleurs, de voir que, l'eau
entrant sans choc dans la roue et ayant à sa sortie une vitesse
relative égale à

$$\sqrt{2gH + \omega^2 R^2},$$

H étant la hauteur de chute disponible au-dessus du centre
de l'orifice de sortie, l'équation de ces roues sera

$$P\varphi = MgH - \frac{M\left(\sqrt{2gH + \omega^2 R^2} - \omega R\right)^2}{2}$$

ou, en réduisant,

$$P\varphi = M\omega R\left(\sqrt{2gH + \omega^2 R^2} - \omega R\right).$$

En différentiant le second membre on serait conduit, pour le maximum d'effet, à la relation

$$\omega R = \sqrt{2gH + \omega^2 R^2},$$

qui ne peut évidemment être satisfaite que par $\omega R = \infty$.

M. Navier admet que ces roues peuvent utiliser les 0,80 de l'effet théorique, et nous adopterons ce rapport, en attendant des observations dignes de confiance.

62. *Nouvelle roue horizontale à aubes courbes, proposée en 1826 par M. Poncelet.* — Dans ses Leçons de 1826, M. Poncelet a proposé une roue horizontale (*fig.* 59) analogue à sa roue

Fig. 59.

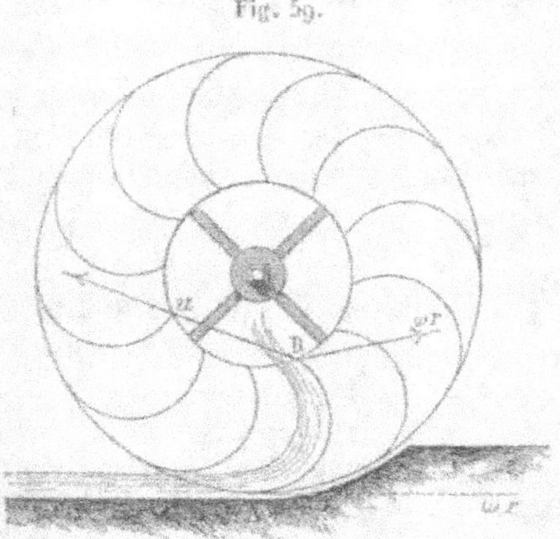

verticale à aubes courbes et dont l'équation s'établira facilement, d'après ce qui précède, en tenant compte de l'action de la force centrifuge. Dans cette roue l'eau arriverait à la circonférence extérieure tangentiellement à des aubes courbes contenues entre deux plateaux horizontaux, puis circulant sur ces aubes, en vertu de la force acquise et sous l'action de la force centrifuge, sortirait de la roue par la circonférence intérieure avec une vitesse absolue qu'on peut rendre nulle ou très-petite.

En conservant toutes les notations précédentes, il est facile de voir que la perte de force vive à l'entrée sera nulle et

que la vitesse relative avec laquelle l'eau entrera sur l'aube
sera $v - \omega R'$; de sorte qu'on aura, pour déterminer la vitesse
relative $u$ de sortie, l'équation

$$M(v - \omega R')^2 - M u^2 = M \omega^2 (R'^2 - R^2),$$

d'où

$$u^2 = v^2 - 2 v \omega R' + \omega^2 R^2.$$

L'équation du mouvement de la roue sera d'ailleurs, en
faisant abstraction de l'action de la gravité sur l'eau pendant
son passage dans la roue, parce que nous supposons que
celle-ci n'a que peu de hauteur,

$$P v = M g H - \frac{M(u^2 + \omega^2 R^2 - 2 u \omega R \cos \varphi)}{2},$$

H étant la hauteur de chute disponible mesurée jusqu'au filet
moyen de la veine fluide à son entrée sur la roue. Le second
membre sera encore un maximum quand on aura

$$\cos \varphi = 1 \quad \text{et} \quad u = \omega R,$$

ce qui donne, pour déterminer $\omega R'$, la relation

$$V = 2 \omega R' \quad \text{ou} \quad \omega R' = \frac{V}{2},$$

condition qui est la même que pour les roues à aubes
courbes verticales. Dans le cas de maximum on a donc

$$P v = M g H,$$

c'est-à-dire qu'on pourrait théoriquement obtenir de ces roues
le maximum absolu d'effet utile.

Dans la pratique on ne pourra pas rendre les aubes tangentes à la fois aux circonférences extérieure et intérieure,
comme il serait nécessaire pour le maximum d'effet absolu,
car l'eau n'entrerait ni ne sortirait avec la facilité convenable.
On devra leur laisser faire avec ces circonférences un angle
de 3o degrés à l'entrée et de 4o degrés environ à la sortie; et
comme, d'ailleurs, il est commode de leur donner la forme
circulaire, leur tracé revient au problème suivant :

*Étant données deux circonférences concentriques, insérer entre elles un arc de cercle qui, à sa rencontre avec chacune, fasse avec elle un angle donné.*

Soient (*fig. 6o*)

Fig. 6o.

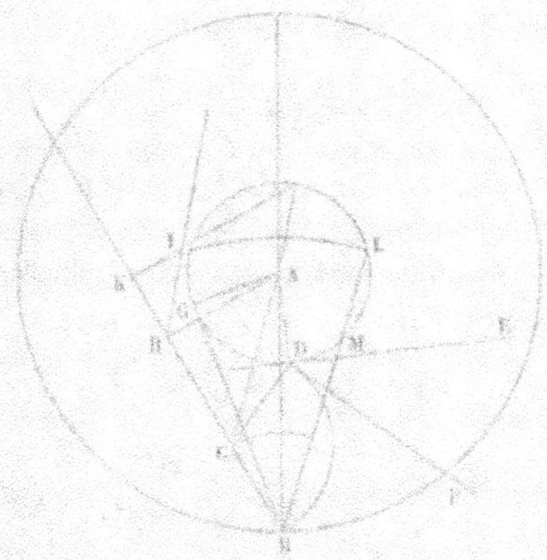

A le centre commun des deux circonférences ;

$AB = R$, $AD = r$ ;

$BC = \rho$ le rayon cherché de la courbure de l'aube ;

$ABH = B$ l'angle donné de l'aube avec la circonférence extérieure ;

$EDF = D$ l'angle donné de cette aube avec la circonférence intérieure.

On aura, par les triangles ABC et ADC,

$$\overline{AC}^2 = R^2 + \rho^2 - 2 R\rho \cos B = r^2 + \rho^2 + 2r\rho \cos D,$$

attendu que $ABC = 180^\circ - D$ ; on en tire

$$R^2 - r^2 = 2\rho (R \cos B + r \cos D) \quad \text{et} \quad 2\rho = \frac{R^2 - r^2}{R \cos B + r \cos D}.$$

Pour construire cette expression, menez BG, tangente au cercle intérieur en G, vous aurez

$$BG^2 = R^2 - r^2 ;$$

projetez le centre A sur la ligne donnée AH, vous aurez

$$BH = R \cos B.$$

Par le point H menez HI, faisant avec BH l'angle KHI $= D$; prenez HI $= r$; projetez I en K, vous aurez

$$HK = r \cos D$$

et par suite

$$BK = R \cos B + r \cos D.$$

Du point B comme centre et du rayon BK décrivez l'arc de cercle KL; par sa rencontre en L avec la circonférence intérieure de la roue menez la sécante BL à cette circonférence, on aura évidemment

$$BM : BG :: BG : BL,$$

d'où

$$BM = \frac{BG^2}{BL} = \frac{R^2 - r^2}{R \cos B + r \cos D} = 2\rho.$$

Le rayon $\rho$ étant déterminé, on trace l'aube du centre C, situé sur BH, à la distance $\rho$ de B.

Ce tracé s'appliquera, quel que soit le rayon intérieur de la roue, et l'on voit facilement que, $u$ et $\omega R$ étant d'autant plus petits que R l'est lui-même, le terme soustractif

$$M \frac{u^2 + \omega^2 R^2 - 2 u \omega R \cos \varphi}{2}$$

diminuera avec ce rayon. Toutes choses égales d'ailleurs, il conviendra donc de le faire le plus petit possible; mais on devra cependant avoir attention que la vitesse relative $u$, que conserve l'eau à sa sortie à l'intérieur de la roue, soit assez grande pour que, multipliée par l'aire de l'orifice ou de l'intervalle libre entre les aubes à cette circonférence, elle donne un volume au moins égal à la plus grande quantité d'eau que l'on ait à admettre dans la roue, sans quoi celle-ci s'engorgerait : cela n'offrira d'ailleurs aucune difficulté.

Connaissant le nombre de tours que l'arbre vertical doit faire dans un temps donné, on aura la valeur de la vitesse angulaire $\omega$, et, comme V est donné par la chute disponible, on déduira de la relation

$$\omega R' = \frac{V}{2},$$

correspondant au maximum d'effet,

$$R' = \frac{V}{2\omega};$$

le rayon extérieur de la roue sera donc déterminé dans chaque cas, et le rayon intérieur aura pour limite inférieure celle que nous venons d'indiquer.

On aura soin d'entourer la roue, vers la partie où l'eau y est introduite, d'une portion de coursier circulaire, afin d'empêcher le liquide de s'échapper sans pénétrer dans la roue, et l'on facilitera, d'ailleurs, le dégorgement de l'eau dans le canal de fuite par des dispositions analogues à celles qui ont été prescrites pour les roues verticales à aubes courbes.

Ce système de roues n'a pas encore été soumis à l'expérience; mais il est probable qu'il rendrait, en pratique, autant que la roue verticale du même genre, c'est-à-dire environ 0,65 à 0,75 de l'effet théorique, selon la grandeur de chute et la dépense d'eau.

Les exemples que nous venons de donner montrent comment et dans quel esprit on devra appliquer la théorie générale des récepteurs hydrauliques aux autres systèmes que nous n'avons pas examinés et qui pourraient se présenter [1].

### Roues à aubes mues par un courant indéfini.

**63.** *Description sommaire.* — Ces roues ne diffèrent des roues à palettes ordinaires du n° 20, qui se meuvent dans un coursier, qu'en ce qu'elles sont placées sur des cours d'eau dont la section excède de beaucoup la surface des ailes. On choisit ordinairement pour les établir les endroits du courant où la vitesse est la plus forte, et l'on monte ces roues sur les

---

[1] *Voir*, à la fin de la deuxième Section, la *Théorie des effets mécaniques de la turbine de Fourneyron*, par Poncelet (1838). (K.)

côtés d'un gros bateau ou entre deux bateaux, de manière
que leurs aubes plongent dans l'eau, ce qui les a fait nommer
*roues pendantes*. Souvent aussi elles sont établies à demeure
sur des pilotis, et l'on rétrécit le courant en avant des roues
par une sorte de coursier qui laisse beaucoup de jeu aux
aubes.

Dans tous les cas, la quantité de fluide qu'on peut faire agir
sur la roue étant à peu près illimitée, la force de l'usine n'est
bornée que par des conditions qui lui sont particulières;
mais, en supposant les ailes construites, la quantité de travail transmise par la roue devient susceptible d'un maximum.

64. *Formules par lesquelles on représente l'effort et le travail transmis aux aubes.* — Nommons

$\Omega$ l'aire de la partie des aubes qui plonge dans l'eau quand
    elles sont verticales;
$v$ la vitesse du centre de cette aire;
V la vitesse du courant, en supposant la roue enlevée;
P l'effort exercé sur les aubes dans le sens de la circonfé-
    rence décrite par le centre de l'aire plongée;
$$h = \frac{(V - v)^2}{2g}$$ la hauteur due à la vitesse relative de l'aube et
    du courant;
$k$ un coefficient numérique à déterminer par l'observation.

On suppose, d'après la théorie généralement reçue [1] aujourd'hui, que l'action de l'eau sur les aubes est analogue à
celle qui aurait lieu dans le cas où l'on substituerait une seule
aube verticale à toutes celles qui sont à la fois en prise, et si
cette aube fuyait toujours devant le liquide avec la vitesse $v$;
on admet, de plus, qu'alors le volume du fluide qui atteint
la palette est proportionnel à la vitesse relative $V - v$ et
égal à $\Omega(V - v)$.

Ces diverses hypothèses, sur lesquelles il est à désirer que
l'expérience prononce d'une manière plus positive que le

---

[1] *Architecture hydraulique de Bélidor.* Nouvelle édition, note de M. Navier, p. 407.

petit nombre d'observations que l'on possède jusqu'ici, conduisent à la relation

$$P = k.1000\,\Omega\,\frac{(V-v)^2}{2g} = k.1000\,\Omega h.$$

On en déduit, pour la quantité d'action transmise aux aubes dans une seconde,

$$Pv = k.1000\,\Omega\,\frac{(V-v)^2}{2g}\,v = k.1000\,\Omega h v^{\mathrm{kilogr}}.$$

Si l'on regarde le coefficient $k$ comme indépendant de la vitesse $v$ et comme constant, on trouve, en différentiant le second membre par rapport à $v$, pour la condition du maximum d'effet,

$$v = \tfrac{1}{3}V, \quad \text{et par suite} \quad P = \tfrac{1}{3}k.1000\,\Omega\,\frac{V^2}{2g}$$

et

$$Pv = \tfrac{1}{3}PV = \tfrac{4}{27}k.1000\,\Omega\,\frac{V^3}{2g}.$$

63. *Résultats d'expériences.* — Les expériences de Bossut [1] et une de M. Christian [2] montrent que la valeur du rapport $\frac{v}{V}$, qui correspond au maximum d'effet, est 0,40 au lieu de 0,30, que l'on déduit des formules ci-dessus. C'est aussi ce que l'on conclut de l'observation de tous les moulins à bateaux du Rhône, où l'usage a conduit à adopter ce rapport $\frac{v}{V} = 0,40$ environ.

Avant d'indiquer les valeurs que l'on assigne à $k$, d'après les observations que l'on possède, nous remarquerons que, à vitesses égales, ce nombre doit être plus grand pour les aubes qui ne sont qu'en partie plongées que pour celles qui le sont en entier, parce qu'il se forme, en avant des premiers, un remous qui augmente la hauteur du liquide sur la face d'amont, tandis qu'il se déprime toujours un peu sur la face d'aval.

---

[1] *Hydrodynamique*, p. 382.
[2] *Mécanique industrielle.*

D'après Bossut et une expérience de M. Boitard [1], $k$ peut être regardé comme compris entre 2 et 3 pour les roues communément employées et qui ne plongent que du quart de leur rayon. Des observations, faites en 1825 par M. Poncelet sur des moulins à bateaux établis sur le Rhône à Lyon, ont confirmé ces résultats. Les ailes ou aubes avaient de $2^m,50$ à $2^m,65$ de longueur et plongeaient dans l'eau de $0^m,65$ à $0^m,75$, ce qui donnait une surface $\Omega$ comprise entre $1^{mq},165$ et 2 mètres carrés; la vitesse du courant a varié de $1^m,30$ à 2 mètres; celle du centre des aubes était moyennement $0,40\,V$. Dans ces circonstances, les valeurs de $k$, déduites de l'observation des quantités de farine moulue, ce qui correspond à une quantité de travail assez exactement connue, ont été respectivement

$$k = 2,80, \quad k = 2,70, \quad k = 3,19,$$

dont la valeur moyenne est $k = 2,89$.

D'après cela on pourra admettre, quand la vitesse $v$ du centre des aubes ne s'éloignera pas trop de $0,40\,V$, cette valeur moyenne $k = 2,80$ à $2,90$.

66. *Observations sur l'incertitude des valeurs de $k$.* — L'incertitude qui règne sur la valeur de $k$ provient de ce qu'il ne paraît pas que les hypothèses sur lesquelles est fondée l'expression du n° 64,

$$P = k.1000\,\Omega\,\frac{(V - v)^2}{2g},$$

soient réellement admissibles. On remarquera qu'elles ne sont pas conformes au raisonnement du n° 10, qui, pour le cas d'une succession de palettes qui se substituent les unes aux autres dans le même lieu, en fuyant devant le liquide avec une vitesse $v$ dirigée dans le même sens que $V$, nous donnerait

$$P = \frac{1000\,\Omega\,V}{g}\,(V - v).$$

67. *Comparaison des expériences de Bossut avec une autre formule déduite de celle du* n° 10. — Or, en comparant entre

---

[1] *Expériences sur la main-d'œuvre, etc.*, p. 72.

elles dix-sept expériences de Bossut rapportées page 382, article 810, de son *Hydrodynamique*, et prenant pour abscisses d'une courbe les poids soulevés par la roue et pour ordonnées les vitesses $v$, M. Poncelet a trouvé que les points ainsi déterminés étaient sensiblement en ligne droite et que les résultats de ces expériences étaient représentés par les quatorze premières à $\frac{1}{12}$ près, et, pour les dernières, à $\frac{1}{24}$ près, par la formule

$$P = 3,1708(V - v).$$

Dans ces expériences on avait

$$\Omega = 0^{mq},01458, \quad V = 1^m,855;$$

les aubes ne plongeaient qu'aux deux tiers de leur hauteur, et la formule

$$P = \frac{1000\,\Omega\,V}{g}(V - v)$$

devient avec ces données

$$P = 2,937(V - v),$$

dont le rapport à celle que l'on déduit directement des expériences de Bossut est

$$\frac{2,937}{3,1708} = 1,04.$$

On doit observer que Bossut a mesuré la vitesse à la surface à l'aide d'un moulinet, et que, par suite de la résistance de l'air sur les ailettes, il a obtenu une vitesse trop faible; par conséquent, si dans la formule

$$P = \frac{1000\,\Omega V}{g}(V - v)$$

on introduit la vitesse réelle à la surface, observée à l'aide d'un flotteur, on devra lui appliquer un coefficient plus petit que 1,04.

Les observations faites par M. Poncelet sur les trois moulins du Rhône dont nous avons déjà parlé indiquent aussi que, quand on prend pour V la vitesse à la surface, la pression

exercée sur le centre des aubes est exprimée assez exactement par

$$P = 0,80 \frac{1000\,\Omega V}{g} (V - v).$$

Ce résultat est d'ailleurs d'accord avec une expérience de
M. Christian, *Mécanique industrielle*, t. I$^{er}$, p. 329, et d'après
laquelle nous avons adopté (24), pour la formule des roues
à aubes tournant dans un coursier avec un grand jeu, le
coefficient 0,75, qui, dans ce cas, est un peu plus faible
que celui que nous venons d'indiquer, attendu que les aubes
étaient beaucoup plus près du fond que de la surface du
liquide dans lequel elles étaient entièrement plongées.

On pourra donc adopter avec confiance, pour l'expression
de la quantité de travail transmise en une seconde au centre
des aubes des roues pendantes, la formule

$$P v = 0,80 \frac{1000\,\Omega V}{g} (V - v)\,^{kgm}.$$

Il suit de cette discussion que les résultats de l'expérience
sont beaucoup mieux représentés par la formule

$$P = 0,80 \frac{1000\,\Omega V}{g} (V - v) \quad \text{que par} \quad P = k \frac{1000\,\Omega}{2g} (V - v)^2,$$

quoique celle-ci soit plus généralement adoptée. Il est d'ailleurs facile de voir que, la première exprimant exactement ces
résultats, pour que la seconde donnât les mêmes valeurs
de P, il faudrait qu'on eût

$$k = 0,8 \frac{2V}{V - v};$$

d'où l'on voit que $k$ varierait depuis $k = 1,60$, qui répond
à $v = 0$, jusqu'à $k = \infty$, répondant à $V = v$. Cependant,
comme, dans la pratique, $v$ s'éloigne peu de $\frac{1}{3}$ à $\frac{1}{2}$ de V, ce qui
donne $k = 2,40$ et $k = 2,60$, on voit qu'on pourra aussi em-
ployer la formule le plus généralement admise, pourvu qu'on
y fasse $k = 2,50$, avec M. Navier, et que $v$ s'éloigne peu
de $v = 0,4$ V.

**68.** *Dimensions et proportions.* — L'expérience a appris que, pour le meilleur effet des roues pendantes, les aubes doivent avoir en hauteur de $\frac{1}{5}$ à $\frac{1}{4}$ du rayon de la roue. Sur le Rhône, cette hauteur varie de $0^m,50$ à $0^m,80$, et, de plus, leur bord supérieur est plongé de $0^m,5$ au-dessous du niveau de l'eau, ce qui est motivé sur ce que, le courant étant très-profond, sa plus grande vitesse répond à un point situé à une distance assez grande de sa surface supérieure. Quant à la longueur des ailes, elle n'est limitée que par les localités et la force que l'on veut donner à la machine.

L'emploi des rebords en saillie proposés par le chevalier Morosi, sur le pourtour de la face exposée directement à l'action du courant, ne peut être ici que très-avantageux pour l'augmentation de l'effet, de même que pour les roues à ailes qui se meuvent avec un grand jeu, dans des coursiers rectilignes.

Le nombre des aubes est ordinairement de douze; mais Bossut conclut de ses expériences qu'il faut le porter à dix-huit ou vingt-quatre. M. Navier conseille de faire leur écartement égal à leur hauteur, et de les incliner sur le rayon de manière qu'elles forment en avant de ce rayon un angle de 30 degrés quand la roue plonge de $\frac{1}{4}$ à $\frac{1}{3}$ de son rayon, et de 15 degrés quand elle plonge de $\frac{1}{2}$ de son rayon, ce qui est la plus grande profondeur à laquelle la roue doive être immergée.

II. — DES MOULINS À VENT.

**69.** *Distinction entre les différents genres de moulins à vent.* — L'action du vent comme moteur s'utilise au moyen de roues à ailes disposées de différentes manières, et qu'on nomme *moulins à vent*. Les uns ont leur axe de rotation vertical; dans les autres, il est à peu près horizontal et dirigé dans la direction du vent. Ces derniers sont, sauf quelques exceptions fort rares, les seuls dont on fasse usage dans la pratique, malgré les inconvénients qu'ils offrent à certains égards, parce qu'à dimensions égales ils sont susceptibles de produire un effet au moins huit fois égal à celui des autres. Cette différence est due à ce que, dans le moulin à axe horizontal, la surface totale des ailes est en prise au vent et l'est d'une manière utile pour l'effet, tandis que dans le moulin à axe vertical il n'y en a qu'une qui reçoive directement l'action du vent, ou, si toutes sont en prise à la fois, elles occasionnent des résistances qui détruisent une partie de l'effet; ce cas est, en particulier, celui des roues qu'on nomme *panémones*, dont les ailes sont formées de surfaces coniques, qui tantôt présentent leur concavité à l'action du vent et tantôt leur convexité, de telle sorte que la roue ne marche qu'en vertu de l'excès de l'une des actions sur l'autre.

Dans les moulins dits *à la polonaise*, l'axe vertical de la roue est armé de plusieurs ailes rectangulaires dont le plan comprend cet axe, et qui tournent dans une enveloppe cylindrique dont une partie est supprimée pour permettre l'accès au vent dans la direction la plus convenable. La disposition la plus ingénieuse des roues à axes verticaux est celle qui consiste dans des ailes rectangulaires qui reçoivent de l'arbre un mouvement tel, qu'elles s'orientent de la manière la plus avantageuse dans leur mouvement de transport autour de l'axe; mais ce système exige des appareils assez compliqués. Nous ne nous occuperons ici que des moulins à axe horizontal, dont l'effet a été particulièrement étudié par Smeaton (*) et Coulomb.

70. *Description sommaire des moulins à axe horizontal.* — La roue, qu'on nomme *volant*, porte quatre bras ou rayons, sur chacun desquels est une aile à peu près plane, plus ou moins inclinée sur l'axe horizontal de la roue. On donne ordinairement à cette aile la forme d'un rectangle, et, au lieu de la composer d'un plan, on la construit en surface gauche dont les éléments sont perpendiculaires à la direction des bras correspondants; ce bras lui-même est à peu près rectiligne, de façon que la surface des voiles, appliquées sur les lattes qui représentent les génératrices de la surface, offre une certaine concavité à l'action du vent. La roue est orientée au moyen

---

(*) *Recherches expérimentales sur l'eau et le vent*, traduction de M. Girard.

d'un grand levier qui entraîne tout ou partie de la charpente qui contient la machine autour d'un axe vertical fixe ; quelquefois le moulin est disposé de façon qu'il s'oriente de lui-même ou par l'action du vent ([1]). Nous renverrons, pour les détails descriptifs, aux différents Traités de Mécanique pratique, l'objet de cet article, principalement extrait des Leçons lithographiées de M. Navier, à l'École des Ponts et Chaussées, étant seulement de faire connaître les conditions de l'établissement des volants des moulins à vent et ce que l'expérience a appris sur leur effet utile.

71. *Théorie adoptée pour ces moulins.* — On possède encore trop peu de résultats exacts sur la résistance des fluides pour qu'il soit possible d'établir une théorie complète de l'action du vent sur les ailes. Nous rapporterons en peu de mots celle que M. Navier a donnée, parce qu'elle est basée sur des considérations fort simples et qui s'accordent suffisamment bien avec les faits connus.

Les dimensions générales des ailes et de la roue sont ici censées données ; car l'effet croîtra, toutes choses égales d'ailleurs, avec l'étendue de la surface de ces ailes.

Cela posé, nommons

$V$ la vitesse du vent perpendiculairement au plan du mouvement de la roue ou parallèlement à l'axe ;

$o$ la surface d'un élément quelconque $ab$ rectangulaire de l'aile compris entre deux génératrices de la surface, cet élément étant censé plan (*fig.* 61) ;

$v$ la vitesse circulaire du centre de l'élément $ab$ ;

$\varphi$ l'angle formé par la direction du vent avec le plan de l'élément de l'aile ;

$\Pi$ la densité de l'air ou le poids de l'unité de volume ;

$p$ l'effort exercé sur l'élément dans la direction $mv$ de la vitesse de son centre ;

$k$ un coefficient constant numérique, censé fourni par l'expérience.

---

([1]) *Voir* pour la description des moulins à vent : le *Traité des Machines* de M. Hachette, le *Traité de Mécanique industrielle* de M. Christian, la *Mécanique appliquée aux arts* de Borgnis.

$V \sin\varphi - v \cos\varphi$ sera évidemment (10) la vitesse relative du vent et de l'élément *ab* de l'aile, estimée suivant la perpendiculaire à cet élément. On suppose encore ici, avec plus

Fig. 61.

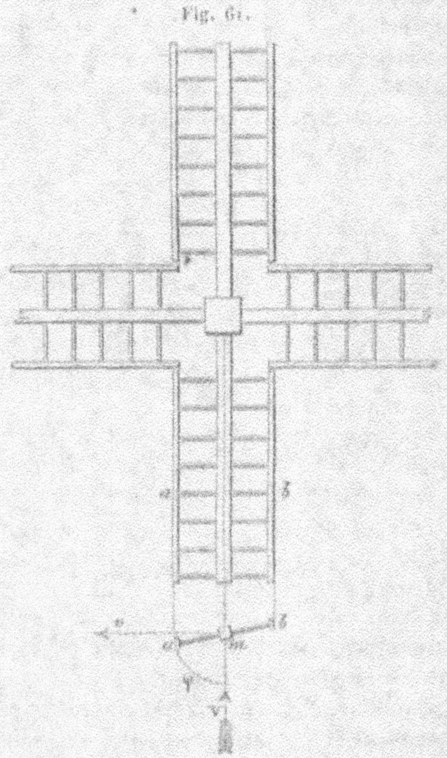

de raison que pour les roues hydrauliques mues par un courant indéfini (64), que la pression dans cette même direction est proportionnelle au poids d'un prisme de fluide ayant $o$ pour base, et pour hauteur celle due à la vitesse relative $V \sin\varphi - v \cos\varphi$, c'est-à-dire

$$\Pi\, o\, \frac{(V \sin\varphi - v \cos\varphi)^2}{2g},$$

quantité que nous multiplions par le coefficient $k$, à déter-

miner d'après l'expérience, et dont la composante, dans le
sens de la vitesse de rotation $v$ de l'élément $ab$, sera ainsi

$$p = k\,\Pi o\,\frac{(\mathrm{V}\sin\varphi - v\cos\varphi)^2}{2g}\cos\varphi,$$

produisant, dans chaque unité de temps, la quantité de travail
ou l'effet utile

$$pv = k\,\Pi o\,\frac{(\mathrm{V}\sin\varphi - v\cos\varphi)^2}{2g}\,v\cos\varphi.$$

72. *Conditions du maximum d'effet.* — Considérant d'abord
ce qui concerne un élément plan en particulier (on suppose
la surface de chaque aile réduite à cet élément), on remarquera que, la vitesse V du vent étant toujours donnée, on ne
peut faire varier dans cette expression, pour obtenir le maximum d'effet, que $v$ et $\varphi$. Différentiant d'abord par rapport à $v$,
on trouve pour condition du maximum relatif

$$v = \frac{\mathrm{V}}{3}\tang\varphi, \quad \text{d'où} \quad pv = \frac{4}{27}\,k\,\Pi o\,\frac{\mathrm{V}^3\sin^3\varphi}{2g};$$

faisant ensuite varier $\varphi$ dans cette dernière expression, on
trouve pour le maximum absolu

$$\sin\varphi = 1, \quad \text{d'où} \quad v = \infty \quad \text{et} \quad pv = \frac{4}{27}\,k\,\Pi o\,\frac{\mathrm{V}^3}{2g}.$$

Ainsi la quantité d'action transmise à un élément quelconque sera d'autant plus grande que le plan de cet élément
fera un plus petit angle avec celui du mouvement de la roue,
ou, ce qui revient au même, que $\varphi$ sera plus grand et que la
vitesse du centre de ce plan sera elle-même plus considérable.

73. *Relation entre la vitesse des différents points de l'aile
et l'inclinaison de ses éléments sur la direction du vent.* —
Cette analyse a été appliquée par M. Navier à la surface entière de l'aile, en la supposant plane, et, comme il le fait observer, les résultats qu'elle offre relativement au maximum
d'effet sont suffisamment d'accord avec ceux des expériences
qui seront rapportées plus loin. La décomposition de la sur-

face de l'aile en ses éléments plans, pour la solution du problème, peut, comme l'a montré M. Coriolis [1], servir à faire voir pourquoi l'expérience n'est point entièrement d'accord avec les résultats ci-dessus, et pourquoi les éléments doivent former des angles de plus en plus petits avec le plan du mouvement à mesure que l'on s'éloigne du centre de la roue.

En effet, tous les éléments étant entraînés dans le même mouvement autour de l'axe, il n'est pas permis de supposer $v$ et $\varphi$ arbitraires et indépendants comme nous l'avons fait; et, au lieu de considérer la quantité $pv$ relative à un élément isolé, il faudrait considérer la somme de toutes les quantités d'action semblables pour la rendre maximum, problème dont la solution appartient au calcul des variations. Nommant

$l$ la largeur supposée constante des ailes,
$r$ la distance de l'élément $o$ à l'axe de rotation,
$\omega$ la vitesse angulaire de la roue,

on aura

$$o = l\,dr, \quad v = \omega r, \quad pv = \frac{k\,\Pi\,l}{2g}\,(\mathrm{V}\sin\varphi - \omega r\cos\varphi)^2\,\omega\cos\varphi\,r\,dr$$

et, pour l'effet utile total ou le travail transmis à la surface entière de l'aile,

$$\frac{k\,\Pi\,l}{2g}\,\omega\int(\mathrm{V}\sin\varphi - \omega r\cos\varphi)^2\cos\varphi\,r\,dr,$$

intégrale qu'il faudra prendre entre les deux valeurs de $r$ qui répondent aux extrémités de l'aile, et dont il s'agit réellement de rechercher la valeur maxima par rapport à $\varphi$, considéré comme une fonction de $r$ à déterminer et pour une valeur donnée de $\omega$.

Il faut, d'après les principes du calcul des variations et comme le fait observer M. de Coriolis à l'endroit cité, que la différentielle de la fonction sous le signe, prise par rapport à $\varphi$, soit égale à zéro, ce qui, en négligeant le facteur commun $(\mathrm{V}\sin\varphi - \omega\cos\varphi\,r)\,r$, qui ne répond point à un maxi-

---

[1] *Du calcul de l'effet des machines*, p. 210 et suiv.

mum, puisqu'il rend nulle l'intégrale, conduit à l'équation de condition

$$2 \, (\mathrm{V} \cos\varphi + \omega r \sin\varphi) \cos\varphi - (\mathrm{V} \sin\varphi - \omega \cos\varphi\, r) \sin\varphi = 0$$

ou

$$\mathrm{V} \, (2 - \mathrm{tang}^2 \varphi) + 3 \omega r \, \mathrm{tang} \varphi = 0,$$

qui, étant résolue par rapport à $\mathrm{tang}\varphi$, donne

$$\mathrm{tang}\varphi = \frac{3}{2} \frac{\omega r}{\mathrm{V}} + \sqrt{\frac{9}{4} \frac{\omega^2 r^2}{\mathrm{V}^2} + 2},$$

attendu que $\mathrm{tang}\varphi$ doit être ici positif. Or on voit que, V et $\omega$ étant donnés, $\mathrm{tang}\varphi$ doit augmenter avec la distance $r$ de l'élément à l'axe, ce qui est conforme à l'expérience ; on voit, de plus, que l'inclinaison de l'élément restera la plus avantageuse possible tant que la vitesse angulaire $\omega$ conservera un rapport constant avec la vitesse V du vent, c'est-à-dire si l'on fait tellement varier la charge $p$ de la machine que la vitesse du vent soit en rapport constant avec le nombre des révolutions du volant, circonstance qui a également lieu dans la pratique, comme le démontrent les observations de Coulomb sur les moulins à vent des environs de Lille.

Pour achever la solution du problème, il resterait à substituer les valeurs de $\sin\varphi$ et $\cos\varphi$ en $r$, dans l'expression de l'effet utile total ci-dessus, puis à intégrer par rapport à $r$ entre les limites convenables, et à différentier le résultat par rapport à $\omega$ pour trouver la valeur de $\omega$ qui répond au *maximum* ; mais cela conduit, comme on peut le voir à l'endroit cité de l'ouvrage de M. Coriolis, à des calculs fort compliqués, et dont les résultats s'accordent d'ailleurs assez bien avec ceux de l'expérience, en prenant pour le coefficient $k$ la valeur $k = 3$ adoptée par ce savant ingénieur, d'après des considérations théoriques qui lui sont particulières.

**74.** *Résultats d'expériences.* — Voici maintenant ce que les expériences de Coulomb et de Smeaton ont appris sur l'établissement des moulins à vent.

1° *Figure des ailes.* — Les ailes étant rectangulaires, la forme la plus avantageuse est celle des ailes dites *à la hollan-*

*daise*, qui offrent au vent une surface légèrement concave, et dont les éléments rectilignes sont disposés ainsi qu'il suit. Concevons le rayon de l'aile partagé en 40 parties, prenons-en 10 à partir du centre au point 1, qui désigne la première latte; puis portons-en 6, de 1 à 2, de 2 à 3, de 3 à 4, de 4 à 5, de 5

Fig. 62.

à 6 (*fig.* 62). Les inclinaisons des lattes sur l'axe et sur le plan du mouvement doivent être réglées comme il suit :

| Numéros des éléments. | Angle fait avec l'axe ou z. | Angle fait avec le plan du mouvement. |
|---|---|---|
| 1 | 72° | 18° |
| 2 | 71½ | 19 |
| 3 | 72½ | 18   milieu de l'aile. |
| 4 | 74 | 16 |
| 5 | 77,5 | 12,5 |
| 6 | 85½ | 7 |

La largeur de l'aile ne doit pas excéder ¼ de sa longueur; elle en est ordinairement ⅕ ou ⅙; l'expérience a appris qu'on doit plutôt diminuer l'angle des éléments que l'augmenter.

D'après Smeaton, les ailes qui vont en s'élargissant vers leurs extrémités paraissent être plus avantageuses que les autres à dimensions égales. La figure qui réussit le mieux en grand est celle d'un trapèze formé en plaçant à l'extrémité du rayon un barreau égal au tiers du rayon, et partagé au point où il le coupe dans le rapport de 3 à 2; ainsi, dans la *fig.* 63, on a

$$AB = \tfrac{1}{3} CO, \quad BC = \tfrac{2}{5} AB, \quad AC = \tfrac{3}{5} AB.$$

Les inclinaisons des éléments transversaux restent les mêmes que ci-dessus.

Fig. 63.

Quant à l'inclinaison de l'axe par rapport à l'horizon, il est relatif à la nature des vents qui soufflent dans la contrée où il s'agit de faire l'établissement du moulin; dans les pays de plaine, tels que la Flandre et la Belgique, l'axe fait avec l'horizon un angle de 8 à 15 degrés, à peu près égal à celui du vent.

2° *Vitesse des ailes par rapport à celle du vent.* — Supposons les ailes construites comme ci-dessus, on doit, pour le meilleur effet, maintenir leur vitesse de rotation dans un rapport constant avec celle du vent; cette vitesse de rotation, mesurée à l'extrémité de l'aile, doit être, d'après Smeaton, égale à 2,6 ou 2,7 fois celle du vent, ce qui s'accorde exactement avec les expériences de Coulomb sur les moulins belges, desquelles on déduit le rapport 2,5 à 2,6.

3° *Quantité de travail transmise par les ailes.* — Les ailes étant disposées suivant la méthode hollandaise, et leur vitesse étant dans le rapport assigné avec celle du vent, la quantité de travail transmise croît comme leur surface, et un peu moins rapidement que le cube de la vitesse du vent, de sorte que, celle-ci devenant double, il s'en faut de $\frac{4}{5}$ que le travail transmis soit octuple. On peut négliger cette différence, et alors on aura pour la quantité de travail transmise à chaque aile dans une seconde, d'après les expériences de Smeaton et de Coulomb,

$$\mathrm{P}v = 4,6\,\mathrm{PV} = 0,13\,o\,\mathrm{V}^3\,\mathrm{kilo},$$

formule dans laquelle P est l'effort à l'extrémité des ailes et dans le sens du mouvement de rotation de cette extrémité, V la vitesse du vent en mètres, et $o$ la surface d'une seule aile en mètres carrés. On n'a pas eu égard, dans les expériences, à la variation de densité de l'air selon la température, mais elle modifiera peu les résultats, qui seront toujours suffisamment exacts pour la pratique. D'ailleurs, au moyen des données ci-dessus, on aura tout ce qu'il faut pour faire l'établissement des moulins à vent, quand on connaîtra la vitesse moyenne des vents régnants. La vitesse la plus convenable du vent pour le travail paraît être celle de 6 à 7 mètres.

Smeaton a observé que, lorsque les ailes ne sont pas chargées ou tournent à vide, la vitesse que prennent leurs extrémités est en rapport constant avec celle du vent, de même que pour la charge qui répond au maximum d'effet; d'où il conclut un moyen assez simple de mesurer la vitesse du vent. Ce rapport est 4 pour les ailes hollandaises et élargies, c'est-à-dire que, pour avoir la vitesse du vent, il faudra diviser par 4 la vitesse de l'extrémité de l'aile.


### III. — DE L'EMPLOI DE LA VAPEUR D'EAU COMME MOTEUR.


#### Notions générales.

75. *Relations entre la densité, la température et la force élastique des gaz.* — Avant d'exposer les règles à l'aide desquelles on peut calculer la quantité d'action que développe la

vapeur dans les différents systèmes de machines, il est nécessaire de rappeler quelques notions physiques préliminaires
relatives à sa densité, à sa température et à sa force élastique.

Si l'on renferme un poids donné d'un gaz permanent quelconque dans un vase, il résulte d'une loi établie par Mariotte
qu'en faisant varier le volume qu'il occupe dans le vase, sans
changer sa température, sa force élastique ou la pression qu'il
exercera sur l'unité de surface variera en sens inverse du volume, ou, ce qui revient au même, proportionnellement à sa
densité. Cette loi a été vérifiée dans ces derniers temps et
étendue jusqu'à des pressions de 24 atmosphères, par MM. Dulong et Arago, à l'occasion de leurs belles expériences sur la
force élastique de la vapeur à différentes températures, dont
nous donnerons les résultats.

D'un autre côté on sait, d'après une loi non moins importante, découverte par M. Gay-Lussac, que, si l'on fait varier la
température d'un gaz, en maintenant sa tension au même degré, il se dilatera de manière que les augmentations de volume seront proportionnelles aux accroissements de température; de telle sorte que, le volume étant pris pour l'unité,
à la température zéro, il sera $1 + 0,00375t$ à la température
de $t$ degrés du thermomètre centigrade.

De ces deux lois il résulte un moyen très-simple de calculer
le volume et la densité d'un gaz sous une pression et une température déterminées, lorsque l'on connaît l'une et l'autre sous
une pression et une température différentes. Soient en effet

$v'$ le volume du gaz;

$\Pi'$ sa densité ou le poids de l'unité de volume à la température $t'$ et sous la pression $p'$; les unes et les autres étant
données par l'expérience;

$v$ et $\Pi$ son volume et sa densité à la température $t$ et sous la
pression $p$ données.

Il s'agit de calculer $v$ et $\Pi$ au moyen de $t$, $p$, $v'$, $\Pi'$, $t'$ et $p'$.
Pour cela, nommons encore $v_0$, $\Pi_0$, $p_0$ le volume, la densité et
la pression inconnus du même gaz à la température zéro; nous
aurons, d'après la loi de M. Gay-Lussac,

$$v_0(1 + 0,00375t)$$

pour le volume du gaz, lorsqu'il passera de la température
zéro à la température $t'$, en restant à la pression $p_0$, et, d'après
celle de Mariotte,

$$v' = v_0 (1 + 0,00375 t') \frac{p_0}{p'}$$

pour le volume qu'il prendra en passant de la pression $p_0$ à la
pression $p'$, sa température restant égale à $t'$; et, comme les
volumes d'un même poids de gaz sont en raison inverse des
densités, on a

$$\frac{\Pi'}{\Pi_0} = \frac{v_0}{v'},$$

et, par suite,

$$\Pi' = \frac{v_0\,\Pi_0}{v'} = \Pi_0 \frac{1}{1 + 0,00375 t'} \frac{p'}{p_0}.$$

On aura de même

$$v = v_0 (1 + 0,00375 t) \frac{p_0}{p}, \quad \Pi = \frac{v_0\,\Pi_0}{v} = \Pi_0 \frac{1}{1 + 0,00375 t} \frac{p}{p_0}$$

d'où, en divisant membre à membre,

$$v = v' \frac{1 + 0,00375 t}{1 + 0,00375 t'} \frac{p'}{p}, \quad \Pi = \frac{v'}{v} \Pi' = \Pi' \frac{1 + 0,00375 t'}{1 + 0,00375 t} \frac{p}{p'}.$$

**76. *Cas particulier des vapeurs qui peuvent être condensées.***
— Ces formules s'appliquent également aux vapeurs, pourvu
qu'elles restent à l'état de fluide élastique, c'est-à-dire pourvu
qu'il n'y ait ni condensation ni formation de nouvelle vapeur,
car nous avons supposé expressément que le poids du gaz demeurait le même sous les différentes pressions et températures.

**77. *Différence entre les gaz permanents et les vapeurs.*** —
Il est important d'observer que les vapeurs en général et celle
de l'eau en particulier diffèrent essentiellement des gaz permanents, en ce que leur température est étroitement liée à
leur tension, lorsque l'espace qu'elles occupent est *saturé*.
Pour rappeler ce qu'on entend par cette dernière expression,
supposons qu'on introduise, dans un espace fermé, de l'eau à

l'état liquide et en quantité suffisante pour fournir à la formation de la vapeur sous différentes pressions et températures. L'espace qui reste vide au-dessus de l'eau se remplira de vapeur, dont la densité et la pression seront uniquement relatives à la température sous laquelle elle est formée, et indépendantes du volume absolu qu'elles occupent; si ce volume augmente, il se formera de nouvelle vapeur, qui saturera l'espace de la même manière, et qui aura la même force et la même densité. A l'inverse, si, la température restant toujours la même, on ramène le volume à son état primitif, il se précipitera une quantité de vapeur précisément égale à celle qui s'était vaporisée dans le premier cas, de sorte que la densité et la pression seront toujours les mêmes. Ces phénomènes offrent l'image de ce qui se passe dans les chaudières ordinaires des machines à vapeur, mises en communication directe avec la capacité du cylindre qui reçoit le piston moteur, lorsque, la température étant constante, on vient à augmenter ou à diminuer le volume occupé par la vapeur.

Maintenant, supposons que l'on ait introduit, dans une capacité déterminée, de la vapeur qui sature l'espace, comme on vient de l'expliquer, et qui ait par conséquent la température et la densité convenables, en supposant qu'il n'y ait point de liquide dans le vase; on voit, d'après ce qui précède, que, si le volume diminue ou que la température baisse, il se précipitera une portion de la vapeur telle, que ce qui en restera aura la tension et la densité correspondant à la nouvelle température. Si nous supposons, au contraire, que la température ou le volume de l'espace saturé augmente, alors, comme par hypothèse il ne peut plus se former de nouvelle vapeur, on voit que la tension et la densité suivront les lois établies ci-dessus pour les gaz. Cette dernière circonstance est analogue à ce qui a lieu dans les machines à vapeur, lorsque la vapeur se dilate dans le cylindre sous le piston, la communication avec la chaudière étant interrompue. On voit aussi par là que, si la densité de la vapeur au point de saturation était connue pour les diverses tensions et températures, on en déduirait facilement celle de la même vapeur dans les différents états de dilatation qu'elle peut subir.

**78.** *Application à la vapeur d'eau.* — D'après cela, il sera facile de sentir dans quelles circonstances on pourra appliquer aux vapeurs les relations précédentes entre la densité, la température et la pression. On sait d'ailleurs, par expérience, qu'à la température de 100 degrés C. et sous la pression atmosphérique ordinaire, qui équivaut à $1^{k},033$ par centimètre carré, la densité ou le poids du mètre cube de vapeur d'eau est $0^{k},588$; faisant donc, dans la relation

$$\Pi = \Pi' \frac{1 + 0,00375\,t'}{1 + 0,00375\,t}\,\frac{p}{p'},$$

$$t' = 100^{\circ}, \quad p' = 1^{k},033, \quad \Pi' = 0^{k},588,$$

elle devient

$$\Pi = \frac{0,7827}{1 + 0,00375\,t}\,P,$$

et elle donnera facilement la densité ou le poids du mètre cube de vapeur et, par suite, le poids d'un volume quelconque, lorsqu'on connaîtra la pression par centimètre carré et la température.

Au moyen de cette relation, on trouvera facilement le poids d'un volume donné de vapeur à une température et une pression connues; en effet, en l'appelant $\varpi$, on aura

$$\varpi = \Pi\, v;$$

on en tire

$$\varpi = \frac{0,7827}{1 + 0,00375\,t}\,pv \quad \text{ou} \quad v = \frac{\varpi}{\Pi} = 1,2777\,\varpi\,\frac{1 + 0,00375\,t}{P},$$

ce qui donne le volume d'un poids connu de vapeur en fonction de ce poids, de la température et de la pression par centimètre carré.

**79.** *Relation entre la tension et la température de la vapeur d'eau.* — Nous avons dit que, pour les vapeurs à l'état de saturation, il existait une relation entre leur tension ou leur force élastique et leur température. Cette relation a été l'objet de beaucoup de recherches de la part des physiciens et on la connaissait depuis quelque temps pour la vapeur d'eau sous les pressions le plus ordinairement employées dans la pratique, lorsqu'elle a été de nouveau déterminée avec le plus grand soin, jusqu'à des tensions très-grandes, par MM. Dulong et Arago, par une suite d'observations nombreuses, consignées dans les *Annales de Chimie et de Physique*, 1830, et dont voici les résultats :

Appelant

$f$ la tension ou force élastique de la vapeur exprimée en atmosphères de $0^m,76$ de mercure ;

T l'excès de la température de la vapeur sur 100 degrés, exprimé en fractions de la température 100 degrés, prise pour unité.

Ces physiciens ont représenté les résultats de leurs expériences par la formule d'interpolation

$$T = \frac{\sqrt[5]{f} - 1}{0,7153}, \quad \text{d'où} \quad f = (1 + 0,7153T)^5.$$

La pression atmosphérique prise pour unité, étant celle d'une colonne de mercure de $0^m,76$, revient, comme on sait, à $1^{kg},033$ par centimètre carré, de sorte que, si nous désignons toujours par $p$ la pression de la vapeur exprimée en kilogrammes et rapportée en centimètres carrés, nous aurons

$$p = 1^{kg},033 f \quad \text{ou} \quad f = \frac{p}{1^{kg},033} ;$$

de plus, $t$ étant toujours la température centigrade de la vapeur, on a

$$T = \frac{t - 100}{100} = 0,01 t - 1 ;$$

en remplaçant donc $f$ et T par ces valeurs dans la formule ci-dessus, elle devient

$$p = 1^{kg},033 (0,2847 + 0,007153 t)^5,$$

relation qui donnera immédiatement la pression par centimètre carré en fonction de la température centigrade, et réciproquement.

II.                                15

Les expériences de MM. Dulong et Arago n'ont été étendues que jusqu'à 24 atmosphères ; mais l'accord de la formule avec les résultats de l'observation leur a permis de déduire ensuite du calcul une Table des tensions et des températures jusqu'à 50 atmosphères, avec la conviction qu'à cette limite l'erreur sur la température ne serait pas de 1 degré.

Le tableau suivant contient, outre les résultats de leurs expériences, les températures relatives à des pressions inférieures à 1 atmosphère, déduites des observations de Dalton.

Table des forces élastiques de la vapeur d'eau et des températures correspondantes, de 1 à 24 atmosphères, d'après l'observation, et de 24 à 50 atmosphères par le calcul.

| ÉLASTICITÉ de la vapeur en prenant la pression de l'atmosphère pour unité. | COLONNE de mercure à zéro, qui mesure l'élasticité. | TEMPÉRATURES correspondantes données par le thermomètre centigrade à mercure. | PRESSION sur un centimètre carré en kilogrammes. | ÉLASTICITÉ de la vapeur en prenant la pression de l'atmosphère pour unité. | COLONNE de mercure à zéro, qui mesure l'élasticité. | TEMPÉRATURES correspondantes données par le thermomètre centigrade à mercure. | PRESSION sur un centimètre carré en kilogrammes. |
|---|---|---|---|---|---|---|---|
|  | m |  | kg |  | m |  | kg |
|  | 0,0013 | —20 | 0,0018 | 4 ½ | 3,42 | 149,06 | 4,648 |
|  | 0,0019 | —15 | 0,0026 | 5 | 3,80 | 153,08 | 5,165 |
|  | 0,0026 | —10 | 0,0036 | 5 ½ | 4,18 | 156,8 | 5,681 |
|  | 0,0036 | — 5 | 0,0050 | 6 | 4,56 | 160,2 | 6,198 |
|  | 0,0050 | 0 | 0,0069 | 6 ¼ | 4,94 | 163,48 | 6,714 |
|  | 0,0069 | 5 | 0,0094 | 7 | 5,32 | 166,5 | 7,231 |
|  | 0,0093 | 10 | 0,0129 | 7 ½ | 5,70 | 169,37 | 7,747 |
|  | 0,0128 | 15 | 0,0173 | 8 | 6,08 | 172,1 | 8,264 |
|  | 0,0173 | 20 | 0,0235 | 9 | 6,84 | 177,1 | 9,297 |
|  | 0,0234 | 25 | 0,0314 | 10 | 7,60 | 181,5 | 10,33 |
|  | 0,0306 | 30 | 0,0418 | 11 | 8,36 | 186,03 | 11,363 |
|  | 0,0404 | 35 | 0,0549 | 12 | 9,12 | 190,0 | 12,396 |
|  | 0,0530 | 40 | 0,0730 | 13 | 9,88 | 193,7 | 13,429 |
|  | 0,0687 | 45 | 0,0934 | 14 | 10,64 | 197,19 | 14,462 |
|  | 0,0887 | 50 | 0,1205 | 15 | 11,40 | 200,48 | 15,495 |
|  | 0,1137 | 55 | 0,1544 | 16 | 12,16 | 203,60 | 16,528 |
|  | 0,1447 | 60 | 0,1963 | 17 | 12,92 | 206,57 | 17,561 |
|  | 0,1837 | 65 | 0,2484 | 18 | 13,68 | 209,4 | 18,594 |
|  | 0,2299 | 70 | 0,3143 | 19 | 14,44 | 213,1 | 19,627 |
|  | 0,2834 | 75 | 0,3963 | 20 | 15,20 | 214,7 | 20,660 |
|  | 0,3531 | 80 | 0,4783 | 21 | 15,96 | 217,3 | 21,693 |
|  | 0,4317 | 85 | 0,5865 | 22 | 16,72 | 219,6 | 22,726 |
|  | 0,5253 | 90 | 0,7136 | 23 | 17,48 | 221,9 | 23,759 |
|  | 0,6343 | 95 | 0,8517 | 24 | 18,24 | 224,3 | 24,792 |
| 1 | 0,7600 | 100 | 1,0335 | 25 | 19,00 | 226,5 | 25,825 |
| 1 ½ | 1,1400 | 112,1 | 1,549 | 30 | 22,80 | 236,2 | 30,990 |
| 2 | 1,5203 | 121,4 | 1,960 | 35 | 26,60 | 244,85 | 36,155 |
| 2 ½ | 1,9000 | 128,8 | 2,382 | 40 | 30,40 | 252,53 | 41,320 |
| 3 | 2,280 | 135,1 | 3,091 | 45 | 34,20 | 259,52 | 46,485 |
| 3 ½ | 2,66 | 140,6 | 3,611 | 50 | 38,00 | 265,89 | 51,650 |
| 4 | 3,04 | 145,4 | 4,133 |  |  |  |  |

Les températures qui correspondent aux tensions de 1 à 4 atmosphères inclusivement ont été calculées par la formule de Tredgold, qui, dans cette partie de l'échelle, s'accorde mieux que l'autre avec les observations.

**80.** *Quantité de chaleur développée par les différents combustibles.* — Les physiciens ont aussi cherché à déterminer la *quantité absolue* de chaleur ou la *puissance calorifique* des divers combustibles. A cet effet ils ont mesuré, à l'aide du calorimètre de Lavoisier, le poids de glace à zéro que peut fondre en brûlant un poids donné de combustible; et, comme on sait que, pour fondre 1 kilogramme de glace à zéro, il faut 1 kilogramme d'eau à 75 degrés, on voit qu'on a pu prendre pour terme de comparaison des quantités absolues de chaleur développées par les différents combustibles, celle qui est nécessaire pour élever 1 kilogramme d'eau de 1 degré C. Cette unité de comparaison a été nommée *calorie* par M. Clément, et nous adopterons cette dénomination; d'après les expériences de Lavoisier, de Wollaston et les siennes propres, ce physicien a établi le tableau suivant :

| ESPÈCE DE COMBUSTIBLE. | POIDS de glace fondue | NOMBRE de calories développées | OBSERVATIONS. |
| --- | --- | --- | --- |
| | par la combustion de 1 kilogramme. | | |
| Hydrogène.......................... | 295,0 | 29125 | |
| Charbon de bois sec ou distillé.................... | 94,0 | 7050 | Quelle que soit l'espèce de bois. |
| Charbon de bois ordinaire. | 80,0 | 6000 | Contenant 0,20 d'eau. |
| Coke pur...................... | 94,0 | 7050 | |
| Houille de 1re qualité.... | 93,0 | 7050 | Contenant 0,02 de cendres. |
| Houille de 2e qualité...... | 84,6 | 6345 | Id.     0,10     id. |
| Houille de 3e qualité..... | 76,1 | 5932 | Id.     0,20     id. |
| Bois séché au feu. ....... | 48,88 | 3666 | N'importe de quelle espèce de bois, contenant 0,52 de charbon. |
| Bois séché à l'air.......... | 38,4 | 2945 | Contenant 0,20 d'eau. |
| Tourbe ordinaire.......... | 20,0 | 1500 | |
| Tourbe de 1re qualité..... | 40,0 | 3000 | Expériences de M. Garnier sur les tourbes de Beauvais. |

Ce tableau montre, par exemple, que 1 kilogramme de charbon de bois sec est capable d'élever de 1 degré la température de 7050 kilogrammes d'eau, ou, ce qui est la même chose, d'élever à 7050 degrés 1 kilogramme d'eau pris à zéro. D'après cela, il ne sera pas difficile de calculer le poids d'un combustible quelconque nécessaire pour élever un poids donné d'eau à une température connue.

Les résultats précédents ne peuvent être obtenus dans la pratique; on ne compte dans les fourneaux les mieux construits que sur les deux tiers et la plupart du temps que sur la moitié du produit indiqué par le calorimètre.

On a, de plus, observé que 1 kilogramme de charbon exige pour la combustion 10 mètres cubes d'air atmosphérique à la température et à la pression moyennes, mais qu'en pratique il faut compter sur 20 et même 30 mètres cubes pour que la combustion soit complète; de plus le volume des gaz qui sont les résidus de la combustion est le même que celui de l'air employé, sauf l'accroissement dû à la température de la cheminée; enfin la quantité de chaleur développée par les combustibles est la même dans une combustion lente que dans une combustion rapide.

On ne doit pas oublier que tous les résultats précédents supposent que la capacité de l'eau pour la chaleur reste la même pour les diverses températures, ce qui est sensiblement vrai.

**81.** *Quantité de chaleur contenue dans 1 kilogramme de vapeur à différentes températures et tensions.* — Une autre recherche non moins importante est celle de la quantité de chaleur nécessaire pour constituer la vapeur à divers degrés de température et de tension. M. Clément donne pour résultat de ses expériences que 1 kilogramme de vapeur, à quelque tension et quelque température qu'on le prenne, contient une même quantité de chaleur ou un même nombre de *calories*, et, comme on sait d'ailleurs que 1 kilogramme de vapeur à 100 degrés élève de zéro à 100 degrés la température de $5^{kg},50$ d'eau, il s'ensuit qu'il contient

$$100 + 550 = 650 \text{ calories.}$$

Ainsi, d'après M. Clermont, la quantité de chaleur contenue

dans 1 kilogramme de vapeur serait toujours égale à 650 calories à toutes les pressions et températures.

Southern, physicien anglais, qui a traité la même question, à peu près dans le même temps, partage la quantité de chaleur contenue dans la vapeur en deux parties : l'une qu'il appelle *latente* et qui serait nécessaire pour constituer l'eau à l'état de vapeur, est aussi, d'après lui, égale à 550 calories par kilogramme de vapeur; l'autre, qu'il désigne sous le nom de *chaleur sensible*, est celle qui correspond au nombre de degrés indiqués par le thermomètre. D'après lui, nommant $t$ la température centigrade de la vapeur, le nombre de calories contenues dans 1 kilogramme serait $550 + t$.

On voit d'ailleurs qu'à 100 degrés les deux règles donnent le même résultat, et que, pour des températures peu élevées au-dessus de ce terme, on pourrait, sans erreur notable, adopter l'une ou l'autre. Néanmoins celle de Southern paraît plus rationnelle, et nous lui donnerons la préférence.

82. *Quantité de chaleur nécessaire pour former un poids donné de vapeur.* — D'après cette règle, il est facile de voir que, si l'on veut transformer en vapeur, à la température $t$, un poids $\varpi$ d'eau prise à la température $t'$, le nombre de calories à y introduire sera par chaque kilogramme de 550 pour la chaleur latente ou constitutive et de $t - t'$ pour la chaleur sensible, et par conséquent, pour le poids $\varpi$, il faudra

$$\varpi(550 + t - t')\ \text{calories}.$$

83. *Quantité de charbon à brûler pour obtenir un poids donné de vapeur.* — Appelant ensuite N le nombre de calories que 1 kilogramme du combustible que l'on se propose d'employer peut développer (80), il est évident que la quantité qu'il en faudra brûler sera théoriquement égale à

$$\frac{\varpi(550 + t - t')^{\text{kg}}}{N};$$

mais on n'oubliera pas que dans la pratique on ne réalise que $\frac{2}{3}$ ou $\frac{1}{2}$ du produit donné par le calorimètre.

Si, par exemple, on voulait produire de la vapeur à 125 degrés et que l'eau d'alimentation de la chaudière fût à 40 degrés, on trouverait que 1 kilogramme de bonne houille fournirait 11 kilogrammes de vapeur, tandis que les meilleurs fourneaux n'en donnent que 6 à 7 kilogrammes par kilogramme de houille brûlée.

**84.** *Quantité d'eau d'injection nécessaire à la condensation.* — Enfin ce qui précède peut aussi servir à déterminer le poids d'eau à injecter dans le condenseur, pour opérer la condensation à une température donnée. Soient, en effet, $\varpi$ et $\varpi_1$ le poids de vapeur à la température $t$ et le poids d'eau à la température $t_1$, à mélanger pour que le produit liquide qui en résultera soit à la température $t'$. Il est clair que le nombre $(\varpi + \varpi')t_1$ de calories contenues dans le mélange devra être égal à la somme des quantités de chaleur contenues dans la vapeur et dans l'eau d'injection; on aura donc

$$(\varpi + \varpi_1)t' = \varpi(550 + t) + \varpi_1 t_1,$$

d'où l'on tire

$$\varpi_1 = \frac{\varpi(550 + t - t')}{t' - t_1}.$$

Il est facile de voir que ce poids $\varpi_1$ d'eau à injecter croîtra rapidement avec la température $t$ de la vapeur et à mesure que celle $t'$ du mélange diminuera.

**Travail développé dans les divers systèmes de machines à vapeur.**

**85.** *Calcul de la quantité de travail développée par un volume donné de vapeur.* — Ces notions préliminaires relatives aux propriétés physiques de la vapeur et à sa production étant établies, passons au calcul des quantités de travail qu'elle développe sur les différents systèmes de machines à vapeur. On peut partager les modes d'employer la vapeur en deux grandes classes : dans la première, nous placerons toutes les machines où le fluide élastique agit avec la tension de production dans la chaudière, et s'échappe ensuite dans un condenseur ou dans l'air; c'est le cas des machines ordinaires à basse pression avec condensation et des machines à haute pression sans détente, avec ou sans condensation. Dans la seconde classe sont les

machines dans lesquelles, après que la vapeur a agi par sa force
élastique de production, la communication avec la chaudière
se trouve interrompue et le fluide élastique développe encore
par sa détente une quantité de travail qui s'ajoute à la première : telles sont les machines à basse, à moyenne ou à haute
pression avec détente et avec ou sans condensation.

Nous reviendrons plus tard sur la manière particulière d'appliquer la théorie que nous allons exposer aux diverses va-
riétés de ces deux classes de machines, et nous nous bornerons à dire que, dans tous les cas, on admet que la vapeur,
ainsi que les capacités où elle circule, conserve pendant
toute la durée de l'action la même température, soit pendant
qu'elle agit à la tension de la production, soit pendant sa détente, ce qui est sensiblement vrai. Par conséquent, si la vapeur doit absorber une certaine quantité de calorique en passant de son volume primitif à son nouveau volume, il sera
censé fourni par la surface du cylindre et, en général, par les
corps environnants; d'où il résultera que la vapeur suivra
dans sa dilatation la loi de Mariotte. On réalise d'ailleurs, à
très-peu près, cette hypothèse dans la pratique, en entourant
les vases de corps peu conducteurs ou, mieux encore, d'une
enveloppe dans laquelle circule de la vapeur provenant directement de la chaudière.

Cela posé, soient

$s$, en mètres carrés, la surface du piston d'une machine;

$x$ le chemin qu'il a parcouru depuis l'instant où la vapeur
arrive en plein avec la tension de la chaudière;

$p$ la pression de la vapeur dans la chaudière, exprimée en
kilogrammes et rapportée au centimètre carré;

$v$ le volume de la capacité du cylindre quand le piston est à
la distance $x$ de son point de départ.

La pression sur toute la surface du piston sera

$$10000\,ps^{\mathrm{k}},$$

et, si le piston se meut de la quantité $dx$, le travail élémentaire développé par la vapeur sera

$$10\,000\,ps\,dx^{\,\mathrm{kgm}};$$

et, comme on a évidemment

$$s\,dx = dv,$$

cette quantité de travail revient à

$$10\,000\,p\,dv^{\text{kgm}}.$$

*Quantité de travail due à la tension de la production.* —
Tant que la vapeur continue à affluer de la chaudière, la pression $p$ reste constante, si les orifices d'arrivée sont suffisamment grands, ce qui a effectivement lieu dans les bonnes machines, et par conséquent, en intégrant l'expression ci-dessus
de la quantité de travail due à la tension de la production,
depuis $v = 0$ jusqu'à la valeur qui correspond à l'instant où la
communication avec la chaudière est interrompue, on aura,
pour le travail total pendant cette période,

$$10\,000\,pv^{\text{kgm}}.$$

*Quantité de travail due à la détente de la vapeur.* — Si
maintenant la vapeur continue à agir sur le piston en se dé-
tendant jusqu'à ce que son volume devienne égal à $v_1$ sans
que sa température s'abaisse, il est facile de voir, d'après ce
qui a été déjà démontré (15, Sect. I), à l'occasion de la
théorie du mouvement des fluides élastiques, que, quel que
soit le mode de variation de la capacité où elle agit ou, ce qui
revient au même, le système de la machine, la quantité de
travail qu'elle développera dans cette détente sera égale à

$$10\,000\,pv\,\log\left(\frac{v_1}{v}\right)^{\text{kgm}},$$

expression dans laquelle il ne faut pas oublier que $\log\left(\frac{v_1}{v}\right)$
est un logarithme népérien qu'on trouvera tout calculé dans
des Tables spéciales, ou qu'on obtiendra en multipliant celui
des Tables ordinaires qui correspond au nombre $\frac{v_1}{v}$ par $2,3026$,
ou enfin qu'on pourra calculer approximativement à l'aide du
théorème de Simpson, comme il a été dit au n° 18, Sect. I.

Ajoutant cette quantité de travail due à la détente à celle

qui a été développée par la tension de la production dans la première période, nous aurons pour la quantité d'action totale fournie par le volume $v$ de vapeur, dans les limites que nous avons posées,

$$10\,000\,pv\left(1 + \log\frac{v_1}{v}\right)^{\text{kgm}}.$$

*Quantité de travail développée par la tension de la vapeur dans le condenseur.* — Mais il est impossible d'éviter dans toutes les machines que le piston n'éprouve, en sens contraire de son mouvement, une pression provenant de l'air atmosphérique, s'il n'y a pas de condenseur, ou de la tension dans ce vase, si l'on emploie la condensation; par conséquent, en appelant $p'$ cette pression qui s'oppose au mouvement, rapportée en centimètres carrés, elle développera en sens contraire une quantité de travail égale à

$$10\,000\,p'\,v_1\,^{\text{kgm}},$$

qu'il faut évidemment retrancher de celle qui a été obtenue ci-dessus; par conséquent la quantité réellement transmise au piston se réduira à

$$10\,000\,pv\left(1 + \log\frac{v_1}{v}\right) - 10\,000\,p'\,v_1\,^{\text{kgm}},$$

qui, à cause de $p_1 v_1 = pv$, revient à

$$10\,000\,pv\left(1 + \log\frac{p}{p_1} - \frac{p'}{p_1}\right)^{\text{kgm}}.$$

86. *Ce qui précède s'applique indistinctement à tous les systèmes de machines à vapeur.* — Cette expression ayant été obtenue indépendamment d'aucune hypothèse sur la forme particulière des appareils, et quel que soit le mode de la détente, on voit qu'elle s'appliquera à tous les systèmes de machines à vapeur. Lorsqu'on aura exécuté le lever d'une machine, on connaîtra, par ses dimensions et sa disposition, le volume $v$ de vapeur, à la tension de la chaudière, qui y est introduit à chaque coup de piston; on pourra aussi connaître le rapport $\frac{v_1}{v}$ ou $\frac{p}{p_1}$; la pression $p$ sera donnée par le mano-

mètre, dont toutes les machines doivent être pourvues, et dont nous donnerons l'explication; enfin la pression $p'$ du condenseur, s'il y en a un, sera facile à déduire de la température de la condensation. Il sera donc toujours facile de calculer la quantité de travail total fournie à chaque oscillation par le volume de vapeur consommé.

87. *Quantité de travail théorique développée en une seconde par la vapeur.* — La formule précédente permet de calculer la quantité d'action développée par un volume donné de vapeur, à une pression et une température connues, qui agit d'abord à la tension de la production, puis se détend jusqu'à une certaine limite, sans avoir égard au temps. En la multipliant par le nombre de fois que ce volume de vapeur est admis dans la machine dans une seconde de temps, on aura la quantité de travail théorique fournie à la machine pendant ce temps : par exemple, dans une machine à piston, si l'on appelle $n$ le nombre de courses simples du piston dans une minute, cette quantité de travail théorique sera, dans une seconde,

$$\frac{n}{60} \, 10\,000 \, pv \left( 1 + \log \frac{p}{p_1} - \frac{p'}{p_1} \right)^{\mathrm{kgm}},$$

et, en la divisant par 75, on aura le nombre théorique de chevaux de force de la machine; il sera égal à

$$\frac{n}{60} \frac{10000}{75} \, pv \left( 1 + \log \frac{p}{p_1} - \frac{p'}{p_1} \right).$$

88. *Quantité d'action théorique due à la combustion de* 1 *kilogramme de houille.* — Mais la manière le plus généralement adoptée, pour comparer entre elles différentes machines à vapeur, est de déterminer la quantité de travail qu'elles fournissent par chaque kilogramme de charbon brûlé.

Or nous savons (78) que, $\varpi$ étant le poids du volume $v$ de vapeur à la tension $p$ et à la température $t$, on a

$$v = 1{,}2777 \, \varpi \, \frac{1 + 0{,}00375\,t}{p}.$$

L'expression théorique de la quantité de travail développée

par le volume $v$ de vapeur revient donc à

$$12777\,\varpi\,(1 + 0,00375\,t)\left(1 + \log\frac{p}{p_1} - \frac{p'}{p_1}\right)^{\text{kgm}},$$

et, comme pour faire passer un poids $\varpi$ d'eau de la température $t'$ de l'alimentation à l'état de vapeur à la température $t$, il faut, comme nous l'avons vu, consommer théoriquement

$$\frac{\varpi\,(550 + t - t')}{N}^{\text{kg}} \text{ de combustible,}$$

il s'ensuit évidemment que la quantité de travail théorique due à 1 kilogramme de combustible sera

$$\frac{12777\,N\,(1 + 0,00375\,t)}{550 + t - t'}\left(1 + \log\frac{p}{p_1} - \frac{p'}{p_1}\right)^{\text{kgm}}.$$

Si le combustible est de la houille de bonne qualité, pour laquelle on a $N = 7050$, cette expression reviendra à

$$9007785o\,\frac{1 + 0,00375\,t}{550 + t - t'}\left(1 + \log\frac{p}{p_1} - \frac{p'}{p_1}\right)^{\text{kgm}}$$

pour 1 kilogramme de houille.

89. *Quantité de travail théorique maximum que peut produire 1 kilogramme de charbon.* — Dans l'expression précédente, quelques-unes des quantités $p$, $p_1$, $p'$, $t$ et $t'$ ont des limites naturelles qu'il n'est pas possible de dépasser. Ainsi, l'eau d'injection étant nécessairement prise au sein de la terre, sa température moyenne ne peut être généralement au-dessous de 10 degrés, et l'on ne peut admettre que celle de la condensation soit inférieure, puisque l'expression (84)

$$\varpi_1 = \frac{\varpi\,(550 + t - t')}{t' - t_1}$$

du poids d'eau nécessaire à l'injection nous montre que cette quantité devient infinie pour $t_1 = t'$. De là résulte aussi que la pression $p'$ dans le condenseur ne peut jamais être au-dessous de celle qui correspond à 10 degrés, c'est-à-dire $0^{\text{kg}},013$ par centimètre carré. Quant à la pression $p_1$, limite de la détente, il est évident que, abstraction faite de toute résistance dans la machine, sa valeur inférieure est $p_{\prime} = p'$.

Dans l'hypothèse où toutes ces limites seraient atteintes par les quantités $t'$, $p'$ et $p$, ce qui tendrait à augmenter le travail dû à 1 kilogramme de combustible, dont l'expression ne contiendrait plus que $p$ et $t$, susceptibles de croître, on pourrait, à l'aide de la relation

$$p = 1^{kg},033\,(0,2847 + 0,0071531\,t),$$

éliminer l'une d'elles et rechercher la valeur de l'autre qui donnerait un maximum pour cette quantité de travail; mais cette recherche entraîne à des calculs assez longs et ne conduit à rien d'utile, et nous ferons mieux sentir l'influence de l'augmentation de la tension, celle de la détente et de la condensation poussées à leurs limites extrêmes par l'examen des résultats numériques auxquels conduit la formule. A cet effet, on peut partager les systèmes connus de machines à vapeur en quatre classes :

1° Les *machines à détente et à condensation*, telles que celles de Woolf, et quelques machines de Watt, dans lesquelles on a pour limites

$$t' = 10°, \quad p' = p_{\prime} = 0^{kg},013,$$

ce qui réduit l'expression de la quantité de travail théorique à

$$9007785o\,\frac{1 + 0,00375\,t}{550 + t - 10}\,\log\left(\frac{p}{0,013}\right)^{kgm}.$$

2° Les *machines à condensation sans détente*, qui comprennent celles de Newcommen, et celles de Watt à simple ou à double effet; on a alors pour limites

$$t' = 10°, \quad p_{\prime} = p, \quad p' = 0^{kg},013$$

et la quantité de travail est donnée par

$$9007785o\,\frac{1 + 0,00375\,t}{550 + t - 10}\,\left(1 - \frac{0,013}{p}\right)^{kgm}.$$

3° Les *machines à détente sans condensation*, où la vapeur s'échappe dans l'air atmosphérique après avoir agi, comme la plupart de celles dites à *haute pression*, employées sur les bateaux à vapeur et sur les chemins de fer; on a, dans ce cas, pour limites

$$p_1 = 1^{kg},033, \quad p' = p_1, \quad t' = 10°,$$

et la quantité de travail théorique due à 1 kilogramme de houille est donnée par

$$9007850 \, \frac{1 + 0,00375\,t}{550 + t - 10} \log \left( \frac{p}{1,033} \right)^{kgm}.$$

4° Enfin les *machines sans détente ni condensation*; dans ce cas, on aurait

$$p_1 = p, \quad p' = 1^{kg},033, \quad t' = 10°,$$

et l'expression de la quantité de travail devient

$$9007850 \, \frac{1 + 0,00375\,t}{550 + t - 10} \left( 1 - \frac{1^{kg},033}{p} \right)^{kgm}.$$

En faisant varier la pression dans ces quatre classes de machines, depuis 1 jusqu'à 32 atmosphères, en progression géométrique dont la raison soit 2, on forme le tableau suivant des quantités de travail théorique dues à 1 kilogramme de charbon.

| TENSIONS de la vapeur en atmosphères. | TEMPÉRATURES correspondantes. | MACHINES à détente et condensation. | MACHINES à condensation sans détente. | MACHINES à détente sans condensation. | MACHINES sans détente ni condensation. |
|---|---|---|---|---|---|
|  | ° |  |  |  |  |
| 1 | 100 | 847293 | 191240 | » | » |
| 2 | 121,4 | 989784 | 196086 | 136798 | 88635 |
| 4 | 145,4 | 1167803 | 201067 | 280907 | 132076 |
| 8 | 173,1 | 1353150 | 207863 | 435598 | 182069 |
| 16 | 203,6 | 1352983 | 213370 | 591778 | 200140 |
| 32 | 239,8 | 1540385 | 218801 | 783893 | 212059 |

**90.** *Observations sur les résultats du tableau ci-dessus.* — L'examen des résultats consignés dans ce tableau nous montre que, pour les machines à détente et condensation, les quan

tités de travail théorique sont bien loin de croître aussi rapidement que les pressions, et qu'à 32 atmosphères on
n'obtient guère plus du double de ce que l'on trouve pour
1 atmosphère. On observe d'ailleurs que, par les substitutions
successives des valeurs de $t$,

$$100°, \quad 121°,4, \quad 145°,4, \quad 172°,1, \quad 203°,6, \quad 239°,8,$$

le facteur $\dfrac{1 + 0{,}00375\,t}{550 + t - 10}$ devient

$$0{,}00215, \quad 0{,}00219, \quad 0{,}00225, \quad 0{,}00231, \quad 0{,}00237, \quad 0{,}00243,$$

ce qui montre qu'il croît très-lentement et à peu près proportionnellement à la température, et par conséquent, dans les
machines à détente, qui forment la première et la troisième
classe, l'effet utile théorique maximum ne croît guère plus rapidement que le logarithme de la pression; et comme, d'ailleurs,
les dangers d'explosion, les pertes de chaleur et de vapeur et
les difficultés de la construction augmentent au contraire
beaucoup avec la tension, on voit que, dans la pratique, il
doit y avoir peu d'avantages à attendre de l'emploi de la vapeur
à hautes pressions dans ces machines.

L'observation précédente relative à la lenteur de l'accrois-
sement du facteur $\dfrac{1 + 0{,}00375\,t}{550 + t - 10}$ par rapport à celui de la température et la petitesse du terme soustractif $\dfrac{0{,}013}{p}$ du dernier
facteur du travail des machines de la deuxième classe nous
montrent, et les nombres du tableau confirment qu'il y a encore moins à gagner théoriquement dans l'emploi de la vapeur à hautes pressions sans détente et avec condensation; à
plus forte raison en sera-t-il de même dans la pratique : aussi
ne construit-on ce genre de machines qu'à basse pression.

Enfin, quant à la quatrième classe, les effets théoriques sont
encore moindres, et les résultats montrent que ce système
serait le plus mauvais de tous et ne fournirait, même théoriquement, guère plus à 16 atmosphères que les machines à
basse pression ordinaires. Aussi, après quelques tentatives
infructueuses, y a-t-on renoncé.

**91.** *Comparaison des résultats de la théorie à ceux de la pratique.* — Les quantités de travail que l'on obtient réellement dans la pratique sont bien loin de celles que nous venons de déterminer par la théorie, et l'on n'en sera pas surpris si l'on se rappelle que les meilleurs foyers n'utilisent guère que $\frac{1}{2}$ à $\frac{2}{3}$ de la quantité de chaleur développée par le combustible; que nous avons admis pour la détente et la condensation des limites qu'il est impossible d'atteindre en réalité, et qu'enfin nous avons fait abstraction des pertes de vapeur et des nombreuses résistances passives des machines. Pour comparer les résultats de la théorie à ceux que fournissent les meilleures machines, il convient donc d'abord d'en calculer l'effet théorique avec les données réelles sous lesquelles elles agissent.

Pour cela, remarquons d'abord que la quantité d'eau nécessaire à la condensation et que la machine doit le plus souvent élever à l'aide des pompes aspirantes croît rapidement à mesure que la température du condenseur est plus basse, et d'une autre part que, l'eau qui provient de cette opération étant ordinairement employée à alimenter la chaudière, il y a économie de combustible à lui conserver une température un peu élevée, que la pratique générale des constructeurs a établie moyennement à 40 degrés. On a donc $t' = 40°$ et par suite $p' = 0^{kg},072$, en négligeant d'ailleurs le surcroît de tension provenant de l'air que l'eau entraîne avec elle dans le condenseur, et qui est enlevé par la pompe dite *à air*, afin d'en empêcher l'accumulation.

**92.** *Machines de Watt.* — Cela posé, introduisons ces données dans l'expression de la quantité de travail due à la combustion de 1 kilogramme de charbon, pour les machines de Watt dites *à basse pression.* On a ordinairement, dans ce cas,

$$p = 1^{atm},25 = 1^{kg},291, \quad t = 107°,30, \quad p = p_1,$$

et, par suite,

$$9007850 \,\frac{1 + 0,00375\,t}{550 + t - t'}\left(1 - \frac{p'}{p}\right)^{kgm} = 193026^{kgm},$$

pour l'effet théorique de 1 kilogramme de charbon dans ces machines.

Dans le commerce, les meilleurs constructeurs de machines à basse pression les livrent sous l'obligation qu'elles ne consommeront que 5 kilogrammes de bonne houille par force de cheval et par heure, et par conséquent ils ne comptent obtenir au plus que

$$\frac{75^{kgm} \times 3600}{5} = 54000^{kgm} \text{ par kilogramme de houille brûlée.}$$

L'examen de bonnes machines bien entretenues et bien conduites employées à transmettre un mouvement de rotation continu montre qu'on atteint à peu près, en effet, ce résultat.

Nous citerons, entre autres exemples, les observations faites par M. Poncelet, sur une machine de la force de 20 chevaux, établie à Sedan, à la manufacture de draps de M. Cunin-Gridaine. La tension dans la chaudière était $p = 1\frac{1}{8}^{atm} = 1^{kg},162$, celle du condenseur $p' = 0^{kg},129$, et l'observation a donné une consommation de $5^{kg},50$ de houille par force de cheval et par heure, ou une quantité de travail de

$$49091^{kgm} \text{ par kilogramme de combustible.}$$

En général, dans les bonnes machines de ce système, la consommation du charbon varie entre 5 et 6 kilogrammes par force de cheval et par heure, ou leur travail effectif entre

$$54000 \text{ et } 45000^{kgm} \text{ par kilogramme de charbon brûlé.}$$

93. *Coefficient de correction de la formule théorique pour les machines de Watt, à basse pression.* — Si nous comparons le plus grand effet pratique à l'effet théorique, nous voyons que leur rapport varie de

$$\frac{54000}{193026} = 0,279 \quad \text{à} \quad \frac{45000}{193026} = 0,235.$$

C'est donc par l'un de ces coefficients qu'il faudra multiplier le travail théorique dû à 1 kilogramme de charbon, selon que la machine sera dans un parfait état ou dans un état ordinaire d'entretien, et que le combustible sera ou non de première qualité.

Il ne faut pas perdre de vue que cette différence si grande entre le travail théorique et le travail réel des machines à basse pression provient de deux causes distinctes : 1° les pertes du foyer ; 2° les fuites et refroidissement de vapeur, les résistances passives propres à la machine. Nous avons dit que, dans les meilleurs foyers, on n'utilisait guère que la moitié de la chaleur développée par le combustible : ainsi, dans l'emploi de la bonne houille, on n'obtient guère, pour les foyers de Watt, que 5 à 6 kilogrammes de vapeur par kilogramme de houille, au lieu de 11 kilogrammes que l'on devrait avoir, comme nous l'avons vu (83). Il suit de là qu'au lieu de $N = 7050$ calories on n'a réellement que $N = 3525$, et que, par ces pertes seules dues au foyer, l'effet théorique doit déjà être réduit de moitié, et n'est plus que de $96513^{\text{kgm}}$ par kilogramme de houille brûlée. En le comparant aux effets réellement obtenus, son rapport varie entre

$$\frac{54000}{96513} = 0,56 \quad \text{et} \quad \frac{45000}{96513} = 0,47,$$

dont la valeur moyenne est d'environ $0,51$. Ainsi les pertes de vapeur, les frottements, etc., absorbent $0,49$ ou environ moitié du travail développé par la vapeur.

**94.** *Coefficient de correction de la formule qui donne la force en chevaux de la machine.* — Le rapport de l'effet utile dû à la vapeur réellement produite au travail théorique qu'elle développe est le coefficient qu'il faut appliquer à la formule

$$\frac{n}{60} \; \frac{10000\,pv}{75} \left(1 - \frac{p'}{p}\right)^{\text{kgm}},$$

qui exprime en chevaux de $75^{\text{kgm}}$ la force théorique des machines à basse pression.

L'observation du manomètre, de la température ou de la tension du condenseur, donnera $p$ et $p'$ ; les dimensions du cylindre et la course du piston fournissent le volume $v$ de vapeur admis dans la machine, à chaque coup de piston ; on obtiendra le nombre $n$ des coups de piston en une minute à l'aide d'une montre : il sera donc toujours facile de calculer

cette force théorique et ensuite la force réelle, en réduisant
la première à l'aide du coefficient fourni par l'expérience.

Nous ajouterons que le coefficient, qui varie avec la perfection d'exécution et l'état d'entretien de la machine, dépend
aussi de leur grandeur, parce que les fuites, les pertes de vapeur et les résistances passives ne croissent guère que comme
le carré de leurs dimensions, tandis que le volume de vapeur
et par suite la force de la machine croissent comme le cube de
ces mêmes quantités, d'où résulte que l'emploi des grandes machines est plus avantageux que celui des petites. D'après cette
observation, tout à fait d'accord avec les résultats de la pratique, on devra donner au coefficient de correction de la formule ci-dessus les valeurs consignées dans la table suivante :

| FORCE DES MACHINES en chevaux de 75 kilogrammètres. | En très-bon état d'entretien. | En état ordinaire d'entretien. |
|---|---|---|
| 4 à 8 | 0,50 | 0,42 |
| 10 à 20 | 0,55 | 0,47 |
| 30 à 50 | 0,60 | 0,54 |
| 60 à 100 | 0,63 | 0,60 |

95. *Application aux machines à moyenne pression du système de Woolf.* Dans les machines du système Woolf, où la
vapeur produite dans la chaudière a moyennement une ten-
sion de $3\frac{1}{2}$ atmosphères, et où elle se détend jusqu'à $\frac{1}{5}$ ou à $\frac{1}{5}$
de cette pression, on a

$$p = 3^{atm},50 = 3^{k},615, \quad p_1 = \frac{3,5}{4,5} = 0^{k},803 \text{ moyennement,}$$

$$p' = 0^{k},072, \quad t = 140°,6, \quad t' = 40°.$$

Au moyen de ces données, la formule

$$9007785o\,\frac{1+0,00375t}{55o+t-t'}\left(1 + \log\frac{p}{p_1} - \frac{p'}{p_1}\right)^{kgm}$$

donne, pour la quantité de travail théorique due à 1 kilogramme
de charbon, 508827$^{kgm}$.

**96.** *Coefficients de correction à appliquer à la formule, pour les machines à moyenne pression avec détente et condensation.* — Dans leurs transactions commerciales, les fabricants de machines à vapeur de ce système garantissent que leurs machines de la force de 12 à 20 chevaux ne consommeront que $2^{kg},50$ de bonne houille, par force de cheval et par heure et que par conséquent elles fourniront un effet utile de

$$\frac{75^{kgm} \times 3600}{2,5} = 108000^{kgm}$$ par kilogramme de charbon brûlé.

Ce qui montre que leurs machines les mieux exécutées et en parfait état d'entretien, ne réalisent que $\frac{108000}{508827} = 0,212$ de l'effet théorique; il est rare que l'on obtienne même ce résultat, et l'on regarde encore ces machines comme fort avantageuses quand elles ne consomment que 3 kilogrammes par force de cheval et par heure, ce qui revient à un effet utile de $90000^{kgm}$ par kilogramme de charbon brûlé, et dont le rapport à l'effet théorique est de $\frac{90000}{508827} = 0,176$.

Des expériences faites à Douay, en 1828, sur la machine à vapeur de la fonderie, avec le frein de M. de Prony [1] ont montré que cette machine consommait $3^{kg},05$ de bonne houille par force de cheval et par heure.

Des machines à détente à trois cylindres, construites par Aitken et Steel et employées à faire mouvoir des moulins à farine à l'anglaise, dont les produits et la force sont bien connus et qu'on apprécie à 4 chevaux par paire de meules, ont donné :

Pour l'une, de 20 chevaux, une consommation de $\quad 3^{kg},40$  
Pour l'autre, de 24 chevaux........................ $\quad 2,86$  
$\qquad\qquad\qquad\qquad$ Moyenne.............. $\quad 3,13$

par force de cheval et par heure.

**97.** *Coefficient de la formule qui donne la force en chevaux des machines du système de Woolf.* — Les machines à

---

moyenne pression ont ordinairement des chaudières à bouilleurs, dont l'avantage est de présenter sous un moindre volume une plus grande surface à la flamme du foyer, mais qui ne produisent guère plus de vapeur que les chaudières ordinaires de Watt. Admettons donc que le foyer perde encore la moitié de la chaleur développée par le combustible et qu'au lieu de $N = 7050$ on fasse seulement $N = 3525$ calories, l'effet utile théorique sera réduit à moitié ou à $254413^{kgm}$ par kilogramme de houille et, d'après ce qui précède, le rapport de l'effet utile réel à l'effet théorique sera compris en général entre

$$\frac{108000}{254413} = 0,424 \quad \text{et} \quad \frac{90000}{254413} = 0,352.$$

Ces nombres s'appliquent à des machines de la force de 10 à 20 chevaux, le premier à celles qui sont en parfait état d'entretien, le deuxième à celles qui sont dans un état ordinaire.

Ce rapport de l'effet utile dû à la vapeur réellement produite au travail théorique qu'elle développerait est le coefficient qu'il faut appliquer à la formule

$$\frac{n}{60} \cdot \frac{10000\, pv}{75} \left(1 + \log\frac{p}{p_1} - \frac{p'}{p_1}\right)^{kgm}$$

qui exprime, en chevaux de 75 kilogrammètres, la force des machines à détente et condensation. Toutes les données du calcul seront encore faciles à obtenir sur des machines en activité

et l'on ne devra pas oublier que le $\log\dfrac{p}{p_1}$ est un logarithme népérien.

Il y a d'ailleurs lieu de faire ici la même observation que pour les machines à basse pression (94) sur l'influence des dimensions relativement à la valeur du coefficient de correction et d'après les résultats d'expérience, on devra lui donner les valeurs suivantes :

| FORCE des machines en chevaux de 75 kilogrammètres. | En très-bon état d'entretien. | En état ordinaire d'entretien. | OBSERVATIONS. |
|---|---|---|---|
| ¼ à 8 | 0,33 | 0,39 | |
| 10 à 20 | 0,45 | 0,35 | |
| 20 à 40 | 0,50 | 0,42 | D'après les expériences de M. de Prony (*). |
| 60 à 100 | 0,60 | 0,55 | D'après les Rapports des Mines de Cornouailles. |

98. *Observations sur les états mensuels du travail des machines à vapeur, dans le comté de Cornouailles.* — Les Anglais ont établi dans les mines du comté de Cornouailles, où ils emploient un nombre immense de machines à vapeur, l'usage de dresser des rapports mensuels du travail effectif de leurs machines. Cet usage est fort bon en lui-même; mais la rivalité des constructeurs et des possesseurs de machines les a poussés à exagérer les résultats qu'ils obtiennent et empêche d'y ajouter foi, jusqu'à ce qu'ils y joignent des données qui permettent de les vérifier. En effet, d'après les rapports publiés en 1827 et 1828, il paraîtrait que les machines à basse pression du système de Watt, de la force de 80 à 100 chevaux réaliseraient un effet utile de 110000$^{km}$ par kilogramme de houille brûlée, et comme nous avons vu que l'effet théorique de ces machines est de 193026$^{km}$ par kilogramme de houille, il s'ensuit que le rapport de l'effet pratique à l'effet théorique aurait été porté jusqu'à $\frac{110000}{193026} = 0,569$ au lieu de 0,279 qu'il est ordinairement, et comme, quoi qu'on fasse, on ne peut utiliser dans le foyer des meilleures chaudières de Watt plus de la moitié de la chaleur développée par le combustible, ce qui réduit l'effet théorique de la vapeur réellement produite à 96513$^{km}$ par kilogramme de houille, il s'ensuivrait que

---

(*) *Voir* le XII$^e$ volume du *Journal des Mines*, Expériences sur la nouvelle machine du Gros-Caillou.

l'effet pratique serait plus grand que l'effet théorique ; il est donc évident que l'augmentation d'effet des machines à basse pression de Cornouailles est due à des changements notables et particulièrement à l'emploi de la vapeur à $1\frac{1}{2}$ ou 2 atmosphères.

Quant aux machines à moyenne pression employées dans ces mines, les résultats des rapports présentent une moins grande augmentation, puisqu'on annonce que le travail utile pour les machines de 60 à 100 chevaux est de 160 000$^{\text{ksm}}$ par kilogramme de houille, ce qui porte le rapport de l'effet utile pratique à l'effet théorique de 0,212 à 0,315, augmentation qui tient aux grandes dimensions des machines, et surtout au soin que l'on apporte à leur entretien. On remarquera d'ailleurs que, ces machines employant, par leur construction, la détente jusqu'à une limite qu'il ne convient guère de dépasser, il n'a pas été possible d'accroître leurs effets au delà d'un certain terme, et qu'on aurait peu gagné à y admettre de la vapeur à une tension exagérée. Aussi peut-on sans difficulté ajouter confiance aux rapports anglais, en ce qui les concerne, et c'est d'après leurs résultats que nous avons indiqué, pour les machines de 60 à 100 chevaux, le coefficient 0,60.

99. *Application aux machines à haute pression avec détente sans condensation.* — Oliver Evans, à Philadelphie, et Trevitick, en Angleterre, paraissent avoir eu en même temps l'idée d'employer la vapeur à de hautes pressions, avec détente et sans condensation. Le premier a construit à Philadelphie une machine employée à élever les eaux distribuées dans la ville. Dans son système, la vapeur a une tension de 6 à 10 atmosphères, et, après que le piston sur lequel elle agit a parcouru un tiers de sa course, la communication avec la chaudière est interceptée et la vapeur agit par sa détente jusqu'au $\frac{1}{3}$ de la pression primitive, puis elle s'échappe dans l'air. Appliquons la formule générale à ce système. Soient

$$p = 8^{\text{atm}} = 8^{\text{ks}},264, \quad p_1 = \frac{P}{3} = 2^{\text{ks}},75, \quad p' = 1^{\text{ks}},033.$$

$$t = 172°,1, \quad t' = 100°,$$

on trouve, pour la quantité de travail théorique due à la combustion de 1 kilogramme de bonne houille,

$$410\,000^{kgm}.$$

La machine de Philadelphie ne donne que

$$55\,000^{kgm} \text{ pour 1 kilogramme de houille,}$$

ou fort peu de chose de plus que les bonnes machines de Watt, qui réalisent un effet utile de 54000 kilogrammètres.

Le rapport de l'effet utile à l'effet théorique est

$$\frac{55000}{410000} = 0{,}134.$$

Cette perte énorme est due aux fuites de vapeur, aux frottements et aux pertes de chaleur du foyer, qui ne peut guère réaliser que 0,50 de la chaleur due à la combustion de la houille. En admettant cette dernière proportion, il s'ensuivrait que la machine utilise

$$\frac{0{,}134}{0{,}50} = 0{,}27$$

de l'effet théorique dû à la vapeur employée, et que par conséquent, si l'on calcule la force en chevaux de ces sortes de machines par la formule théorique

$$\frac{n}{60}\,\frac{10000\,pc}{75}\left(1 + \log\frac{p}{p_1} - \frac{p'}{p_1}\right)^{kgm},$$

on devra lui appliquer le coefficient pratique 0,27 pour avoir leur force réelle.

Le peu d'économie que ce système offre sur les machines à basse pression, les dangers et les sujétions auxquels il expose en ont restreint l'emploi à la navigation par bateaux à vapeur et aux machines locomotives des chemins de fer, parce que, dans ces circonstances, le peu de volume et la légèreté de la machine sont des conditions d'une grande importance.

**100.** *Machines à haute pression sans détente ni condensation.* — Nous avons montré (90) qu'il n'y avait théoriquement

aucun avantage à employer la vapeur sans détente ni condensation ; à plus forte raison en devait-il être de même dans la
pratique : aussi tous les systèmes de ce genre qu'on a voulu
essayer n'ont-ils pas réussi.

101. *Produit ordinaire des machines d'épuisement et
d'extraction employées dans les mines.* — Presque tous
les résultats pratiques que nous venons d'indiquer sont relatifs à des machines employées à produire des mouvements
de rotation, chauffées avec du charbon de bonne qualité et
bien entretenues. Dans les mines, où les machines servent à
épuiser les eaux à de grandes profondeurs et où elles sont
conduites par des ouvriers inhabiles, les produits sont beaucoup moindres. Voici ce que l'on obtient moyennement aux
mines d'Anzin, où il y a plus de 40 machines de différentes
espèces, et aux anciennes machines de Chaillot et du Gros-
Caillou :

| SYSTÈME de construction des machines. | NOMS des constructeurs | FORCE nominative en chevaux. | EFFET utile de 1 kilogramme de charbon brûlé. | QUANTITÉ de charbon brûlé par force de cheval et par heure | TENSION moyenne de la vapeur. | OBSERVATIONS. |
|---|---|---|---|---|---|---|
| Newcomen... | " | 44 | kgm 21900 | kg 13,0 | 1,15 | Résultat moyen de quatre machines d'épuisement à Anzin. |
| Watt à sim-ple effet.... | Périer ... | 80 | 38900 | 6,91 | 1,25 | Pompe de Chaillot. |
| Watt à sim-ple effet.... | Id...... | 74 | 37715 | 7,10 | 1,15 | Pompe du Gros-Caillou. |
| Watt à dou-ble effet.... | Watt et Boulton. | 79 | 36775 | 7,30 | 1,25 | Résultat moyen de huit machines d'épuisement à Anzin. |

On remarquera que, dans toutes les évaluations précédentes, soit de la quantité de travail utile obtenue par kilogramme de charbon brûlé, soit de la quantité de combustible
consommée par force de cheval et par heure, on n'a pas tenu
compte du charbon nécessaire pour la mise en train de la ma-

chine, dépense qui ne se produit qu'à chaque reprise du travail et n'est pas comprise dans les marchés des constructeurs. D'après l'observation de plusieurs machines en activité, on peut admettre que l'on brûle pour la mise en train :

Des machines à basse pression du système de Watt, 6 kilogrammes par force de cheval;

Des machines à moyenne pression du système de Woolf, 7 kilogrammes par force de cheval.

### Quantité d'eau nécessaire au service des machines à vapeur.

102. *Importance de cette donnée.* — Une autre donnée importante, et qui dans quelques localités peut être un motif d'adoption ou de rejet d'un système de machines à vapeur, c'est la quantité d'eau nécessaire à son service, soit pour la formation de la vapeur, soit pour la condensation; comme presque toujours l'alimentation de la chaudière se fait par l'eau du condenseur, on voit qu'il suffit de calculer le volume de l'eau d'injection si la machine est à condensation.

103. *Machines à basse pression du système de Watt.* — En admettant que les machines à basse pression réalisent $\frac{1}{2}$ de l'effet théorique, la formule de l'effet pratique d'un volume $v$ de vapeur sera, d'après ce qu'on a vu (93),

$$0,50 \times 10000\,pv \left(1 - \frac{p'}{p}\right)^{\frac{1}{kgm}}.$$

Si ce volume $v$ est fourni dans une seconde, et qu'on nomme F le nombre de chevaux de force de la machine, on aura

$$0,50 \times \frac{10000\,pv}{75} \left(1 - \frac{p'}{p}\right) = \mathrm{F};$$

et, en y faisant, comme au n° 92, $p = 1^{kg},291$, $p' = 0^{kg},072$, on trouve que le volume de vapeur à dépenser par seconde et par force de cheval est

$$v = 0^{mc},0123.$$

De plus, la formule du n° 78 nous donne, en y faisant

$$t = 107°,30 \quad \text{et} \quad p = 1^{k},291,$$

$$\pi = \frac{0,7827}{1 + 0,00375\,t}\,p = 0^{k},720.$$

Le poids de la vapeur à employer par force de cheval et par seconde, dans les machines à basse pression, sera donc

$$\varpi = \pi v = 0,0123 \times 0,72 = 0^{k},00886 \quad \text{ou} \quad 31^{k},89$$

par force de cheval et par heure, ce qui s'accorde avec le résultat pratique d'une consommation de 5 à 6 kilogrammes de houille par cheval et par heure dans des foyers qui donnent environ 6 kilogrammes de vapeur par kilogramme de charbon.

Le poids d'eau nécessaire à la condensation de cette vapeur nous sera donné par la formule du n° 84, dans laquelle nous ferons

$$t = 107°,30, \quad t' = 40°, \quad t_{1} = 15° \quad \text{et} \quad \varpi = 0^{k},00886;$$

on en tire

$$\varpi_{1} = \frac{\varpi(550 + t - t')}{t' - t_{1}} = 24,69 \times 0^{k},00886 = 0^{k},2187$$

par force de cheval et par seconde; ce résultat revient d'ailleurs à une dépense d'eau de

$$0^{mc},787 \text{ par force de cheval et par heure.}$$

104. *Application aux machines de Woolf.* — En faisant un calcul analogue pour les machines du système de Woolf, construites par Edwards, au moyen des données du n° 95,

$$p = 3^{k},615, \quad p_{1} = 0^{k},803, \quad p' = 0^{k},072, \quad t = 140°,6, \quad t' = 40°,$$

on trouve

$$v = 0^{mc},00171 \text{ par cheval et par seconde.}$$

La densité de cette vapeur étant

$$\pi = 1^{k},850,$$

le poids à introduire par seconde et par force de cheval dans
la machine sera

$$\varpi = \pi v = 0^{kg},00316$$

ou

$$11^{kg},38 \text{ par force de cheval et par heure.}$$

La quantité d'eau à injecter, pour condenser cette vapeur,
sera, en faisant $t = 140°,6$, $t' = 40$, $t_1 = 15°$,

$$\varpi_1 = 26,02 \times 0^{kg},00316 = 0^{kg},082$$

par force de cheval et par seconde, ou

$$0^{mc},295 \text{ par force de cheval et par heure.}$$

Les résultats que nous venons de déduire des formules sont
un peu au-dessous de la consommation réelle des machines,
parce que nous n'avons pas tenu compte des fuites acciden-
telles de vapeur par les soupapes de sûreté, par les joints et
les garnitures des tiges et pistons, ni de la condensation par
les parois; mais ils suffisent pour faire voir que, dans certaines
localités, la préférence à accorder à un système sur l'autre
peut être déterminée par la quantité d'eau nécessaire à l'injection. Il peut même arriver des circonstances où il ne serait
possible d'employer ni l'un ni l'autre; c'est ce qui a lieu, par
exemple, pour les machines locomotives.

### Moyens d'observation et appareils de sûreté.

105. *Observations à faire pour le calcul de la force d'une
machine à vapeur.* — Nous terminerons ce que nous avons à
dire sur les machines à vapeur par quelques détails relatifs
aux moyens d'observation à employer pour les apprécier et
aux proportions des appareils destinés à la production de la
vapeur.

La première chose qu'il faut connaître pour estimer la force
d'une machine à vapeur ou la conduire, c'est la tension sous
laquelle elle travaille. Le moyen le plus exact serait d'introduire dans la chaudière un thermomètre bien éprouvé, dont
on aurait soin de mettre la boule à l'abri de la compression

exercée par le fluide élastique, ainsi que l'ont fait MM. Dulong et Arago : cette précaution n'est d'ailleurs indispensable que pour les hautes pressions ; mais il est rare qu'on ait la faculté d'employer le thermomètre, et il faut alors recourir aux instruments dont la machine doit être munie conformément aux ordonnances de police.

106. *Du manomètre*. — Le principal appareil destiné à mesurer la tension de la vapeur est le *manomètre*, que l'on construit de plusieurs manières. Le plus simple et celui que l'on trouve le plus souvent aux machines à basse pression est un tube recourbé (*fig.* 64) en communication directe avec la chaudière

Fig. 64.

d'un côté et avec l'atmosphère de l'autre, tel que nous l'avons décrit (12, Sect. I). Du mercure versé dans sa partie inférieure indique par sa dénivellation l'excès de pression de la vapeur sur l'air atmosphérique ; par conséquent, sachant que 1 mètre cube de mercure pèse 13598 kilogrammes, et nommant $h$ la hauteur de la colonne de mercure qui mesure la différence de pression, on aura, pour la pression $p$ sur 1 centimètre carré,

$$p = 1^{kg},033 + 1,3598\,h.$$

Lorsque la vapeur doit agir avec une tension considérable, la différence de niveau $h$ serait d'autant de fois $0^m,76$ qu'il y a d'unités dans la force élastique de la vapeur estimée en atmosphères : c'est ce qui fait ordinairement remplacer les manomètres de ce genre par un autre que nous décrirons plus loin; cependant on trouve, dans beaucoup d'usines du Haut-Rhin, une disposition qu'il est bon de connaître.

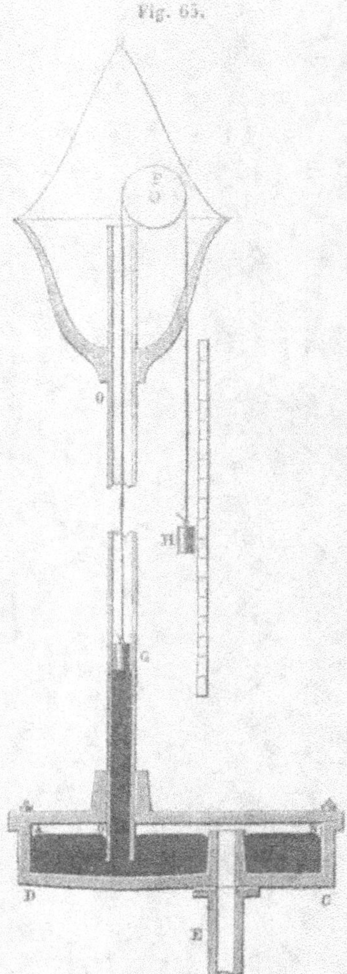

Fig. 65.



Une cuvette ABCD en fonte (*fig.* 65) est remplie de mercure jusqu'au niveau AB, un tube E en communication avec la chaudière débouche au-dessus de AB et amène la vapeur dans la cuvette. Un tube barométrique en fer OO, qui descend jusque auprès du fond de la cuvette, permet au mercure de s'élever au-dessus du niveau AB, à une hauteur qui mesure la pression; mais, comme on ne peut pas observer directement cette hauteur, on fait surnager le métal du tube OO par un flotteur en fer G, suspendu à un fil de fer qui passe sur une poulie F et est tendu à son extrémité par un indicateur H; celui-ci descend de la même quantité que le flotteur monte, en parcourant une échelle dont les divisions indiquent la pression. L'extrémité du tube OO débouche dans une cuvette à recouvrement, destinée à contenir le mercure dans le cas où la pression de la vapeur serait accidentellement assez forte pour l'expulser totalement du tube, et une disposition particulière permet ensuite de ramener le métal dans la cuvette. On se sert de ces manomètres pour des machines, et l'on voit qu'ils n'ont besoin que d'une petite correction relative à l'abaissement du niveau AB, que l'étendue de la cuvette rend d'ailleurs très-faible.

107. *Manomètre ordinaire des machines à vapeur.* — Cette disposition n'est pas généralement adoptée, et les constructeurs de machines à vapeur emploient ordinairement l'appareil suivant, fondé sur la loi de Mariotte, relative à la compressibilité des gaz. Une cuvette *abcd* (*fig.* 66), remplie de

Fig. 66.

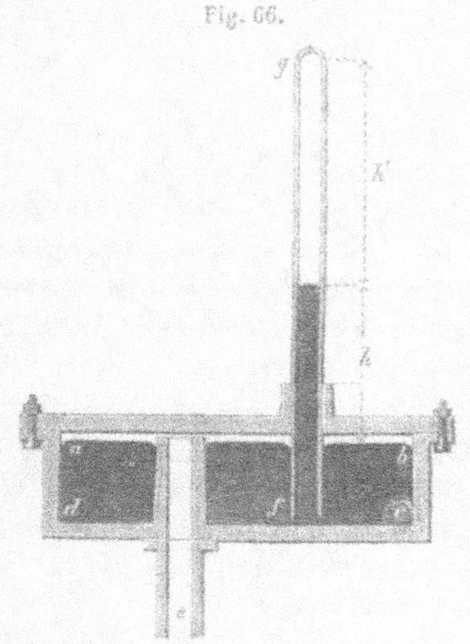

mercure jusqu'à une certaine hauteur *ab*, est mise en communication avec la chaudière par un tuyau *e* qui débouche au-dessus de *ab*. Un tube de verre *fg*, fermé en *g*, plonge dans le mercure jusqu'auprès du fond de la cuvette. Il contient ordinairement de l'air atmosphérique, qui doit être bien purgé d'humidité, et dont la force élastique au moment de la construction doit être égale à la pression $0^m,76$ de mercure ou $1^k,033$, de sorte que, quand la machine ne travaille pas et que la chaudière est en communication avec l'atmosphère, le mercure se trouve dans le tube au niveau *ab*; c'est donc là le zéro de l'instrument, et il correspond, comme on

voit, à une pression égale à celle de 1 atmosphère. Le tube
étant bien calibré, on voit que, quand la vapeur fera monter le
mercure à une hauteur $h$, mesurée en mètres, au-dessus du
niveau $ab$ que nous supposons constant, sa force élastique
sera mesurée par la hauteur $h$ de la colonne de mercure représentant une pression de

$$1^{k},3598 \times h,$$

augmentée de la force de ressort de l'air contenu dans le tube
et qui n'y occupe plus qu'une hauteur $h'$. Pour mesurer cette
dernière tension, il faut observer que les constructeurs ont
soin de graduer ces manomètres à une température assez
basse, afin que, dans l'usage, l'air, acquérant par l'élévation de
température une plus grande force de ressort que celle qu'il
possède à 10 degrés, tende à diminuer l'élévation du mercure.
Il est donc nécessaire, pour apprécier les indications de l'instrument, de tenir compte de la température à laquelle on
l'observe et qui est ordinairement celle des chambres de machines et environ de 40 degrés.

D'après cela, soient

$x$ la tension cherchée de l'air réduit à occuper la hauteur $h$
dans le tube;
$p'$ la pression à laquelle l'instrument a été gradué;
$t'$ la température lors de la construction;
$t$ la température de la chambre.

On observera d'abord que, le tube étant exactement calibré,
les volumes occupés par l'air, lors de la graduation et au moment de l'observation, sont proportionnels aux hauteurs
$h + h'$ et $h'$, et que, d'après les lois de Mariotte et de Gay-
Lussac (75), on aura

$$h' = (h + h') \frac{1 + 0^{\circ},00375t}{1 + 0^{\circ},00375t'} \frac{p'}{x};$$

d'où l'on déduira facilement la tension $x$ de l'air occupant la
longueur $h'$ du tube, puis la force de la vapeur dans la chaudière

$$p = x + 1^{k},3598 h.$$

Nous avons négligé l'abaissement toujours très-faible du niveau $ab$; mais on ne doit pas agir de même pour la tension de la vapeur d'eau, qui peut, après la pose de l'appareil, avoir pénétré dans le tube, ce qui arrive assez souvent. Pour en tenir compte, on admettra, si l'on ne peut la mesurer, que la température du tube et de l'eau qu'il contient est celle de la chambre ou 40 degrés environ, et, comme on sait que la vapeur, à cette température, a une tension de $0^{k},027$, on ajoutera cette quantité à la valeur trouvée par $x$. Enfin, s'il y avait sur le mercure une hauteur appréciable d'eau, il faudrait ajouter le poids de cette colonne d'eau à celui de la colonne $h$ de mercure.

Tous ces détails font sentir la nécessité d'examiner avec soin les manomètres des machines, pour pouvoir apprécier les erreurs dont leurs indications peuvent être entachées.

108. *Emploi des soupapes de sûreté, pour la mesure de la tension de la vapeur.* — Dans le cas où le manomètre est tout à fait dérangé, ou si, contrairement aux ordonnances, la machine n'en est pas pourvue, il existe un moyen d'obtenir une valeur approchée de la pression à l'aide des soupapes de sûreté. On nomme ainsi deux ouvertures dont chaque chaudière doit être pourvue, pour laisser échapper la vapeur dès qu'elle a acquis une tension qui excède celle qu'elle doit avoir pour marche ordinaire de la machine. Elle consiste en une tubulure adaptée à la chaudière et recouverte d'une soupape libre $nn$ (*fig.* 67), rodée avec soin sur l'orifice; un le-

Fig. 67.

vier $ab$, mobile autour de $a$, pressé par un couteau arrondi $c$ le milieu de la soupape, et un poids $q$, qu'on éloigne à volonté de l'axe $a$, sert à régler la tension que la vapeur doit acquérir avant de s'échapper. Afin d'empêcher que cette pression n'excède les limites assignées à la machine, les réglements prescrivent de renfermer une des deux soupapes dans une cage fermée, dont le chef de l'établissement doit conserver la clef; l'autre reste à la disposition du chauffeur, et chacune d'elles doit suffire seule pour l'évacuation de la vapeur.

Pour mesurer approximativement, à l'aide de cet appareil, la pression dans la chaudière, on fera avancer ou reculer le poids $q$ jusqu'à ce que la soupape soit sur le point de se soulever, ce qu'on reconnaîtra à de légères fuites de vapeur; on soulèvera un peu le levier à la main, pour détruire l'adhérence que les surfaces ont pu contracter par un contact plus ou moins long; puis, si la soupape est encore à très-peu près en équilibre, on mesurera la distance $l$ de la verticale au point $c$, et celle L du poids $q$ à l'axe $a$. Cela fait, appelant

$o$ la surface intérieure de la soupape pressée par la vapeur;
$p$ la pression cherchée;
$\rho$ le rayon du tourillon de l'axe $a$;
$f$ le rapport du frottement à la pression pour l'axe et ses coussinets;

et en comprenant dans $q$ le poids du levier lui-même rapporté à la distance L de l'axe $a$, il est facile de voir qu'on aura pour l'équilibre la relation

$$opl = qL + f(op - q)\rho,$$

d'où l'on tirera

$$p = \frac{q(L - f\rho)}{o(l - f\rho)}.$$

Il importe, dans ces observations, de ne pas dépasser le point où la vapeur tend à s'échapper et à soulever la soupape, parce que, si le fluide sortait, il agirait sur une surface plus grande que celle de l'orifice, et il se passerait, en outre, des phénomènes capables d'induire en erreur sur les résultats. On voit d'ailleurs que ce moyen ne doit être employé qu'à défaut d'un autre plus exact.

**109.** *Détermination de la tension de la détente et de celle qui a lieu dans le condenseur.* — Quant aux pressions $p_{\prime}$ et $p'$, la première se déduira du rapport du volume de vapeur à la pression $p$ introduit dans la machine à celui que cette même vapeur occupe après la détente, et la seconde de l'observation de la température de l'eau de condensation, au moyen de la Table de MM. Dulong et Arago (79), ce qui n'est pas très-exact; mais, comme cette pression est toujours assez faible, l'erreur que l'on commettra ne peut pas exercer une grande influence.

### Des chaudières.

**110.** *Utilité des règles pratiques.* — On a vu précédemment que les pertes de chaleur des foyers étaient considérables, et que l'on pouvait leur attribuer la perte de la moitié de l'effet théorique dû à la combustion d'un kilogramme de charbon, même dans les meilleures constructions: il est donc très-important de connaître les règles pratiques déduites de l'expérience, relativement à la formation de la vapeur.

**111.** *Chaudières de Watt.* — On emploie dans les machines à vapeur deux sortes de chaudières; les plus anciennes, qui s'adaptent aux machines à basse pression, sont celles construites par Watt, et qu'on nomme *chaudières en chariot*

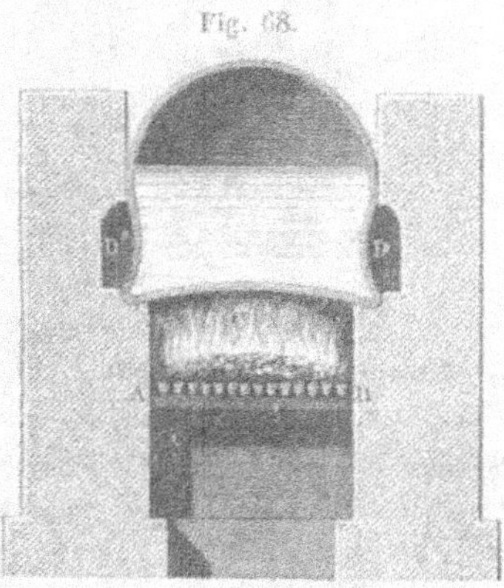

Fig. 68.

(*fig.* 68), à cause de leur forme cylindrique concave sur les côtés et au fond. La flamme produite par le combustible, que

l'on place à la grille AB, chauffe d'abord le dessous en circulant dans un conduit horizontal ou carneau C; au bout de la
chaudière elle est déviée par une petite cloison en briques,
dirigée dans un carneau latéral D; elle passe en avant de la
chaudière, chauffe l'autre côté en parcourant le carneau D' et
se rend à la cheminée.

112. *Chaudières de Woolf.* — Woolf a imaginé, pour la
production de la vapeur dans ses machines, un appareil généralement employé, quand on veut obtenir de la vapeur à plusieurs atmosphères de tension. La chaudière principale
(*fig.* 69) est un cylindre circulaire horizontal, ordinairement

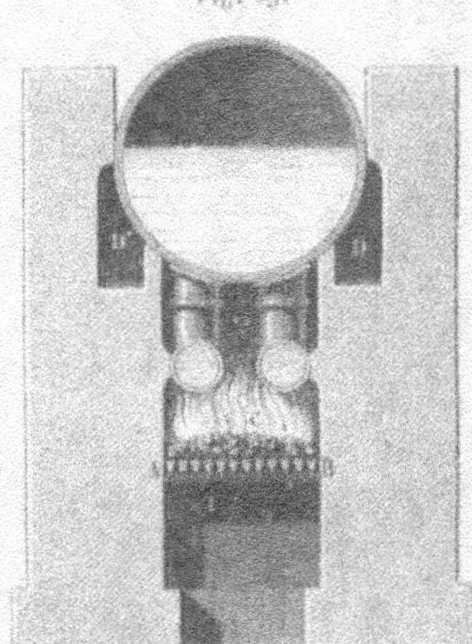

Fig. 69.

en fonte; deux autres cylindres d'un plus petit diamètre ap-
pelés *bouilleurs*, souvent en fonte, mais plus généralement
aujourd'hui en tôle de fer et mieux encore en tôle de cuivre,
sont placés immédiatement au-dessus du foyer et commu-
niquent avec la chaudière par des tubulures. La flamme circule
sous les bouilleurs et la chaudière par un carneau C, passe
ensuite dans le carneau D, chauffe le devant de la chaudière,
puis se rend par le carneau D' dans la cheminée.

On a proposé et l'on emploie pour les machines locomotives

des chaudières dont le foyer est placé dans un tuyau, qui se trouve au milieu de l'eau. On espérait par cette disposition éviter les pertes de chaleur, et l'on s'en promettait de grands avantages qui n'ont pas été réalisés. Il est facile de s'en rendre compte, en observant que la houille ou tout autre combustible exige, pour bien brûler, une haute température, qu'un foyer placé au milieu d'une masse d'eau ne peut jamais atteindre.

Enfin on se sert aussi, dans les machines à haute pression, de chaudières principalement formées d'un système de petits tubes de fer ou de canons de fusils qui traversent le foyer en différents sens ; cette disposition a pour principal avantage de diminuer la masse de l'eau sur laquelle on opère et de permettre ainsi de réduire le volume et le poids du foyer et de tout ce qui en dépend.

On conçoit facilement qu'il est indispensable que le niveau de l'eau, dans l'un ou l'autre de ces appareils, soit toujours au-dessus des carneaux où circule la flamme.

Les chaudières portent à leur sommet :

1° Une ouverture ovale, ordinairement fermée par une plaque en fonte et qu'on nomme le *trou d'homme :* c'est par là qu'on s'introduit dans l'intérieur pour les nettoyer ;

2° Deux soupapes de sûreté ;

3° Un appareil composé d'un flotteur qui surnage l'eau de la chaudière et indique, par l'élévation d'une tige à laquelle il est suspendu, la hauteur du niveau de l'eau ;

4° Des tuyaux pour l'admission de l'eau d'alimentation et l'échappement de la vapeur ;

5° Enfin quelquefois des plaques fusibles.

Nous n'entrerons dans aucun détail sur ces différents appareils, et nous nous bornerons à indiquer succinctement les proportions des diverses parties de la chaudière et du fourneau, telles qu'on les a déduites de l'observation et d'une longue pratique.

**113.** *Proportions des chaudières.* — Pour éviter des variations trop sensibles dans la température et la tension de la vapeur dans la chaudière, par suite de l'admission dans la machine, on admet que le volume qu'elle y occupe doit être 12 ou 15 fois celui de la vapeur dépensée à chaque coup de piston. De plus, dans les machines de Watt, la capacité totale de la chaudière est égale à trois fois l'espace laissé libre pour la vapeur, de sorte que l'eau en occupe les deux tiers, et que par conséquent le volume d'eau contenu dans ces chaudières est égal à 24 ou 3o fois le volume de la vapeur consommée à chaque oscillation.

Dans les chaudières à bouilleurs, le grand cylindre ne doit être qu'à moitié plein; sa capacité totale est donc 24 à 3o fois le volume de vapeur dépensé à chaque course de piston. Quant aux bouilleurs, ils ont ordinairement 0$^m$,25 à 0$^m$,3o de diamètre.

D'après une ordonnance du 25 mai 1828 ([1]) sur les épreuves à faire subir aux chaudières des machines à haute pression, on doit établir entre l'épaisseur $e$ du métal des chaudières en tôle de fer ou de cuivre, exprimée en millimètres, le diamètre intérieur $d$ exprimé en centimètres, le nombre d'atmosphères $n$ qui indique la plus forte pression à laquelle la chaudière doive être exposée, la relation

$$e = 0,018 d (n - 1) + 3,$$

d'où l'on déduira l'une quelconque des quantités $e$, $d$ ou $n$, quand les deux autres sont données; mais on observera que, pour que le métal transmette bien la chaleur et ne se brûle pas, il convient de ne jamais faire $e$ plus grand que 14 millimètres, ce qui obligera à ne pas donner aux chaudières à haute pression un diamètre trop grand, dont la limite supérieure sera fournie par la formule ci-dessus en y faisant $e = 14^{mm}$ et donnant à $n$ la valeur qui conviendra à la tension que l'on veut employer.

Le tableau suivant est calculé d'après cette formule :

---

[1] *Annales des Mines*, année 1828.

Table des épaisseurs à donner aux chaudières en tôle
pour les machines à vapeur.

| DIAMÈTRE des chaudières | PRESSION DE LA VAPEUR EN ATMOSPHÈRES. | | | | | | |
|---|---|---|---|---|---|---|---|
|  | 2 | 3 | 4 | 5 | 6 | 7 | 8 |
| c | mm | mm | mm | mm | mm | mm | mm |
| 50 | 3,90 | 4,80 | 5,70 | 6,00 | 7,20 | 8,40 | 9,30 |
| 55 | 3,90 | 4,38 | 5,37 | 6,98 | 7,98 | 8,94 | 9,98 |
| 60 | 4,08 | 5,10 | 6,24 | 7,32 | 8,40 | 9,48 | 10,56 |
| 65 | 4,17 | 5,44 | 6,51 | 7,68 | 8,85 | 10,02 | 11,19 |
| 70 | 4,26 | 5,54 | 6,78 | 8,04 | 9,30 | 10,56 | 11,82 |
| 75 | 4,35 | 5,70 | 7,05 | 8,40 | 9,75 | 11,10 | 12,15 |
| 80 | 4,44 | 5,88 | 7,32 | 8,76 | 10,20 | 11,64 | 13,08 |
| 85 | 4,53 | 6,08 | 7,53 | 9,12 | 10,65 | 12,18 | 13,71 |
| 90 | 4,62 | 6,24 | 7,86 | 9,48 | 11,10 | 12,72 | 14,34 |
| 95 | 4,71 | 6,42 | 8,13 | 9,84 | 11,55 | 13,26 | 14,97 |
| 100 | 4,80 | 6,60 | 9,40 | 10,20 | 12,00 | 13,80 | 15,60 |

**114.** *Surface de chauffe.* — La quantité de vapeur qu'une chaudière peut produire dépend évidemment de l'étendue de sa surface qui est exposée à l'action de la chaleur : c'est ce qu'on nomme la *surface de chauffe*. D'après des expériences de M. Clément, il paraît qu'une chaudière en fonte laisse passer par mètre carré environ 20000 à 25000 calories par heure; par conséquent cette surface produira $\frac{20000}{666}$ à $\frac{25000}{650}$ ou 30 à 38 kilogrammes de vapeur par heure. Dans les chaudières de Watt, on ne compte guère que sur 30 kilogrammes et, dans celles de Woolf, sur 36 kilogrammes de vapeur par mètre carré et par heure. Connaissant donc la quantité de vapeur à produire, il sera facile de calculer la surface de chauffe.

**115.** *Proportions des grilles.* — D'après MM. Clément et Tredgold, la couche de houille répandue sur la grille d'un fourneau ne doit pas avoir plus de 0$^m$,05 à 0$^m$,06 d'épaisseur. Les barreaux qui forment la grille doivent laisser entre eux un vide égal à $\frac{1}{2}$ de la surface totale de la grille, et leur écartement doit être d'environ 0$^m$,025. Dans ces circonstances, on

brûle par mètre carré et par heure 40 kilogrammes de houille ;
par conséquent, pour chaque kilogramme de houille à brûler
par heure, il faudra donner $\dfrac{1^{mq}}{40}$ ou $0^m,025$ de surface à la
grille. Les barreaux doivent être en fonte et présenter dans le
sens transversal la forme d'un trapèze dont la plus large base
est en haut, afin de faciliter le dégagement des crasses. Le
fond du cendrier, où tombent les escarbilles, doit être toujours mouillé par un filet d'eau, afin d'empêcher l'échauffement
qui nuirait au tirage. La distance de la grille à la chaudière ou
aux bouilleurs doit être de $0^m,30$ à $0^m,40$. La grille occupe
une longueur d'environ $\frac{1}{2}$ de celle de la chaudière.

Si l'on brûle du bois, la grille doit avoir 1 mètre carré de
surface, par 80 à 90 kilogrammes de bois consommé par heure,
avec $\frac{1}{4}$ d'ouverture libre. Dans ce cas, on entasse les bûches
les unes au-dessus des autres, afin qu'il ne pénètre pas d'air
froid dans le foyer, et l'on donne à celui-ci environ $0^{mc},015$
de capacité par kilogramme de bois à brûler, la hauteur du
foyer au-dessus de la grille étant alors de $0^m,5$ à $0^m,6$.

116. *Proportions des carneaux et de la chaudière.* — L'aire
des sections des carneaux et de la cheminée doit être partout
la même sans rétrécissement, et les coudes inévitables sont
arrondis ; on lui donne $\frac{1}{5}$ de la surface totale de la grille quand
la cheminée a 30 mètres de hauteur et $\frac{1}{4}$ quand elle n'a que
10 à 15 mètres.

Le fond du premier carneau doit être à $0^m,10$ au-dessus de
la grille quand on brûle de la houille.

Il est inutile de multiplier les contours des carneaux autour
de la chaudière, il suffit que la flamme chauffe le fond et circule une fois sur tout le développement. La cheminée doit
être aussi près que possible du fourneau. D'après des observations de la Société industrielle de Mulhouse, il paraîtrait que,
dans les bons foyers, la température du bas de la cheminée
est de 550 à 600 degrés pour des cheminées de 30 mètres de
hauteur, et que, quand elle n'est que de 300 à 350 degrés, le
tirage ne se fait pas bien.

Lorsque les proportions que nous venons d'indiquer sont

observées et que le feu est conduit par un bon chauffeur et alimenté avec de bonne houille, on obtient dans les chaudières de Watt, comme dans celles de Woolf, 6 à 7 kilogrammes de vapeur par kilogramme de charbon brûlé. On a cherché à augmenter le produit des foyers par différents appareils destinés à les alimenter mécaniquement, au fur et à mesure de la consommation, sans qu'on soit obligé d'ouvrir la grille aussi souvent, ce qui refroidit beaucoup l'intérieur du fourneau. Les avantages de ces dispositions ont été d'abord fort exagérés, et ils paraissent se réduire à peu de chose, car on y a renoncé dans beaucoup d'établissements.

Au moyen des données d'expérience que nous venons de rapporter, on pourra discuter et déterminer au besoin toutes les dimensions des foyers, d'après la force des machines, la quantité de vapeur à produire ou de charbon à brûler.

### IV. — DES MOTEURS ANIMÉS.

### Notions générales.

**117.** *Circonstances particulières de l'action des moteurs animés* [1]. — Les moteurs animés diffèrent des moteurs uniquement soumis aux lois de la Physique, en ce qu'ils ne peuvent agir d'une manière continue ; qu'ils sont susceptibles de se fatiguer au bout d'un certain temps d'exercice et forcés de prendre un repos plus ou moins long. La quantité de travail qu'ils peuvent livrer journellement varie suivant le mode de leur emploi et selon les circonstances ; mais elle est, dans chaque cas, susceptible d'un maximum, comme pour les autres moteurs, à égalité de fatigue journalière ; en un mot, il existe une vitesse du point d'application, un effort et une durée de travail qui sont les plus convenables pour l'effet utile (25, Sect. 1, première Partie).

Nommons, en général, V la vitesse moyenne, en mètres et par seconde, du point d'application du moteur, P l'effort

---

[1] *Voir l'Introduction à la Mécanique industrielle*, où le même sujet est traité avec plus de détails. (K.)

moyen en kilogrammes qu'il exerce dans le sens de ce chemin, enfin T la durée totale en secondes de l'action journalière qui peut être ou continue ou coupée par des repos plus ou moins fréquents, nommés *relais* ou *haltes*, dont la durée n'est pas comprise dans T; la quantité de travail développée par le moteur aura évidemment pour mesure le produit

$$\mathrm{PVT}^{\mathrm{km}}.$$

A cet égard il est nécessaire de rappeler que, d'après les principes jusqu'ici exposés, le travail mécanique peut se mesurer en un point quelconque de la transmission du mouvement, pourvu que l'effort soit estimé dans le sens de ce mouvement ou que le chemin décrit soit estimé dans le sens de l'effort, et pourvu encore que le travail des résistances passives entre le point où l'on estime le travail et celui où le moteur opère réellement puisse être négligé vis-à-vis du premier, ainsi qu'il arrive dans beaucoup de circonstances, ou soit apprécié d'après les méthodes indiquées dans la première Partie.

Cela posé, le produit $\mathrm{PVT}^{\mathrm{km}}$, que l'on nomme *quantité de travail journalière*, est, comme nous l'avons dit, susceptible d'un maximum, à égalité de fatigue journalière, en donnant à P, à V et à T des valeurs qu'une longue expérience indique comme convenables. Dans aucun cas on ne peut faire travailler le moteur sous un effort et une vitesse qui excèdent les limites données également par l'expérience, et il n'est pas non plus possible d'augmenter la durée T du travail journalier au delà d'un certain terme, quelque faible que soit d'ailleurs le travail PV livré dans chaque seconde. Cette durée limite paraît être de dix-huit heures au plus par jour ou environ le double de la durée ordinaire et la plus avantageuse du travail.

Quant à la limite de l'effort, elle varie entre le triple et le quintuple de celui qui convient au *maximum* d'effet, selon les circonstances ou la durée plus ou moins prolongée de cet effet. Enfin la vitesse limite paraît varier aussi en raison de la durée totale du mouvement, et être comprise entre 4 et 10 fois la vitesse la plus convenable au travail.

Du reste, entre ces limites extrêmes, les moteurs animés ont la faculté de faire varier, pour ainsi dire arbitrairement, leur effort et leur vitesse, pourvu que, quand l'un augmente, l'autre diminue, et que si l'un et l'autre excèdent l'effort et la vitesse les plus convenables, la durée T du travail journalier soit moindre (¹).

En effet, le produit PVT, dans de telles circonstances, ne peut jamais atteindre sa valeur maximum, sans que la fatigue journalière de l'animal ne soit augmentée, et sans que sa santé ne soit compromise, si ce travail doit être renouvelé plusieurs jours de suite. Cette faculté qu'ont les animaux de pouvoir accroître, jusqu'à un certain point, la quantité de travail PV qu'ils livrent dans chaque seconde est souvent précieuse dans l'industrie manufacturière ; mais il ne faut pas oublier que la durée entière du travail doit être coupée par de fréquents repos, et qu'enfin l'effet utile journalier PVT, qu'on pourra espérer d'un semblable emploi du moteur, sera moindre que celui qu'on obtiendrait d'un travail mieux réglé.

**118.** *Avantages du mode continu d'action des moteurs animés sur le mode d'action intermittente.* — Quelques auteurs, il est vrai, et Coulomb entre autres, pensent que, dans certains genres de travaux, tels que celui qui consiste à battre des pieux, à sonner une cloche, etc., le mode intermittent dont il s'agit présente des avantages particuliers, et est susceptible d'un effet utile journalier plus considérable que si le moteur agissait avec plus de continuité et sous de moindres efforts ou vitesses ; mais, quoique ce mode d'opérer soit souvent nécessité par des circonstances particulières, où l'on tient à accélérer le travail, tout en diminuant le nombre des moteurs qui y sont à la fois appliqués, l'augmentation du

---

(¹) On trouve dans les *Mémoires de l'Académie de Berlin pour* 1783 une formule proposée par Euler pour lier l'effort et la vitesse maximum de l'homme à un effort et à une vitesse quelconques. Coulomb a aussi proposé, dans son *Traité des Machines simples,* une relation entre le poids de l'homme et l'effort qu'il peut exercer ; mais ni l'une ni l'autre de ces formules ne paraît être d'un emploi sûr et avantageux dans la pratique.

travail journalier n'en paraît pas moins douteuse. Il y a tout
lieu de croire, par exemple, que les hommes qui sont appliqués à une sonnette en exerçant un effort de 18 kilogrammes
et dont le travail est interrompu par de fréquents repos déve-
loppent un effet utile journalier sensiblement moindre que
les scieurs de long, qui agissent avec un effort égal au plus à
10 kilogrammes.

M. Hubert, célèbre ingénieur de la marine, correspondant
de l'Académie des Sciences, a fait, à l'arsenal de Rochefort, des
expériences très-suivies qui ont appris que les quantités de
travail journalier développées par des forgerons qui frappent
jusqu'à 2560 coups avec des marteaux de $7^{k}$,o65, mus en
avant, s'élevait à environ à 67000 kilogrammètres; ce qui est
un peu moins que le travail du sonneur, parce que la vitesse
imprimée au marteau est très-grande. Or il résulte d'autres
observations de M. Hubert que le travail augmente sensiblement à mesure que le poids du marteau diminue, et
il pense que le marteau des cloutiers est celui qui permet
le plus de travail journalier à égalité de fatigue. C'est qu'en
effet ici l'action est plus continue et le travail par seconde
moindre. On peut admettre, sans risque de se tromper, que,
dans cette dernière circonstance comme dans celle du sciage
dit *de long*, le travail journalier fourni par des hommes exercés peut s'élever à 160000 kilogrammètres, ou plus du double
du travail ci-dessus, sans qu'il en résulte un excès de fatigue.

119. *Résultats d'observation sur les quantités d'action
fournies par les différents moteurs animés.* — Ces résultats
sont consignés dans le tableau ci-après que nous avons em-
prunté à M. Navier (*Architecture hydraulique de Bélidor*),
et auquel nous avons fait plusieurs additions propres à le
compléter et à en faciliter l'application dans quelques cas
particuliers. Nous ferons remarquer, avec M. Navier, que les
données de ce tableau concernent les valeurs de la vitesse,
de l'effort ou du temps qui paraissent les plus avantageuses
dans chaque cas spécial, et que les résultats ne doivent être
regardés que comme des termes moyens qui peuvent s'écar-

ter, en plus ou en moins, de $\frac{1}{4}$ ou $\frac{1}{5}$ du travail effectif, suivant l'âge, la vigueur des individus, leur genre de nourriture et le climat qu'ils habitent. Ces observations appartiennent d'ailleurs à divers auteurs et notamment à Coulomb. Il faut enfin observer que, d'après ce qui précède, on peut, sans craindre une diminution sensible de l'effet utile journalier, faire varier de quelque chose la vitesse et l'effort indiqués au tableau, pourvu que leur produit ne soit pas trop changé et que la durée journalière du travail soit établie en conséquence.

### Tableau des quantités de travail mécanique que peuvent fournir moyennement l'homme et d'autres animaux dans différentes circonstances.

| N° d'ordre. | NATURE DU TRAVAIL. | POIDS élevé ou effort moyen exercé. | VITESSE ou chemin par seconde. | TRAVAIL par seconde. | DURÉE du travail journalier. | QUANTITÉ de travail journalier. | [illegible] |
|---|---|---|---|---|---|---|---|
| | | kg | m | kgm | h | kgm | |
| | **1° Élévation verticale des poids.** | | | | | | |
| 1 | Un homme montant une rampe douce ou un escalier sans fardeau, son travail consistant dans l'élévation du poids de son corps. | 65 | 0,15 | 9,75 | 8 | 280 800 | [illegible] |
| 2 | Un manœuvre élevant des poids avec une corde et une poulie, ce qui l'oblige à faire descendre une corde à vide. | 18 | 0,20 | 3,60 | 6 | 77 760 | [illegible] |
| 3 | Un manœuvre élevant des poids ou les soulevant avec la main. | 20 | 0,17 | 3,40 | 6 | 73 440 | [illegible] |
| 4 | Un manœuvre élevant des poids en les portant sur son dos au haut d'une rampe douce ou d'un escalier et revenant à vide. | 65 | 0,04 | 2,60 | 6 | 56 160 | [illegible] |
| 5 | Un manœuvre élevant des matériaux avec une brouette en montant une rampe à $\frac{1}{12}$ et revenant à vide. | 60 | 0,02 | 1,20 | 10 | 43 200 | [illegible] |
| 6 | Un manœuvre élevant des terres à la pelle à la hauteur moyenne de $1^m,60$. | 2,7 | 0,40 | 1,08 | 10 | 38 880 | [illegible] |
| | **2° Action sur les machines.** | | | | | | |
| 1 | Un manœuvre agissant sur une roue à chevilles ou à tambour : 1° Au niveau de l'axe de la roue. | 60 | 0,15 | 9,0 | 8 | 259 200 | [illegible] |
| 2 | 2° Vers le bas de la roue ou à 24 degrés. | 12 | 0,70 | 8,4 | 8 | 241 920 | [illegible] |
| 3 | Un manœuvre marchant et poussant ou tirant horizontalement. | 12 | 0,6 | 7,2 | 8 | 207 360 | [illegible] |
| 4 | Un manœuvre agissant sur une manivelle. | 8 | 0,75 | 6,0 | 8 | 172 800 | [illegible] |
| 5 | Un manœuvre exercé poussant et tirant alternativement dans le sens vertical. | 5 | 1,1 | 5,5 | 8 | 158 400 | [illegible] |
| 6 | Un cheval attelé à une voiture ordinaire et allant au pas. | 70 | 0,90 | 63,0 | 10 | 2 268 000 | [illegible] |
| 7 | Un cheval attelé à un manège et allant au pas. | 45 | 0,9 | 40,5 | 8 | 1 166 400 | [illegible] |
| 8 | Un cheval attelé à un manège et allant au trot. | 30 | 2,0 | 60,0 | 4,5 | 972 000 | [illegible] |
| 9 | Un bœuf attelé à un manège et allant au pas. | 65 | 0,6 | 39,0 | 8 | 1 123 200 | [illegible] |
| 10 | Un mulet attelé à un manège et allant au pas. | 30 | 0,90 | 27,0 | 8 | 777 600 | [illegible] |
| 11 | Un âne attelé à un manège et allant au pas. | 14 | 0,80 | 11,60 | 8 | 334 080 | [illegible] |

### Transport horizontal des fardeaux.

**120.** *Observation sur l'unité de mesure adoptée pour le transport horizontal des fardeaux.* — Des observateurs habiles, en tête desquels nous devons placer Coulomb, ont fait aussi des expériences sur ce genre de travail, qui ne doit pas être confondu avec le travail mécanique véritable. L'unité qui a été adoptée pour la mesure du transport horizontal, quoique analogue à celle du travail mécanique, en est dans le fond très-distincte, puisqu'il ne s'agit pas ici d'effort exercé ou de résistance vaincue dans le sens propre du chemin parcouru. Sans aucun doute, le transport horizontal exige, tout au moins, de la part du moteur, un travail mécanique intérieurement développé, d'où résulte un degré plus ou moins grand de fatigue; mais, comme on substitue ici, dans la mesure de l'effet utile, le poids propre du fardeau à la résistance que ce fardeau oppose au mouvement, et que cette résistance non-seulement varie dans chaque cas, mais encore peut en quelque sorte devenir aussi petite qu'on veut, sans que l'effet utile soit moindre, il est évident qu'on ne doit pas attacher la même idée à la mesure de cet effet utile et à celle du travail mécanique qui, dans certains cas, serait employé à le produire, comme, par exemple, quand le fardeau est posé sur une voiture, sur un bateau ou quand il est simplement traîné à terre ou porté sur un traîneau.

A cela près, il est aisé de s'apercevoir que, si l'on considère un même mode de transport, la fatigue ou la quantité de travail effectivement développée doit croître proportionnellement au poids du fardeau et à la distance parcourue ou au produit du nombre de kilogrammes que pèse le fardeau, multiplié par le nombre de mètres de chemin parcouru; ce qui revient à prendre pour unité propre à mesurer l'utilité du transport l'unité de poids transportée à l'unité de distance; mais on remarquera que, si la circonstance du transport, ou si seulement la viabilité de la route parcourue, ou même encore la vitesse viennent à changer, l'effet utile restant le même, le travail mécanique ou le degré de fatigue que ce transport suppose peut être très-différent. Il en est ici à peu près comme du travail du sonneur et du scieur de bois, pour lesquels une même quantité d'ouvrage ou d'effet utile peut représenter des quantités très-variables de travail mécanique, selon la nature de l'outil, la dureté de la matière, etc.

**121.** A ce sujet, nous ferons observer que les transports inscrits dans le tableau suivant, et qui sont effectués avec des voitures, des brouettes, etc., supposent des chemins d'une viabilité ordinaire, et que, pour des routes parfaitement unies, l'effet utile augmenterait à égalité de travail mécanique, comme il diminuerait pour des routes en mauvais état.

Tableau des effets utiles que peuvent produire l'homme et les animaux dans le transport horizontal des fardeaux, considéré en diverses circonstances.

| N°s d'ordre. | NATURE DU TRAVAIL. | POIDS transporté | VITESSE ou chemin par seconde. | EFFET UTILE, par seconde exprimé en kilogrammes transportés à 1 mètre. | DURÉE de l'action journalière. | EFFET utile par jour. |
|---|---|---|---|---|---|---|
| | | kg | m | kgm | m | kgm |
| 1 | Un homme marchant sur un chemin horizontal sans fardeau, son travail consistant dans le transport du poids de son corps........... | 65 | 1,50 | 97,5 | 10,0 | 3 510 000 |
| 2 | Un manœuvre transportant des matériaux dans une petite charrette ou camion à deux roues et revenant à vide............ | 100 | 0,50 | 30,0 | 10,0 | 1 800 000 |
| 3 | Un manœuvre transportant des matériaux dans une brouette et revenant à vide chercher de nouvelles charges........... | 60 | 0,50 | 30,0 | 10,0 | 1 080 000 |
| 4 | Un homme voyageant emportant des fardeaux sur le dos........... | 40 | 0,75 | 30,0 | 7,0 | 756 000 |
| 5 | Un manœuvre transportant des matériaux sur son dos et revenant à vide chercher de nouvelles charges..... | 65 | 0,50 | 32,5 | 6,0 | 702 000 |
| 6 | Un manœuvre transportant des fardeaux sur une civière et revenant à vide chercher de nouvelles charges. | 50 | 0,33 | 16,5 | 10,0 | 594 000 |
| 7 | Un cheval transportant des matériaux sur une charrette et marchant au pas continuellement chargé........ | 700 | 1,10 | 770,0 | 10,0 | 27 720 000 |
| 8 | Un cheval attelé à une voiture et marchant au trot continuellement chargé............ | 350 | 2,20 | 770,0 | 4,5 | 12 474 000 |
| 9 | Un cheval transportant des fardeaux sur une charrette et revenant à vide chercher de nouvelles charges...... | 700 | 0,60 | 420,0 | 10,0 | 15 120 000 |
| 10 | Un cheval chargé sur le dos et allant au pas............ | 120 | 1,1 | 132,0 | 10,0 | 4 752 000 |
| 11 | Un cheval chargé sur le dos et allant au trot............ | 80 | 2,2 | 176,0 | 7,0 | 4 435 000 |

V. — Des appareils servant a apprécier directement le travail des moteurs et des machines, ainsi que les lois de leur mouvement.

**122.** *Variété des appareils proposés par les mécaniciens.* — Depuis longtemps les mécaniciens ont senti la nécessité de mesurer, par des moyens directs, la quantité de travail transmise aux arbres tournants, pendant le travail régulier des machines, soit pour comparer les résultats du calcul à ceux de l'expérience, soit pour apprécier le travail utile des différents opérateurs et proportionner ensuite la puissance des moteurs. A cet effet, on a proposé différents appareils dont un des plus anciens paraît être le dynamomètre de White, mécanicien anglais, imaginé vers 1801 et dont on trouve la description détaillée et le dessin dans le *Bulletin de la Société d'encouragement*, année 1828, p. 248, et l'application à une roue hydraulique dans la même collection, année 1827, p. 426. M. Welter, correspondant de l'Académie des Sciences, a conçu aussi un mécanisme destiné au même usage et qui est décrit avec détail dans une Notice de M. Hachette, insérée au n° 320 du même Recueil pour l'année 1831, p. 103. M. de Coriolis a présenté, en 1829, à la Société d'encouragement, le modèle d'un dynamomètre pour mesurer les résistances variables des machines : on en trouve la description et le dessin dans la collection des *Bulletins* de cette Société, pour l'année 1829, p. 477.

Ces divers dynamomètres, ainsi que plusieurs autres que nous passons sous silence, fondés sur des considérations ingénieuses, remplissent bien le but que leurs auteurs se sont proposé : mais ils offrent trop de complication, ils sont difficilement transportables et ne peuvent être construits partout en peu de temps et à peu de frais : ces défauts graves, qui leur sont communs à tous, joints a d'autres particuliers à chacun d'eux, en limiteront toujours l'emploi et leur feront préférer l'appareil connu sous le nom de *frein de M. de Prony*, proposé en 1821 par cet illustre ingénieur et appliqué par lui à des expériences suivies sur la machine à vapeur du

Gros-Caillou (¹). Depuis il a été mis en usage pour beaucoup
d'expériences, et, toutes les fois qu'on a su l'employer convenablement, il a été reconnu qu'il fournissait des résultats
aussi satisfaisants qu'on peut le désirer dans de pareilles recherches. Nous citerons pour exemples les expériences sur
la roue à aubes courbes, faites en 1826 par M. Poncelet (²),
celles de M. Morin, sur différents moteurs, en 1828 (³), enfin
celles que M. Egen, ingénieur allemand distingué, a entreprises en 1830 (⁴) aux frais du gouvernement de la Prusse,
dans les principales usines de la Westphalie rhénane. Ces
dernières expériences, qui ont principalement concerné les
roues hydrauliques en usage dans les forges, ont conduit
leur auteur à proposer plusieurs perfectionnements ingénieux à l'instrument dont il s'agit, qui le rendent le plus convenable et le plus commode de ceux qui ont été imaginés
jusqu'ici.

**123.** *Description du frein de M. de Prony.* — Le frein dynamométrique, tel qu'il a été proposé et décrit par M. de
Prony, consiste ( *fig.* 70) en un levier *ab*, garni d'un coussinet *c*

Fig. 70.

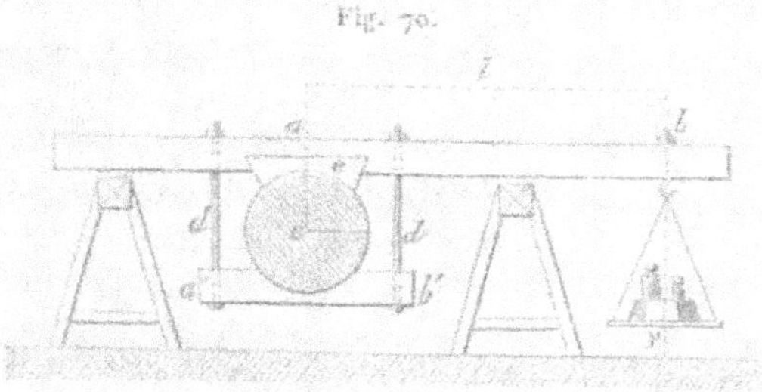

qui repose sur l'arbre tournant *c*, auquel la direction du levier est perpendiculaire. Une autre pièce *a'b'*, placée sous

---

(¹) *Annales de Chimie et de Physique*, t. XIX, année 1822. — *Annales des
Mines*, t. XII, année 1825.

(²) *Mémoire sur les roues hydrauliques à aubes courbes*, par M. Poncelet.

(³) *Mémorial de l'Artillerie*, n° 3.

(⁴) *Untersuchungen über den Effect einiger in Rheinland Westphalen beste-
enden Wasserwerke;* Berlin, 1831, Iᵉ et IIᵉ Parties.

18.

l'arbre, est réunie à la première *ab* par deux boulons *d, d*, au moyen desquels on peut serrer à volonté l'arbre entre les pièces *ab* et *a'b'*, qui prennent quelquefois, par suite de cette destination, le nom de *mâchoires du frein*. De la compression de l'arbre *c* entre ces mâchoires résulte à sa circonférence un frottement, qui pendant le mouvement tend à entraîner le levier *ab* et à le faire participer à la rotation de l'arbre; mais un poids P, constant s'il agit à une distance variable de l'axe *c*, ou variable s'il est posé dans un plateau fixé au bout de l'arbre, s'oppose au mouvement du levier et fait constamment équilibre au frottement qui se développe sur la circonférence de l'arbre : c'est ce dont on s'assure dans l'expérience en faisant varier le poids P ou sa distance à l'axe *c*, de manière que le levier *ab* soit toujours horizontal, ou n'oscille que faiblement au-dessus ou au-dessous de cette position. Cet appareil peut d'ailleurs s'appliquer aussi aux arbres verticaux; mais alors il convient de soutenir le long bras du levier, dont le poids occasionnerait une torsion de la bride, et de suspendre le poids P à une corde passant sur une poulie de renvoi et tirant le levier horizontalement. Ainsi modifié, il a été employé avec succès.

Cela posé, et la machine étant parvenue à la vitesse du régime qu'on veut obtenir, il est évident que, en vertu du principe de la transmission de l'action, la quantité de travail transmise à l'arbre sera mesurée d'abord par le produit du frottement F qui se développe à sa circonférence, et du chemin parcouru par cette circonférence et qu'en appelant *n* le nombre de révolutions qu'elle fait en une seconde, *r* le rayon, ce travail aura pour expression

$$F n . 2 \pi r ;$$

mais le poids P placé à l'extrémité du levier *ab*, à une distance horizontale *l* de l'axe *c*, et dans lequel nous comprendrons la composante du poids propre du levier qui agirait à la même distance pour le faire baisser, étant disposé de manière à faire sans cesse équilibre au frottement F, on aura

$$P l = F r, \quad \text{d'où} \quad 2 \pi l n P = 2 \pi r n F ;$$

donc le travail transmis à la circonférence de l'arbre *c* a aussi pour mesure le produit du poids P, qui maintient le levier *ab* dans la position horizontale, par le chemin que parcourrait son point d'attache *b*, si le levier tournait autour de l'arbre avec la vitesse angulaire de cet arbre.

On voit donc qu'on n'a besoin de connaître ni la pression exercée par les mâchoires du frein sur l'arbre, ni le rapport de cette pression au frottement F qu'elle produit, et qu'il suffit de la faire varier en serrant ou desserrant les boulons *d*, *d* et en augmentant ou diminuant proportionnellement le moment du poids P, jusqu'à ce que l'arbre ait pris la vitesse de régime sous laquelle on veut opérer.

124. A cette théorie fort simple de l'appareil il ne nous reste qu'à ajouter quelques détails sur les perfectionnements qui ont été proposés par divers expérimentateurs. M. Hachette et plusieurs autres mécaniciens ont remplacé le poids P par la tension d'une corde attachée à un dynamomètre fixe, dont la flexion indiquait l'effort nécessaire pour faire équilibre au frottement à chaque instant. Pour que le bras de levier fût constant, on adaptait au bout de *ab* un arc de cercle concentrique à *c*; mais les oscillations du levier et du dynamomètre rendent l'observation difficile. Quand on a l'habitude de ce genre d'expériences, on peut, avec un peu d'adresse, diminuer ces oscillations dans les machines à mouvement uniforme; mais, dans celles où le mouvement est variable de sa nature, il serait presque impossible d'observer exactement les différentes valeurs des efforts exercés sur la corde.

M. Poncelet a proposé de placer parallèlement au dynamomètre un plateau tournant (*fig.* 71), mis en mouvement par une ficelle ou une petite corde sans fin qui passerait dans une rainure pratiquée sur l'arbre et qui recevrait d'un style fixé au ressort une trace permanente des différentes valeurs de la tension. Au moyen de cette disposition, il devient facile de connaître, pour chacun des espaces décrits par l'arbre, non-seulement l'effort exercé sur le levier, et par suite celui qui est transmis à la circonférence de cet arbre, mais encore le travail absorbé par le frottement du frein, qui est évidemment en rapport avec les aires décrites par les rayons vecteurs qui mesurent les tensions du ressort sur le plateau tournant.

Fig. 71.

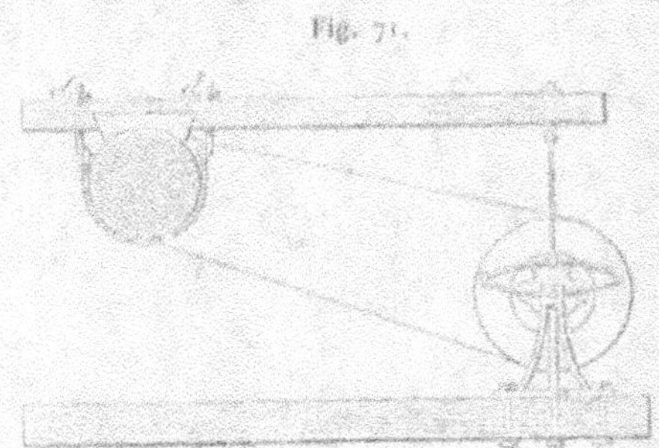

Cette amélioration n'avait pas encore été mise en pratique lorsque M. Morin commença, en 1830, ses expériences sur le frottement, dont les résultats se trouvent consignés dans un Mémoire présenté à l'Académie royale des Sciences de l'Institut, le 12 décembre 1831, et approuvé, le 26 mars 1832, par une Commission composée de MM. Poisson, Arago et Navier rapporteur. L'Académie ayant voté l'impression de ce Mémoire dans le *Recueil des Savants étrangers*, il ne tardera probablement pas à paraître, et nous y renverrons pour tous les perfectionnements de détail qui ont assuré la complète réussite de l'appareil, et notamment pour la disposition du plateau tournant, du ressort du dynamomètre, composé de deux pièces réunies par des articulations aux deux bouts, enfin du style destiné à fournir la trace des flexions et qui se trouve ici remplacé par un pinceau imbibé d'encre de Chine, qu'on approche à volonté du papier qui recouvre le plateau tournant, au moyen d'une vis adaptée au fourreau qui porte le pinceau.

Les localités s'opposent quelquefois à l'emploi de la pièce inférieure $a'b'$ (*fig.* 70); dans ce cas, et souvent même seulement dans le but d'embrasser l'arbre sur une plus grande étendue, on la remplace par une bande de tôle mince, demi-circulaire, qui s'accroche aux boulons $d$, $d$. Mais cette bande, qui doit résister à une tension considérable, est rarement assez flexible pour s'appliquer exactement sur tout le pourtour de l'arbre, de sorte qu'on n'est pas certain que la pression se répartisse sur une surface assez considérable pour que les corps en contact ne se rodent pas, ce qui offre des inconvénients, parce que les particules enlevées, s'accumulant entre l'arbre et la bride, occasionnent des inégalités de résistance qui augmentent les secousses du levier. Pour remédier à ce défaut, M. Egen propose (*fig.* 72) (Ouvrage déjà cité) de former la bride de maillons plats en tôle, articulés, qui se ploient facilement sur la circonférence de l'arbre et permettent aux corps étrangers, s'il y en a, de se loger dans les angles de deux maillons successifs.

**125.** *Dimensions à donner à la partie cylindrique de l'arbre.* — On conçoit que, plus le rayon de la partie cylindrique sur laquelle on place le frein est grand, moins la pression et le frottement qui en résultent le devront être, ce qui rendra l'expérience plus facile et plus exacte : il ne serait même pas toujours possible, avec de petits arbres, d'obtenir une résistance assez grande pour que son travail fût égal à celui qu'on veut mesurer; enfin les arbres en bois sont peu propres à ce genre d'expériences, surtout lorsqu'ils sont naturellement mouillés (¹), et l'on ne trouve pas toujours sur ceux qui sont en métal une portion déjà tournée ou qui puisse l'être facilement; il convient donc, dans beaucoup de cas, de monter sur l'arbre un manchon de fonte préparé à l'avance, comme celui qui a été employé par M. Egen et qu'on pourra centrer facilement au moyen des boulons C, C (*fig.* 72); après quoi on l'arrêtera par des cales bien serrées sur le pourtour de l'arbre, de manière à ne pas déformer irrégulièrement la gorge du manchon. Un coussinet de fonte se fixe aussi au bras supérieur du frein, de sorte qu'on n'a en

---

(¹) On doit bien se garder alors de les graisser, parce qu'il en résulte des inégalités de résistance qui rendent toute observation impossible, ainsi qu'il a été observé par M. Poncelet; il faut alors, comme il l'a fait dans les expériences sur la roue hydraulique à aubes courbes de M. de Niceville, à Metz, se borner à faire arriver sur l'arbre un filet d'eau continu, qui, en mouillant l'arbre d'une manière régulière, l'empêche de se charbonner trop fortement.

contact que des surfaces métalliques, dont le frottement est
plus régulier et qui sont peu sujettes à s'altérer.

Fig. 72.

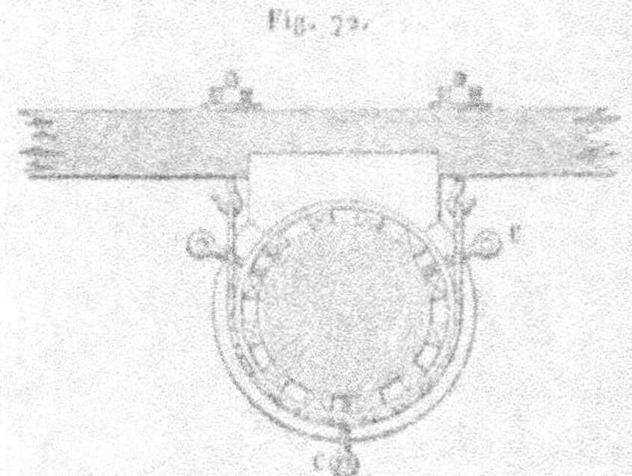

Il ne serait pas difficile de calculer les dimensions du manchon par la condition que le frottement de la bride sur l'arbre,
ou, ce qui revient au même, la tension des boulons ne dé-
passât pas une valeur qu'un ou deux hommes pussent produire facilement à l'aide d'une clef d'écrou de dimension
donnée. Nous nous bornerons à dire qu'on peut aisément
mesurer sur une partie cylindrique :

De $0^m,16$ de diamètre, à la vitesse de 20 à 30 tours en une
minute, une force de 6 à 8 chevaux;

De $0^m,30$ à $0^m,40$ de diamètre, à la vitesse de 15 à 30 tours
en une minute, une force de 15 à 25 chevaux;

De $0^m,65$ à $0^m,80$ de diamètre, à la vitesse de 15 à 30 tours
en une minute, une force de 40 à 60 chevaux.

Le frottement tendant toujours à faire participer le levier
du frein au mouvement de rotation de l'arbre, on limite quelquefois l'amplitude des écarts à l'aide d'une corde fixée au
sol; mais dans des à-coups brusques, comme il s'en produit
quelquefois faute de précautions, la corde peut casser et occasionner des accidents graves. Il sera plus sûr de placer, de
part et d'autre de l'arbre sous le levier, des chevalets solides
ou d'autres supports assez élevés pour ne lui laisser faire que
de faibles oscillations au-dessus et au-dessous de l'horizontale, et qui, par leur rigidité, obligeront, en cas d'accident, la

bride ou les boulons à se rompre, ce qui n'offre aucun danger.

**126.** *Observation relative à l'influence de l'inertie.* — Enfin il ne sera pas inutile de faire observer que, avant de regarder l'équilibre comme établi, entre la charge du levier du frein et la puissance motrice, il convient de s'assurer, par plusieurs observations répétées, que la vitesse de l'arbre est, sinon uniforme, du moins périodique, et que les tours se font tous dans un même temps; car, si le mouvement se retardait ou s'accélérait pendant l'expérience, l'inertie des masses développerait une quantité de travail, qui tendrait à faire estimer trop haut dans le premier cas, et trop bas dans le second, celle qui est transmise à l'arbre.

**127.** *Appareils pour mesurer le travail dans le mouvement rectiligne et spécialement dans le tirage des animaux.* — Les dispositifs dont il vient d'être rendu compte ne sont applicables qu'aux arbres tournants des machines stationnaires; mais ils ne pourraient s'appliquer avantageusement aux machines locomotives et notamment au tirage des chevaux sur les voitures et les charrues. Ordinairement on a recours, dans ce cas, au dynamomètre à ressort oval, proposé par M. Régnier ([1]), interposé directement entre la puissance et la résistance et dont l'usage est aujourd'hui assez généralement répandu, malgré l'incertitude de ses indications et les altérations que peut subir un ressort rentrant sur lui-même, par la répétition des tensions et les changements de la température. C'est avec cet instrument, qui, au moyen d'une aiguille et d'un limbe gradué, donne les efforts de traction suivant la direction du grand ou du petit axe du ressort, que Régnier lui-même a fait quelques expériences sur la force des chevaux et la résistance des voitures, expériences dont les résultats se trouvent consignés dans l'endroit cité du *Journal de l'École Polytechnique*; et c'est par des moyens analogues que MM. Rumford, Boulard et Hachette, etc., ont essayé de me-

---

([1]) *Voir* dans le 3ᵉ Cahier du *Journal de l'École Polytechnique*, p. 160, la description de ce dynamomètre et des expériences faites par son secours.

surer directement la force de tirage des chevaux appliqués aux voitures ou aux manéges (*voir* le *Traité des Machines* de ce dernier); mais, attendu l'inégalité du mouvement et de l'action dans ce cas, on conçoit que les observations du dynamomètre doivent être bien difficiles et ne conduire qu'à des évaluations grossières et souvent fautives, puisqu'il ne s'agit point ici simplement de se borner aux moyennes arithmétiques entre les indications maxima et minima de l'aiguille pour obtenir la mesure effective du travail développé.

Dans un Mémoire, présenté en 1829 à l'Académie royale de Metz (¹) M. Didion, officier d'artillerie, a proposé, pour l'évaluation directe du travail des chevaux, de les faire agir, par l'intermédiaire d'un trait sensiblement horizontal, sur un arbre tournant ou treuil auquel serait adapté le frein de M. de Prony; mais on conçoit qu'avec cet appareil il n'est pas possible de continuer longtemps le mouvement des chevaux ni d'en rien conclure de bien précis, attendu les résistances étrangères inhérentes à ce dispositif et qui ne se trouvent point directement appréciées. Aussi la Commission chargée de l'examiner et d'en rendre compte à l'Académie donna-t-elle la préférence aux moyens qui consistent à atteler les chevaux à une voiture convenablement chargée, et à mesurer directement les efforts de tirage par les indications d'un dynamomètre; mais elle n'indique point, dans son Rapport, le genre de l'instrument ni le mode d'expérimentation.

128. *Moyens proposés par M. Poncelet.* — 1° *Pour le cas des voitures, etc.* — M. Poncelet, qui faisait partie de la Commission, proposa, à cette occasion (²), l'emploi de palonniers à ressort, dans le genre de ceux qui ont été décrits par le capitaine du génie Delille, dans les *Bulletins de la Société d'encouragement*, année 1825, p. 279, et dont l'objet était uniquement d'éviter les secousses et chocs violents que subissent parfois les chevaux dans le mode d'attelage ordinaire: l'extrémité de ces ressorts aurait porté un style destiné, comme

---

(¹) *Voir* les *Mémoires* de cette Académie pour l'année 1829, p. 308.
(²) *Ibid.*, p. 39, procès-verbal de la séance du 3 mai 1829.

dans l'appareil précédent, à tracer sur des plateaux tournants, mis en communication de mouvement avec les roues de l'avant-train, les lignes spirales qui indiquent, pour chaque instant, le rapport de la tension à l'espace parcouru, et les quantités de travail même dépensées par chaque cheval, ou simultanément par tous les chevaux, en les faisant agir par l'intermédiaire des traits, des palonniers ou de tout le système de l'avant-train, sur un dynamomètre analogue à celui du n° 124 ci-dessus. Cette idée fort simple peut se réaliser de différentes manières, dans la supposition présente, par un renvoi de poulies ou de petites roues dentées, facile à imaginer et susceptible de se plier à une infinité de circonstances, où il s'agit d'évaluer exactement le travail des moteurs et des machines.

Par exemple, dans le cas où il s'agirait d'apprécier directement la quantité de travail nécessaire à appliquer à une voiture, à un traîneau ou à une charrue qui exigeraient l'emploi simultané de plusieurs chevaux, dont l'action serait difficile à mesurer séparément, on pourra, dans certains cas, remplacer l'attelage ordinaire par la traction d'un bout de câble horizontal, lié à un avant-train détaché, sur lequel opéreront les chevaux, et qui sera disposé de manière à recevoir convenablement le dynamomètre et le plateau tournant; quant au mouvement de ce dernier, on pourra le tirer directement de celui des roues ou de l'essieu s'il est *tournant*, au moyen de poulies de renvoi, etc., ou, ce qui sera préférable dans beaucoup de cas, ce mouvement sera pris d'une corde tendue en ligne droite le long du chemin à parcourir, arrêtée fixement aux deux bouts et embrassant, à une ou deux reprises, la gorge d'une poulie montée sur le même axe que le plateau tournant au-dessus ou au-dessous de l'essieu de l'avant-train.

2° *Pour le cas des manéges.* — S'il s'agit de mesurer le travail dynamique d'un cheval attelé à un manége ordinaire, on fixera (*fig.* 73) l'une des branches du ressort dynamométrique au point de tirage, à l'extrémité de la barre, et de façon qu'il puisse librement tourner autour de ce point pour suivre l'angle du tirage; plaçant le plateau à tracer concentriquement au même point servant d'axe, et adaptant une petite

poulie de renvoi à la partie inférieure de cet axe, on la mettra
en communication de mouvement avec le gros arbre du manége au moyen d'une petite corde
sans fin bien tendue, montée sur
une grande poulie à gorge fixe,
formant anneau autour de cet
arbre et susceptible de glisser
sur son contour cylindrique, sans
être entraînée par suite du mouvement général.

Fig. 73.

Le moyen d'empêcher cette
dernière poulie d'être entraînée
par l'arbre est trop simple pour
qu'il soit nécessaire de s'y arrêter; le procédé d'après lequel
on trouvera le rapport des efforts du tirage et chemin réellement décrit, ou les quantités
de travail livrées à l'arbre du manége, n'est pas moins évident, et l'on voit généralement que, dans un travail où ces
efforts et la vitesse sont naturellement périodiques, sinon uniformes, la moyenne des premiers (I$^{re}$ Partie, Sect. I, n° 9) sera
donnée directement par le plus grand nombre des points de
recoupement de la trace du style sur le plateau tournant, trace
qui affectera alors la forme d'une ligne ondulée autour du
cercle répondant à l'effort moyen. Connaissant ainsi l'effort
moyen, il ne s'agira plus que de le multiplier par le chemin
décrit pendant l'unité de temps ou par la vitesse moyenne du
point d'application de la force, pour obtenir la quantité de
travail, correspondante de celle-ci, qui doit toujours être estimée dans le sens du chemin ou de la vitesse dont il s'agit.

129. *Procédés pour mesurer directement la vitesse et le
temps.* — Avant de terminer ce sujet, il nous reste à dire un
mot sur les moyens de mesurer la vitesse même du mouvement, dans les expériences qui ont pour objet l'appréciation du travail des moteurs et des machines.

Lorsque le mouvement est entièrement uniforme ou seulement périodique, la vitesse constante ou moyenne se conclut aisément du nombre des révolutions d'une certaine pièce et du chemin décrit par un certain point dans un temps donné et suffisamment long. S'il s'agit notamment d'une roue mobile autour d'un axe fixe, dont le mouvement soit rapide, on choisit sur les tourillons ou sur l'arbre un point remarquable, dont les coïncidences avec un point ou une direction fixe puissent être facilement observées; on compte le nombre de ces coïncidences dans un temps donné, pour en conclure leur nombre par chaque seconde. Si l'on manque de points remarquables, on en trace un avec de la craie blanche; quelquefois aussi le mouvement est accompagné de sons ou battements dont la périodicité indique avec beaucoup d'exactitude le nombre des révolutions, sans qu'il soit nécessaire de recourir au sens de la vue, qui reste libre pour l'observation du temps. Ce dernier se mesure à l'aide d'une montre ordinaire si le mouvement est longtemps prolongé uniformément, ou d'une montre à secondes et à repos quand il l'est peu. On supplée, dans beaucoup de cas, à ce dernier instrument par l'observation des oscillations d'un petit pendule formé par une balle de plomb suspendue à un fil délié, et dont, comme on sait, la durée en secondes est donnée, pour une oscillation entière, par la formule

$$T = \pi \sqrt{\frac{a}{g}} \quad (^1),$$

dans laquelle $\pi = 3,1415926$, $g = 9^m,8088$ et $a$ désigne la longueur du pendule comprise entre le point de suspension et le centre d'oscillation, qu'on peut ici, sans erreur sensible, supposer confondu avec le centre de la balle. D'après la formule ci-dessus, on prendra $a = 0^m,994$ si le pendule doit battre les secondes, $a = \frac{1}{4}0^m,994 = 0^m,248$ s'il doit battre les demi-secondes, et, en général, $a = 0^m,9938T^2$ si la durée des oscillations doit être une fraction de seconde mesurée par T.

Il se présente des circonstances où il devient nécessaire d'apprécier les dixièmes de seconde, et l'observation d'un

_______________

(¹) *Traité de Mécanique* de M. Poisson, n° 228, t. II.

pendule dont les oscillations n'auraient que cette durée serait peu exacte et pour ainsi dire impossible. Les astronomes, par la grande habitude qu'ils ont de mesurer le temps, se servent encore du pendule à secondes, et ils estiment les dixièmes en scandant la suite des nombres de zéro à 10 pendant la durée d'un battement du pendule; mais le célèbre Bréguet a construit des chronomètres à plume qui donnent exactement les dixièmes de seconde, et, selon M. Egen, dont nous avons déjà cité plus haut les recherches expérimentales, il existe en Allemagne des chronomètres qui donneraient avec exactitude jusqu'aux centièmes de seconde. Mais de tels instruments sont d'un grand prix et hors de la portée du grand nombre des expérimentateurs. Souvent même, à défaut de montre ou de pendule à secondes, on se sert tout simplement de l'observation des battements du pouls, dont on a préalablement compté le nombre pendant la durée de quelques minutes indiquées par une bonne montre ordinaire.

130. *Procédés pour trouver la loi des mouvements variables.* — L'observation simultanée du chemin décrit par un certain point d'une machine et du temps écoulé, pour en conclure la vitesse, présente souvent des difficultés et exige qu'on ait recours à un aide, même quand le mouvement est uniforme ou périodique; à plus forte raison en est-il ainsi quand la vitesse varie à chaque instant et qu'il est intéressant de connaître ses valeurs ou la loi qu'elle suit par rapport aux espaces et aux temps. On emploie à ce sujet divers procédés, dont le plus simple consiste à diviser l'espace à parcourir en un certain nombre de parties égales, au moyen de traits apparents, et dont le premier coïncide avec celui qui répond à la pièce mobile et soit exempt d'incertitude. On observe simultanément les temps écoulés au bout de chacun des espaces égaux décrits et qui ont été préalablement divisés; traçant ensuite une courbe qui ait ces temps et ces espaces respectifs pour abscisses et ordonnées, la tangente trigonométrique de l'angle d'inclinaison des tangentes en chaque point avec l'axe des abscisses donne la vitesse correspondante du mobile.

Lorsqu'on opère au moyen des battements du pendule et que le mouvement n'est pas très-rapide, il est souvent plus commode de suivre de la main le trait mobile et de marquer d'un trait la position à la fin de chaque battement; mais ces procédés deviennent tout à fait inapplicables lorsque le mouvement est très-rapide et de courte durée : on est alors forcé de recourir à des appareils particuliers, plus ou moins compliqués, et qui varient suivant les circonstances. Tel est, entre autres, le pendule balistique de Robins et le tambour à diaphragme et à vitesse uniforme de Grobert, qui servent seulement à mesurer la vitesse des projectiles sur une petite partie de leur course; tels sont aussi l'appareil employé par M. Eytelwein pour observer la loi du mouvement de la soupape d'arrêt du bélier hydraulique (¹), et celui dont s'est servi récemment M. Morin, dans ses expériences sur le frottement, pour découvrir la loi du mouvement du traîneau glissant horizontalement sur de longs gîtes parallèles : l'un et l'autre consistent à combiner le mouvement variable de la pièce donnée avec le mouvement uniforme et connu d'une autre pièce, au moyen de la trace d'un style fixé à l'une de ces deux pièces.

131. *Idée de quelques appareils qui peuvent servir à cet objet dans le cas des mouvements rapides ou de courte durée.* — Par exemple, s'il s'agit de trouver la loi du mouvement rectiligne d'un châssis ou traîneau quelconque, on disposera parallèlement à ses côtés un tambour cylindrique recouvert de papier auquel on imprimera un mouvement de rotation uniforme connu, par un mécanisme quelconque, puis on fixera la pointe à tracer sur le traîneau. Il est évident que la trace laissée par cette pointe sur le tambour servira à trouver, pour chacun des angles successivement décrits par ce dernier, et par suite des temps écoulés, la grandeur de l'espace décrit par le style ou le traîneau, d'où l'on conclura facilement la loi du mouvement et de la vitesse, comme nous l'avons

---

(¹) *Observations sur le bélier hydraulique, etc;* Paris 1822, traduction de M. Girard, membre de l'Institut, p. 113, § XXV.

expliqué ci-dessus. Le même résultat serait obtenu si l'on remplaçait le tambour cylindrique par un plateau à mouvement uniforme, disposé parallèlement au chemin décrit par le style, chemin qui, ici, ne pourrait être très-grand. Une disposition analogue peut servir à découvrir la loi du mouvement variable d'une pièce de rotation qu'on aurait armée d'un style dont la pointe à tracer se mouverait dans le plan du plateau à vitesse uniforme, mais excentriquement à son axe. Enfin, dans le cas d'un traîneau, on pourra encore transformer le mouvement rectiligne en mouvement de rotation, imprimé à un axe fixe par le moyen d'une poulie adaptée à cet axe et d'un fil attaché au traîneau, etc., puis observer la loi de ce dernier mouvement par le procédé qui vient d'être indiqué, en plaçant le plateau qui reçoit l'empreinte du style sur l'un ou sur l'autre des axes, ce qui est absolument indifférent.

Cette dernière disposition est précisément celle qu'a adoptée M. Morin dans les expériences où il a fait usage d'un mécanisme d'horlogerie analogue à celui des tourne-broches à ressort, pour imprimer le mouvement uniforme au style ou pinceau à tracer. En général, on peut remplir le but de bien des manières, et la seule difficulté consiste à se procurer un mouvement de rotation rigoureusement uniforme et dont la loi soit exactement connue, ce qui est plus difficile qu'on ne pourrait le croire au premier aperçu, et ce qui exige d'ailleurs des vérifications délicates et pénibles. Quant à la manière de conclure le mouvement vrai de la combinaison des deux mouvements de rotation observés, c'est un problème de pure Géométrie ou de simple transformation de coordonnées qu'il est toujours facile de résoudre. Sous le rapport de la précision et de l'uniformité du mouvement, nous recommanderons, pour beaucoup de cas, l'emploi de petites roues à ailettes très-multipliées, bien centrées, bien équilibrées, et qui seraient mues, sans équipages accessoires, au moyen d'un courant d'eau parfaitement réglé.

# ADDITIONS.



## I. — Extraits des publications ultérieures de Poncelet.

### Théorie des effets mécaniques de la turbine Fourneyron ([1]).

L'Académie des Sciences a accueilli dans plusieurs de ses séances, avec un intérêt très-vif, la communication de divers résultats d'expériences sur les effets mécaniques de la turbine de M. Fourneyron, machine ingénieuse qui est venue se placer au rang des meilleures roues hydrauliques connues, de celles surtout qui doivent leur état actuel de perfection et leurs principales qualités au développement des idées mécaniques, et, plus spécialement, aux applications du principe des forces vives. On n'en doit pas moins être surpris de voir que la connaissance des propriétés essentielles de cette roue soit due presque exclusivement à l'expérience, et que la théorie en soit encore si peu avancée; car on ne peut considérer comme entièrement satisfaisante celle que l'auteur en a lui-même présentée dans l'un des *Bulletins de la Société d'Encouragement* pour l'année 1834, et l'on s'aperçoit, sans peine aussi, que les anciennes solutions de l'illustre Borda, malgré l'extension et les perfectionnements qu'elles ont acquis dans ces derniers temps, ne sauraient ici recevoir une application directe et certaine, à cause de l'engorgement qui peut survenir dans les tuyaux d'évacuation de la roue, et de la réaction occasionnée par la présence de ces tuyaux, sur la masse liquide qui s'écoule incessamment par les orifices injecteurs du réservoir. Il résulte, en effet, de cette double circonstance, dont on n'avait jusqu'ici tenu aucun compte dans la théorie des roues comprises sous l'expression générale de *turbines* ([2]), que, pour une ouverture de vanne déterminée, la dépense de

---

([1]) Mémoire lu dans la séance de l'Académie des Sciences du lundi 30 juillet 1838. — Imprimé dans le tome XVII des *Mémoires de l'Académie royale des Sciences de l'Institut de France*; 1840.

([2]) Lors de la lecture de ce passage à l'Académie, nous n'avions en vue que les formules analytiques à l'aide desquelles on représente ordinairement les

liquide dépend forcément de la vitesse de rotation propre de la machine,
et croît avec elle de manière à changer complétement l'appréciation des
effets mécaniques.

D'après ces considérations, j'ai pensé qu'il ne serait pas sans intérêt
pour la Science et les applications pratiques de soumettre de nouveau la
question au calcul, dont les résultats, grâce aux recherches récentes de
M. Morin ('), peuvent être immédiatement contrôlés par ceux de l'expérience, et d'examiner plus particulièrement jusqu'à quel point les formules peuvaient rendre compte des singulières propriétés offertes par la
turbine Fourneyron, qui marche avec un égal avantage, soit qu'elle se
trouve noyée dans l'eau du bief inférieur, soit qu'elle se meuve librement
dans l'air, et qui, entre des limites fort étendues, peut recevoir des vitesses angulaires très-différentes sans que l'effet utile s'écarte notablement du maximum absolu, de celui qui est mesuré par le produit du
poids du liquide effectivement écoulé dans chaque expérience et de la différence correspondante des niveaux, entre les deux biefs.

On avait déjà eu l'idée de faire marcher horizontalement une roue, ouverte vers l'intérieur et l'extérieur, armée d'aubes cylindriques comprises entre deux couronnes planes, parallèles et disposées perpendiculairement à l'axe de la machine, à peu près comme cela a lieu dans certaines
roues verticales où l'eau est introduite par le fond du réservoir tangentiellement à leur circonférence extérieure ; M. Burdin avait même imaginé
quelques dispo-itifs de turbines qui offraient beaucoup d'analogie avec la
machine qui nous occupe et dont la description se trouve consignée dans
un Mémoire inédit, présenté à la Société d'Encouragement pour le concours de mai 1827 ; mais, outre que cette date est aussi à peu près celle
de l'époque où M. Fourneyron a construit sa turbine d'essai à Pont-sur-
l'Ognon, on doit encore reconnaître, avec le savant rapporteur du Mé-

---

moire cité de M. Morin, que ce n'étaient là que des conceptions fort éloignées du but à atteindre, en elles-mêmes très-imparfaites, et qui, pour réussir lors de l'exécution effective, eussent exigé diverses modifications, divers perfectionnements très-importants dans le système général des constructions.

La qualité essentielle de la turbine Fourneyron ne réside pas seulement dans la propriété qu'elle possède de marcher très-vite et de pouvoir être noyée dans l'eau du bief inférieur, sans trop d'inconvénients pour l'effet utile, car le dispositif des roues verticales à aubes courbes dont il a été parlé ci-dessus en est pourvu à un degré déjà assez prononcé, mais bien, redisons-le, dans cette heureuse idée de faire arriver l'eau horizontalement par tout le pourtour intérieur de la roue, et de la faire dégorger par la partie la plus étendue, par sa circonférence extérieure. Il en résulte effectivement que, dans la plupart de ses applications à l'industrie, cette roue permet, sous de très-petites dimensions, et par conséquent avec une faible dépense en argent et en force, un débit d'eau pour ainsi dire illimité, que l'écoulement s'y opère d'une manière facile et en quelque sorte sans entraves; qu'enfin elle fonctionne avantageusement à peu près sous toutes les chutes et à toutes les vitesses, sans éprouver, de la part du poids de ses propres parties et de celui de l'eau qui la met en action, ce surcroît de résistance qui se fait sentir dans presque toutes les roues existantes et se trouve accompagné d'inconvénients plus particulièrement fâcheux dans celles dont l'axe est vertical.

On sait, au surplus, avec quel art infini M. Fourneyron est parvenu à soustraire cette même turbine au défaut, d'abord si capital, du prompt usé des pivots, et comment aussi, à force d'études, de soins et de persévérance, il en a perfectionné les différentes parties de manière à constituer, de l'ensemble, un moteur puissant qui est en tous points comparable, pour l'élégance et la simplicité des dispositions, à cette admirable machine, due à quarante années de travaux d'un homme de génie tel que Watt. D'une autre part, ne craignons pas de le déclarer, la vitesse excessive qu'il est nécessaire de laisser prendre à la turbine Fourneyron, lors des grandes chutes d'eau, loin d'être à nos yeux une qualité essentielle et qu'on doive admirer, nous semble, au contraire, un grave défaut toutes les fois qu'une pareille vitesse n'est pas immédiatement réclamée par les besoins de l'usine et qu'on se voit obligé de l'amoindrir par une transformation d'engrenages qui dépensent une portion plus ou moins grande de l'action motrice, et dont il convient toujours de tenir compte dans les projets d'établissement de la machine.

La théorie et les calculs qui se trouvent exposés dans la première partie de la Note que nous avons l'honneur de soumettre à l'Académie ont déjà été l'objet de deux leçons professées par l'auteur, les 11 et 13 juillet dernier, à la Faculté des Sciences de Paris. On y considère d'abord les équations relatives à l'écoulement du liquide, tant dans l'intérieur du réservoir de la roue qu'au travers des orifices de circulation formés par ses aubes cylindriques. Dans ces équations on tient compte, en même temps, soit de la perte de force vive qui a lieu à l'entrée du liquide dans le réservoir, soit de la différence qui peut exister entre les pressions à l'intérieur et à l'extérieur de l'espace cylindrique compris entre la turbine et les orifices d'alimentation, soit enfin des pertes de force vive qui s'opèrent en vertu de la vitesse relative avec laquelle le liquide afflue dans les canaux de circulation de cette roue et vient choquer leurs parois ou se mêler avec celui qui y est déjà contenu et qui possède généralement une vitesse différente de la sienne propre.

Ces mêmes équations conduisent immédiatement à des expressions très-simples de la vitesse, de la dépense de liquide, ainsi que de la pression déjà mentionnée ci-dessus et qu'on avait primitivement considérée comme l'une des inconnues du problème. Le numérateur de ces expressions contient uniquement les termes relatifs soit à la différence des niveaux dans les deux biefs, soit à la vitesse angulaire de la roue, et dont l'un, je veux dire le premier, est spécialement dû à l'action de la gravité, et l'autre à celle de la force centrifuge. Leur dénominateur ne renferme, au contraire, que les seuls termes qui proviennent des différentes pertes de forces vives et qui dépendent ainsi essentiellement de la constitution particulière de la machine et du réservoir, lequel est lui-même armé d'aubes, de surfaces cylindriques verticales fixes, qui servent de directrices au liquide.

Quant à l'effet utile de cette machine, il est donné immédiatement par l'équation ordinaire des forces vives, dans laquelle on réunit, à la perte de travail relative à l'introduction de l'eau dans les canaux de la turbine, celle qui résulte de la vitesse absolue conservée par ce liquide à son arrivée dans l'espace extérieur. Mais, comme l'effet dont il s'agit dépend essentiellement de la masse du liquide qui s'écoule, dans chaque unité de temps, après que le régime uniforme se trouve établi, et que cette masse elle-même est une fonction implicite de la vitesse de la roue, il en résulte une expression radicale assez compliquée, qui se simplifie néanmoins quand on ne veut uniquement considérer que le rapport des effets et rechercher la valeur de la vitesse angulaire qui le rend un maximum.

D'ailleurs, les aubes de la roue formant avec sa circonférence intérieure un angle sensiblement droit dans le système de construction adopté par M. Fourneyron, nous n'avons pas eu à nous occuper spécialement des conditions du maximum d'effet absolu, dont l'expression générale se complique beaucoup ici et qui eussent conduit à trois équations du deuxième degré, assez difficiles à discuter; nous nous sommes borné à montrer, pour le dispositif particulier dont il s'agit, l'impossibilité de satisfaire à ces mêmes conditions, dont on approche néanmoins lors des fortes ouvertures de vanne et pour de très-petites valeurs attribuées aux angles formés par la veine liquide à son entrée et à sa sortie de la roue. Quoi qu'il en soit, la marche que nous avons suivie dans la recherche du maximum d'effet relatif à ce cas particulier indique suffisamment celle qui devrait être adoptée pour l'établissement de la théorie de toutes les roues qui offrent plus ou moins d'analogie avec les turbines et dont la difficulté réside principalement dans la détermination de la dépense de liquide ou de la vitesse d'affluence de ce liquide sur la machine.

Considérant donc spécialement le dispositif adopté par M. Fourneyron, et appliquant les formules à un cas qui doit beaucoup se rapprocher de celui de la turbine de Müllbach, soumise à l'expérience par M. Morin, on trouve :

1° Que cette turbine, encore bien qu'elle ne soit pas, en général, susceptible de produire ce qu'on nomme le *maximum d'effet absolu*, offre néanmoins des résultats qui en approchent de très-près, en raison de l'excellente disposition de toutes les parties, à laquelle l'auteur s'est conformé dans l'application spéciale dont il s'agit ; 2° que le rapport de l'effet utile au travail dépensé, de même que celui de la vitesse de la roue à celle qui est due à la chute virtuelle ou effective, est entièrement indépendant de la hauteur de cette chute et de la quantité dont la turbine peut être noyée dans l'eau du bief inférieur, circonstances dont la dernière, on le sent bien, tient à ce que l'on n'a point eu égard, dans les calculs, aux pertes de force vive occasionnées par la résistance de cette eau ; 3° enfin que les valeurs du rapport des effets varient assez peu pour des vitesses angulaires qui s'écartent notablement, de part et d'autre, de celle qui donne le maximum d'effet relatif.

Ces diverses conséquences s'accordent parfaitement avec le résultat des expériences connues ; mais ce qui nous paraît surtout mériter l'attention, c'est que les valeurs attribuées par le calcul au rapport des effets sont bien loin de décroître, pour les grandes vitesses de roue, aussi rapidement que l'indique le tableau des expériences déjà citées de M. Morin. Or cette circonstance, jointe à ce que la diminution de l'effet utile relatif aux très-petites ouvertures de vanne est aussi moins sensible dans les résultats déduits du calcul, offre une nouvelle preuve de la nécessité d'avoir égard à la résistance du liquide dans lequel la roue se trouve plongée, ainsi qu'à plusieurs autres circonstances dont nous n'avons point encore parlé. Du reste, le même accord se fait apercevoir dans la comparaison des dépenses théorique et effective, à cela près encore de l'influence perturbatrice qui peut être due aux circonstances dont il s'agit.

L'examen de ces particularités, omises dans l'établissement des précédentes formules, est l'objet de la dernière partie de cette Note; on a cherché à y tenir compte, d'une manière approximative, non-seulement de la résistance que la turbine éprouve à se mouvoir dans l'eau du bief inférieur, mais aussi de l'influence qui peut être due au jeu annulaire ou vide laissé entre le réservoir et la couronne supérieure de la roue, ainsi qu'à la présence des diaphragmes ou couronnes intermédiaires quelquefois adoptées, par M. Fourneyron, dans l'établissement de cette roue. On conçoit, en effet, que, lors des mouvements très-rapides ou très-lents de celle-ci, la pression intérieure pouvant être plus petite ou plus grande que celle du fluide ambiant, il en résulte, dans le premier cas, une aspiration, et, dans le second, une expulsion, qui altèrent les effets dynamiques de la machine et le mode d'écoulement de l'eau, avec d'autant plus d'énergie, que le jeu annulaire dont il s'agit est plus appréciable, que l'ouverture de la vanne est plus faible et que la vitesse de la roue s'approche elle-même davantage de ses limites extrêmes.

D'un autre côté, il résultera de l'interposition de couronnes intermédiaires que, lors des faibles ouvertures de vanne, le liquide compris dans les divisions supérieures, soumis uniquement à l'action de la force centrifuge, tendra à s'en échapper avec une vitesse qui croîtra avec celle de la roue, et qui produira un remous, un effluve continuels du dehors vers le dedans de cette roue, lesquels n'ont pas lieu pour la division inférieure où l'eau afflue, par hypothèse, directement et d'une manière constante.

L'analyse de ces différentes circonstances conduit à un nombre d'équations suffisant pour en déterminer complétement l'influence tant sur la dépense de fluide que sur les effets de la machine; mais les résultats auxquels on arrive sont très-compliqués, et nous nous sommes borné, dans cette Note, à indiquer la marche des calculs, qui ne pourraient s'effectuer que pour chaque cas spécial et par la méthode des approximations successives, à laquelle d'ailleurs on sera dispensé de recourir lorsqu'il ne s'agira que des effets de la turbine considérée dans son état normal, c'est-à-dire pour des ouvertures de vanne et des vitesses appropriées à sa constitution primitive.

Les détails dans lesquels on vient d'entrer montrent de plus que la théorie et l'établissement des turbines sont en eux-mêmes très-délicats; que leur effet utile est susceptible de s'amoindrir, pour ainsi dire indéfiniment, par une mauvaise disposition de l'ensemble ou des parties, mais surtout par une fausse appréciation de la vitesse, de la dépense ou de l'ouverture qui convient aux orifices d'écoulement; qu'enfin l'excellence des résultats obtenus par M. Fourneyron est due autant à son intelligence de la véritable constitution de la machine qu'à une longue expérience dirigée par les indications de la théorie.

Nommons spécialement, pour le réservoir cylindrique de la turbine,

$e$ la hauteur effective des orifices d'écoulement ;

$a$ la plus courte distance entre les *directrices* consécutives du liquide,

$l$ la distance entre les extrémités extérieures de ces directrices ;

$\alpha$ l'angle aigu sous lequel les filets liquides, censés perpendiculaires à $a$, viennent rencontrer la circonférence intérieure de la roue, ce qui donne sensiblement $a = l \sin \alpha$ ;

U la vitesse inconnue et moyenne avec laquelle ces filets franchissent les orifices dont l'aire individuelle est $ae$ ;

$k$ le coefficient de la contraction à la sortie de ces orifices, et qui ici doit être au moins o,95 pour les petites valeurs de $e$ ;

$\mu$ celui qui se rapporte à l'introduction de l'eau dans l'intérieur du réservoir, et qui peut descendre à o,6o lorsque les parois de ce dernier ne sont pas convenablement évasées ;

A l'aire des sections horizontales du réservoir ;

O $= nkae$ la somme des aires contractées, $kae$, des orifices de sortie, dont $n$ représente le nombre ;

Q $=$ OU le volume du liquide écoulé, dans chaque seconde, par ces orifices.

Soient pareillement pour la roue

R' et R'' les rayons des circonférences extérieure et intérieure, dont le dernier est aussi à très-peu près celui du réservoir ;

$e'$ la hauteur du débouché naturel et invariable offert au liquide affluent par les canaux de circulation des aubes, hauteur qui peut néanmoins se réduire à une fraction déterminée de la distance entre les couronnes extérieures de la roue, quand il existe un ou plusieurs diaphragmes intermédiaires ;

$a'$ la plus courte distance entre deux aubes consécutives ;

$l'$ et $l''$ leurs intervalles mesurés respectivement sur les circonférences extérieure et intérieure ;

$\varphi$ l'angle aigu formé par le jet liquide avec la première de ces circonférences, de sorte qu'on a sensiblement $a' = l' \sin \varphi$ ;

O' $= n'k'a'e'$ la somme des aires contractées $k'a'e'$ des orifices d'évacuation dont $n'$ est le nombre ;

$\omega$ la vitesse angulaire ou à l'unité de distance de l'axe ;

$v' = \omega$R', $v'' = \omega$R'' les vitesses des circonférences extérieure et intérieure ;

$u$ et $u'$ les vitesses relatives avec lesquelles le liquide est introduit dans l'intervalle compris entre les aubes voisines de la roue, et s'en échappe ensuite comme d'une espèce de canal ou ajutage conique ;

$\beta$ l'angle formé par la vitesse $u$ et la vitesse $v''$ prise en sens contraire.

Enfin désignons généralement par

$h$ et $h'$ les hauteurs du niveau de l'eau, dans les bassins supérieur et inférieur, au-dessus du centre des orifices d'écoulement;

$H = h - h'$ la chute totale ou utile;

P la résistance et P$v$ l'effet utile mesurés au point dont la distance à l'axe
est R, et la vitesse $v = \omega$R;

$p$ la pression atmosphérique extérieure par mètre carré;

$p'$ celle qui a lieu dans l'espace compris entre le réservoir et la roue;

$\Pi = 1000^{kg}$ le poids du mètre cube du liquide;

$g = 9^m,809$ la vitesse imprimée par la pesanteur au bout de la première
unité de temps de la chute des corps;

$M = \dfrac{\Pi}{g} Q$ la masse de liquide qui s'écoule uniformément, dans l'unité de
temps, par les orifices du réservoir ou ceux de la turbine.

Observant que la perte de force vive par seconde, qui s'opère à l'entrée de l'eau dans le réservoir cylindrique d'alimentation de la roue, est,
d'après les principes connus, mesurée par l'expression $MU^2 \dfrac{O^2}{A^2}\left(\dfrac{1}{\mu}-1\right)^2$;
négligeant, en général, la résistance, ici assez faible, des parois des vases
ou des différentes conduites, aussi bien que la force vive due à la vitesse d'affluence de l'eau dans le bassin supérieur, et qui est ordinairement très-petite
par rapport à celle qui a lieu dans le réservoir même de la turbine, l'équation du mouvement permanent du liquide, depuis son entrée dans ce réservoir jusqu'à sa sortie par les orifices O, sera

$$MU^2\left[1 + \frac{O^2}{A^2}\left(\frac{1}{\mu}-1\right)^2\right] = 2\,Mgh + 2\,Mg\left(\frac{p}{\Pi} - \frac{p'}{\Pi}\right)$$

ou, en divisant par M et posant, pour abréger, $\dfrac{O^2}{A^2}\left(\dfrac{1}{\mu}-1\right)^2 = K$,

$$U^2(1 + K) = 2gh + 2g\left(\frac{p}{\Pi} - \frac{p'}{\Pi}\right).$$

On aura ainsi, pour déterminer la hauteur de pression dans l'espace compris entre le réservoir et la roue, quand U sera connu,

$$\frac{p'}{\Pi} - \frac{p}{\Pi} = h - \frac{U^2}{2g}(1 + K).$$

Pour obtenir l'équation qui se rapporte au mouvement circulatoire de
l'eau dans l'intérieur de la roue, on remarque d'abord que la vitesse relative $u$ avec laquelle cette eau tend, au premier instant, à s'introduire
dans l'intervalle compris entre les aubes, est donnée par la relation

$$u^2 = U^2 + v^2 - 2Uv\cos\alpha = \frac{O'^2}{O^2}u'^2 + v'^2 - 2\frac{O'}{O}v'\cos\alpha.u',$$

attendu qu'on a $Q = OU = O'u'$, et que U doit être la résultante de $u$ et de $v''$.

Admettant ensuite, ce qui a effectivement lieu dans la turbine Fourneyron, que la direction des aubes est sinon rigoureusement, du moins très-sensiblement perpendiculaire à la circonférence intérieure de la roue, on décomposera la vitesse relative $u$ en deux autres : l'une $u\cos\beta$, dirigée dans le sens de cette circonférence, et qui donne lieu à une première perte de force vive mesurée par

$$ M u^2 \cos^2\beta ; $$

l'autre $u\sin\beta$, dont l'excès sur la vitesse moyenne ou de régime que l'eau tend à prendre dans les canaux de circulation de la roue, un peu au delà de leur entrée, donne lieu à une seconde perte de force vive, qu'on évaluera approximativement en observant que, $k'a'e'u'$ étant la dépense qui se fait, en une seconde, par l'orifice d'évacuation de chacun de ces canaux, la vitesse moyenne dont il s'agit a pour mesure, dans l'hypothèse du parallélisme des filets, et attendu que $e'l'$ peut être pris sensiblement pour l'aire de la section à l'entrée des canaux et que $l'$ et $l''$ sont proportionnels à $R'$ et $R''$,

$$ \frac{k'a'e'u'}{e'l'} = \frac{k'a'}{l'}\frac{R'}{R''}u' = k'\frac{R'}{R''}\sin\varphi . u', $$

le coefficient numérique $k'$ pouvant servir en même temps à corriger l'erreur que l'on commet en supposant le parallélisme des filets établi dans la section $e'l''$, qui est évidemment trop forte, et $\varphi$ représentant ici, redisons-le, non pas l'angle du dernier élément des aubes avec la circonférence extérieure de la roue, mais bien celui du filet moyen ou central de la veine sortante avec cette même circonférence.

La perte de vitesse à l'entrée et dans le sens de l'axe des canaux aura donc pour expression

$$ u\sin\beta - k'\frac{R'}{R''}\sin\varphi . u', $$

ce qui donne pour la perte correspondante de force vive, par seconde et sur le pourtour entier de la roue, l'expression

$$ M\left( u\sin\beta - k'\frac{R'}{R''}\sin\varphi . u' \right)^2 $$

et, pour la perte de force vive totale à l'entrée de l'eau dans les canaux,

$$ M\left[ u^2\cos^2\beta + \left( u\sin\beta - k'\frac{R'}{R''}\sin\varphi . u' \right)^2 \right] $$

$$ = M\left( u^2 + k'^2\frac{R'^2}{R''^2}\sin^2\varphi . u'^2 - 2k'\frac{R'}{R''}\sin\varphi . u\sin\beta . u' \right). $$

Mais, attendu que l'axe de ces canaux est ici supposé perpendiculaire à la circonférence intérieure de la roue (¹) ou à la direction de $v'$, et que U est la résultante de $v'$ et de $u$, on a nécessairement

$$u \sin \beta = \mathrm{U} \sin \alpha = \frac{\mathrm{O}'}{\mathrm{O}} \sin \alpha \, . \, u';$$

ce qui donne, pour la nouvelle expression simplifiée de la perte de force vive à l'entrée de la roue,

$$\mathrm{M}\left( u'^2 + k'^2 \frac{\mathrm{R}'^2}{\mathrm{R}''^2} \sin^2 \gamma \, . \, u''^2 - 2 k' \frac{\mathrm{R}'}{\mathrm{R}''} \sin \gamma \frac{\mathrm{O}'}{\mathrm{O}} \sin \alpha \, . \, u'^2 \right)$$

ou, en posant, pour abréger, $k' \dfrac{\mathrm{R}'}{\mathrm{R}''} \sin \gamma = b$, $\dfrac{\mathrm{O}'}{\mathrm{O}} \sin \alpha = c$,

$$\mathrm{M}\left( u'^2 + b^2 u''^2 - 2 b c u'^2 \right).$$

D'après cela, l'équation du mouvement relatif dans l'intérieur de la roue, en ayant égard à l'action de la force centrifuge qui développe, par seconde, une quantité de travail mesurée par $\frac{1}{2}\mathrm{M}(v'^2 - v''^2)$, sera

$$\mathrm{M} u'^2 = \mathrm{M} u^2 + \mathrm{M}(v'^2 - v''^2) + 2 g \mathrm{M}\left( \frac{p'}{\Pi} - \frac{p}{\Pi} \right)$$
$$- 2 g \mathrm{M} h' - \mathrm{M}\left( u'^2 + b^2 u''^2 - 2 b c u'^2 \right)$$

ou, en divisant par M, remplaçant $\dfrac{p'}{\Pi} - \dfrac{p}{\Pi}$ par sa valeur trouvée ci-dessus, et se rappelant que $h - h' = \mathrm{H}$, $\mathrm{U} = \dfrac{\mathrm{O}'}{\mathrm{O}} u'$,

$$u'^2 = v'^2 - v''^2 + 2 g \mathrm{H} - \left[ (1 + \mathrm{K}) \frac{\mathrm{O}'^2}{\mathrm{O}^2} + b^2 - 2 b c \right] u'^2.$$

De là on tire pour déterminer la vitesse $u'$, en posant de nouveau, afin d'abréger, le nombre $(1 + \mathrm{K}) \dfrac{\mathrm{O}'^2}{\mathrm{O}^2} + b^2 - 2 b c = i$,

$$u' = \sqrt{\frac{2 g \mathrm{H} + v'^2 - v''^2}{1 + i}} = \sqrt{\frac{2 g \mathrm{H} + \omega^2 (\mathrm{R}'^2 - \mathrm{R}''^2)}{1 + i}},$$

---

(¹) S'il formait avec elle, du côté de la vitesse $v'$, un angle quelconque $\gamma$, l'expression de la perte de force vive deviendrait

$$\mathrm{M}\left\{ u'^2 + k'^2 \frac{\mathrm{R}'^2}{\mathrm{R}''^2} \frac{\sin^2 \gamma}{\sin^2 \gamma} u''^2 - 2 \left[ \frac{\mathrm{O}'}{\mathrm{O}} \cos(\gamma - \alpha) u' - v'^2 \cos \gamma \right] k' \frac{\mathrm{R}'}{\mathrm{R}''} \frac{\sin \gamma}{\sin \gamma} u' \right\};$$

ce qui introduirait dans les équations un terme en $u'$ qui les compliquerait un peu plus, et auquel il sera ainsi facile d'avoir égard dans la recherche des conditions relatives au maximum d'effet absolu.

et partant, pour calculer la vitesse et la dépense de liquide à la sortie du
réservoir cylindrique de la turbine,

$$U = \frac{O'}{O} u' = \frac{O'}{O} \sqrt{\frac{2gH + \omega^2(R'^2 - R''^2)}{1+i}},$$

$$Q = OU = O' \sqrt{\frac{2gH + \omega^2(R'^2 - R''^2)}{1+i}};$$

formules qui montrent que cette vitesse, cette dépense, peuvent surpasser
celles qui seraient dues à la différence H des niveaux, et qu'elles croissent, en général, avec la vitesse angulaire de la roue, conformément au
résultat des récentes expériences de M. Morin, sur la turbine de Mülbach.

Mettant d'ailleurs la valeur de U, qui vient d'être trouvée, dans l'expression de $\frac{p'}{\Pi} - \frac{p}{\Pi}$, on aura

$$\frac{p'}{\Pi} - \frac{p}{\Pi} = h - \frac{1+K}{1+i} \frac{O'^2}{U^2}\left(H + \omega^2 \frac{R'^2 - R''^2}{2g}\right);$$

ce qui montre que la pression dans l'espace compris entre la roue et
réservoir diminue rapidement à mesure que la vitesse angulaire $\omega$ augmente, et qu'elle peut même devenir inférieure à la pression du fluide
dans lequel se meut la turbine, quand la condition

$$h - h' \quad \text{ou} \quad H < \frac{1+K}{1+i} \frac{O'^2}{O^2}\left(H + \omega^2 \frac{R'^2 - R''^2}{2g}\right)$$

se trouve naturellement remplie.

Enfin le principe des forces vives donnera également, pour calculer
l'effet utile ou la quantité de travail transmise à la roue, abstraction faite
des résistances passives,

$$Pe = MgH - \tfrac{1}{2}M(u^2 + b^2u'^2 - 2bcu'^2) - \tfrac{1}{2}M(u'^2 + c'^2 - 2v'\cos\varphi.u'),$$

attendu que $u'^2 + c'^2 - 2v'\cos\varphi.u'$ représente le carré de la vitesse absolue conservée par le liquide à sa sortie de cette roue.

Mais il est à remarquer qu'ici les valeurs de M et de MgH, qui représentent la masse de liquide écoulée par seconde et le travail moteur, l'effet
absolu qui s'y rapporte, ne sont point indépendantes de la vitesse angulaire $\omega$ de la roue, de sorte qu'il ne conviendrait pas non plus de supposer
ces valeurs constantes, comme on le fait ordinairement dans la recherche
du maximum d'effet; c'est pourquoi on se contentera de considérer simplement le maximum même du rapport de ces effets, lequel exprime l'a-
vantage relatif de la roue, ou ce qu'on appelle quelquefois son *rendement*
dans la pratique.

Comme on a d'ailleurs

$$u'^2 = \frac{O'^2}{O^2} u''^2 + v''^2 - 2v'' \frac{O'}{O} \cos\alpha.u'',$$

l'équation qui donne ce rapport sera, en divisant l'expression ci-dessus de $Pv$ par $MgH$,

$$\frac{Pv}{MgH} = 1 - \frac{v'^2 + v''^2}{2gH} - \left(1 + \frac{O'^2}{O^2} + b^2 - 2bc\right)\frac{u'^2}{2gH}$$
$$+ 2\left(v' \cos\varphi + v'' \frac{O'}{O} \cos\alpha\right)\frac{v'}{2gH}.$$

Observant, en outre, qu'on a

$$i = (1 + K)\frac{O'^2}{O^2} + b^2 - 2bc, \quad u''^2 = \frac{2gH + v'^2 - v''^2}{1 + i},$$

remplaçant $v'$ et $v''$ par $\omega R'$ et $\omega R''$, il viendra, toutes réductions faites,

$$\frac{Pv}{MgH} = \frac{K}{1+i}\frac{O'^2}{O^2} + \left[\frac{K}{1+i}\frac{O'^2}{O^2}(R''^2 - R'^2) - 2R'^2\right]\frac{\omega^2}{2gH}$$
$$+ 2\frac{R'\cos\varphi + R''\frac{O'}{O}\cos\alpha}{\sqrt{1+i}}\sqrt{\frac{\omega^2}{2gH} + (R'^2 - R''^2)\frac{\omega^2}{4g^2H^2}}.$$

Pour déduire de là les conditions du maximum d'effet, il faudra successivement faire varier dans cette expression les quantités qu'on veut considérer comme indéterminées dans l'établissement de la roue, en faisant attention que le nombre

$$i = (1 + K)\frac{O'^2}{O^2} + b^2 - 2bc$$
$$= (1 + K)\frac{O'^2}{O^2} + \frac{R''^2}{R'^2}\sin^2\varphi - 2\frac{O'}{O}\frac{R''}{R'}\sin\varphi\sin\alpha$$

est lui-même fonction de quelques-unes d'entre elles.

En se bornant ici à ce qui concerne particulièrement la vitesse angulaire $\omega$, ou plutôt le rapport de la vitesse $v = \omega R'$ à celle $\sqrt{2gH}$ qui est due à la chute disponible du cours d'eau, rapport qui entre seul dans l'expression de celui des effets, on posera de nouveau, afin d'abréger,

$$\frac{K}{1+i}\frac{O'^2}{O^2} = B, \quad 2 - \frac{K}{1+i}\frac{O'^2}{O^2}\left(1 - \frac{R''^2}{R'^2}\right) = C,$$

$$\frac{\cos\varphi + \frac{O'}{O}\frac{R''}{R'}\cos\alpha}{\sqrt{1+i}} = D, \quad 1 - \frac{R''^2}{R'^2} = E,$$

$$\frac{\omega^2 R'^2}{2gH} = x \quad \text{ou} \quad v' = \omega R' = \sqrt{2gHx},$$

quantités qui, dans le problème dont on s'occupe, sont toutes essentiellement positives.

L'expression du rapport des effets devenant ainsi, en général,

$$\frac{P_v}{MgH} = B - Cx + 2D\sqrt{x + Ex^2},$$

on trouvera sans difficulté, pour la condition du maximum relatif de ce rapport,

$$x \quad \text{ou} \quad \frac{\omega^2 R'^2}{2gH} = -\frac{1}{2E} + \frac{1}{2E}\sqrt{\frac{C^2}{C^2 - 4D^2E}}$$

et, pour la valeur même de ce maximum,

$$\frac{P_v}{MgH} = B + \frac{C}{2E} - \frac{1}{2E}\sqrt{C^2 - 4D^2E}.$$

Cette dernière expression ne contenant ni H, ni $h'$ ou $h$, on voit que la turbine Fourneyron doit, entre certaines limites de vitesse et abstraction faite des résistances passives plus ou moins grandes qu'elle éprouve, fonctionner avec un égal avantage sous toutes les hauteurs de chute, et qu'elle soit ou non noyée dans l'eau du bief inférieur, propriétés qui sont confirmées à l'avance par le résultat des expériences connues.

La valeur du rapport $\dfrac{\omega R'}{\sqrt{2gH}}$, qui correspond au maximum d'effet relatif, fait voir en outre que ce rapport doit être sensiblement indépendant des circonstances dont il s'agit, et qu'il n'est, ainsi que le précédent, susceptible de varier qu'avec les proportions mêmes de la machine, l'inclinaison des courbes directrices du réservoir, celle des aubes de la roue et l'ouverture des orifices d'écoulement, conformément encore à ce qui est indiqué par l'expérience.

Dans le système de construction adopté par M. Fourneyron, l'aire variable O des orifices du réservoir est, tout au plus, le quart de celle A de ses sections horizontales $\pi R'^2$, de sorte qu'on a aussi

$$K < \frac{1}{16}\left(\frac{1}{\mu} - 1\right)^2 \quad \text{ou} \quad K < \frac{1}{36} = 0,0278,$$

en prenant pour $\mu$ sa plus petite valeur $0,6$. Et, comme le nombre K est en même temps facteur de quantités assez petites dans les expressions de B et C ci-dessus, on pourra l'y supposer entièrement nul, ce qui donnera plus simplement :

1° Pour l'expression générale du rapport variable des effets,

$$\frac{P_v}{MgH} = -2x + 2\frac{\cos\varphi + \dfrac{O'R'^2}{OR'}\cos x}{\sqrt{1 + i}}\sqrt{x + \left(1 - \frac{R'^2}{R'^2}\right)x^2};$$

2° Pour la valeur $x$, qui correspond au maximum de ce rapport,

$$x = \frac{R'^2}{2(R^2 - R'^2)}\left[-1 + \frac{R^2}{\sqrt{R^4 - \dfrac{\left(R'\cos\varphi + \dfrac{O'}{O}R''\cos\varkappa\right)^2}{1+\zeta}(R^2 - R'^2)}}\right];$$

3° Enfin pour la valeur même de ce maximum

$$\frac{Pv}{MgH} = \frac{R'^2}{R^2 - R'^2}\left[1 - \sqrt{1 - \frac{\left(R'\cos\varphi + \dfrac{O'}{O}R''\cos\varkappa\right)^2(R^2 - R'^2)}{(1+\zeta)R^4}}\right].$$

L'examen de cette dernière expression fait voir que les autres conditions à remplir pour rendre l'établissement de la roue le plus avantageux possible, dans l'hypothèse $A > 4O$, qui nous occupe, consiste à rendre elle-même maximum la quantité

$$\frac{\left(R'\cos\varphi + \dfrac{O'}{O}R''\cos\varkappa\right)^2(R^2 - R'^2)}{(1+\zeta)R^4}$$

$$= \frac{\left(\cos\varphi + \dfrac{O'}{O}\dfrac{R''}{R'}\cos\varkappa\right)^2\left(1 - \dfrac{R'^2}{R^2}\right)}{1 + (1+K)\dfrac{O'^2}{O^2} + \dfrac{R''^2}{R'^2}\sin^2\varphi - 2\dfrac{O'}{O}\dfrac{R''}{R'}\sin\varphi\sin\varkappa}.$$

Posant, à cet effet,

$$\tan\varkappa = y, \quad \tan\varphi = z, \quad \frac{R''}{R'} = m, \quad \frac{ke}{R'^2} = s,$$

et observant d'ailleurs qu'on a

$$\frac{O'}{O} = \frac{n'k'a'e'}{nkae} = \frac{k'e'n'l'\sin\varphi}{kenl\sin\varkappa} = \frac{\tau R'\sin\varphi}{s R''\sin\varkappa},$$

l'expression dont il s'agit prendra la forme

$$\frac{m^2(1 - m^2)(sy + z)^2}{m^2 s^2(1 + z^2)y^2 + (1 + K)(1 + y^2)z^2 + (z^2 - 2sy)y^2 z^2}.$$

sous laquelle il est facile de reconnaître, d'après la limitation des valeurs que peuvent recevoir ici les nombres $m$, $s$ et $K : \tau^\circ$ que cette fraction demeurera toujours au-dessous de l'unité, de sorte que la valeur du rapport $x$ ou celle de la vitesse angulaire de la roue ne saurait, non plus, devenir infinie par la condition du maximum d'effet, ainsi qu'il arrive pour les roues à réaction, à la classe desquelles, par conséquent, celle qui nous occupe ne saurait appartenir; 2° que cette même fonction approchera d'autant plus de son maximum que le rapport $s$ ou $\frac{ke}{k'e'}$ sera plus voisin de l'unité, et que K, $y$ et $z$ ou $\alpha$ et $\varphi$ seront eux-mêmes plus près de *zéro*; 3° qu'enfin, si cette condition de K, $\alpha$ et $\varphi$, nuls ou très-petits, était satis-aite, le rapport de $\frac{y}{z} = \frac{\tang \alpha}{\tang \varphi}$ devenant $\frac{1}{sm^2}$, la fraction ci-dessus se réduirait sensiblement à la quantité $1 - m^2$, ce qui donnerait

$$\frac{P v}{M g H} = \frac{R'^2}{R^2 - R'^2}(1 - m^2) = 1, \quad x = \frac{1}{2 m^2} = \frac{R'^2}{2 R'^2},$$

$$\omega R^2 \quad \text{ou} \quad v' = \sqrt{g H} = 0,7071 \sqrt{2 g H},$$

et indique que le maximum d'effet absolu serait atteint pour une vitesse de la circonférence intérieure de la roue égale aux 0,7 environ de celle qui répond à la hauteur de la chute disponible H.

Dans la réalité, il est impossible de faire les angles $\alpha$ et $\varphi$ nuls ou même très-petits; mais on conçoit, d'après la nature de la fonction ci-dessus, que sa valeur et celle de $\frac{P v}{M g H}$ devront éprouver des variations assez faibles pour des valeurs de $\alpha$ et de $\varphi$ qui s'écarteraient notablement de zéro, et c'est ce qui sera démontré par l'exemple suivant, dans lequel nous nous proposons d'étudier spécialement la marche suivie par les résultats numériques du calcul, afin de la comparer à celle qui est indiquée par les données immédiates de l'expérience.

Nous choisirons, à cet effet, l'un de ceux dont M. Morin s'est, dans son dernier Mémoire imprimé sur les turbines, occupé avec le plus de soin, sans d'ailleurs faire connaître les éléments relatifs à la constitution particulière de la roue sur laquelle il a opéré, et qui eussent pu servir de base à l'établissement des calculs, circonstance d'autant plus fâcheuse qu'elle nous empêche de donner à cette comparaison le degré de certitude et d'intérêt scientifique qu'elle eût pu comporter.

Si l'on admet que M. Fourneyron n'ait pas sensiblement modifié le système général de construction de sa roue, depuis l'époque de l'impression de son premier Mémoire dans les *Bulletins de la Société d'Encouragement* pour l'année 1834 (p. 3, 49 et 85), on sera conduit, notamment pour la turbine de Mülbach, sur laquelle M. Morin a multiplié beaucoup les expériences, et qui, sous une hauteur de $0^m,33$, offre un diamètre d'environ 2 mètres, on sera conduit, disons-nous, à prendre, d'une manière qui laisse à la vérité un peu d'arbitraire,

$$R' = 1^m, \quad R'' = 0,7, \quad R' = 0^m,7,$$

$$\sin \alpha = 0,5, \quad \cos \alpha = 0,866, \quad \sin \varphi = 0,4, \quad \cos \varphi = 0,9165.$$

De plus, nous supposerons les coefficients de contraction $k$, $k'$, relatifs aux orifices d'injection du réservoir et d'évacuation de la roue, sensiblement égaux entre eux et à l'unité; et, parmi les séries d'expériences entreprises par M. Morin, nous choisirons les deuxièmes des pages 36 et 46 du Mémoire cité, pour lesquelles la valeur du rapport $\frac{e}{e'}$ des hauteurs de ces orifices ne devait pas elle-même différer beaucoup de l'unité, si, comme il y a lieu de le supposer encore, la roue dont il s'agit portait une couronne intermédiaire, et qu'on néglige l'influence qui peut être due à la présence de la division supérieure où l'eau ne devait pas être admise directement.

On aurait ainsi sensiblement, dans ces hypothèses,

$$\frac{O'}{O} = \frac{n'k'd'e'}{nkae} = \frac{R'\sin\varphi}{R^2\sin\alpha} = 1,143,$$

$$(1+l)\frac{O'^2}{O^2} = 1 + K + \frac{O^2}{O^2} - \sin^2\alpha = 1,5434,$$

$$\frac{\cos\varphi + \frac{O'R''}{OR'}\cos\alpha}{\sqrt{1+l}} = 1,1335, \quad 1 - \frac{R''^2}{R'^2} = 0,51;$$

ce qui donne :

1° Pour l'expression générale du rapport variable des effets de la turbine dans le cas particulier qui nous occupe,

$$\frac{Pe}{MgH} = -2x + 2,3567\sqrt{x + 0,51x^2};$$

2° Pour la valeur maximum de ce rapport,

$$\frac{Pe}{MgH} = 0,8095;$$

3° Enfin pour la valeur correspondante du nombre $x$,

$$x = \frac{\omega^2R'^2}{2gH} = 0,689, \quad \text{d'où} \quad \frac{\omega R'}{\sqrt{2gH}} = 0,83.$$

En consultant la deuxième partie du tableau de la page 36 du Mémoire cité de M. Morin, on verra que l'avant-dernier de ces résultats surpasse de $\frac{1}{6}$ environ celui qu'il a déduit de ses propres expériences, dans lesquelles, d'ailleurs, on avait moyennement $H = 3^m,2$, ce qui donne, pour le nombre N des révolutions par minute de la roue, correspondant au maximum d'effet,

$$N = 9,55\omega = 9,95\sqrt{2gHx} = 62',8,$$

au lieu du nombre 59 tours environ fourni par le résultat de ces expériences. Quoiqu'une semblable différence n'ait point lieu ici de nous surprendre, nous ferons cependant remarquer qu'elle doit être principalement attribuée aux résistances passives, dont on n'a tenu aucun compte.

Substituant maintenant, dans l'expression générale ci-dessus, au rapport des effets une série de valeurs décroissantes de $x$, on formera le tableau suivant, dans lequel nous avons aussi inséré les valeurs de ce rapport qui se concluent, par interpolation, du résultat des expériences de M. Morin :

| Valeurs attribuées au nombre $x$. | Nombre de tours de roue par minute. | Rapport des effets d'après le calcul. | Moyennes fournies par l'expérience. |
|---|---|---|---|
| 0,0 | 0,00 | 0,000 | » |
| 0,2 | 33,80 | 0,664 | » |
| 0,4 | 47,85 | 0,773 | 0,700 |
| 0,6 | 58,61 | 0,807 | 0,705 |
| 0,7 | 62,81 | 0,810 | 0,700 |
| 0,8 | 67,67 | 0,806 | 0,675 |
| 1,0 | 75,66 | 0,786 | 0,610 |
| 1,2 | 82,88 | 0,753 | 0,490 |
| 1,4 | 89,52 | 0,712 | 0,360 |
| 1,6 | 95,70 | 0,664 | 0,280 |
| 1,8 | 101,51 | 0,612 | 0,203 |
| 2,0 | 107,00 | 0,546 | 0,050 |
| 3,72 | 145,00 | 0,000 | » |

Les chiffres de ce tableau montrent, conformément encore aux résultats de l'expérience, que l'effet utile, qui ne saurait ici atteindre le maximum absolu, peut non-seulement s'en approcher de très-près, mais, de plus, qu'il n'éprouve que de très-faibles variations pour des vitesses qui s'écartent notablement de celle du maximum relatif.

Néanmoins, en consultant la dernière colonne de ce tableau, on verra que le rapport des effets y décroît, avec le nombre des révolutions de la roue, d'une manière beaucoup plus rapide que ne l'indiquent les résultats du calcul; et ceci tient encore, sans aucun doute, à la grande influence qu'acquièrent alors les résistances passives et autres causes de déperdition inhérentes au mouvement de la turbine, qui, pour le cas dont il s'agit, se trouvait noyée dans l'eau du bief inférieur.

Pour se convaincre encore plus de l'accord des formules et de l'expérience, il n'y a qu'à jeter les yeux sur le tableau de la page 34 du Mémoire cité, qui concerne les ouvertures de vanne de 0$^m$,09 de hauteur seulement; on y verra le rapport maximum des effets descendre au-dessous de 0,53. Or il est aisé d'apercevoir encore que nos formules marchent dans le

même sens, quoiqu'elles fournissent toujours, en raison des causes signa-
lées, des nombres sensiblement supérieurs à ceux de l'expérience (¹).

Enfin, M. Morin ayant aussi fait sur la turbine de Mülbach une suite
d'expériences fort intéressantes, dans la vue de constater l'influence de
la force centrifuge sur la dépense qui se fait par les orifices du réservoir,
et de découvrir la loi qui lie cette dépense à celle $O\sqrt{2gH}$, qui aurait lieu
si la roue était enlevée, nous croyons utile d'en comparer également les
résultats à ceux de nos formules qui donnent, pour l'expression du rapport des dépenses dont il s'agit,

$$\frac{O'u'}{O\sqrt{2gH}} = \frac{O'}{O}\sqrt{\frac{2gH + \omega^2(R'^2 - R''^2)}{2gH(1+i)}} = \sqrt{\frac{1 + \left(1 - \dfrac{R''^2}{R'^2}\right)x}{(1+i)\dfrac{O'^2}{O^2}}},$$

laquelle devient, dans le cas particulier qui nous occupe,

$$\sqrt{\frac{1 + 0,51x}{1,5434}},$$

formule où nous nous contenterons de substituer, pour $x$, les valeurs
$0,2$, $0,7$, $1,8$, et qui donne respectivement :

Pour N $=$ 33,84 révolutions à la minute… $\dfrac{O'u'}{O\sqrt{2gH}} = 0,845$

Pour N $=$ 62,80 $\quad$ » $\quad$ … $\dfrac{O'u'}{O\sqrt{2gH}} = 0,938$

Pour N $=$ 101,51 $\quad$ » $\quad$ … $\dfrac{O'u'}{O\sqrt{2gH}} = 1,113$

On peut voir encore, par le tableau des pages 46 et 47 du Mémoire
souvent cité, concernant l'orifice de o<sup>m</sup>,20 d'ouverture, que ces résultats suivent la même marche que ceux de l'expérience, quoiqu'ils les sur-
passent généralement à nombre égal de révolutions de la roue. De plus,
la formule qui les donne montre qu'ils tendent sensiblement à décroître,
avec la valeur du rapport $\dfrac{O}{O'}$ des orifices, ce qui ne paraîtrait pas avoir

(¹) En supposant, en effet, le rapport $\dfrac{O'}{O}$ des orifices réduit à la moitié de
la valeur qu'on lui a attribuée ci-dessus, on trouve que le maximum de $\dfrac{Pv}{MgH}$
devient 0,59 environ, et le nombre de tours correspondant 48, à peu près
comme l'indique l'expérience.

lieu, à beaucoup près, avec la même rapidité, d'après la comparaison des données fournies par les tableaux relatifs aux levées de vanne de $0^m,05$ et $0^m,27$, qui montrent, d'ailleurs, que le terme $\omega^2(R'^2 - R''^2)$, dû à la force centrifuge, exerce, en réalité, une influence bien moindre pour les petits que pour les grands orifices. Mais, je le répète, de pareilles différences n'ont rien qui doive surprendre, puisque, indépendamment des résistances passives auxquelles la turbine se trouve soumise quand elle est noyée dans l'eau du bief inférieur, le mouvement du liquide y éprouve diverses modifications dont on a négligé la considération dans ce qui précède, quoiqu'il ne soit nullement impossible d'y avoir égard dans l'établissement des formules.

En effet, nous avons jusqu'ici admis que l'intervalle compris entre le réservoir et la roue ne communique avec le milieu ambiant que par les conduites formées par les aubes de cette roue. Dans le fait, cet intervalle est entièrement séparé du fluide extérieur par la couronne qui sert de fond à la turbine et qui se prolonge jusqu'à son axe vertical sans aucun jeu appréciable; mais il n'en est pas ainsi de la couronne supérieure, qui laisse entre elle et le réservoir un espace annulaire par lequel le fluide peut s'échapper ou être introduit, selon que la pression $p'$ surpasse la pression extérieure $p + \Pi h$ ou en est, au contraire, surpassée, circonstance qui altère nécessairement d'autant plus les effets que la lame d'eau affluente a moins d'épaisseur et que la vitesse angulaire est elle-même plus grande.

Nommant

$j$ la largeur horizontale du jeu dont il s'agit;

$o = 2\pi R''j$ l'aire du vide qu'il forme autour du réservoir cylindrique de la turbine;

$w$ la vitesse avec laquelle le liquide tend, en général, à franchir ce vide, soit du dehors au dedans, s'il y a aspiration ou que la pression $p'$ se trouve être inférieure à $\Pi + ph'$, soit du dedans vers le dehors, s'il y a refoulement ou que $p'$ surpasse cette même pression.

Enfin, désignant par $q = k_1 ow$ le volume, et par $m = \dfrac{\Pi}{g} k_1 ow$ la masse du liquide expulsé ou introduit pendant une seconde au travers de $o$, dans le cas où la turbine est censée tourner sous l'eau du bief inférieur, $k_1$ représentant d'ailleurs le coefficient de contraction qui se rapporte à l'ouverture annulaire $o$, on aura :

1° Pour l'équation du mouvement au travers des orifices O du réservoir,

$$U^2(1 + K) = 2gh + 2g\left(\frac{p}{\Pi} - \frac{p'}{\Pi}\right);$$

2° Pour celle qui se rapporte à l'écoulement par l'ouverture o, du dedans vers le dehors, ou si l'on a $p' > p + \Pi h'$,

$$\omega^2 = 2g\left(\frac{p'}{\Pi} - \frac{p}{\Pi}\right) - 2gh',$$

du dehors au dedans, ou si l'on a, au contraire, $p' < p + \Pi h'$,

$$\omega^2 = 2gh' + 2g\left(\frac{p}{\Pi} - \frac{p'}{\Pi}\right);$$

ce qui donne simplement, d'après l'équation ci-dessus,

$$\pm \omega^2 = 2gH - (1 + K)U^2,$$

le signe négatif de $\omega^2$ correspondant à la seconde hypothèse, qui est celle de l'aspiration;

3° Pour l'équation qui se rapporte au mouvement relatif dans l'intérieur des conduites de la roue, lesquelles donnent toujours lieu à une dépense de fluide $O'u'$, par seconde,

$$u'^2 = u'^2 - u''^2 + 2gH - (1 + K)U^2$$
$$- \frac{OU}{O'u}\left(k'^2 \frac{R'^2}{R^2}\sin^2\varphi.u'^2 - 2k'\frac{R'}{R}\sin\varphi\sin\alpha.Uu'\right).$$

D'ailleurs on n'aura plus ici simplement la condition $OU = O'u'$, mais bien cette autre relation

$$OU = O'u' \pm k, o\omega,$$

qui, avec les trois précédentes, suffira encore pour déterminer les vitesses d'écoulement U, $u'$, $\omega$, les dépenses OU, $O'u'$, $k, o\omega$, ainsi que la pression inconnue $p'$, le signe inférieur de $k, o\omega$ se rapportant toujours au cas de l'aspiration. D'après cela, on n'éprouvera aucune difficulté à établir l'équation relative à l'effet utile de la roue, si l'on observe, comme on vient de le faire pour établir l'avant-dernière des équations ci-dessus : 1° qu'il n'y a pas lieu, dans le cas présent, de tenir compte de l'influence de la force vive $m\omega^2$, qui est entièrement perdue pour cet effet, puisque sa direction est perpendiculaire à celle du mouvement de la roue; 2° qu'en doit seulement avoir égard à l'accroissement ou à la diminution subie, selon les cas, par la dépense qui se fait au travers des orifices d'évacuation O' de cette roue.

Toutefois, les résultats auxquels on sera ainsi conduit seront fort compliqués, puisqu'ils dépendent, en général, d'équations d'un degré élevé, et ne pourront être obtenus, dans chaque circonstance, que par la méthode des approximations successives.

Lorsque la turbine se trouve divisée par un diaphragme, une couronne intermédiaire, en deux parties dont la plus basse a pour hauteur $e'$, et que le fluide, animé de la vitesse U, afflue du réservoir sous une épaisseur $e$ ou $ke$ qui surpasse $e'$, les choses restent à peu près dans l'état où l'on vient de les considérer; mais il n'en est plus ainsi lorsque l'inverse a lieu, et les équations relatives au mouvement du liquide, comme celles qui se rapportent à l'effet utile même de la roue, doivent alors se partager en deux groupes distincts, ou plutôt on doit considérer séparément ce qui a lieu pour la capacité inférieure et pour la capacité supérieure où les circonstances du mouvement seront très-différentes, puisqu'il s'y fera généralement une aspiration plus ou moins puissante qui modifiera complétement la loi des effets.

Soient, pour cette même capacité, $o_1$, $O'_1$, $p'_1$, $u'_1$, $m_1$ et $w_1$ les quantités analogues à celles que nous avons précédemment désignées par $o$, $O'$, $p'$, $u'$, $m$ et $w$, et qui, désormais, seront relatives à la capacité inférieure où l'eau afflue d'une manière directe; on aura d'abord, pour remplacer l'équation en $w^2$, posée ci-dessus,

$$w^2 = 2g\left(\frac{p'}{\Pi} - \frac{p'_1}{\Pi}\right) \quad \text{ou} \quad w^2 = 2gh - (1+K)U^2 + 2g\left(\frac{p}{\Pi} - \frac{p'_1}{\Pi}\right),$$

relation qui, à son tour, se rapporte au jeu de la couronne intermédiaire, et à laquelle il faudra joindre les trois suivantes :

$$w_1^2 = 2g\left(\frac{p}{\Pi} - \frac{p'_1}{\Pi}\right) + 2gh', \quad u_1^2 = v'^2 - v'^2_1 + 2g\left(\frac{p'_1}{\Pi} - \frac{p}{\Pi}\right) - 2gh',$$

$$O'_1 u'_1 = ow + o_1 w_1,$$

en ayant soin, en outre, de considérer comme perte, dans l'équation relative à l'effet utile de la roue, la force vive $(m + m_1)(u_1'^2 + v'^2 - 2u'_1 v' \cos\varphi)$ que possède la masse de liquide $m + m_1$ à sa sortie de la division supérieure de cette roue.

D'ailleurs la question, bien que plus compliquée, n'en sera pas moins susceptible d'une solution suffisamment approchée pour le but à remplir, et dont ce qui précède servira à donner au moins une idée, en montrant la nature des considérations sur lesquelles on doit l'appuyer.

Enfin si, dans la vue d'apprécier avec une plus rigoureuse exactitude encore les effets de la machine, on voulait tenir compte de la résistance qu'elle éprouve à se mouvoir dans l'eau du bief inférieur, on remarquerait qu'il n'y a pas lieu de s'occuper ici de celle qui peut provenir du choc sur la convexité extérieure des aubes, puisque le fluide moteur les occupe en entier et déplace continuellement celui du milieu ambiant, mais qu'il est, au contraire, indispensable d'avoir égard à la résistance qui s'opère sur les faces extérieures et horizontales des couronnes. Or on sait, d'après les ingénieuses expériences de Coulomb, que cette résistance peut être représentée, pour l'unité de surface, par une expression de la forme $a'v + b'v^2$; $a'$ et $b'$ étant des coefficients à déterminer par l'expérience, et $v = \omega R$ la vitesse du point de la couronne qui est située à la distance quelconque R de l'axe de la roue. On aura conséquemment, et en observant que les surfaces frottantes sont au nombre de deux :

1° Pour la résistance totale,

$$2\varpi\frac{H}{g}a'\omega\frac{2R'^3 - R''^3}{3} + 2\varpi\frac{H}{g}b'\omega^2\frac{2R'^4 - R''^4}{4};$$

2° Pour la perte de travail correspondante par seconde,

$$2\varpi\frac{H}{g}a'\omega^2\frac{2R'^4 - R''^4}{4} + 2\varpi\frac{H}{g}b'\omega^3\frac{2R'^5 - R''^5}{5}.$$

Cette perte devant être introduite, parmi les autres, dans l'équation relative à l'effet utile de la roue, donnera lieu, pour les hypothèses qui nous ont d'abord occupé et après avoir été divisée par $MgH$, à un terme soustractif de la forme

$$\frac{\frac{1}{2}\varpi\frac{H}{g}a'(2R'^4 - R''^4)\omega^2 + \frac{2}{5}\varpi\frac{H}{g}b'(2R'^5 - R''^5)\omega^3}{\frac{H}{g}Q'gHu'}$$

$$= \frac{5\varpi a'(2R'^4 - R''^4)\omega^2 + 4\varpi b'(2R'^5 - R''^5)\omega^3}{10Q'gH\sqrt{\frac{2gH + \omega^2(R'^2 - R''^2)}{1+i}}},$$

qui compliquera beaucoup l'expression de cet effet, et dont on appréciera d'ailleurs l'influence avec une approximation suffisante, du moins dans le cas des grandes vitesses, en négligeant la partie qui a pour coefficient $a'$, et qui devient alors très-petite vis-à-vis de l'autre, dont le facteur constant $b'$ pourra être pris égal à 0,0036 environ, d'après les recherches de notre illustre confrère M. de Prony, sur les lois qui régissent le mouvement uniforme de l'eau dans les canaux.

La perte proportionnelle ou relative de travail, occasionnée par la résistance du liquide dans lequel la roue est plongée, se réduira ainsi à l'expression

$$\frac{0,01131(2R'^5 - R''^5)x^{\frac{3}{2}}}{QR'^2\sqrt{\frac{1+\left(1-\frac{R''^2}{R'^2}\right)x}{(1+i)\frac{Q'}{Q''}}}},$$

dans laquelle on a substitué à $\pi$ et $b'$ leurs valeurs 3,1416 et 0,0036, et remplacé $\dfrac{\omega \mathrm{R}'}{\sqrt{2 g \mathrm{H}}}$ par $\sqrt{x}$.

En faisant l'application numérique de cette formule au cas déjà considéré de la turbine de Mülbach, on trouve que la perte dont il s'agit a pour valeurs respectives 0,121 à 101,5 tours de roue par minute, et 0,035 à la vitesse de 62,8 tours, qui correspond au maximum d'effet relatif. Ces résultats sont bien loin, comme on voit, de suffire pour rendre compte de la perte croissante d'effet éprouvée par la turbine Fourneyron, à mesure que sa vitesse augmente, et l'on en doit conclure que la principale cause de cette perte provient, non pas de la résistance même du liquide extérieur, mais bien des remous, des courants occasionnés par la présence de la capacité de la roue, qui n'est pas soumise directement à l'action du fluide moteur.

### Note relative au calcul des pressions dans le cylindre des machines à vapeur ([1]).

L'objet principal de cette Note est d'exposer les équations différentielles qui peuvent servir à calculer, dans les machines à vapeur, les pertes de travail et de pression résultant du rétrécissement des conduits et orifices d'admission et d'évacuation du fluide, équations auxquelles j'étais parvenu dès 1828, et qui ont été mentionnées par M. Morin dans un Mémoire sur la machine à vapeur de la fonderie de Douai, inséré, en 1830, au *Mémorial de l'Artillerie*, n° 3, p. 501 et suiv.

Nommons P la pression par unité de surface, $\Pi$ le poids de l'unité de volume de la vapeur dans la chaudière, quantités qui peuvent être supposées sensiblement constantes pendant la durée entière de l'écoulement ou de l'admission du fluide dans le cylindre de la machine. Soient, en outre, au bout du temps $t$ de l'introduction de la vapeur, $p$ la pression dans ce cylindre, $x$ la longueur de la course du piston moteur à partir de sa position initiale pour laquelle $x = 0$, A et $\Omega$ les aires constantes de la section transversale du cylindre et du tuyau d'amenée de la vapeur, V la vitesse de cette vapeur à son arrivée dans le cylindre et au sortir de l'orifice d'admission, dont l'aire $\omega$, variable ou constante, est déterminée par le mouvement de l'excentrique de la machine.

Pour arriver aux équations qui lient entre elles les pressions P et $p$, nous considérerons le fluide comme sensiblement incompressible ou à la densité constante $\Pi$ de la chaudière pendant son trajet au travers des

---

([1]) *Comptes rendus des séances de l'Académie des Sciences*, séance du 13 novembre 1843.

conduits, et son mouvement comme sensiblement permanent pendant la durée de chacun des éléments *dt* du temps : on y est suffisamment autorisé d'après les nombreux exemples où de pareilles hypothèses, appliquées à l'écoulement variable des liquides et des gaz, ont conduit à des résultats conformes à ceux de l'expérience, dans tous les cas où les conditions du mouvement ne changeaient pas d'une manière trop brusque, et où les vases contenant le fluide avaient des dimensions très-grandes relativement à celles des orifices et tuyaux par lesquels il s'écoulait.

En admettant donc ces suppositions, le principe des forces vives conduit immédiatement à cette première équation, qui exprime, à un instant donné, la loi du mouvement au travers du conduit d'amenée lorsqu'on néglige l'influence peu sensible de la vitesse possédée par les molécules fluides dans l'intérieur de la chaudière et du cylindre,

$$V^2 + K\frac{\omega^2}{\Omega^2} V^2 = 2g\left(\frac{P}{\Pi} - \frac{p}{\Pi}\right) \quad \text{ou} \quad V = \sqrt{\frac{2g(P-p)}{\Pi\left(1 + K\frac{\omega^2}{\Omega^2}\right)}}\,(^1);$$

$g$ représentant, à l'ordinaire, la vitesse d'accélération de la gravité, et K un facteur purement numérique fonction : 1° des coefficients de contraction relatifs aux divers orifices ou passages; 2° des rapports mutuels des aires ou sections transversales de ces passages; 3° enfin du coefficient relatif au frottement de la vapeur dans les tuyaux et conduits divers, ainsi que des dimensions de ces conduits. Ce facteur K, qui se rapporte aux pertes diverses de force vive, se calcule d'ailleurs approximativement, pour chaque nature d'appareils, d'après des règles fixes fondées sur les données de l'expérience et vérifiées, pour les liquides, dans de nombreuses circonstances.

---

(¹) Lorsque je posai cette équation et les suivantes dans mes Leçons de 1828, le Mémoire de M. Navier *Sur l'écoulement des fluides élastiques* n'avait point encore paru, et j'admettais, sans difficulté, l'hypothèse qui suppose la densité du fluide sensiblement constante pendant la courte durée de son trajet au travers des orifices et conduits. Cette manière d'envisager la question était justifiée dès lors par le résultat des expériences de M. Lagerhjelm, en Suède, et de M. d'Aubuisson, en France, du moins pour de faibles différences entre les pressions extrêmes; mais j'ai pu également en faire de nombreuses vérifications en l'appliquant à l'établissement de formules relatives au jeu des machines soufflantes des usines à fer, machines dans lesquelles la pression surpasse quelquefois de ⅓ la pression extérieure, et dont les élèves de l'École d'Application de Metz ont à faire annuellement le levé et les calculs pour en confronter les résultats avec ceux de l'expérience, c'est-à-dire avec les données manométriques recueillies sur place aux divers points des conduits.

Les formules de M. Navier, fondées sur l'hypothèse inverse, que le fluide se

L'expression ci-dessus mettrait, comme on voit, en état de calculer à un instant donné la vitesse V au moyen de la différence de pression P — $p$, si $p$ était connu en fonction du temps; et, par suite, on obtiendrait la valeur Q du volume de vapeur, à la densité Π ou à la pression P dans la chaudière, qui s'écoule pendant la durée du temps quelconque $t$, au moyen de l'intégrale définie

$$Q = \int_0^t \mu \omega V\, dt = \mu \int_0^t \sqrt{\frac{2g(P-p)}{\Pi\left(1 + K\frac{\omega^2}{u^2}\right)}}\, \omega\, dt,$$

dans laquelle $\mu$ représente le coefficient de contraction relatif à l'orifice d'admission extérieur, $\omega$ et $p$ pouvant être à la fois fonction du temps ou de la vitesse variable du piston.

Or le volume de vapeur Q est censé à la pression P de la chaudière, et, par hypothèse, il ne se dilate, dans la capacité variable comprise entre les bases du cylindre et du piston, qu'en perdant par les tourbillonnements l'excès de sa vitesse d'affluence V sur celle du piston, qu'on doit ici négliger vis-à-vis de la précédente. De plus, le rayonnement du piston et de la *chemise* du cylindre, etc., suffisant ici encore pour entretenir la vapeur à une température à peu près constante et égale à celle qui a lieu dans la chaudière, à cause de l'extrême lenteur de la marche du piston au commencement de sa course ou pendant la durée de l'admission, on doit admettre, comme une hypothèse suffisamment justifiée par l'expérience, que, d'après la loi de Mariotte, on a constamment, sauf peut-être à l'origine du mouvement, l'égalité ,

$$A(x + \varepsilon)\, p = QP;$$

A représentant l'aire de la section transversale du cylindre, et $e$ la por-

<hr>

détend complétement, d'après la loi de Mariotte, avant son arrivée dans l'espace extérieur, ce qui annule le travail des pressions extrêmes pour le remplacer par celui qui est dû à la simple détente, ces formules, comme on le sait aujourd'hui, et celles par lesquelles subséquemment on a cherché à tenir compte de l'influence des changements de densité et de température jusqu'ici encore inobservés ne paraissent guère mieux s'adapter aux phénomènes que les anciennes formules qui, tout en présentant moins d'incertitude et de paradoxe, sont plus appropriées aux applications pratiques, où il conviendra toujours de négliger la considération des quantités ou éléments qui n'exercent qu'une très-faible influence sur les résultats : le moindre inconvénient des méthodes où l'on prétend introduire de tels éléments dans les questions qui réclament une solution purement approximative et usuelle, c'est de compliquer inutilement les équations, si même elles ne les rendent tout à fait insignifiantes et inapplicables sous leur forme purement implicite.

tion de la hauteur de ce dernier qui répond à ce que l'on nomme l'*espace nuisible* au jeu indispensable conservé entre le fond du cylindre et le piston à la fin et au commencement de la course de celui-ci, ainsi qu'aux vides des conduits compris entre ce fond et la boîte à vapeur.

En différentiant cette équation de condition par rapport au temps et y substituant la valeur de Q ou de $dQ$, elle devient

$$A(x+c)\,dp + Ap\,dx = P\,dQ = P\rho \sqrt{\frac{2g(P-p)}{\Pi\left(1+K\frac{\omega^2}{\Sigma^2}\right)}}\;\omega\,dt.$$

D'après la disposition ordinaire du mécanisme de l'excentrique qui donne le mouvement aux valves ou tiroirs servant à régler l'ouverture de l'orifice ω, on peut partager la durée entière de l'admission de la vapeur en trois périodes distinctes, dont celle du milieu, la plus longue à beaucoup près, répond aux instants où cet orifice reste complètement ouvert et ω constant, tandis que, pour les extrêmes relatives aux instants mêmes où l'ouverture et la fermeture s'opèrent, la valeur de ω varie suivant une loi déterminée par le jeu de l'excentrique et qu'il est facile, dans chaque cas, d'exprimer en fonction de la variable $x$ qui fixe la position du piston au-dessus de sa position initiale.

L'ouverture et la fermeture dont il s'agit s'opérant en général dans un temps très-court et à des époques où le mouvement du piston est comparativement très-lent, on peut, dans beaucoup de cas, négliger la considération de la variabilité de ω, et supposer sa valeur sensiblement égale à celle qu'il conserve pendant la plus grande partie de la durée de l'écoulement de la vapeur, supposition d'autant plus permise, pour la période relative à l'ouverture des orifices, que, souvent aujourd'hui, les machines offrent une disposition très-avantageuse, nommée l'*avance du tiroir*, et qui a pour but précisément d'éviter une trop grande réduction de pression, un trop grand abaissement de température dans l'espace nuisible qui correspond à l'origine ou à la fin de la course du piston.

D'un autre côté, le mouvement de ce dernier est lié à celui du volant ou de l'arbre moteur par une équation qui, lorsque la bielle est suffisamment longue, prend sensiblement la forme

$$x = r - r\cos\alpha,$$

$r$ étant le rayon de la manivelle et $\alpha$ l'angle qu'elle décrit à partir de l'instant pour lequel $x$ et $t$ sont simultanément nuls. Nommant d'ailleurs V, la vitesse angulaire ou à l'unité de distance de cette manivelle, vitesse qui peut être constante ou variable suivant les cas, mais qui varie en effet extrêmement peu dans la durée d'une seule période ou d'une simple oscillation du piston, on aura

$$dx = r\,V_1 \sin\alpha\,dt, \quad dt = \frac{dx}{V_1\,r\sin\alpha} = \frac{dx}{V_1\sqrt{2\,rx - x^2}},$$

valeur qui, étant substituée à la place de $dt$ dans l'équation différentielle ci-dessus, lui fera prendre la nouvelle forme, plus explicite,

$$(x + e)\,dp + p\,dx = c\sqrt{\frac{P - p}{2\,rx - x^2}}\,dx,$$

en posant, pour abréger,

$$\frac{P\mu\omega\Omega}{AV_1}\sqrt{\frac{2g}{\Pi(\Omega^2 + K\omega'^2)}} = c.$$

Telle est finalement l'équation différentielle d'où l'on devra, dans chaque cas, tirer la valeur de $p$ en fonction de la variable $x$, qui fixe la position du piston aux divers instants. Cette équation, ayant ses variables mêlées, ne pourra s'intégrer généralement sous forme finie; mais il sera toujours possible de la résoudre d'une manière approximative, même dans l'hypothèse où $\omega$ et $c$ seraient variables suivant une loi donnée quelconque.

On observera, à cet effet, qu'au point de départ du piston, où $t$ et $x$ sont nuls, la valeur de $p$ est déterminée par la nature du dispositif qui sert à régler l'échappement de la vapeur dans l'oscillation précédente, ainsi qu'on le verra ci-dessous, ou d'après l'avance du tiroir, qui rend la valeur initiale de $p$ sensiblement égale à P. D'ailleurs ces circonstances exercent très-peu d'influence sur les résultats définitifs, à cause de la rapidité avec laquelle la quantité $p$ croît aux premiers instants de la course du piston quand sa valeur initiale est supposée nulle ou très-petite.

Cela posé, considérant ces valeurs de $p$ comme les ordonnées verticales d'une courbe dont les valeurs correspondantes de $x$ seraient les abscisses horizontales perpendiculaires à l'axe du cylindre, et choisissant une fraction $i$ de la pression P suffisamment petite, on attribuera successivement à $p$ les accroissements de valeurs $i$P, $2i$P, $3i$P,..., $ni$P, censés mesurés sur ce même axe, et dont les intervalles égaux à $i$P correspondront à des arcs de la courbe, généralement très-petits et partant sensiblement rectilignes. Les tangentes d'inclinaison de ces arcs ou éléments, sur l'axe des ordonnées ou des $p$, étant mesurées par les valeurs successives de la quantité

$$q = \frac{dx}{dp} = \frac{x + e}{c\sqrt{\dfrac{P - p}{2\,rx - x^2}} - p},$$

leur produit $q l \mathrm{P}$ par $l \mathrm{P}$ fera connaître l'accroissement de $x$ correspondant aux divers accroissements de la quantité $p$; ce qui permettra de calculer approximativement et de proche en proche les valeurs de $x$ simultanées à celles de cette quantité.

Nommons $p_0$, $p_1 = p_0 + l\mathrm{P}$, $p_2 = p_0 + 2l\mathrm{P}, \ldots, p_n = p_0 + n l\mathrm{P}$ les valeurs successivement attribuées à $p$; $x_0 = 0$, $x_1$, $x_2, \ldots, x_n$ et $q_0$, $q_1$, $q_2, \ldots, q_n$ les valeurs correspondantes de $x$ et de $q$, on aura évidemment

$$x_0 = 0, \quad x_1 = x_0 + q_0 l\mathrm{P} = q_0 l\mathrm{P},$$
$$x_2 = x_1 + q_1 l\mathrm{P} = l\mathrm{P}(q_0 + q_1), \ldots, \quad x_n = l\mathrm{P}(q_0 + q_1 \ldots + q_{n-1}),$$

valeurs qui se calculeront en effet, de proche en proche, à partir de la seconde, puisqu'il ne s'agira que de substituer, dans l'expression générale de $q$, les valeurs simultanées de $p$ et de $x$, dont la première est censée donnée $a\ priori$, tandis que la seconde est déterminée par le résultat de l'opération précédente.

Quand la forme de la courbe se rapprochera beaucoup de la ligne droite dans sa première partie ou pour les premières valeurs de $x$, il ne sera pas nécessaire de resserrer beaucoup les opérations ou de prendre $l$ très-petit dans cette région; mais, comme la valeur de $p$ peut être susceptible d'un maximum, d'une limite supérieure correspondant à la condition

$$\frac{dp}{dx} = 0 \quad \text{ou} \quad c\sqrt{\frac{\mathrm{P}-p}{2rx-x^2}} - p = 0,$$

c'est-à-dire

$$c^2(\mathrm{P}-p) = (2rx-x^2)p^2,$$

il faudra les multiplier beaucoup aux environs de ce maximum, et même il sera convenable de renverser le mode d'opérer en substituant l'axe des $x$ à l'axe des $p$.

Au surplus, on remarquera que, à partir de ce maximum, les valeurs de $q$ devenant négatives, celles de $p$ décroîtront constamment jusqu'à l'époque qui correspond à la fermeture de l'orifice d'admission, dont la durée, généralement très-courte, peut être négligée ou entrer en considération si l'on tient compte de la variabilité de $c$ dans les formules fondamentales. La loi des tensions $p$ en fonction de $x$ étant ainsi trouvée d'une manière approximative, il ne s'agira plus, pour obtenir le volume de vapeur Q, écoulé de la chaudière sous la pression P, que de substituer les valeurs finales de $x$ et de $p$ dans l'équation

$$\mathrm{A}(x + \varepsilon)p = \mathrm{Q}\mathrm{P},$$

posée en premier lieu.

Quant au travail développé contre le piston, par cette même vapeur, pendant la durée de son admission dans le cylindre, on l'obtiendra en calculant, par les méthodes de quadrature connues, la valeur de l'intégrale

$$\int A p\,dx = A\int p\,dx,$$

prise entre les limites qui correspondent à l'ouverture et à la fermeture complète de la soupape d'admission; $\int p\,dx$ représentant précisément l'aire comprise entre la courbe qui nous a occupé ci-dessus, les deux axes et l'ordonnée ou perpendiculaire relative à la dernière valeur de $x$.

Je n'insisterai point davantage sur ces calculs à la portée de tous les ingénieurs, mais je ferai remarquer que les résultats auxquels on arrive par la discussion de l'équation différentielle ci-dessus sont sensiblement d'accord avec les données de l'expérience fournies par l'*indicateur* de Watt, du moins quant à la marche générale de la fonction $p$ ou de la loi des tensions relative à la période de l'admission. Les nombreux relevés de courbes obtenus par cet instrument, et que M. Morin a pu déjà se procurer, lui ont d'ailleurs appris que, pour les machines avec ou sans détente, convenablement proportionnées et réglées, ces courbes conduisent à considérer la pression $p$ comme sensiblement ou moyennement constante pendant la durée de l'admission, ce qui lui a permis de simplifier notablement les calculs relatifs à la détermination de cette donnée indispensable, dans quelques circonstances, pour évaluer le travail de la vapeur sur les machines.

Je terminerai cette Note par plusieurs remarques essentielles :

1° Les considérations précédentes supposent que l'on néglige entièrement l'influence de la force vive correspondant à la vitesse d'arrivée V de la vapeur dans le cylindre, et par conséquent l'accroissement de pression sur le piston qui peut lui être due. Cette manière de raisonner est justifiée, d'un côté, par la faible vitesse du piston, et par conséquent de la vapeur qui le presse, relativement à celle d'affluence V ; d'un autre, par la disposition même des orifices d'admission sur la surface interne des cylindres, disposition en vertu de laquelle la direction du jet est perpendiculaire à cette surface ou parallèle à la base du piston, de sorte que la vitesse est détruite par les tourbillonnements, sans contribuer directement à l'effet utile. En supposant même que le jet soit dirigé perpendiculairement à la surface du piston, et qu'il agisse, à tous les instants, avec l'intensité due à la vitesse V, il est aisé d'apercevoir, d'après le résultat des expériences ou des théories connues, que l'excédant de pression qui pourrait en résulter serait négligeable vis-à-vis de la pression entière, à cause de la faible densité de la vapeur et de la petitesse même de la section transversale du jet.

2° La solution qui vient d'être exposée relativement à l'admission de la vapeur dans le cylindre peut, par un simple renversement des données, s'appliquer tout aussi bien à la question où il s'agit de déterminer le travail dû à l'excédant de pression que la face opposée du piston, en communication avec le condenseur ou l'air extérieur, éprouve, au delà de celle qui a lieu dans ce dernier, pour refouler la vapeur introduite dans le cylindre pendant la durée de l'oscillation précédente du piston, c'est-à-dire pour vaincre l'inertie et produire l'écoulement de cette même vapeur.

Il suffira, en effet, de supposer dans les nouvelles formules ou équations que P représente la pression variable sur cette face du piston, $p$ celle de l'espace extérieur qui doit être ici censée constante, V la vitesse d'affluence de la vapeur dans ce même espace, Q le volume à la pression $p$, qui s'y est écoulé pendant le temps $t$ que le piston met à parcourir l'espace $x$; ce qui donnera, en nommant de plus $P_0$ la valeur de P correspondant à $t = 0$ ou $x = 0$,

$$A(2r+c)P_0 - A(2r-c-x)P = Qp = \mu \int_0^t \omega VP\, dt,$$

$$P\,dx - (2r+c-x)\,dP = c'P \sqrt{\frac{P-p}{2rx-x^2}}\,dx, \ldots,$$

en posant de nouveau, pour abréger,

$$\frac{\mu\omega\Omega}{AV_0}\sqrt{\frac{2g}{H(\Omega^2 - K\omega^2)}} = c',$$

et attendu que l'on a toujours

$$V = \sqrt{\frac{2g(P-p)}{H\left(1 - K\frac{\omega^2}{\Omega^2}\right)}}, \quad x = r - r\cos\alpha.$$

Au surplus, je crois devoir faire remarquer que cette question, très-importante pour l'établissement des machines à vapeur, puisqu'elle a, en partie, motivé l'adoption de l'*avance du tiroir*, a été aussi l'objet des recherches de M. Reech, dans un Mémoire présenté, il y a quelques années déjà, à l'Académie des Sciences, mais dont le mode de solution paraît différer entièrement de celui qui vient d'être indiqué.

3° Nous avons admis, dans la solution générale ci-dessus, que la vitesse angulaire $V_0$ de l'arbre moteur de la machine et la pression P dans la chaudière n'éprouvaient que des variations insensibles pendant la durée entière de l'admission de la vapeur sous le piston moteur. La première de ces suppositions est, en elle-même, à l'abri de toute contestation, soit qu'on s'appuie sur les faits bien connus de l'expérience, soit que l'on considère le rôle important joué ici par l'inertie des masses en mou-

vement, inertie à laquelle d'ailleurs correspond une force, qui tantôt
s'ajoute à la résistance ordinaire du piston, et tantôt s'en retranche, de
manière à maintenir l'égalité exacte entre la résistance totale ou réduite
et la pression motrice de la vapeur.

Quant aux variations éprouvées par la pression P de la vapeur dans la
chaudière, pendant la durée fort courte de son introduction sous le
piston, elle est toujours resserrée entre des limites très-étroites dans les
bonnes machines, où l'on a le soin de donner à la chaudière, remplissant
les fonctions de réservoir ou régulateur, une capacité qui soit en rapport
avec celle du cylindre et de la dépense de vapeur.

Toutefois il sera toujours possible d'avoir égard à ces variations ainsi
qu'à celles qui pourraient survenir d'une période à l'autre, ou dans une
succession plus ou moins étendue d'oscillations du piston moteur, au
moyen de nouvelles équations relatives à la variabilité même de la résistance utile ou de la puissance de vaporisation de la chaudière. Mais je
laisserai de côté cette recherche étrangère à la partie de la question relative aux machines à vapeur, que je m'étais seule proposé d'exposer dans
cette Note.

## Note relative à un mécanisme propre à régulariser spontanément l'action du frein dynamométrique (¹).

Dans une première Note lue à l'Académie des Sciences le lundi 8 mai
dernier, et qui se trouve insérée, à la page 686 du *Compte rendu* de la
séance du même jour, j'ai donné la description d'un mécanisme qui remplit
cet objet au moyen de deux portions de vis sans fin, engrenant, de part
et d'autre, dans deux pignons dentés servant d'écrous aux vis de pression
du frein, et qui, dans les oscillations du levier, devaient être sollicitées
à se mouvoir, tantôt dans un sens, tantôt dans le sens contraire, de manière à s'opposer aux trop grandes excursions de ce levier par rapport
à sa position moyenne, à peu près comme cela a lieu dans le dispositif
ordinaire dont les écrous sont manœuvrés à la main par un homme
préposé à cet effet.

Parmi les mécanismes propres à atteindre ce dernier but, et qui ont
la plus grande analogie avec le système d'embrayage employé dans le
régulateur à force centrifuge, j'avais indiqué l'emploi d'une poulie montée sur un manchon à griffes, tournant et glissant à frottement doux sur
l'arbre des vis sans fin, et mise en action, soit continûment au moyen

---

(¹) *Comptes rendus des séances de l'Académie des Sciences*, séance du
5 juin 1857.

d'une corde passant sur une autre poulie concentrique à l'arbre moteur de la machine, soit d'une manière intermittente et dans le sens transversal, au moyen d'une fourche immobile dans l'espace pendant les oscillations du levier du frein. Malheureusement l'explication que j'ai donnée de ce mécanisme tendrait à faire croire que le premier de ces arbres n'est formé que d'une seule pièce, auquel cas, évidemment, l'embrayage de droite et de gauche de la poulie à griffes ne procurerait aux écrous dentés qu'une seule espèce de mouvement, tandis que, pour leur en faire prendre deux en sens opposés, il est absolument nécessaire de composer l'arbre dont il s'agit de trois pièces indépendantes, dont les extrêmes, soutenues chacune par un couple de coussinets, portent respectivement les vis sans fin, qui doivent être filetées en sens inverses si celles qui produisent la pression du frein ne le sont elles-mêmes, et dont la partie intermédiaire, recevant la poulie à manchon d'embrayage, est supportée à ses deux bouts par des tourillons tournant, sans glisser, dans des cavités cylindriques pratiquées aux deux extrémités des deux autres parties d'arbre. On conçoit, en effet, qu'alors l'embrayage de droite, par exemple, faisant serrer l'écrou qui lui correspond, l'écrou de gauche fera, au contraire, desserrer l'autre écrou de manière à diminuer le frottement du frein que le premier tend à augmenter; mais, comme ce dispositif ne laisse pas que de présenter une certaine complication, et qu'il a l'inconvénient de ne point faire agir symétriquement les vis de pression du frein, nous croyons rendre service aux personnes qui seraient appelées à faire usage d'un semblable appareil, en saisissant l'occasion que nous offre cette seconde Note pour décrire, à l'aide d'une figure, une autre combinaison qui n'a pas l'inconvénient dont il s'agit et se rapproche davantage des dispositifs déjà employés dans le régulateur à force centrifuge.

La *fig.* 74 représente le plan du frein supposé horizontal et vu par-dessus; la *fig.* 75 est une coupe verticale par un plan perpendiculaire à l'arbre moteur de la machine et comprenant la face antérieure du levier; les mêmes lettres correspondent aux mêmes objets dans l'une et l'autre figure, dont la légende qui suit rendra l'intelligence facile.

AA, levier en bois du frein;

BBB, collier à gorge en fonte, établi, d'après la méthode de M. Egen, sur l'arbre horizontal C, C de la machine dont on veut mesurer le travail disponible;

I, I, I, vis servant à centrer la gorge du collier par rapport à l'axe de cet arbre, avant que de garnir de coins en bois l'intervalle qui les sépare;

DD, DD, vis de pression servant à bander symétriquement la chaîne de friction, à plaques articulées, qui embrasse la gorge du collier BBB;

E, E, écrous dentés de ces mêmes vis, conduits par les vis sans fin $a$, $a$, montées sur l'arbre FF, composé d'une seule pièce, et dont les filets

Fig. 74.

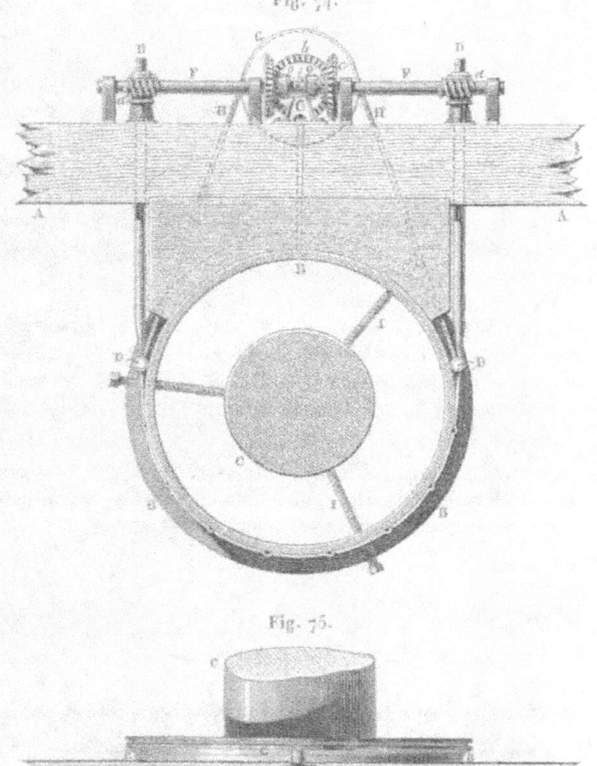

Fig. 75.

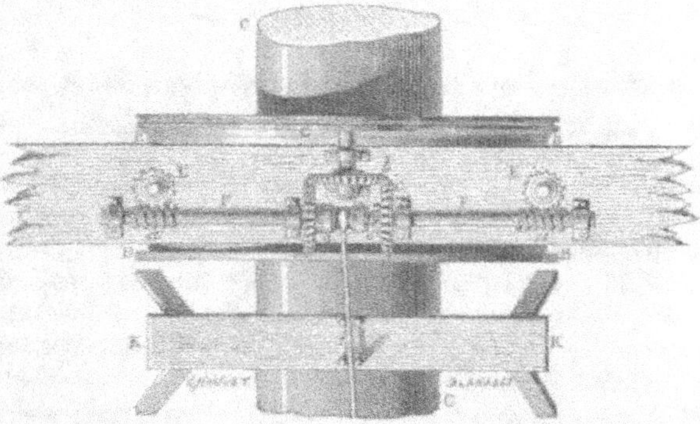

ont des directions respectivement parallèles, ainsi que ceux des vis précédentes, afin de les faire agir de la même manière sur la chaîne de friction ;

GG, poulie motrice du régulateur, mise en mouvement par la corde sans fin GH, GH, qui passe sur une autre grande poulie faisant corps avec l'anneau du collier de friction, ou qui est montée à part sur l'arbre CC de la machine ;

*bb*, roue d'angle fixée sur l'arbre horizontal de la poulie GG, et conduisant simultanément les deux roues d'angle *cc, cc*, qui tournent à frottement doux sur l'arbre FF des vis *a, a* ;

*oo*, manchon à griffes embrayant alternativement avec les roues d'angle *cc*, lorsque sa gorge vient à être poussée, de droite ou de gauche, par le bouton ou la fourche dont est armée l'extrémité de la verge *u*, qui reste fixe dans l'espace pendant que le levier AA du frein oscille de part et d'autre de sa position moyenne ;

KK, chevalet servant à soutenir la tige dont il s'agit.

Le manchon d'embrayage *oo*, qui est susceptible de glisser à frottement doux le long de son arbre FF, ne peut, au contraire, tourner sans l'entraîner dans son mouvement, quand il est uni avec l'une ou l'autre des roues d'angle *cc*, ce qui produit l'effet désiré sur les vis de pression DD, DD du frein.

Les *fig.* 74 et 75 étant d'ailleurs construites à l'échelle commune de $0^m,05$ pour 1 mètre, elles donnent une idée suffisante des proportions que doivent recevoir les principales parties du mécanisme.

---

## II. — NOTES DIVERSES.

### Notice historique sur les roues hydrauliques à aubes courbes,

par M. le général Dinor, Correspondant de l'Institut.

Les principes les plus féconds, les idées les plus heureuses, ne produisent pas immédiatement tout ce qu'on en peut obtenir avec le temps et la réflexion. C'est ce qui a eu lieu pour l'idée ingénieuse de Poncelet, qui consiste à remplacer la roue hydraulique à palettes planes, que l'eau frappe en dessous, par une roue à aubes courbes. Il a voulu ainsi, en conservant à ce genre de roues ses propriétés, faire disparaître les pertes de forces vives dans le choc de l'eau contre les palettes.

Pour obtenir ce résultat, Poncelet eut l'idée de courber les aubes, de régler la vitesse de la roue et de diriger la lame d'eau de façon que le liquide arrivât sur l'aube sans choc et sortît presque sans vitesse.

Cette idée de Poncelet date de 1823, alors qu'il était capitaine du Génie, à Metz. Le 24 mai 1824, dans la séance générale de la Société des Lettres, Sciences et Arts de Metz, dont Poncelet était président, le rapporteur s'exprimait en ces termes (¹) : « M. Poncelet nous a fait part d'un projet de roue hydraulique, dont il a déjà fait construire un modèle en petit ; il se propose de faire incessamment des expériences directes sur ce modèle, afin d'en constater les avantages d'une manière positive et indépendamment des données théoriques qu'il a pu suivre dans la construction. Les avantages du nouveau système consisteront particulièrement en ce qu'il ne sera pas nécessaire de changer les dimensions principales des anciennes roues, ni leur vitesse, et que l'eau agira toujours en dessous, bien que sans choc.... »

L'année suivante (²), on y donnait l'analyse du Mémoire de Poncelet sur la roue verticale à aubes courbes, mue par-dessous, lequel avait valu à l'auteur le prix de Mécanique que décerne annuellement l'Institut ( prix Montyon).

Dans ce Mémoire, avec Planches, Poncelet fait voir que les modifications proposées par divers auteurs aux roues à palettes planes n'ont que peu d'efficacité, qu'il faut avoir recours aux aubes cylindriques, dont le premier élément se raccorde tangentiellement avec l'élément de la roue ; l'eau arrivant sur ces surfaces courbes dans une direction à peu près tangente à leur premier élément doit s'y élever, sans les choquer, à la hauteur due à sa vitesse relative et redescendre en acquérant de nouveau la vitesse perdue qui se retrouvera alors en sens contraire de celle de la roue, de sorte que cette vitesse sera nulle si la vitesse du premier élément des aubes est moitié de celle du courant ; mais, dans la pratique, la lame d'eau devant avoir une certaine épaisseur, il faut, pour la partie supérieure de cette lame, que l'élément de l'aube soit incliné sur la tangente à la circonférence, d'où résulte qu'à la sortie la vitesse ne pourra pas être nulle ; il y avait donc nécessairement des pertes de forces vives. Des expériences faites sur un assez grand modèle de roues ont montré qu'on obtenait 0,67 de la force motrice absolue de l'eau.

Une nouvelle édition de ce travail, augmentée d'un second Mémoire sur les expériences en grand, et contenant une instruction pratique sur la manière de procéder à l'établissement des roues à aubes courbes, parut à Metz en 1827 ( in-4°).

Les dispositions prescrites sont un coursier plan ayant une inclinaison au ½, pouvant être beaucoup moindre pour des lames d'eau épaisses. A cause de cette épaisseur, l'aube, à son origine, doit être inclinée sur la

---

(¹) *Société des Lettres, Sciences et Arts de Metz*, année 1823-1824, p. 51.
(²) Séance de la Société de Metz du 9 juin 1825, année 1824-1825, p. 54.

circonférence. (La figure indique une inclinaison de 24 degrés.) L'élévation de l'eau dans l'aube étant, au maximum, le quart de la hauteur de la chute, détermine la largeur que doit avoir la couronne. Le rayon de l'aube circulaire est donné par une perpendiculaire qu'on élève à la partie supérieure de la lame d'eau et qu'on prolonge au delà de la circonférence intérieure de la couronne d'une quantité égale à un septième de la largeur de celle-ci. Ce tracé donne ainsi la courbure de l'aube.

Poncelet détermine ensuite le tracé du coursier. La ligne de pente du profil de ce coursier doit être tangente à la circonférence de la roue dans sa partie inférieure (sauf un petit jeu indispensable). Il doit être suivi d'un arc de cercle d'une étendue telle qu'il embrasse plus d'un intervalle d'aubes jusqu'à un ressaut au-dessus du bief d'aval, ressaut d'au moins 8 centimètres, qui peut être porté à $0^m,30$ ou $0^m,40$ avec avantage. L'arête du ressaut doit être au point où l'eau commence à sortir des aubes: « Or, dit Poncelet, la détermination de ce point *a priori* paraît très-difficile, vu qu'elle dépend du temps que l'eau emploie à monter et à descendre le long des courbes et de l'espace parcouru pendant ce temps par la roue. L'appréciation de ce temps est, comme on sait, très-difficile, pour ne pas dire impossible, même en supposant que l'on connaisse bien la loi du mouvement dans les courbes, ce qui n'est pas. »

Poncelet indique que, pour éviter le choc de l'eau contre l'épaisseur des couronnes, leur distance intérieure doit être plus grande que la largeur de la vanne et que le canal de fuite doit avoir beaucoup plus de largeur. Il rapporte les expériences qu'il a faites avec un modèle de roue de $0^m,500$ de diamètre, un coursier au $\frac{1}{7}$ suivi d'une partie circulaire avec ressaut et une vanne inclinée à 45 degrés.

Les expériences ont été continuées en 1846, sur une roue de $3^m,575$ de diamètre [1], réglée pour donner le maximum d'effet aux basses eaux. Il a reconnu que la vitesse de la roue doit être 0,55 de celle de l'eau à son arrivée sur l'aube, et que l'effet utile, déduction du frottement des tourillons, était 0,60 de l'effet total de l'eau. Il donne ensuite une instruction pratique sur le tracé de la roue et ses accessoires.

Poncelet a reproduit la théorie des roues à aubes courbes dans les leçons préparatoires au lever d'usine, formant les sections VI et VII du *Cours de Mécanique appliquée aux machines* lithographié de l'École d'Application de l'Artillerie et du Génie à Metz, en 1831-1832. Elle figure également dans le cours lithographié en 1836 et se trouve reproduite dans la présente édition, p. 151 et suiv. Le coursier au $\frac{1}{10}$ ou $\frac{1}{12}$ est déterminé comme pré-

---

[1] Roue motrice de la scierie de M. de Nicéville, à Metz; expériences auxquelles je participais. (*Société des Lettres, Sciences et Arts de Metz*, 1836-1837, p. 167.)

cédemment et la largeur de la couronne est augmentée pour parer au cas où la vitesse de la roue est moindre que la vitesse normale.

Poncelet avait reconnu que, par son tracé, les filets fluides parallèles au fond du coursier venaient rencontrer la circonférence de la roue et l'aube sous des angles différents et produisaient des pertes de forces vives. Pour y remédier, il substitua une spirale d'Archimède à la ligne droite inclinée au dixième, depuis le point où elle laisse sous la roue une distance égale à l'épaisseur adoptée de la lame d'eau. Il décrivait et donnait un dessin de ce nouveau tracé pour une roue de 4 mètres de diamètre, dans une lettre du 30 septembre 1844 à des industriels du Nord, et en préconisait les avantages. L'inclinaison de l'aube à son origine, déterminée comme précédemment, était de 27 degrés. Il montre par le parallélogramme des vitesses la condition à remplir pour que l'eau arrive sur l'aube sans choc. Il pense que, dans ces conditions, les roues donneront 66 pour 100 de la force motrice de l'eau.

Dans une seconde lettre, en date du 2 avril 1846, à un constructeur, il reproduit à très-peu près le même tracé ; mais il détermine directement l'inclinaison de l'aube par la condition que, la vitesse de la roue à la circonférence étant moitié de celle de l'eau, le fluide arrive sur l'aube sans choc. Il constate que, d'après les expériences de M. Morin, par la substitution du coursier en spirale au coursier rectiligne, l'effet utile est augmenté d'un sixième ; enfin il indique que, si l'on voulait plus de précision dans le tracé de la courbe du coursier, on adopterait une développante du cercle au lieu d'une spirale.

Cependant il y a lieu de remarquer que, par suite de la position du point où l'eau arrive sur l'aube et de la direction de bas en haut du filet inférieur de la lame d'eau, on était conduit à augmenter la largeur de la couronne et la grandeur du rayon de l'aube. Il en résultait que, dans quelques cas, le rendement restait notablement au-dessous du maximum dont nous avons parlé et que, dans la mise en train de la roue, l'effort, à la circonférence, était souvent inférieur à celui qu'il eût été nécessaire d'atteindre.

Un très-grand perfectionnement allait bientôt se réaliser, et j'ai été heureux d'en avoir reçu la communication du savant inventeur lui-même et d'avoir pu en faire le premier l'utile application, après en avoir complété l'étude.


Étant, en 1848, à la Direction des poudres, chargé du tracé de plusieurs roues hydrauliques en projet, je priai le général Poncelet de m'honorer de ses conseils et de m'indiquer les derniers perfectionnements qu'il avait apportés au tracé de ses ingénieuses roues à aubes courbes ; il voulut bien me faire connaître le tracé nouveau, de beaucoup supérieur au précédent.

Dans ce tracé, cessant de s'astreindre à faire entrer l'eau par la partie inférieure, comme cela résultait de la simple substitution des aubes courbes aux palettes planes, il adopte, pour le lieu où le filet moyen de la lame entre dans la roue, un point plus élevé du côté d'amont; il donne à l'aube l'inclinaison et le rayon de courbure les plus convenables pour le dégagement suffisamment rapide de l'eau, et cela indépendamment de l'épaisseur de la lame d'eau et de la largeur de la couronne. Il adopte un angle de 26 degrés pour l'inclinaison du premier élément de l'aube sur la circonférence extérieure de la roue. Il donne à l'aube, au moins à l'origine, un rayon de courbure assez petit qui, pour une roue de $1^m,75$ de rayon et une hauteur de chute de $1^m,80$, se réduisait à $0^m,50$.

La position du point d'admission du filet moyen étant fixée, la vitesse de celui-ci dépendant de sa distance à la surface du niveau d'aval était par cela même déterminée; quant à sa direction, elle doit être prise de façon que le filet moyen arrive sur l'aube sans choc; elle est déterminée par la diagonale d'un parallélogramme dont le sommet est au point d'admission de l'eau, un côté sur la tangente au cercle de la roue, et dont la longueur représente sa vitesse à la circonférence; le côté adjacent est parallèle à la tangente à l'aube, à son origine, et sa longueur est déterminée par la condition que la diagonale représente la vitesse du filet moyen. La direction de celui-ci se trouve ainsi fixée. La longueur du côté tangent à l'aube représente la vitesse relative du filet moyen sur l'aube à son origine.

Le filet moyen, depuis le point où la lame d'eau atteint la roue, devant suivre une développante de cercle, le fond du coursier qui doit se trouver à une demi-épaisseur de lame de ce filet est par cela même déterminé, comme dans les tracés antérieurs que Poncelet avait proposés dès 1838.

Poncelet indiquait bien que le point d'admission du filet moyen devait être élevé et avancé du côté d'amont, mais il ne précisait pas de quelle quantité. Il reconnaissait que la position de ce point avait la plus grande influence sur la trajectoire de chaque molécule d'eau. Il avait déjà reconnu dans son second Mémoire (*voir* la citation ci-dessus) l'utilité et la difficulté de déterminer cette position; il avait essayé de le faire par l'analyse, mais la solution, même entre ses mains habiles, avait échappé aux ressources qu'elle présente; il me disait n'avoir obtenu quelques résultats que dans le cas d'une aube plane. M. Resal, qui s'est également occupé de cette question, a bien voulu me communiquer à ce sujet la note suivante : « Poncelet a dû poser l'équation différentielle du mouvement d'une molécule sur une aube; il m'a dit l'avoir intégrée dans le cas d'une aube plane, mais n'avoir pu l'intégrer que par approximation dans les autres cas, résultats que j'ai retrouvés plus tard. »

Cependant la détermination de la trajectoire des molécules d'eau est indispensable pour choisir le point d'admission, puisque de là dépend l'action de l'eau sur les aubes ainsi que les pertes de forces vives à la sortie de la roue.

C'est dans ces circonstances que j'ai entrepris de résoudre ce problème difficile. Je l'ai essayé par des tracés géométriques, et je suis parvenu à une solution assez simple pour les applications et l'étude des diverses questions qui s'y rapportent. Je me suis servi d'ailleurs d'un théorème que Poncelet, dès l'année 1831, avait appliqué aux roues à augets à grande vitesse. Ce théorème consiste en ceci, que la composante des deux forces auxquelles est soumise une molécule d'eau, placée sur l'aube d'une roue animée d'un mouvement de rotation uniforme, savoir la pesanteur et la force centrifuge, passe constamment par un point situé sur la verticale du centre de la roue, à une distance égale au quotient de l'accélération de la pesanteur par le carré de la vitesse angulaire de la roue. (*Voir* page 175, n° 46.)

J'ai pu ainsi déterminer, dans chaque cas, la trajectoire d'une molécule du filet moyen, sa vitesse en chaque point, la durée de son parcours, le point le plus près du centre de la roue, ensuite le point de sortie, son élévation au dessus du niveau d'aval, la grandeur et la direction de sa vitesse, par suite la perte de force vive, et par conséquent le rendement théorique.

Il m'a été possible, à l'aide des études dont il est question, de démontrer que pour le rendement il y a avantage à élever le point d'admission de l'eau tant que cette élévation n'entraîne pas d'inconvénient par la trop grande inclinaison du coursier, que l'accroissement du rayon de l'aube éloigne le point de sortie de l'eau et augmente la perte de forces vives, et que le rapport de la vitesse de la circonférence de la roue à celle de filet moyen le plus favorable au rendement est égal à 0,55, comme l'avaient démontré les expériences antérieures. Ce travail (¹) a paru causer une grande satisfaction à l'illustre inventeur.

Des applications de ce nouveau tracé ont été faites en vue de modifier des roues à aubes courbes de diverses poudreries et d'une usine à Metz, et en outre à une roue neuve de la poudrerie d'Angoulême. Partout le but a été atteint, notamment pour la dernière roue, où l'on a obtenu, en certains cas, un rendement de 78 pour 100, constaté par des expériences au frein dynamométrique.

---

(¹) Ce travail, sous le titre: *Études sur le tracé des roues hydrauliques à aubes courbes du général Poncelet*, a été présenté à l'Académie des Sciences dans les séances des 3 juin et 30 septembre 1857. L'Académie, sur le rapport d'une Commission composée de MM. Poncelet, Piobert et Morin, rapporteur, dans la séance du 2 décembre 1867, en a voté l'impression dans le *Recueil des Savants étrangers*. Il a été publié en 1870, grand in-4° avec planches.

D'après ces études et ces résultats, je suis arrivé aux règles à suivre ci-après, pour l'établissement des roues hydrauliques à aubes courbes.

Le rapport de l'élévation du filet moyen de la veine fluide à la hauteur de la chute totale doit être de $\frac{1}{2}$ à $\frac{1}{3}$. Le rapport de la vitesse de la circonférence de la roue à celle du filet moyen est de 0,55 ; mais, si le rayon de la roue était notablement moindre que la hauteur de chute, on pourrait réduire ce rapport à 0,5o et prendre l'inclinaison de l'aube sur la circonférence égale à 27 ou 28 degrés au lieu de 26. Le rayon de l'aube doit être égal au tiers de la hauteur de la chute mesurée du niveau d'amont au point d'admission de l'eau sur la roue, au moins sur $\frac{1}{4}$ de circonférence ; au delà on peut employer un rayon plus grand. Le point inférieur de la roue peut être au-dessous du niveau d'aval de $\frac{1}{17}$ à $\frac{1}{13}$ de la hauteur de la chute. On obtient ainsi facilement un rendement de 75 pour 100 et souvent davantage. De plus, les roues marchent facilement noyées lorsque le niveau d'aval s'élève.

Lorsqu'on eut à établir la roue en fer de la poudrerie d'Angoulême, on dut prévoir le cas où la roue devrait avoir une vitesse très-faible, telle que $\frac{1}{10}$ de sa vitesse habituelle, et celui où la roue devrait marcher noyée d'une grande quantité par l'élévation du niveau d'aval et de niveau d'amont, et où il convenait de pouvoir verser une grande quantité d'eau sur la roue. Le général Poncelet indiqua, pour cette exigence particulière, l'établissement d'une ouverture supérieure en déversoir, indépendante de la première et dont les ajutages seraient dirigés de façon que l'eau arrivât sur les aubes courbes sans choc.

Ce dispositif eut un plein succès. L'ouverture supérieure permit, par son action seule, de faire marcher la roue comme une roue à augets, l'eau en dessus, avec la faible vitesse demandée ; et, en la combinant avec une faible ouverture de la vanne d'en bas, on arrivait à des vitesses beaucoup moindres et presque insensibles.

En second lieu, elle permettait de verser au besoin de très-grandes quantités d'eau pour augmenter de beaucoup la force de la roue ; enfin, par l'ouverture simultanée des deux vannes, elle permettait encore de faire marcher la roue noyée sur le tiers de son rayon.

Mais les aubes courbes se trouvaient assez bien combinées pour que, par l'emploi de la vanne inférieure seule, on obtînt ces avantages à un degré un peu moindre (¹).

Les derniers principes du tracé des roues à aubes courbes du général Poncelet, bien appliqués, sont, comme on le voit, une précieuse ressource pour l'industrie et pour utiliser des chutes d'eau depuis les plus faibles

---

(¹) *Voir* le Mémoire de M. le capitaine Ordinaire de Lacedouge, publié dans la revue *le Génie industriel*, 1854.

jusqu'à celles de $3^m,5o$ et au delà, avec des dimensions de roues en usage. C'était un vœu exprimé par Poncelet. On doit regretter que ces principes ne soient pas plus généralement appliqués et que le savant et regretté général n'ait pas pu, dans ses dernières années, diriger la construction de ces ingénieuses machines.

(Octobre 1875.)

## Note sur un frein à deux leviers parallèles, construit d'après les indications de Poncelet,

par M. E. ROLLAND, Membre de l'Institut.

En 1859, j'ai fait construire, d'après des indications très-précises qu'avait bien voulu me donner Poncelet, un frein à deux leviers parallèles, qui présente des avantages marqués sur les modèles de freins généralement employés.

Deux leviers parallèles prolongés d'un même côté de l'arbre maintiennent les mâchoires; ils sont solidement reliés à l'une de leurs extrémités; le serrage se fait près de l'autre extrémité, à laquelle est suspendu le plateau. L'effort de serrage se trouve ainsi notablement réduit; l'opérateur est commodément placé, loin de l'arbre tournant, près du plateau qui reçoit les poids; la position du centre de gravité de l'appareil, qui est sur l'horizontale de l'arbre, permet une précision que l'on ne peut pas obtenir avec les freins à un seul bras. Poncelet n'a publié, à ma connaissance du moins, aucune Notice relative à cette disposition; on peut en trouver la description dans le *Mémoire sur les conditions à remplir dans l'emploi du frein dynamométrique*, par M. Kretz.

## Notes relatives aux Leçons préparatoires au lever d'usines,

par M. YVON VILLARCEAU, Membre de l'Institut.

Poncelet m'avait prié, en 1845, de revoir la rédaction lithographiée des Leçons qu'il avait professées à l'École d'application de Metz, et dont il se proposait de faire la publication. Mon entrée à l'Observatoire de Paris, en 1846, ne m'a pas permis de continuer ce travail; mais j'avais déjà rédigé, à ce sujet, un certain nombre de Notes dont une partie se trouve textuellement reproduite ci-après.

### I. — *Note relative aux pertes de force vive dans les conduites.*

Avant de traiter la question de l'écoulement d'un fluide d'un réservoir dans un autre, n° 30, p. 41, je vais établir une proposition préliminaire.

Voici comment il faut entendre le principe des forces vives.

L'accroissement des forces vives, augmenté du travail moléculaire résistant, est égal au travail moteur (¹), diminué du travail résistant. Le travail moléculaire négatif peut se déduire de l'observation de la force vive détruite ou dissimulée, sans l'intervention d'un travail dû à des forces extérieures.

*Exemple :* Masse d'eau agitée, sans que son centre de gravité se déplace, et bientôt réduite au repos apparent.

La force vive détruite ou dissimulée est ici, en la prenant négativement, l'expression du travail moléculaire développé.

On peut aussi déduire ce travail de la comparaison de deux expressions qui le renferment.

Cherchons le travail moléculaire développé dans le passage de l'eau, de l'orifice *ab* dans le vase A'B'*ab* (*fig.* 76).

Fig. 76.

Soient

$p$ la pression atmosphérique ;
$P$ la pression dans la veine ;
U la vitesse dans cette veine ;
$\Omega'$ la section horizontale du vase inférieur
V' la vitesse en A'B' ;
$P_1$ la pression sur le fond du vase ;
$\pi$ le poids de l'unité de volume du liquide.

Appliquons le principe du mouvement de centre de gravité à la masse contenue dans le vase inférieur, et considérons ce mouvement dans le sens vertical de bas en haut. Les forces qui agissent dans ce sens sont les pressions $\Omega'P_1$, $-\Omega'p$ et le poids $-\Omega'\pi h_1$ du liquide. Si nous admettons que le mouvement par filets parallèles soit établi dans la tranche A'B', l'ac-

---

croissement de quantité de mouvement vertical pendant le temps $\tau$ sera

$$\frac{\Pi}{g}\,\Omega'V'\tau.V';$$

d'où l'équation

$$\Omega'(P_1 - p - \Pi h_1)\tau = \frac{\Pi}{g}\,\Omega'V'^2\tau$$

ou

$$(1) \qquad \frac{P_1 - p}{\Pi} - h_1 = \frac{V'^2}{g}.$$

Appliquons maintenant le principe des forces vives au même système : nous aurons

$$\frac{\Pi}{2}\frac{\Omega'}{g}\,V'\tau(V'^2 - U^2) + \text{tr. mol. rés.} = -\Pi\Omega'V'\tau.h + (P - p)\Omega'V'\tau$$

ou

$$(2) \qquad \frac{V'^2 - U^2}{2g} + \frac{\text{tr. mol. rés.}}{\Pi\Omega'V'\tau} = -h + \frac{P - p}{\Pi}.$$

Ajoutons les équations (1), (2) et réduisons, il viendra

$$-\frac{V'^2 + U^2}{2g} + \frac{\text{tr. mol. rés.}}{\Pi\Omega'V'\tau} = h_1 - h - \frac{P_1 - P}{\Pi}.$$

Or, nous pouvons supposer le fond C'D' assez éloigné de l'orifice pour r que le trouble ne pénètre pas jusqu'en C'D'; et, comme il ne se manifeste qu'à une certaine distance de cet orifice, il est permis de suppposer que les pressions se transmettront de $ab$ en C'D' comme si le fluide était en repos On aura donc alors

$$P_1 = P + \Pi(h_1 - h) \quad \text{ou} \quad h_1 - h - \frac{P_1 - P}{\Pi} = 0;$$

ce qui donnerait

$$(3) \qquad \frac{\text{tr. mol. rés.}}{\Pi\Omega'V'\tau} = \frac{V'^2 + U^2}{2g}.$$

Au moyen de cette valeur l'équation (2) deviendra

$$(4) \qquad \frac{V'^2}{g} = -h + \frac{P - p}{\Pi};$$

d'où l'on tire

$$(5) \qquad \frac{P}{\Pi} = \frac{p}{\Pi} + h + \frac{V'^2}{g}.$$

L'équation (3) montre que la perte de force vive est, ici, égale à la somme des forces vives dues aux vitesses initiale et finale et non pas à la force vive due à la différence de ces vitesses.

On peut déduire ce résultat d'une proposition plus générale, que nous allons démontrer.

Soient (*fig. 77*) $\gamma$ l'angle des directions initiale et finale d'un courant assujetti à circuler dans deux portions de conduite séparées par une

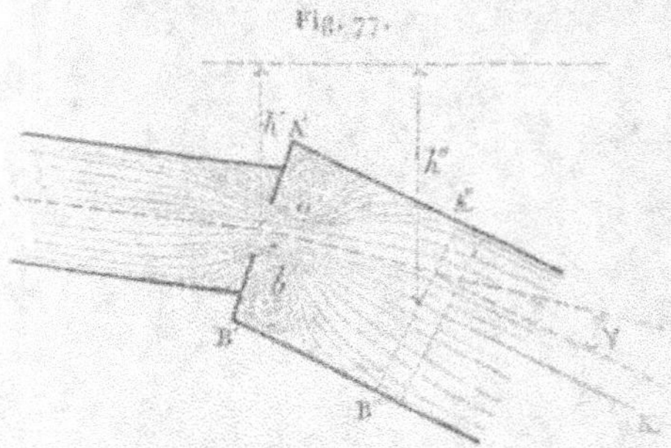



plaque percée d'un orifice de section $\omega'$; $m'$ le coefficient de contraction. La section contractée $a'b'$ sera $m'\omega'$.

Soient

$U'$ la vitesse dans cette section;

$U''$ la vitesse dans la section $\Omega$ de $A''B''$, dans laquelle on suppose que le parallélisme des filets soit rétabli;

$h'$, $h''$ les ordonnées des centres de gravité de $\omega'$ et $\Omega$ au-dessous d'un plan horizontal fixe.

Appliquons le principe du mouvement du centre de gravité au système compris entre $a'b'$ et $A''B''$. Pour cela, projetons les forces et les vitesses sur l'axe X du tuyau d'aval.

On pourra considérer la pression dans la section $A'B'$ comme ne variant qu'à raison des différences de niveau des différents points de cette section.

Soient donc $P'$ et $P''$ les pressions moyennes dans les sections $a'b'$ et $A''B''$; $l$ leur distance. Pour être plus rigoureux, il eût fallu ne pas supposer nécessairement l'orifice $a'b'$ sur le prolongement de l'axe X; mais on serait parvenu au même résultat que ci-dessus, $h'$ et $h''$ représentant les ordonnées des centres de gravité des orifices. Les projections des forces extérieures sur X multipliées par un temps $\tau$ seront

$$(P' - P'')\Omega\tau + \Pi\Omega l\,\frac{h'' - h'}{l}\,\tau.$$

L'accroissement des quantités de mouvement projetées sera, au bout du temps $\tau$, en observant que la masse écoulée dans ce temps est $\dfrac{\Pi}{g}\,\Omega U''\tau$,

$$\frac{\Pi}{g}\,\Omega U''\tau(U'' - U'\cos\gamma);$$

on a donc, en égalant ces expressions et divisant par $\Pi\Omega\tau$,

$$(6)\qquad \frac{P' - P''}{\Pi} + h'' - h' = \frac{U''(U'' - U'\cos\gamma)}{g}.$$

Appliquons maintenant l'équation des forces vives au même système : il viendra

$$\frac{1}{2}\frac{\Pi}{g}\,\Omega U''\tau(U''^2 - U'^2) + \text{tr. mol. rés.} = \Omega U''\tau(P' - P'') + \Pi\Omega U''\tau(h'' - h')$$

ou

$$(7)\qquad \frac{U''^2 - U'^2}{2g} + \frac{\text{tr. mol. rés.}}{\Pi\Omega U''\tau} = \frac{P' - P''}{\Pi} + h'' - h'.$$

J'ajoute ces équations membre à membre, et je trouve, toutes inductions faites,

$$\frac{\text{tr. mol. rés.}}{\Pi\Omega U''\tau} = \frac{U''^2 + U'^2}{2g} - \frac{U''U'\cos\gamma}{g},$$

ou bien

$$(8)\qquad \frac{\text{tr. mol. rés.}}{\Pi\Omega U''\tau} = \frac{U''^2 - 2U''U'\cos\gamma + U'^2}{2g}.$$

On remarquera que la quantité

$$U'^2 - 2U'U''\cos\gamma + U''^2$$

n'est autre chose que le carré de la résultante des vitesses initiale et finale — $U'$ et $U''$; donc ici le travail moléculaire résistant est égal à la force vive due à la vitesse relative.

Lorsqu'on suppose $\gamma = 0$, on trouve l'expression ordinaire

$$\frac{(U' - U'')^2}{2g};$$

pour $\gamma = 90°$ comme ci-dessus, il vient

$$\frac{U'^2 + U''^2}{2g};$$

ce qui est conforme à l'expression (3).

Appliquons ces résultats à la question du n° 30 du texte, et considérons le système limité aux plans AB, A'B' (*fig.* 76 ).

Il viendra, en conservant les notations des n°⁵ 24, 28 et 29, en observant que le travail moléculaire résistant se compose de deux parties :

1° Pour le passage de la section $\omega'$ à la section $\Omega$,

$$\frac{\Pi\Omega u\tau}{2g}\,(U'-u)^2;$$

2° Pour le passage de $ab$ à $A'B'$,

$$\frac{\Pi\Omega u\tau}{2g}\,(U^2+V'^2),$$

il viendra, dis-je, en divisant en outre par $\Pi\Omega U\tau$,

$$\frac{1}{2g}\,(V'^2-V^2)+\frac{1}{2g}\,(U'-u)^2+\frac{1}{2g}\,(U^2+V'^2)$$
$$=(H-h)+\frac{P-p}{\Pi}-\frac{\varpi L}{\Omega g}\,(\alpha u+\beta u^2).$$

En réunissant les termes de même espèce, il vient d'ailleurs

$$(8\ bis)\quad\left\{\begin{aligned}&U^2+2V'^2+(U'-u)^2-V^2\\&=2g(H-h)+2g\,\frac{P-p}{\Pi}-\frac{2\varpi L}{\Omega}\,(\alpha u+\beta u^2),\end{aligned}\right.$$

or on a

$$m\omega U=\Omega u=m'\omega'U'=OV=O'V';$$

il s'ensuit

$$U^2\left[1+\frac{2\,m^2\omega^2}{O'^2}+\left(\frac{m\omega}{m'\omega'}-\frac{m\omega}{\Omega}\right)^2-\frac{m^2\omega^2}{O^2}\right]=\dots$$

ou bien

$$(9)\quad\left\{\begin{aligned}&U^2\left[1-\frac{m^2\omega^2}{O^2}+m^2\omega^2\left(\frac{1}{m'\omega'}-\frac{1}{\Omega}\right)^2+\frac{2\,m^2\omega^2}{O'^2}\right]\\&=2g(H-h)+2g\,\frac{P-p}{\Pi}-\frac{2\varpi L}{\Omega}\,(\alpha u+\beta u^2).\end{aligned}\right.$$

*Autre démonstration.* — Appliquons l'équation des forces vives au système compris entre AB et $ab$ (*fig.* 76).

Le travail moléculaire résistant sera encore, pour le passage de la section $\omega'$ à $\Omega$,

$$\frac{\Pi\Omega u\tau}{2g}\,(U'-u^2).$$

Désignons par $P$ la pression dans la section contractée $ab$; le travail des pressions sera

$$\Omega u\tau\,(P-P'),$$

celui de la pesanteur sera

$$\Pi\Omega u\tau \mathrm{H},$$

et l'équation des forces vives, en divisant tous les termes par $\Pi\Omega u\tau$, deviendra

$$(10) \qquad \frac{1}{2g}(U^2 - V^2) + \frac{1}{2g}(U - u)^2 = H + \frac{P - p}{\Pi} - \frac{\varpi L}{\Omega g}(\alpha u + \beta u^2).$$

Mais on a (5), pour le cas qui nous occupe,

$$\frac{p}{\Pi} + h + \frac{V^2}{g} = \frac{P}{\Pi},$$

ajoutant membre à membre et réduisant, il vient

$$\frac{1}{2g}\big[U^2 - V^2 + (U - u)^2 + 2V^2\big] = H - h + \frac{P - p}{\Pi} - \frac{\varpi L}{\Omega g}(\alpha u + \beta u^2)$$

ou bien

$$U^2 - 2V^2 + (U - u)^2 - V^2 = 2g(H - h) + 2g\frac{P - p}{\Pi} - \frac{2\varpi L}{\Omega}(\alpha u + \beta u^2),$$

équation identique avec l'équation (8 *bis*) trouvée ci-dessus.

*Discussion*. — Reprenons l'équation (9)

$$U^2\left[1 - \frac{m^2\omega^2}{O^2} + m^2\omega^2\left(\frac{1}{m^2\omega^2} - \frac{1}{\Omega}\right)^2 + \frac{2m^2\omega^2}{O^2}\right]$$
$$= 2g(H - h) + 2g\frac{P - p}{\Pi} - \frac{2\varpi L}{\Omega}(\alpha u + \beta u^2).$$

Soient, en premier lieu, $\frac{\omega}{O}$ et $\frac{\omega}{O}$ négligeables devant l'unité. Supposons, en outre, que la conduite ait le même diamètre que l'orifice d'introduction $a'b'$ ou $\omega' = \Omega$, et de plus les pressions P et $p$ égales entre elles ou à la pression atmosphérique; on aura

$$U^2\left[1 + \frac{m^2\omega^2}{\Omega^2}\left(\frac{1}{m'} - 1\right)^2\right] = 2g(H - h) - \frac{2\varpi L}{\Omega}(\alpha u + \beta u^2).$$

Si de plus, $\omega = \Omega$, la contraction est nulle à la sortie de la conduite; il vient $m = 1$, $u = U$, et l'équation se réduit à

$$U^2\left[1 + \left(\frac{1}{m'} - 1\right)^2\right] = 2g(H - h) - \frac{2\varpi L}{\Omega}(\alpha U + \beta U^2).$$

Cette équation et la précédente n'offrent pas l'inconvénient, comme celles correspondantes du texte, de donner $U = \infty$, dans l'hypothèse $m' = 1$.

Pour déduire de la formule (9) l'équation relative au cas où l'extrémité *ab* déboucherait dans l'air, il faudra faire $h = 0$, et faire disparaître de la formule (8 *bis*) les termes relatifs à la deuxième perte de force vive, et qui sont $U'^2$ et $V'^2$, puis aussi faire $V' = U$, ce qui revient à retrancher $2V'^2$; il vient ainsi

$$U^2 - V^2 + (U' - u)^2 = 2gH - \frac{2\varpi L}{\Omega}(\alpha u + \beta u^2) + 2g\frac{P-p}{\Pi}$$

ou

$$U^2\left[1 - \frac{m^2\omega^2}{O^2} + m^2\omega^2\left(\frac{1}{m'\omega'} - \frac{1}{\Omega}\right)^2\right]$$
$$= 2gH - \frac{2\varpi L}{\Omega}(\alpha u + \beta u^2) + 2g\frac{P-p}{\Pi}.$$

Le même résultat se déduit immédiatement de l'équation (10) spécialement applicable à ce cas, en y faisant $P = p$.

Si l'on a ensuite $P = p$, $\frac{\omega}{O} = 0$, $\omega = \omega' = \Omega$; on en déduit $m = 1$, $u = U$, et il vient

$$U^2\left[1 + \left(\frac{1}{m} - 1\right)^2\right] = 2gH - \frac{2\varpi L}{\Omega}(\alpha U + \beta U^2).$$

II. — *Note relative à la perte de force vive au moment où le fluide atteint le récepteur.*

Cette Note se rapporte à la question traitée par Poncelet dans les n°⁵ 10 et 11, p. 135 et suiv.

Il est facile de voir que, si le fluide, après avoir choqué la palette, finit par prendre le mouvement même de cette palette, comme cela a lieu dans le plus grand nombre des cas, le travail absorbé par les tourbillonnements est égal à la force vive due à la vitesse relative de l'eau et de la palette à l'instant de leur rencontre : il a pour expression, dans le cas actuel,

$$\tfrac{1}{2}M[V^2 + v^2 + 2Vv\cos(\alpha + \beta)].$$

En effet, le travail dont il s'agit ne dépend que des circonstances du mouvement relatif, et nullement des vitesses absolues, de sorte que, si l'on communique à la palette et au fluide une vitesse égale et de sens contraire à celle du fluide, la palette sera réduite au repos et l'eau animée de la vitesse résultante de $v$ en sens contraire et de $V$, résultante dont le carré est égal au facteur de $\tfrac{1}{2}M$ dans l'expression ci-dessus. Or, le travail absorbé par les tourbillonnements est nécessairement égal à la force vive possédée par l'eau dans son mouvement relatif, puisque l'eau qui posséderait, dans le mouvement absolu, la vitesse de la palette, se trouverait réduite au repos dans le mouvement relatif.          C. Q. F. D.

*Expression générale du travail absorbé dans le cas où le fluide n'est pas finalement réduit au repos relatif.* — Soient (*fig.* 78)

Fig. 78.

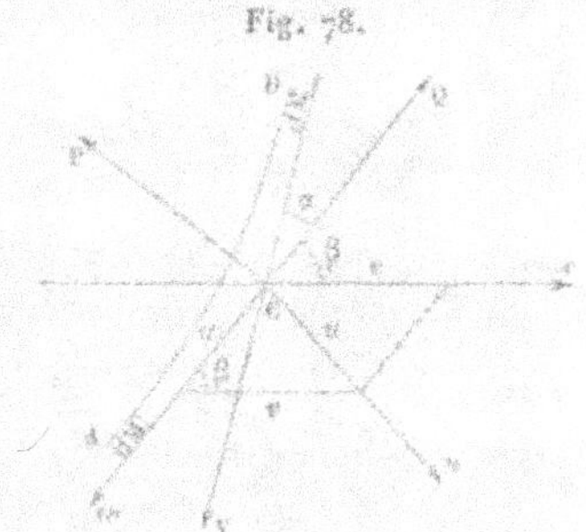

$d$M la masse du fluide qui s'écoule pendant le temps $dt$ ;

$\dfrac{d\mathrm{M}}{dt} = $ M′ la vitesse qui s'écoule pendant l'unité de temps ;

$v$ la vitesse de la palette ;

V la vitesse du fluide avant le choc ;

$w$ la vitesse relative le long de la palette après le choc :

$u$ la vitesse absolue des molécules fluides après le choc ;

P et Q les composantes normale et tangentielle de l'action résultante, exercée sur la masse fluide DA, tant par la palette que par le fluide avec lequel la masse DA peut être en contact.

Ces actions ne dépendent que du mouvement relatif : communiquons la vitesse $v$ au fluide en sens contraire de la vitesse $v$ de la palette ; nous pourrons considérer la palette comme étant en repos, et les vitesses relatives seront :

|  | Suivant P. | Suivant Q. |
|---|---|---|
| Avant le choc...... | $v\sin\beta - \mathrm{V}\sin\alpha,$ | $-(\mathrm{V}\cos\alpha - v\cos\beta),$ |
| Après le choc...... | $0,$ | $-w.$ |

Appliquons le théorème du mouvement du centre de gravité au mouvement de AD suivant les axes P et Q ; il viendra

$$\mathrm{P}dt = -d\mathrm{M}(v\sin\beta - \mathrm{V}\sin\alpha), \quad \mathrm{Q}dt = d\mathrm{M}(-w + \mathrm{V}\cos\alpha + v\cos\beta),$$

d'où

$$\mathrm{P} = \mathrm{M}'(\mathrm{V}\sin\alpha - v\sin\beta),$$
$$\mathrm{Q} = \mathrm{M}'(\mathrm{V}\cos\alpha + v\cos\beta - w) ;$$

ces équations sont faciles à interpréter.

Actuellement, nous allons appliquer le principe des forces vives, en fai-

H.                                                                   22

sant abstraction du travail de la pesanteur : il viendra

$$\tfrac{1}{2}d\mathrm{M}(u^2 - \mathrm{V}^2) + \frac{d.\mathrm{tr.rés.}}{dt}\,dt = \mathrm{P}\,u\,dt\cos(u,\mathrm{P}) + \mathrm{Q}\,u\,dt\cos(u,\mathrm{Q}).$$

Or on a, d'après la *fig.* 78,

$$\cos(u,\mathrm{P}) = -\sin(u,w) = -\frac{v\sin\beta}{u},$$

$$\cos(u,\mathrm{Q}) = -\cos(u,w) = -\frac{w - v\cos\beta}{u};$$

d'où

$$u\cos(u,\mathrm{P}) = -v\sin\beta,$$
$$u\cos(u,\mathrm{Q}) = -(w - v\cos\beta).$$

L'équation ci-dessus devient, en observant que $\dfrac{d\mathrm{M}}{dt} = \mathrm{M}'$,

$$\frac{\mathrm{M}'}{2}(u^2 - \mathrm{V}^2) + \frac{d.\mathrm{tr.rés.}}{dt} = -\mathrm{M}'(\mathrm{V}\sin\alpha - v\sin\beta)v\sin\beta$$
$$-\mathrm{M}'(\mathrm{V}\cos\alpha + v\cos\beta - w)(w - v\cos\beta);$$

or on a, d'autre part,

$$u^2 = v^2 + w^2 - 2vw\cos\beta,$$

donc

$$\frac{d.\mathrm{tr.rés.}}{dt} = \tfrac{1}{2}\mathrm{M}'[\mathrm{V}^2 - v^2 - w^2 + 2vw\cos\beta + 2v\sin\beta(v\sin\beta - \mathrm{V}\sin\alpha)$$
$$+ 2v\cos\beta(v\cos\beta + \mathrm{V}\cos\alpha - w)$$
$$- 2w(v\cos\beta + \mathrm{V}\cos\alpha - w)]$$
$$= \tfrac{1}{2}\mathrm{M}'[\mathrm{V}^2 - v^2 - w^2 + 2v^2 + 2\mathrm{V}v(\cos\alpha\cos\beta - \sin\alpha\sin\beta)$$
$$- 2wV\cos\alpha + 2w^2 - 2vw\cos\beta];$$

$$\frac{d.\mathrm{tr.rés.}}{dt} = \tfrac{1}{2}\mathrm{M}'\{\mathrm{V}^2 + v^2 + 2\mathrm{V}v\cos(\alpha+\beta) - [2(\mathrm{V}\cos\alpha + v\cos\beta) - w]w\}.$$

Cette expression montre que le travail absorbé se réduit à la force vive due à la vitesse relative, lorsque l'on a $w = 0$, c'est-à-dire lorsque le fluide finit par se réduire au repos relatif, comme dans presque toutes les roues à aubes planes. On obtiendrait le même résultat, si la vitesse finale $w$ acquérait une valeur double de la vitesse suivant le prolongement de Q, ou double de $\mathrm{V}\cos\alpha + v\cos\beta$.

Si la force Q est nulle, c'est-à-dire si l'on fait abstraction du frottement le long de la palette, et qu'on admette que le fluide puisse continuer à cheminer le long de la palette, sans que sa vitesse varie, la relation $Q = 0$ donnera

$$w = \mathrm{V}\cos\alpha + v\cos\beta,$$

et l'expression de la perte deviendra

$$\tfrac{1}{2} M'[V^2 + v^2 + 2 V v (\cos \alpha \cos \beta - \sin \alpha \sin \beta) - (V \cos \alpha + v \cos \beta)^2]$$
$$= \tfrac{1}{2} M'[V^2 + v^2 + 2 V v (\cos \alpha \cos \beta - \sin \alpha \sin \beta)$$
$$\qquad - V^2 \cos^2 \alpha - v^2 \cos^2 \beta - 2 V v \cos \alpha \cos \beta]$$
$$= \tfrac{1}{2} M'(V^2 \sin^2 \alpha + v^2 \sin^2 \beta - 2 V v \sin \alpha \sin \beta)$$
$$= \tfrac{1}{2} M'(V \sin \alpha - v \sin \beta)^2 ;$$

ce qui réduit la perte à l'expression donnée ( n° 11 ); mais il ne faut pas oublier que cette expression du n° 11 suppose que le fluide continue de circuler le long de la palette, avec la vitesse relative tangentielle initiale $V \cos \alpha + v \cos \beta$.

*Remarque.* — On parviendra aussi à l'expression générale ci-dessus, en réduisant la palette au repos et communiquant la vitesse $v$ en sens contraire au fluide, puis n'ayant égard qu'aux vitesses correspondantes aux chemins relatifs, décrits par les points d'application de P et de Q.

III. — *Note sur la détermination des conditions du maximum d'effet utile, dans les moulins à vent.*

Cette question est traitée dans le texte ( n°ˢ 72 et 73, p. 215 et suiv. )

Il ne paraît pas nécessaire d'avoir recours au calcul des variations, pour obtenir les conditions du maximum de rendement.

En effet, quel que soit $v$, il existe une valeur de $\varphi$ qui rendra maximum l'expression du travail élémentaire $p v$ relatif à cette valeur de $v$, et la condition pour que le travail élémentaire $p v$ soit un maximum est

$$d[(V \sin \varphi - v \cos \varphi)^2 \cos \varphi] = o.$$

Il est clair que le travail total sera un maximum, si chaque travail élémentaire dont il se compose en est un lui-même.

En différentiant, il vient

$$2(V \sin \varphi - v \cos \varphi)(V \cos \varphi + v \sin \varphi) \cos \varphi - (V \sin \varphi - v \cos \varphi)^2 \sin \varphi = o ;$$

d'où, en supprimant le facteur $V \sin \varphi - v \cos \varphi$, qui donnerait un travail nul,

$$2(V \cos \varphi + v \sin \varphi) \cos \varphi - (V \sin \varphi - v \cos \varphi) \sin \varphi = o,$$

ou, en divisant par $\cos^2 \varphi$,

$$2(V + v \tan \varphi) - (V \tan \varphi - v) \tan \varphi = o,$$
$$V \tan^2 \varphi - 3 v \tan \varphi = 2 V,$$

$$\tan \varphi = \frac{3}{2} \frac{v}{V} \pm \sqrt{\frac{9}{4} \frac{v^2}{V^2} + 2},$$

expression dans laquelle on doit prendre le signe + pour que $\operatorname{tang}\varphi$ soit positif.

En écrivant $\omega r$ à la place de $v$, il vient

$$\operatorname{tang}\varphi = \frac{3}{2}\frac{\omega r}{V} + \sqrt{\frac{9}{4}\frac{\omega^2 r^2}{V^2} + 2}.$$

L'équation précédente donne

$$V\sin\varphi = \tfrac{3}{2} v\cos\varphi + \sqrt{\tfrac{9}{4}v^2 + 2V^2}\cos\varphi$$

ou

$$V\sin\varphi - v\cos\varphi = \tfrac{1}{2} v\cos\varphi + \sqrt{\tfrac{9}{4}v^2 + 2V^2}\cos\varphi,$$

et par suite

$$(V\sin\varphi - v\cos\varphi)^2\cos\varphi = \left(\tfrac{1}{2}v + \sqrt{\tfrac{9}{4}v^2 + 2V^2}\right)^2\cos^3\varphi,$$

$$(V\sin\varphi - v\cos\varphi)^2\cos\varphi = \frac{\left(\tfrac{5}{2}v^2 + v\sqrt{\tfrac{9}{4}v^2 + 2V^2} + 2V^2\right)}{\left(3 + \frac{9}{2}\frac{v^2}{V^2} + 3\frac{v}{V}\sqrt{\frac{9}{4}\frac{v^2}{V^2} + 2}\right)^{\frac{3}{2}}},$$

$$\text{tr. total} = \frac{k\Pi l}{2g}\omega V^3 \int \frac{\tfrac{5}{2}\omega^2 r^2 + \omega r\sqrt{\tfrac{9}{4}\omega^2 r^2 + 2V^2} + 2V^2}{\left(3V^2 + \tfrac{9}{2}\omega^2 r^2 + 3V\omega r\sqrt{\tfrac{9}{4}\omega^2 r^2 + 2V^2}\right)^{\frac{3}{2}}}\, r\,dr.$$

On facilitera l'intégration en exprimant plutôt $v$ ou $r$ en fonction de $\varphi$ ; en effet, on a

$$v = V\frac{\operatorname{tang}^2\varphi - 2}{3\operatorname{tang}\varphi} = \frac{V}{3}(\operatorname{tang}\varphi - 2\cot\varphi)$$

et il vient

$$(V\sin\varphi - v\cos\varphi)^2\cos\varphi = \left[V\sin\varphi - \frac{V}{3}\left(\sin\varphi - 2\frac{\cos^2\varphi}{\sin\varphi}\right)\right]^2\cos\varphi$$

$$= V^2\left(\tfrac{2}{3}\sin^2\varphi + \tfrac{2}{3}\cos^2\varphi\right)^2\frac{\cos\varphi}{\sin^2\varphi} = \tfrac{4}{9}V^2\frac{\cos\varphi}{\sin^2\varphi},$$

$$\omega r = \frac{V}{3}(\operatorname{tang}\varphi - 2\cot\varphi),$$

$$\omega^2 r^2 = \frac{V^2}{9}(\operatorname{tang}^2\varphi + 4\cot^2\varphi - 4),$$

d'où

$$\omega^2 r\,dr = \frac{V^2}{9}\left(\frac{\operatorname{tang}\varphi}{\cos^2\varphi} - 4\frac{\cot\varphi}{\sin^2\varphi}\right)d\varphi,$$

et, à cause de

$$(V \sin \varphi - v \cos \varphi)^2 \cos \varphi = \tfrac{1}{4} V^2 \frac{\cos \varphi}{\sin^2 \varphi},$$

$$\text{tr. total} = \frac{k \, l l l}{2 g \omega} \int \frac{4}{81} V^4 \left( \frac{\sin \varphi}{\cos^2 \varphi} - 4 \frac{\cos^2 \varphi}{\sin^2 \varphi} \right) \frac{d\varphi}{\sin^2 \varphi}$$

$$= \frac{k \, l l l}{g \omega} \frac{2}{81} V^4 \int \left( \frac{1}{\sin \varphi \cos^2 \varphi} - 4 \frac{\cos^2 \varphi}{\sin^4 \varphi} \right) d\varphi;$$

les limites de l'intégrale étant déterminées par l'équation

$$\text{tang} \varphi = \frac{3}{2} \frac{\omega r}{V} - \sqrt{\frac{9}{4} \frac{\omega^2 r^2}{V^2} + 2},$$

dans laquelle on mettra, pour $r$, les deux valeurs limites de cette variable.

$$\int \frac{1}{\sin \varphi \cos^2 \varphi} d\varphi = \frac{1}{\sin \varphi} \text{tang} \varphi + \int \frac{\text{tang} \varphi}{\sin^2 \varphi} \cos \varphi \, d\varphi = \frac{1}{\cos \varphi} + \int \frac{d\varphi}{\sin \varphi}$$

$$- \int \frac{4 \cos^2 \varphi}{\sin^4 \varphi} d\varphi = \int \cos \varphi \left( - \frac{4 \cos \varphi}{\sin^4 \varphi} d\varphi \right)$$

$$= \int \cos \varphi \, d \frac{1}{\sin^3 \varphi} = \frac{\cos \varphi}{\sin^3 \varphi} + \int \frac{d\varphi}{\sin^3 \varphi};$$

$$\int \frac{d\varphi}{\sin^3 \varphi} = \int \frac{1}{\sin \varphi} \frac{d\varphi}{\sin^2 \varphi} = - \frac{1}{\sin \varphi} \cot \varphi - \int \frac{\cot \varphi}{\sin^2 \varphi} \cos \varphi \, d\varphi$$

$$= - \frac{\cot \varphi}{\sin \varphi} - \int \frac{\cos^2 \varphi}{\sin^3 \varphi} d\varphi = - \frac{\cos \varphi}{\sin^2 \varphi} - \int \frac{d\varphi}{\sin^3 \varphi} + \int \frac{d\varphi}{\sin \varphi},$$

$$2 \int \frac{d\varphi}{\sin^3 \varphi} = - \frac{\cos \varphi}{\sin^2 \varphi} + \int \frac{d\varphi}{\sin \varphi};$$

$$\int \left( \frac{1}{\sin \varphi \cos^2 \varphi} - \frac{4 \cos^2 \varphi}{\sin^4 \varphi} \right) d\varphi = \frac{1}{\cos \varphi} + \frac{3}{2} \int \frac{d\varphi}{\sin \varphi} + \frac{\cos \varphi}{\sin^3 \varphi} - \frac{1}{2} \frac{\cos \varphi}{\sin^2 \varphi};$$

$$\int \frac{d\varphi}{\sin \varphi} = \int \frac{d \tfrac{1}{2} \varphi}{\sin \tfrac{1}{2} \varphi \cos \tfrac{1}{2} \varphi} = \int \frac{\frac{d \tfrac{1}{2} \varphi}{\cos^2 \tfrac{1}{2} \varphi}}{\text{tang} \tfrac{1}{2} \varphi} = \log \text{tang} \tfrac{1}{2} \varphi;$$

$$\text{tr. total} = \frac{k \, l l l}{g \omega} \frac{2}{81} V^4 \left( \frac{1}{\cos \varphi} + \frac{3}{2} \log \text{tang} \tfrac{1}{2} \varphi + \frac{\cos \varphi}{\sin^3 \varphi} - \frac{1}{2} \frac{\cos \varphi}{\sin^2 \varphi} \right) + \text{const.},$$

expression où l'on peut substituer

$$\text{tang} \tfrac{1}{2} \varphi = \frac{1 - \cos \varphi}{\sin \varphi},$$

Le travail total maximum sera obtenu en multipliant par $\dfrac{k\,\Pi f}{g\omega}\dfrac{2}{81}\,V^{4}$ la différence des deux valeurs que prend la parenthèse, au moyen des deux valeurs de $\varphi$ données par la relation $\tang\varphi = \dfrac{3}{2}\dfrac{\omega r}{V} + \sqrt{\dfrac{9}{4}\dfrac{\omega^{2}r^{2}}{V^{2}} + 2}$, lorsqu'on y mettra pour $r$ chacune de ses valeurs limites. On aura, de cette façon, le travail relatif à une seule aile, et l'on pourra chercher ensuite quelle est la valeur de $\dfrac{\omega}{V}$ qui le rend un maximum.

# TROISIÈME SECTION.



1. *Réflexions préliminaires sur les qualités que doivent posséder les ponts-levis en général.* — On remarque, dans tous les ponts-levis, deux parties essentielles et distinctes : l'une est le *tablier* ou plancher mobile autour d'un axe horizontal, qui est destiné à servir de pont, lorsqu'il est abattu sur ses appuis horizontaux, et à fermer ou masquer le passage lorsqu'il est relevé contre les montants verticaux de ce passage ; l'autre se compose de tout le système des pièces qui servent à maintenir le tablier en équilibre dans ses diverses positions, de telle sorte que la puissance n'ait que les seuls frottements à vaincre. C'est principalement dans la disposition de ces dernières pièces, qui servent de *bascule*, de *contre-poids*, que les ponts-levis présentent des différences très-importantes et qui en font varier les propriétés ; car les tabliers ne diffèrent entre eux que par de légers détails de construction, qui influent très-peu sur les qualités essentielles que doit d'ailleurs posséder le système.

Ces qualités demeurent à peu près les mêmes, soit qu'on applique les ponts-levis à la fermeture des portes et communications quelconques des ouvrages de fortication, soit qu'on s'en serve uniquement pour établir la communication entre les deux rives d'un canal de navigation, dans l'intérieur des villes ou en dehors. Voici en quoi elles consistent essentiellement :

1° Tout le système doit présenter le degré de solidité et de sûreté nécessaire pour ne faire craindre de danger en aucun instant, ni pour aucune de ses positions : il doit par conséquent être construit en matériaux solides et durables.

2° Il doit présenter la plus grande mobilité possible, sous le rapport de la *manœuvre*, de façon qu'un petit nombre d'hommes suffise pour baisser et lever le tablier dans un temps très-court, condition qui exige impérieusement qu'il y ait équilibre dans toutes les positions, abstraction faite des frottements.

3° Les pièces qui composent la manœuvre, celles qui sont destinées à mettre le tablier en équilibre, ne doivent pas embarrasser le passage, soit en avant, soit en arrière des pieds-droits de la porte; en outre, l'étendue horizontale du vide laissé par le tablier, quand il atteint la position verticale, doit être la plus grande possible, eu égard aux dimensions propres du tablier, car ce vide constitue l'objet d'utilité du pont-levis.

4° Les pièces de la manœuvre et du contre-poids doivent s'élever, le moins qu'il est possible, au-dessus du tablier parvenu à la position verticale : cette surélévation, outre qu'elle est gênante et coûteuse en général, outre qu'elle diminue parfois la stabilité des montants du passage, offre encore, dans les ouvrages de fortification, cet inconvénient fort grave, que les pièces sont plus en prise aux vues et aux coups de l'ennemi, et ne peuvent être facilement couvertes par les ouvrages avancés.

5° Les pièces dont il s'agit doivent également s'abaisser le moins qu'il est possible au-dessous du sol naturel, surtout au-dessous du niveau des eaux qui sont dans le canal ou le fossé; il faut tout au moins que les parties descendantes puissent être enfermées dans des puits étroits, peu profonds, qui soient parfaitement à l'abri des filtrations et ne puissent, en aucune manière, nuire à la stabilité des maçonneries du passage et à la sûreté de la place ; ces dernières conditions exigent, comme on le voit, que les puits dont il s'agit soient éloignés, en arrière de la face extérieure du revêtement du passage, d'une distance d'au moins 1 mètre.

2. *Ces conditions ne peuvent être toutes remplies avec un égal succès.* — En examinant les divers ponts-levis qui ont été proposés ou exécutés, soit anciennement, soit récemment, on trouve que la plupart sont loin de remplir avec avantage toutes les conditions qui précèdent; mais on ne doit pas pour cela les condamner et les frapper de proscription, car tel pont-levis qui,

sous certains rapports, offre des inconvénients plus ou moins
graves, peut cependant posséder certaines qualités qui le rendent
recommandable dans quelques circonstances ou localités particulières. C'est ainsi que le gothique pont-levis à flèches, par le
peu de soins et de théorie qu'il exige, pourra être établi sans beaucoup de frais et à peu près partout où se trouvent des bras, du
fer et du bois; mais de ce qu'il offre presque exclusivement ces
avantages, de ce qu'une longue routine et la paresse des esprits
l'a maintenu jusqu'ici dans presque tous ses anciens droits, s'en-
suit-il que, de nos jours et au milieu des populations indus-
trieuses de nos villes, on doive continuer à lui accorder la
préférence sur d'autres systèmes qui, tout en amenant un peu
plus de sujétion dans l'établissement, remplissent incontesta-
blement mieux le but sous le double point de vue architecto-
nique et militaire? Nous ne le pensons pas, et tous les ingénieurs
éclairés sont de cet avis. N'allons donc pas nous imaginer
qu'un seul pont-levis soit en tous temps et en tous lieux préférable à tous les autres; croyons au contraire qu'il en est bien
peu qui ne jouissent de quelques qualités essentielles et qui
les rendent recommandables dans certaines circonstances.
Néanmoins notre intention ne saurait être de les décrire tous
ni de les mettre sur la même ligne; nous devons, dans ces
rapides sommaires, nous borner principalement à donner la
théorie de ceux qui ont le plus spécialement fixé l'attention
des ingénieurs, par l'originalité de leur dispositif ou par les
applications plus ou moins heureuses qui en ont été faites aux
différentes communications des places de guerre. Pour la connaissance des autres, on pourra recourir à la *Science des ingénieurs* de Bélidor, nouvelle édition, et aux n°ˢ 3, 5, 7 et 10 du
*Mémorial de l'Officier du Génie* [1], ouvrage rédigé par les
soins du Comité des fortifications, et auquel nous renverrons
également pour tous les détails descriptifs et de construction
sur lesquels il nous a été impossible d'insister [2].

---

[1] Voir le Mémoire *Sur les améliorations des ponts-levis et entrées des places
fortes*, par MM. Peaucellier et Waguer (*Mémorial de l'Officier du Génie*,
n° 18). (K.)

[2] *Voir* aussi le *Traité*, de Krafft, *sur la Charpente* et celui de Gauthey *Sur
la Construction des ponts.* (K.)

3. *Principe général de l'équilibre des ponts-levis.* — Puisque
la condition mécanique essentielle à remplir dans tout pont-
levis est qu'il y ait constamment équilibre dans les différentes
positions du système, abstraction faite des résistances passives,
qui seules doivent être vaincues par la puissance motrice, il
est évident que la quantité d'action instantanée nécessaire
à appliquer à la machine, toujours abstraction faite des frottements, devra être nulle pour toutes les positions possibles,
ce qui exige évidemment que le centre de gravité général des
pièces ne puisse s'élever ni s'abaisser à aucun instant, et par
conséquent reste constamment à la même hauteur ou dans le
même plan horizontal ; en d'autres termes, « la somme algébrique des moments des différents poids, pris par rapport à
un plan horizontal quelconque, devra être invariable et, en particulier, elle devra demeurer constamment nulle si l'on prend
ces moments par rapport à un plan horizontal passant par le
centre de gravité général du système considéré dans l'une
quelconque des positions qu'il peut occuper ».

### Ponts-levis à flèche et à bascule.

4. *Description sommaire de ce pont-levis, condition de son
établissement.* — Dans ce système, le tablier du pont-levis est
mis en équilibre au moyen d'une *bascule*, ou assemblage de
charpente établi dans la partie supérieure du passage, et qui se
trouve relié à ce tablier par le moyen de deux chaînes ou trin-
gles en fer qui en prennent les extrémités opposées aux tourillons : la bascule se compose (*fig.* 79) de deux grandes pièces
latérales ou *flèches*, reliées entre elles par des entretoises, etc.
Tout le système est mobile sur un axe A' parallèle à l'axe A du
tablier ; d'ailleurs, les diverses parties étant symétriques de
part et d'autre du plan vertical qui contient l'axe de la porte,
on peut supposer que tout se passe dans ce plan, qui est aussi
celui des centres de gravité du tablier et de la bascule ; il ne
sera donc pas difficile de reconnaître les conditions de l'équilibre d'un tel système.

Comme il est avantageux, sous plusieurs rapports, que le
pla n moyen de la bascule et des flèches soit parallèle à celui

du tablier pour la position horizontale et la position verticale,
on dispose ordinairement les choses de façon que ces plans

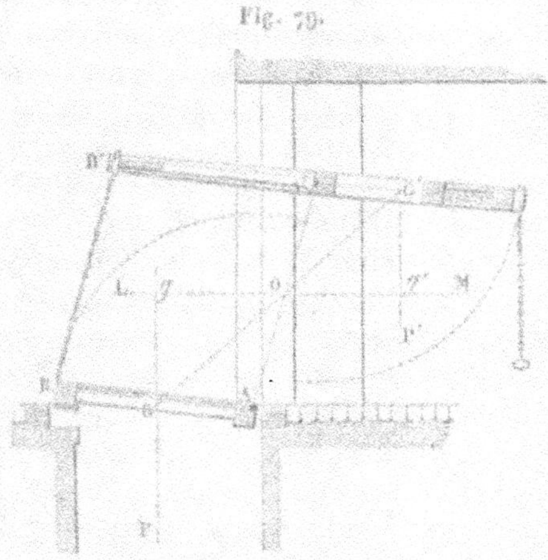

Fig. 79.

restent parallèles dans toutes les positions possibles du système, ou décrivent le même nombre de degrés à chaque instant : cela consiste, comme on le sait, à rendre égaux les côtés
opposés du quadrilatère ABB'A', qui a pour sommet les axes
ou centres de tourillons A, A' du tablier et de la bascule, ainsi
que les points d'attache B, B' des extrémités des chaînes qui
lient les flèches au tablier : pour toute autre figure que le parallélogramme, non-seulement le parallélisme n'aurait pas lieu,
mais encore les conditions de l'équilibre ne pourraient être
établies avec l'exactitude et la simplicité qui se rapportent à
l'hypothèse dont il s'agit.

5. *Théorie particulière du pont-levis à flèches.* — On peut
ici supposer le poids des chaînes BB' décomposé en deux
autres agissant aux points d'attache B et B', et comprendre en
conséquence ces composantes au nombre des poids qui constituent naturellement le poids total de la bascule et celui du
tablier, dont les centres de gravité sont ici figurés en G' et G.
Cela posé, soit O le centre de gravité général, tant de ce tablier que de la bascule, considérés dans une position quel-

conque; ce centre de gravité devra donc demeurer à la même
hauteur pour toutes les autres positions du système, et si l'on
tire l'horizontale LOM, qu'on abaisse les verticales $Gg$, $G'g'$
sur sa direction, et qu'on nomme P le poids total du tablier,
P' celui de la bascule, on devra avoir constamment l'égalité

$$P.Gg - P'G'g' = 0 \quad \text{ou} \quad P.Gg = P'G'g,$$

pour que l'équilibre soit rigoureusement maintenu.

Nommons ( *fig.* 80 ) $\alpha$ l'angle formé, à un instant quelconque,
par la droite AG qui va de l'axe A au centre de gravité G du

Fig. 80.

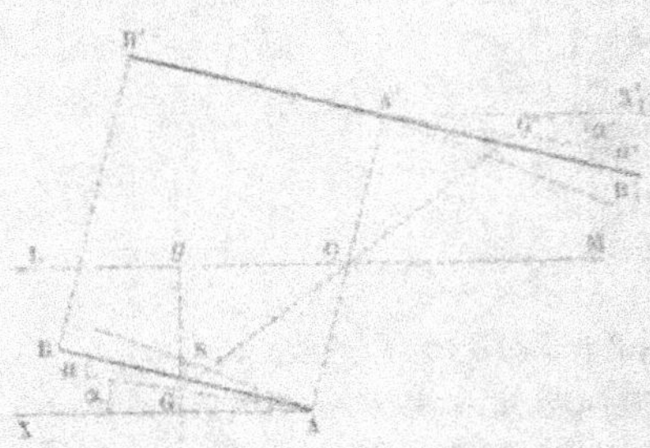

tablier, avec l'horizontale AX; supposons qu'on fasse décrire
à G l'arc de cercle infiniment petit $GS = ds$; $ds \cos \alpha$ représentera évidemment la hauteur élémentaire dont se sera dé-
placé le point G; $P.ds \cos \alpha$ sera la quantité dont aura varié le
moment $P.Gg$ du poids P du tablier, ou, si l'on veut encore,
ce sera le *moment virtuel*, la *quantité d'action élémentaire*
relative à l'élévation de P; si donc nous nommons pareillement $\alpha'$, $ds'$ les quantités analogues relatives au centre de gravité G' de la bascule, nous aurons, d'après ce qui précède,

$$P.ds \cos \alpha = P'.ds' \cos \alpha'.$$

Mais, en désignant par R, R' les distances AG et A'G', par $a$,
$a'$ les angles BAG, B'A'G' formés par ces distances avec la direction, prolongée ou non, des côtés AB, A'B' de notre parallélogramme, nous avons aussi

$$ds = R d\alpha, \quad ds' = R' d\alpha', \quad a + \alpha = a' + \alpha';$$

donc l'équation ci-dessus deviendra, en divisant par $d\alpha = d\alpha'$,

$$PR\cos\alpha = P'R'\cos\alpha' = P'R'\cos(a + \alpha - a').$$

Cette équation ne renfermant plus que la variable $\alpha$ ne pourra être satisfaite constamment, ou pour toutes les positions du système, qu'autant qu'on aura $a - a' = o$, condition qui exprime évidemment que « les droites AG, A'G', qui unissent les centres respectifs des tourillons aux centres de gravité du tablier et de la bascule, doivent être parallèles entre elles, tout comme le sont les lignes qui vont de ces tourillons aux points d'attache des chaînes ».

L'équation de condition ci-dessus se réduisant dès lors à la suivante :

$$P.R = P'.R',$$

on voit aussi que « les moments du tablier et de la bascule, pris par rapport à l'axe de leurs tourillons respectifs, doivent être égaux entre eux ».

Il est d'ailleurs facile de s'assurer réciproquement que, de ces conditions, résulte le maintien du centre de gravité général à la même hauteur, en un certain point O, situé sur la droite AA' des tourillons, en sorte qu'elles sont réellement suffisantes pour assurer l'équilibre. C'est donc à tort que l'on indique souvent des conditions beaucoup plus restreintes : par exemple, celle que « le centre de gravité de la bascule, celui des tourillons de cette bascule et le point d'attache des chaînes soient situés en ligne droite », condition qui, d'après ce qui précède, en entraîne une toute semblable pour le tablier.

6. *Manière de procéder à l'établissement des ponts-levis à flèches dans la pratique, et observations diverses sur cet établissement.* — Dans la pratique, et lorsqu'il s'agit de l'établissement d'un pont-levis à flèches (*fig.* 81), on commence par construire le tablier d'après les conditions de convenances locales et de solidité : le centre de gravité G est ainsi déterminé, de même que le poids P et le moment PR ; on fixe ensuite la saillie A'B' des flèches sur l'entretoise qui porte les tourillons de la bascule, d'après la condition qu'elle soit égale à peu près, ou même un peu supérieure à la longueur AB du tablier; on

fixe aussi provisoirement les dimensions et positions des pièces
qui constituent la charpente de la bascule et sa ferrure, d'après

Fig. 81.

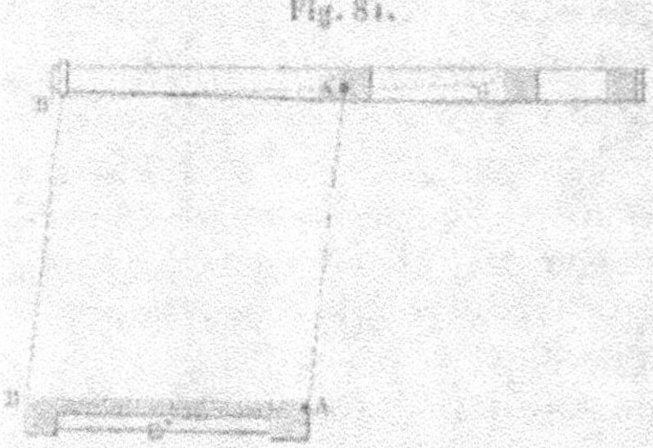

les convenances locales et de manière à pouvoir calculer approximativement P' et R', tout en satisfaisant à l'équation
P'R' = P.R, c'est-à-dire qu'après avoir réglé la disposition et
les dimensions des principales parties suivant l'usage, on laisse
quelque chose d'arbitraire, par exemple, l'entretoise opposée
à celle des tourillons, afin d'être maître d'en faire varier la
position ou l'équarrissage, selon que l'exige l'équation des
moments. Ces premières données fixant, d'une manière à peu
près invariable, la position du centre de gravité de la bascule,
il ne reste plus qu'à satisfaire à la condition du parallélisme
des lignes AG, A'G', ce qui n'offre plus de difficultés, puisque,
sans troubler l'égalité des moments, on peut abaisser ou élever
l'axe des tourillons sur la perpendiculaire au plan moyen de
la bascule, et que d'ailleurs on reste le maître de fixer, à peu
près arbitrairement, la position des points d'attache des chaînes
et du tablier. (*Voir*, pour de plus grands détails, le *Cours de
construction* de M. Soleirol.)

7. *Altérations d'équilibre qui surviennent après la mise en
place de la bascule, moyen d'y remédier.* — On remarquera
que le parallélisme dont il s'agit ne subsiste plus lorsque la
bascule est mise en place et les chaînes accrochées, car la
forte tension de ces chaînes fait courber les flèches; il faut
donc avoir égard à cette flexion lors de l'établissement du
pont-levis, ce qu'on pourra toujours faire d'après les théories

connues sur la résistance des matériaux. Cette flexion d'ailleurs croissant avec le temps et à mesure que les flèches perdent de leur élasticité, il arrive ordinairement que, dans les ponts-levis anciennement établis : 1° le tablier ne peut plus s'appliquer exactement contre les montants de la porte, et laisse ainsi un vide par lequel on peut s'introduire dans la place; 2° l'équilibre est désormais impossible, même en plaçant, comme on le fait ordinairement, des surcharges ou contrepoids dans le coffret de la bascule pratiqué à cet effet entre les deux entretoises extrêmes; du moins on ne peut alors mettre le système en équilibre que pour des positions distinctes.

Cette inflexion permanente des flèches allant souvent jusqu'à $0^m,16$, on conçoit que la bascule forme alors en quelque sorte un levier brisé, analogue à celui des balances qu'on nomme *balances sourdes*, ce qui tient à ce que le centre de gravité général ne reste plus à la même hauteur et qu'il faut un effort pour l'élever ou pour l'empêcher de baisser.

Lorsqu'un pont-levis vient d'être récemment posé et que son équilibre est bien établi, il faut au plus un homme pour le manœuvrer, c'est-à-dire un effort de 25 à 30 kilogrammes appliqué à l'extrémité de la bascule, le tablier pesât-il même 3000 kilogrammes; or l'expérience prouve que, au bout de deux années, il faudrait au moins quatre hommes pour manœuvrer un tel pont-levis commodément. On attribue assez volontiers ces altérations d'équilibre au changement de densité éprouvé par le bois ou à l'augmentation même du poids du tablier; mais ces causes ne sont pas celles qui exercent le plus d'influence, comme le démontre l'usage d'autres systèmes, exempts d'ailleurs des inconvénients inhérents à la flexion des pièces.

8. *Manière de rétablir l'équilibre des anciens ponts-levis à flèches.* — La première chose à faire, lorsqu'il s'agit, au bout d'un certain temps, de corriger le défaut d'équilibre d'un pont-levis à flèches, c'est de vérifier la position des points d'attache de ses flèches, et de les relever d'une quantité à peu près égale, s'il est possible, à celle dont ils ont baissé depuis la mise en place, et cela afin de ramener les lignes à la condition

du parallélisme que nous avons fait connaître ci-dessus. Dans cette opération d'ailleurs, il faut vérifier si la longueur des chaînes est bien égale à la distance des tourillons et ne point la raccourcir pour relever la position du centre de gravité de la bascule, comme le font souvent des ouvriers ou employés ignorants; car, loin de remédier au défaut d'équilibre, on ne fait que l'augmenter. Après ces premières opérations, qui pourront être facilitées, dans quelques cas, en changeant également la position des points d'attache du tablier, il ne restera plus qu'à placer une surcharge convenable dans le coffret de la bascule.

Pour parvenir à une rectification complète et exacte, il conviendrait de rechercher la position des centres de gravité des parties inférieure et supérieure du système; mais, attendu la courbure des flèches et l'incertitude sur la densité des diverses pièces, on n'arriverait qu'à des résultats fort incertains; et même, dans le cas de l'établissement à neuf, on n'obtiendrait que des à peu près, si l'on ne faisait peser directement les ferrures et quelques pièces essentielles de la charpente, avant leur mise en place, afin de déterminer au moins la densité du bois de chêne dont on fait usage, densité qui, comme on sait, est susceptible de varier entre 800 et 1100 kilogrammes par mètre cube, suivant l'âge, la qualité et l'état de siccité du bois.

Pour corriger le défaut d'équilibre des anciens ponts-levis à flèches, on peut encore essayer de déplacer la position du centre de gravité de la bascule, comme l'a proposé M. le capitaine Blanc, à la page 179 du n° 10 du *Mémorial de l'Officier du Génie*; mais, outre que ce procédé exigerait souvent des surcharges considérables qu'il serait difficile de placer convenablement sur la bascule, outre qu'il exigerait des tâtonnements pénibles, il ne remédierait point encore au défaut que présentent les anciens ponts-levis, de ne pouvoir s'appliquer contre les montants de la porte vers la position verticale des flèches.

J'ai beaucoup insisté sur les particularités du pont-levis à flèches, parce qu'il est encore, de nos jours, le plus universellement en usage; qu'il a, comme je le disais plus haut, en sa faveur, les préjugés d'une vieille routine et que, au bout du compte, il faut au moins savoir entretenir et rétablir ceux que, à défaut de fonds, on ne peut remplacer par des dispositions plus avantageuses.

9. *Inconvénients du pont-levis à flèches.* — Quant aux défauts du pont-levis à flèches, qui ne se rattachent pas purement aux conditions mécaniques, ils consistent essentiellement en ce que : 1° les flèches sont vues et battues au loin par l'ennemi, ce qui expose la sûreté du passage et signale les mouvements de l'assiégé, les points les plus faibles et les plus dangereux sous le rapport des communications; 2° l'élévation de la bascule au-dessus du passage est la source d'une foule d'accidents, que l'habitude fait considérer sans effroi comme un mal nécessaire; 3° l'établissement de la bascule et des flèches offre des sujétions, dans les passages couverts, dont on ne se tire qu'en sacrifiant la solidité, souvent la sûreté, et en blessant le goût par le contraste d'une décoration parfois fastueuse et d'un appareil barbare, qui coupe corniche et frontons, etc.

### Pont-levis à bascule en dessous.

10. *Disposition ordinaire, condition d'équilibre et manœuvre.* — Pour remédier à ces inconvénients graves, on a imaginé divers dispositifs de la bascule ou du contre-poids ( *fig.* 82 ), dont le plus ingénieux et le plus simple consiste à placer le corps de la bascule immédiatement à la suite du tablier, de manière que la partie antérieure des flèches se trouve située au-dessous de son plancher et en supporte le poids; mais alors il faut pratiquer, en arrière des pieds-droits du passage, une cave propre à loger la bascule dans ses diverses positions et il faut, de plus, que cette cave soit recouverte par un second plancher en arrière de celui du tablier.

On remarquera facilement les vices d'une semblable disposition sous le rapport du surcroît de la dépense et de la sûreté de la place, puisque le vide laissé par le tablier, dans sa position verticale, est bien plus petit que la surface même de ce tablier, et que la place ne se trouve fermée que par un mur

de masque fort mince et mal lié à l'escarpe de l'ouvrage. Quant
aux conditions de l'équilibre, elles sont ici on ne peut plus

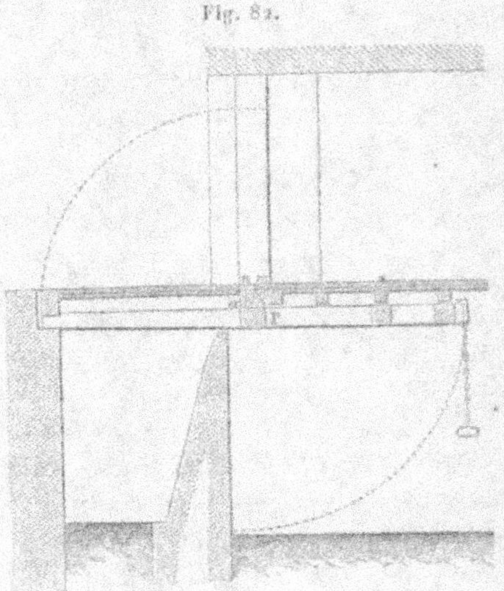

Fig. 82.

simples : le système forme naturellement la balance, et il suffit que son centre de gravité général coïncide avec l'axe des tourillons ; c'est pourquoi l'on est obligé de placer ce dernier en $a$,
un peu au-dessous de la surface du tablier, et de laisser un
vide $mn$ entre le talon $an$, qui porte cet axe, et la poutrelle $mP$
du plancher fixe ; ce vide se bouche d'ailleurs avec un bout
de madrier $mn$ quand le tablier est abaissé. On peut voir ce
pont-levis exécuté à la seconde porte de sortie de l'enceinte
des Allemands, à Metz.

11. *Autre dispositif plus simple.* — Au lieu d'adopter ce
dispositif, il serait préférable, comme on l'a quelquefois proposé et comme il en est des exemples dans les Pays-Bas, de
ne conserver de la bascule ( *fig.* 83 ) que les flèches avec leurs
prolongements et de placer, sur ces derniers, des masses de
fonte, qu'on fixerait à une distance convenable de l'axe des tourillons, pour que l'équilibre fût rempli ou que le centre de gra-

vité du système coïncidât avec l'axe dont il s'agit. Par cette
disposition, en effet, on éviterait d'affaiblir autant le masque

Fig. 83.

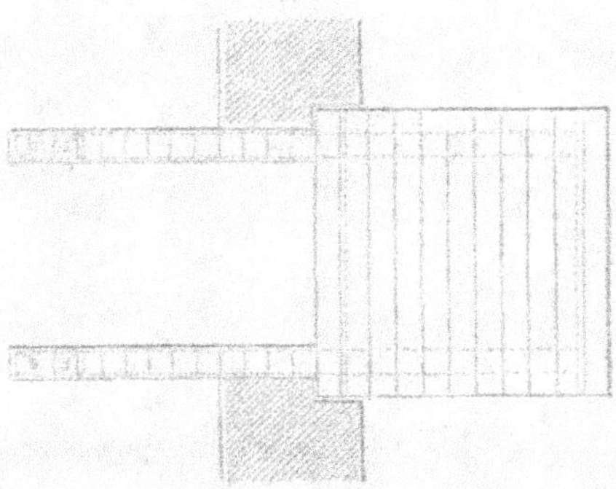

inférieur de la porte, et de pratiquer un aussi grand vide en
arrière de ses pieds-droits. Quant à la manœuvre, elle s'effectue, soit à la manière des ponts-levis à flèches ordinaires, en
faisant agir les hommes à l'extrémité de la bascule, au moyen
de petites chaînes, soit en les faisant opérer de la partie supérieure même du plancher, au moyen de longues perches de
bois, ainsi que cela se pratique à Metz, au pont-levis cité de
la porte des Allemands.

En Hollande, on place sur le tablier et la bascule une portion de roue dentée, manœuvrée par un treuil et une manivelle (*fig.* 84); mais, attendu la sujétion qu'il présente, ce système n'est guère employé que dans les cas où l'équilibre ne
peut être rigoureusement établi, soit parce que l'espace en arrière manque pour loger la bascule, soit parce qu'il y a lieu de
craindre que l'eau des fossés ne s'introduise dans le vide où
s'opère la manœuvre de cette bascule. (*Voir* un modèle de
ce genre de pont-levis dans la galerie des modèles de l'École
d'Application.

Nous passerons sous silence plusieurs autres espèces de
ponts-levis à bascule, qui offrent encore plus d'inconvénients
que ceux qui précèdent et n'ont été que rarement employés;
on trouvera quelques-uns d'entre eux décrits dans la *Science*

23.

*des ingénieurs*, de Bélidor, et dans l'ouvrage de Krafft, *Sur la charpenterie*. Le caractère de la plupart de ces ponts-levis

Fig. 84.

consiste en ce que la manœuvre ou la bascule est en charpente; en s'affranchissant de cette dernière condition, les ingénieurs sont parvenus à des solutions meilleures du problème qui nous occupe, quoique leurs premiers essais aient été assez infructueux, comme on va le voir par les ponts-levis à la Bélidor et à la Dobenheim, dont je me bornerai ici à donner une notice fort succincte.

### Pont à sinussoïde de Bélidor.

12. *Description sommaire et théorie.* — Le pont-levis à la Bélidor, le plus ancien en date de ceux dont il vient d'être parlé, consiste dans deux rouleaux en fonte de fer G' ( *fig.* 85 ), servant de contre-poids au tablier, et dont le mouvement est lié au sien à l'aide de deux chaînes passant sur des poulies M, M', adaptées aux montants du passage ; ces rouleaux, qui sont mobiles autour d'un boulon lié à la chaîne par des étriers en fer, sont dirigés dans leur mouvement par des courbes EF, placées contre les murs du passage et qui sont tellement tracées que l'équilibre du pont ait constamment lieu dans ses diverses positions. Bélidor a nommé cette courbe *sinussoïde*, à cause de la

propriété qu'elle possède d'avoir ses ordonnées proportionnelles aux sinus des angles d'élévation du tablier.

Fig. 85.

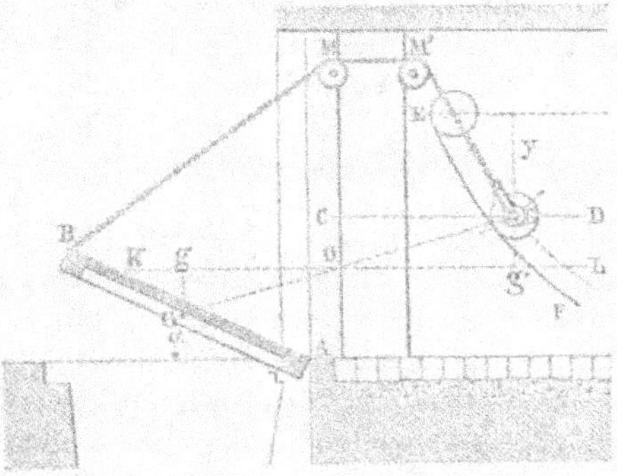

Si l'on nomme, en effet, $\alpha$ l'angle décrit à un instant quelconque par le tablier, le travail correspondant à l'élévation de
son poids P sera

$$\text{P}.\,\text{AG} \sin\alpha.$$

Pendant cette élévation, le contre-poids Q sera descendu d'une
hauteur $y$ et l'on devra avoir

$$\text{Q}y = \text{P}.\,\text{AG} \sin\alpha,$$

d'après la condition générale d'équilibre; d'où l'on tire

$$y = \frac{\text{P}}{\text{Q}}\,\text{AG} \sin\alpha.$$

Sans entrer dans les calculs de Bélidor, nous observerons
que rien n'est plus facile que de tracer la courbe du contre-
poids au moyen du principe d'équilibre énoncé plus haut,
pourvu qu'on suppose les différentes parties de la chaîne constamment tendues en ligne droite.

En effet, s'étant donné arbitrairement la position initiale et
le poids du rouleau relatifs à la position horizontale du tablier,
de manière cependant à satisfaire, autant que possible, aux
convenances locales, etc., on connaîtra aussi la situation du

centre de gravité général O du tablier et du rouleau pour cet instant, et, par suite, on aura l'horizontale KL, sur laquelle doit se trouver constamment ce centre. Supposant donc le tablier parvenu à une position quelconque AB, P étant son poids, G$g$ la distance de son centre de gravité à l'horizontale KL, P' le poids du rouleau, G'$g'$ la distance de son axe à KL, on aura d'abord, pour fixer la grandeur de G'$g'$, l'équation

$$P'.G'g' = P.Gg.$$

Ensuite on remarquera que, la chaîne BMG' ne s'étant ni raccourcie, ni allongée, le centre G' du rouleau appartient à une autre courbe, facile à déterminer et qui est un arc de cercle, si l'on veut supposer, avec Bélidor, la poulie intérieure M' réduite à son axe, mais qui est véritablement une développante du cercle moyen occupé par la chaîne sur cette poulie, dont le diamètre ne doit pas avoir moins de 5o à 6o centimètres, si l'on tient à diminuer l'influence des frottements. La position du centre G' du rouleau, pour l'inclinaison actuelle du tablier, se trouvera ainsi déterminée par la rencontre de l'arc de cercle ou de la développante dont il s'agit et de l'horizontale CD, qui répond à l'ordonnée $G'g' = \dfrac{P.Gg}{P'}$; répétant donc cette opération pour une série de positions consécutives du tablier, on aura la courbe même que doit décrire l'axe du rouleau, afin qu'il y ait constamment équilibre.

13. *Inconvénients du pont à sinussoïde.* — Je n'insisterai pas davantage sur la théorie du pont à sinussoïde, quelque ingénieuse qu'elle soit, parce que si la machine remplit, sous beaucoup de rapports, les conditions requises dans l'établissement des ponts-levis, elle ne les remplit nullement sous celui de la facilité de la manœuvre. L'expérience, d'ailleurs, a obligé les ingénieurs à rejeter le système proposé par Bélidor, d'après la presque impossibilité de tracer la courbe du contre-poids, de manière qu'il y ait constamment équilibre. En effet, ce qui précède suppose que les diverses parties des chaînes BMM'G' soient constamment tendues en lignes

droites, ce qui est à très-peu près vrai pour la partie extérieure MB qui répond au tablier, mais ne l'est pas pour celle
qui est située du côté de la courbe; car cette dernière portion
augmente de longueur à mesure que sa tension diminue, et
elle prend, en conséquence, la forme d'une chaînette, qui
empêche que les contre-poids ou rouleaux ne conservent sur
les courbes, lors de la mise en place du système, la position
que leur assigne la théorie.

D'autre part, on n'a pas tenu compte du poids de ces mêmes
chaînes, bien que ce poids produise des altérations d'équilibre
qui nécessitent, de la part du moteur, un surcroît d'effort
équivalant au moins à celui que pourraient exercer deux
hommes réunis. Enfin la manœuvre des rouleaux est difficile,
dangereuse même, si l'on suppose les hommes appliqués immédiatement à ces rouleaux, auquel cas, vu leur grand nombre,
ils manqueraient de la place nécessaire et se gêneraient mu-
tuellement, sans pouvoir exercer de grands efforts dans le
sens des chaînes. En admettant, avec Bélidor, que la manœuvre
du pont-levis dût s'effectuer par le moyen de petites chaînes,
tirant directement le tablier et passant par-dessus des poulies
de renvoi distinctes de celles du contre-poids (1), on ne saurait qu'en partie ces inconvénients, tout en augmentant
beaucoup les sujétions, par la mise en place des nouvelles
poulies: car le défaut d'équilibre subsisterait toujours et il est
ici tellement grave qu'il serait impossible de faire baisser le
tablier du pont au delà de certaines positions, à moins de produire, en sens contraire, de nouvelles altérations d'équilibre,
qui se feraient d'autant plus sentir lors de la levée du pont.

14. *Dispositif proposé par le capitaine du Génie Delile,
pour la manœuvre des rouleaux.* — M. le capitaine du Génie

---

(1) MM. les élèves pourront voir à la galerie des modèles de l'École d'Application un pont-levis à la Bélidor exécuté en petit, sur l'échelle du ¹⁄₁₀, par
les soins de M. Aimé, et dans lequel une semblable disposition est adoptée
pour la manœuvre. Ils remarqueront d'ailleurs que, si le tablier s'y trouve
sensiblement en équilibre dans toutes les positions, c'est que M. Aimé a su
avec habileté, corriger la courbe des contre-poids, par une suite de tâtonnements qu'il serait difficile d'exécuter en grand.

Delile, qui sans doute n'avait pas réfléchi assez attentivement aux diverses imperfections du pont à sinussoïde, sous le point de vue mécanique, a proposé (*voir* le *Mémorial de l'Officier du Génie*, n° 3, p. 8o) de rendre les deux rouleaux du contre-poids solidaires, au moyen d'un axe en fer ou en bois, et de monter, sur cet axe, des poulies, à gorges angulaires et profondes, propres à recevoir de petites chaînes sans fin pour la manœuvre du treuil par les hommes. Ce dispositif, qui ne corrige en aucune manière les défauts d'équilibre du système, mais qui est, sans contredit, plus avantageux que celui de Bélidor, possède d'ailleurs plusieurs inconvénients graves et qu'on appréciera facilement, en observant : 1° que, vers la

Fig. 86.

fin de l'ascension du tablier, les chaînes des poulies de manœuvre pendent à terre dans la boue des ruisseaux qui accompagnent la chaussée du passage et diminuent d'autant le poids des rouleaux ; 2° que les hommes sont obligés, à ce même instant, d'abandonner ces chaînes pour s'appliquer, d'une manière assez désavantageuse, aux poulies ou à l'axe du treuil ; 3° que la manœuvre présente tout autant de danger que celle du pont-levis à flèches, puisque, une chaîne du pont venant à casser, le rouleau se précipite le long de sa courbe ou même la quitte entièrement, sans qu'il y ait aucun moyen d'éviter l'accident.

L'expérience a justifié ces craintes dans la manœuvre analogue d'un pont-levis imaginé par M. Delile et dont il sera fait mention plus loin.

### Pont-levis à la Dobenheim.

15. *Description sommaire de la manœuvre*. — Dans le pont-levis à la Dobenheim, les chaînes qui supportent le tablier passent également sur des poulies supérieures ; mais, au lieu de recevoir à leur autre extrémité un rouleau glissant sur des courbes tracées d'après les conditions mécaniques de l'équilibre, elles reçoivent à cette extrémité de grandes barres de fer CD, à peu près horizontales, dans la position initiale (*fig.* 87) et pouvant tourner autour du centre C. Ces grandes

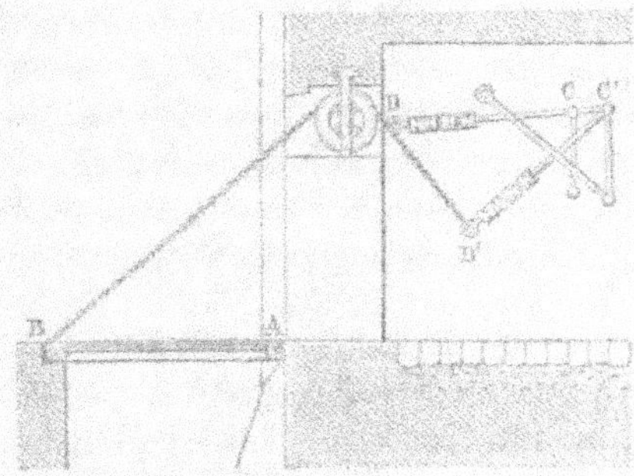

Fig. 87.

barres sont chargées de petites masses ou *masselottes* en fonte, qui ont la faculté de pouvoir être changées de place sur chaque barre, de façon à assurer l'équilibre, tout au moins pour la position initiale du tablier. On conçoit, *a priori*, que ce dispositif fort simple ne peut remplir toutes les autres conditions de l'équilibre, puisque la courbe décrite par le contre-poids est un quart de cercle, tandis qu'elle devrait avoir une forme analogue à celle de la *sinussoïde* : c'est pourquoi

M. Dobenheim a placé, au-dessous de la première barre et faisant un angle d'à peu près 45 degrés avec elle, une nouvelle barre C'D' tournant autour d'un centre différent C', et qui est également chargée de masselottes en fonte de fer. Cette barre se trouve reliée à la première au moyen d'une chaîne DD', dont la longueur est comptée d'après la condition, déjà indiquée, que l'angle de C'D' sur l'horizon soit d'environ 45 degrés. Supposant donc cette seconde barre armée d'un nombre de masselottes suffisant pour qu'il devienne possible d'élever, sans de trop grands efforts, le tablier à la position de 45 degrés, relative à une position à peu près semblable de la première barre CD et à la position verticale de la précédente C'D', on remarquera que celle-ci n'exercera plus dès lors aucun effort sur la chaîne et que l'équilibre devra être simplement assuré par le poids des masselottes de CD, ce qui en fixera irrévocablement le nombre et la position, sur cette barre, à l'aide de quelques tâtonnements faciles. L'équilibre étant établi par ce moyen, on descendra le tablier sur ses appuis horizontaux, comme l'exprime la figure, et, sans plus toucher à la barre CD, on répétera les tâtonnements pour les masselottes de la seconde barre C'D'. de manière à établir l'équilibre dans la nouvelle position du pont; par là on aura obtenu deux positions d'équilibre, auxquelles s'en joindra naturellement une troisième, vers l'instant où le pont s'appuiera contre les montants verticaux de la porte.

16. *Vices et inconvénients du pont-levis à la Dobenheim.* — Cette description du système proposé par M. Dobenheim suffit pour en montrer les vices et les inconvénients; car on voit que la manœuvre en doit être fort difficile et dangereuse. L'équilibre n'ayant lieu que pour trois positions distinctes du tablier, il arrive que, dans les positions intermédiaires, la puissance motrice doit exercer, soit pour le retenir, soit pour le tirer, des efforts que le calcul démontre n'être pas inférieurs à 150 ou même 200 kilogrammes, pour des tabliers de 2000 à 3000 kilogrammes; aussi l'expérience a-t-elle appris que la manœuvre exige jusqu'à 8 ou 10 hommes et qu'elle est parfois accompagnée d'accidents graves. D'ailleurs ce pont-levis,

dont le modèle en petit existe à la galerie de l'École d'Application, a été construit en grand à Condé, à Bergues, à Kehl, à Cherbourg, etc., et ne paraît nulle part avoir bien réussi. A la vérité, les étrangers, qui souvent adoptent avec confiance ce que nous avons négligé ou abandonné en fait de fortification, l'ont employé dans quelques-unes de leurs places fortes, parmi lesquelles nous citerons celle de Mons, dont le corps de place possède un bon nombre de ces ponts-levis ; mais le système n'en vaut pas mieux pour cela, et c'est avec raison que le Comité des fortifications l'a désormais proscrit de nos places de guerre.

### Pont-levis à courbes de M. Delile.

17. *Description et tracé des courbes.* — Le pont-levis du capitaine du Génie Delile (*fig.* 88) est exempt des défauts

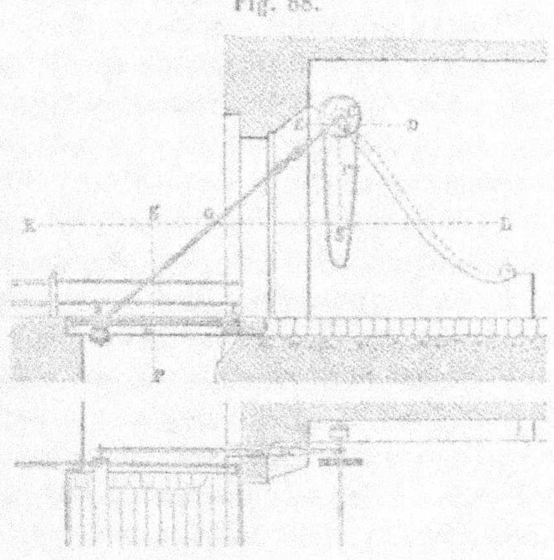

Fig. 88.

d'équilibre du précédent et même de ceux du pont à sinusoïde de Bélidor, dont il diffère principalement en ce que les rouleaux du contre-poids sont liés au tablier par de grandes barres de fer BC, placées de part et d'autre des montants de la porte, qu'ils traversent au moyen de créneaux pratiqués dans l'épaisseur de ces montants. La manœuvre s'y effectue, d'ailleurs, à l'aide d'un treuil et de poulies à chaînes sans fin, ainsi qu'il a été expliqué plus haut; par conséquent, cette manœuvre, bien que très-ingénieuse, n'est point exempte de certains inconvénients. Afin de pouvoir rapprocher à volonté le point d'attache B des barres de l'axe A des tourillons du tablier, M. Delile supprime le chevet de tête de ce tablier et le remplace par des moises boulonnées B, qui embrassent les solives du plancher et reçoivent les points d'attache des barres. Les avantages de ce dispositif consistent en ce que les barres, ainsi que la courbe du contre-poids, se trouvent raccourcies, en même temps que la hauteur des créneaux et de tout l'appareil est diminuée.

D'après ce que nous avons déjà dit de la sinussoïde de Bélidor, la théorie et le tracé des courbes d'équilibre du pont à la Delile ne peuvent offrir de difficultés; car s'étant donné, d'après des conditions particulières et locales, la position initiale C, et le poids des rouleaux, le poids et les dimensions de la barre BC et du tablier étant également fixés, on en conclura aisément, par la théorie des moments, la position correspondante du centre de gravité général de toutes les parties mobiles de la machine, sans en excepter le treuil et les chaînes de manœuvre qui y sont suspendues. Cela fait, on tirera, par le point ainsi obtenu, l'horizontale KL, et cette horizontale devra contenir le centre de gravité général des parties mobiles pour toutes les positions successives du tablier, ce qui permettra de tracer la courbe de l'axe C des rouleaux, par des moyens analogues à ceux que nous avons exposés pour la sinussoïde du pont-levis à la Bélidor, mais qui permettront de tenir compte aisément de l'influence du poids même des barres et des petites chaînes de manœuvre des poulies.

Supposant, en effet, le poids de la barre BC décomposé en deux autres agissant en ses extrémités B et C, on considérera ces derniers comme faisant partie intégrante du poids du tablier et de celui des rouleaux. On déterminera, en conséquence, la position des centres de gravité invariables G et G' de ces poids, dont le dernier, d'ailleurs, ne se confondra pas exactement avec le centre C des rouleaux, attendu les chaînes des poulies de manœuvre; mais, comme cette considération compliquerait un peu le tracé de la courbe d'équilibre relative à C, on pourra ici, sans crainte d'altérer en rien les résultats, supposer le poids des chaînes dont il s'agit concentré sur l'axe C, avec le poids des rouleaux et le poids composant des barres, pourvu qu'on ait déterminé en conséquence la hauteur de l'horizontale KL, d'après la position initiale du système. Nommons P le poids total du tablier et des demi-barres supposé concentré en G'; P' celui des rouleaux, etc., supposé concentré en C; on aura, pour déterminer la hauteur de C au-dessus de KL, dans chaque position du tablier, l'équation des moments

$$P'.C g' = P.G g,$$

déjà plusieurs fois mentionnée. Tirant l'horizontale correspondante DE, on sera en état de fixer entièrement la position du point C, puisque sa distance invariable BC au point d'attache B du tablier est connue.

18. *Simplification du tracé des courbes.* — Quoique ce tracé de la courbe des rouleaux, pour le cas général qui nous occupe, n'offre aucune difficulté sérieuse, cependant, afin de simplifier un peu les constructions, on place volontiers le point d'attache B des barres sur le prolongement même de la droite AG, qui va du centre A des tourillons du tablier à son centre de gravité G. Alors, en effet, le problème peut être ramené à celui où le centre de gravité général O du système se trouverait précisément occuper une position invariable sur l'axe même des barres BC, ce qui détermine immédiatement la direction de cet axe relative à chacune de celles de la droite AB du tablier. Pour se convaincre de la légitimité de cette hypothèse, on remarquera que le poids P du tablier peut être censé décomposé en deux autres, dont l'un, agissant en A, ne fait que charger les tourillons sans influer sur l'état d'équilibre du système, et dont l'autre, qui a pour valeur $P \dfrac{AG}{AB}$, agit constamment au point d'attache B des barres; et, comme le poids des parties constitutives des rouleaux peut aussi être censé concentré en leur centre au point d'attache C,

on voit que, d'après ces diverses hypothèses toutes permises,
le poids des parties actives du système pourra réellement être
censé concentré en un point O des barres, qui partage leur
longueur en parties réciproquement proportionnelles aux
forces verticales appliquées aux extrémités B et C. Ayant
donc déterminé, une fois pour toutes, la position du point O
sur les barres et sa position absolue pour l'instant où le tablier est placé sur ses appuis horizontaux, on aura l'horizontale invariable KL, qui doit renfermer le point O dans toutes
les positions successives du système, et qui est, d'ailleurs,
très-distincte de celle qui a été envisagée en premier lieu.

Cette considération ingénieuse, qui est due à M. le lieutenant-colonel du Génie Bergère, auquel on est également rede-
vable de plusieurs autres remarques intéressantes et d'une
théorie analytique fort simple des ponts-levis à contre-poids
roulant sur des courbes ('), cette considération, disons-nous,
a suggéré à M. le colonel du Génie Constantin l'idée de tracer
la courbe du contre-poids d'un mouvement continu et par un
procédé purement mécanique, qui consiste dans l'emploi d'une
fausse équerre ABC (*fig.* 89), formée de deux règles ou lattes

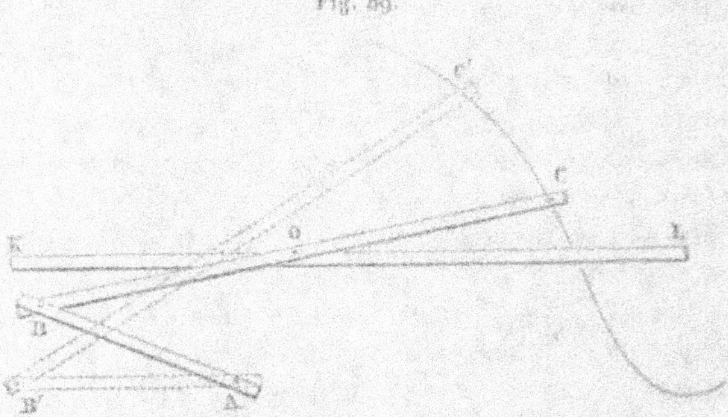

Fig. 89.

de bois quelconques, dont l'une AB figure la ligne qui va de
l'axe des tourillons du tablier à son point d'attache, et dont
l'autre BC représente la barre du contre-poids. Ces règles

---

(') *Mémorial de l'Officier du Génie*, n° 3, p. 97.

sont liées entre elles par une pointe ou clou d'épingle fixé en B et qui leur laisse la liberté de tourner autour de ce point, figurant le point d'attache inférieur des barres. Au point A, qui répond à l'axe des tourillons du tablier, est fixé un autre clou d'épingle destiné à servir d'axe de rotation à AB; enfin en O, qui représente le centre de gravité général du système, se trouve fixé un troisième clou, qui est dirigé, dans son mouvement, par l'arête KL d'une règle bien droite clouée à demeure sur le plancher qui porte A, et dont la direction représente celle de l'horizontale que nous avons mentionnée précédemment. Plaçant, en effet, une pointe à tracer en C, qui figure l'axe des rouleaux, et faisant mouvoir la fausse équerre ABC, en appuyant le clou O contre l'arête KL, la pointe dont il s'agit tracera évidemment la courbe demandée, si la position et les distances des différentes parties ont été convenablement déterminées.

19. *Observations et réflexions diverses sur les ponts-levis à la Delile.* — Le système de pont-levis ou de contre-poids imaginé par le capitaine du Génie Delile est, comme on voit, de la plus grande simplicité, tant par sa disposition que par sa théorie; aussi a-t-il été avantageusement appliqué à différentes places de guerre, telles que Dunkerque, Lille, Brest, Strasbourg, etc. Les seuls inconvénients qu'il présente consistent dans les dangers de la manœuvre dont il a déjà été parlé; dans l'ouverture des larges créneaux pratiqués aux montants de la porte pour le passage des grandes barres; dans l'étendue en longueur qu'exigent en arrière de ces montants les courbes du contre-poids, étendue qui empêche qu'on puisse appliquer ce pont-levis à certaines communications des places de guerre; enfin dans la nécessité de remplacer les lisses et sous-lisses, qui accompagnent de part et d'autre le tablier du pont, par des garde-fous mobiles et qui s'enlèvent avant ou pendant la manœuvre même.

On peut voir, dans les n<sup>os</sup> 3, 5 et 10 du *Mémorial de l'Officier du Génie*, différents moyens proposés ou mis en usage par MM. Delile, Constantin et de l'Étoile, pour diminuer les chances de rupture des barres et faciliter la manœuvre des lisses, qui, de même que dans tous les ponts-levis à chaînes passant sur des poulies, est nécessitée par la saillie des points d'attache du tablier ou le retrait obligé du système des contre-poids de part et d'autre du passage ; mais, comme les lisses des ponts sont essentiellement établies pour prévenir la chute des chevaux dans le fossé et qu'elles doivent ainsi posséder une certaine solidité, il paraît difficile d'éviter les inconvé-nients de leur manœuvre à la main sans se jeter dans des su-jétions presque aussi grandes que celles qui sont inhérentes à la manœuvre même du tablier du pont-levis. C'est pour-quoi il nous semble qu'on devrait se borner à ce qui a été de tout temps pratiqué pour les ponts-levis à flèches, dont les lisses sont enlevées de dessus leurs appuis par les hommes de garde, et rentrées à chaque fois dans l'intérieur de la place, afin d'éviter les surprises, etc. Des chaînes, telles que celles qui ont été proposées par le capitaine Delile, ou des lisses en fer rond glissant horizontalement dans des ouvertures cylin-driques pratiquées aux montants de la porte, semblent être encore ce qu'il y a de plus simple. Cette dernière disposi-tion, que nous avons proposée pour le pont-levis de la porte des Allemands à Metz, serait exempte des inconvénients qui y ont été remarqués, si l'on prenait le soin de guider la course des lisses par de petits galets et si l'on donnait un jeu suffi-sant aux créneaux qui les reçoivent.

**Pont-levis à contre-poids sans courbes de M. le lieutenant-colonel du Génie P. Bergère.**

20. *Application de ce pont-levis aux ouvrages avancés des places et à ceux de campagne.* — La propriété qu'a le point O de la barre BC du pont-levis à la Delile (*fig.* 90), de demeurer constamment sur une droite horizontale KL, a fourni à M. le lieutenant-colonel du Génie P. Bergère (*Mémorial de l'Officier du Génie*, n° 3, p. 111) l'idée ingénieuse de supprimer entière-ment les courbes, en contraignant directement le point O à décrire l'horizontale KL. A cet effet, il fixe en ce point une paire de roulettes dont l'axe traverse la barre et qui se meu-vent sur un chemin de fer MN, de niveau, à mesure qu'on

baisse le contre-poids à terre ou qu'on tire horizontalement l'axe des roulettes pour élever le tablier.

Fig. 90.

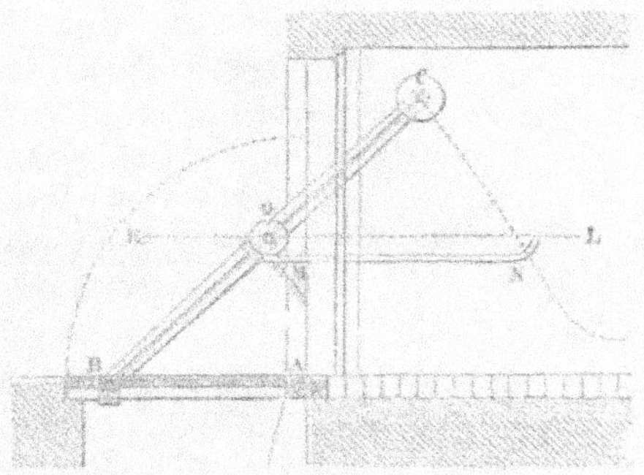

Cette disposition, d'une simplicité remarquable, peut être avantageusement employée pour les petits passages. Nous l'avons vue, en 1825, appliquée, avec quelques modifications heureuses, à l'un des ponts-levis des ouvrages avancés de la place de Mons, où il n'existait aucun pied-droit pour fixer l'horizontale MN. Comme ce dispositif est d'une exécution facile et qu'il peut très-bien, dans tous les cas analogues et surtout dans les ouvrages de campagne, remplacer les autres pont-levis connus, je crois utile d'en présenter ici une courte description; mais, n'ayant pas eu la faculté d'en étudier les détails sur place, je tâcherai d'y suppléer de mon mieux en me guidant d'après mes souvenirs.

La différence essentielle entre cette disposition et la précédente consiste en ce que la roue qui guide le point O (*fig.* 91) dans son mouvement horizontal est beaucoup plus grande et se trouve remplacée véritablement par deux roues de voiture ordinaires, mobiles sur des poutrelles ou sur un massif de maçonnerie, garni de bandes de fer, formant un peu saillie au-dessus du sol du passage. Chaque barre du pont se trouve ainsi soutenue en O par l'essieu commun au couple de roues qui lui correspond, ce qui paraît indispensable pour assurer la stabilité de la manœuvre, qui peut s'effectuer d'ailleurs très-

avantageusement et très-commodément en agissant directement sur les roues pour les faire avancer ou reculer. Quant à

Fig. 91.

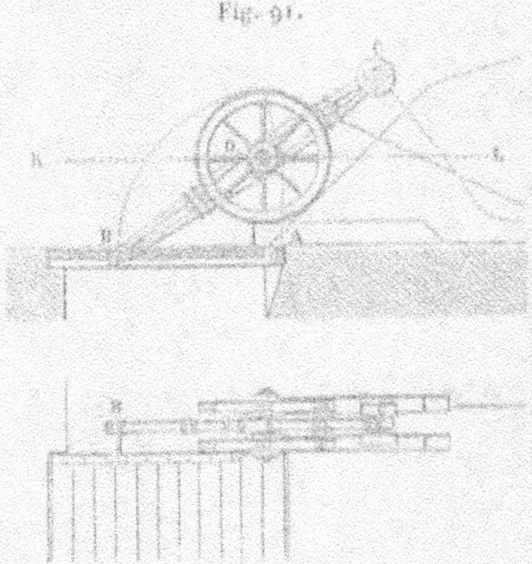

la manière de fixer solidement le tablier à la position verticale, elle peut consister en deux forts verroux ou chaînes, accrochées et cadenassées contre deux poteaux convenablement
enfoncés en terre; enfin les barres elles-mêmes peuvent être
construites en fer, en fonte ou en bois, selon les circonstances, à peu près comme le sont les balanciers employés
dans diverses machines et qui doivent supporter, à leurs extrémités et au centre, des efforts plus ou moins grands, c'est-
à-dire qu'il convient de les renfler, dans le sens vertical, vers
leur point d'appui contre les essieux, de façon que, sous un
même volume, ils présentent la plus grande résistance possible, ce qui leur assigne, comme on sait, la forme de deux
paraboles très-allongées, dont les sommets correspondraient
aux extrémités des barres.

Le dispositif dont il est question trouvant principalement
son application en campagne, où il est impossible d'apporter
beaucoup de soin aux constructions et où l'on manque souvent même des matériaux nécessaires, nous avons cru intéressant de traiter ce cas dans la *fig.* 91, en supposant que les
barres soient composées chacune de deux chevrons en chêne,

de 10 à 12 centimètres d'équarrissage, reliés solidement par des frettes ou des cordes, de distance en distance, mais principalement au centre et aux extrémités. On suppose qu'elles aient été écartées avec force, vers ce centre, au moyen de taquets de bois légèrement embrévés sur chaque pièce et embrassant la partie carrée de l'essieu des roues, tandis que d'autres taquets maintiennent cet écartement vers le milieu de la distance de l'essieu aux extrémités des pièces; il est entendu d'ailleurs que, indépendamment des frettes ou des cordes qui servent à lier ces extrémités, on aura soin de placer, dans leur joint de contact, quelques clefs qui rendent impossible le glissement dans le sens de la longueur. D'après les théories connues, un pareil assemblage aura une solidité plus que suffisante pour résister à des efforts verticaux de 900 kilogrammes, agissant aux points B et C des barres, ce qui excède de beaucoup ceux qu'elles auront à supporter dans les circonstances dont il s'agit ici.

On remarquera enfin que les points d'attache du tablier sont formés par le prolongement d'essieux en fer, traversant les chevrons de rives, aux points qu'indiquent les conditions d'équilibre du tablier pour le dispositif actuel de la manœuvre et que les contre-poids C, au lieu d'être composés de rouleaux en fonte, peuvent l'être de bombes pleines ou de corps quelconques suspendus librement au-dessous du boulon qui fixe la position du centre de ce contre-poids.

**Pont-levis à spirales de M. le capitaine du Génie Derché.**

21. *Description et théorie.* — Feu le capitaine du Génie Derché a exécuté, en 1810 et 1811, à Osopo et à Palmanova, un pont-levis fort ingénieux (*fig.* 92), dont le principe consiste en ce que le contre-poids Q, qui fait équilibre au tablier, est constant et suspendu par une chaîne à l'extrémité d'une courbe en spirale *abcd*, montée sur un axe horizontal EF en bois, dont le mouvement est lié à celui du tablier AB du pont, par le moyen d'une autre chaîne BCD passant sur une première poulie C, fixée au montant de la porte et qui va finalement s'enrouler autour d'une autre grande poulie montée sur

l'arbre EF de la spirale. Un second tambour HH', à gorge angulaire et profonde, monté sur le même arbre, reçoit la chaîne

Fig. 93.

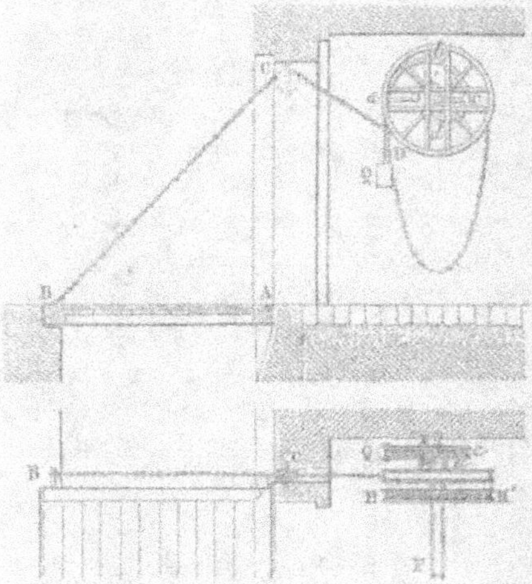

sans fin qui sert à la manœuvre du pont-levis. D'après cette
description sommaire, on conçoit facilement que le but de la
spirale est de faire varier le bras de levier du contre-poids Q,
de façon qu'il fasse constamment équilibre au poids du tablier
considéré dans ses diverses positions.

Soit toujours P (*fig.* 93) le poids total de ce tablier supposé
concentré au point G; abaissons, du centre A des tourillons,
l'horizontale AP sur la verticale GP, relative à une position quelconque de G ou du tablier AB; soient AK la perpendiculaire
abaissée du même centre sur la direction CB de la chaîne extérieure; $t$ la tension de cette chaîne, qui maintient en équilibre le poids P du tablier, par suite de l'action du contre-
poids Q. On aura, d'après la théorie des moments, AK et AP
étant les bras de levier des forces $t$ et P,

$$\mathrm{P.AP} = t\,\mathrm{AK}, \quad \text{d'où} \quad t = \frac{\mathrm{AP}}{\mathrm{AK}}\,\mathrm{P}.$$

Par conséquent, comme on connaît, pour chacune des positions du tablier, les longueurs AP et AK, que P est d'ailleurs donné, on pourra calculer immédiatement $t$. Cette tension,

Fig. 93.

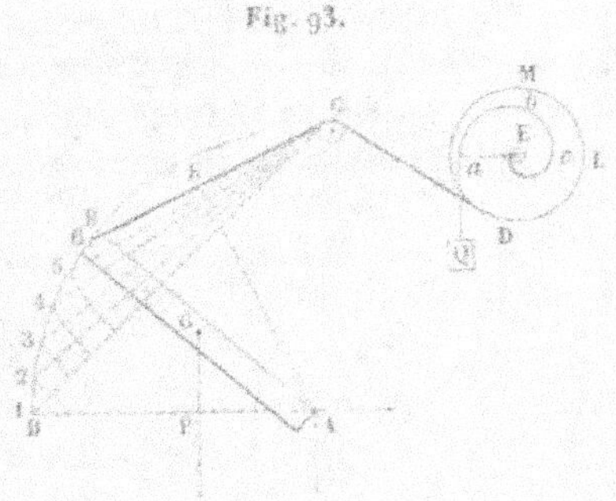

agissant à la circonférence du tambour LMD monté sur l'arbre E, aura pour moment, par rapport à l'axe,

$$t \times \mathrm{R},$$

si l'on désigne par R le rayon constant de ce tambour. Nommant, de plus, $r$ le rayon correspondant E$a$ de la spirale *abcd*, compté de l'axe E, ou plutôt le bras de levier horizontal du poids Q qu'elle supporte, relatif à la position AB du tablier, on aura, pour exprimer les conditions de l'équilibre, l'équation unique

$$Q r = t \mathrm{R} = \frac{\mathrm{AP}}{\mathrm{AK}} \mathrm{R P}, \quad \text{d'où} \quad r = \frac{\mathrm{AP}}{\mathrm{AK}} \frac{\mathrm{P}}{\mathrm{Q}} \mathrm{R},$$

au moyen de quoi il devient facile de tracer la spirale.

En effet, les angles décrits par le treuil et la spirale, pendant que le tablier s'élève au-dessus de sa position primitive AB', sont évidemment proportionnels aux arcs correspondants de chaînes enveloppés sur le tambour circulaire DLM, ou aux raccourcissements éprouvés par la portion de chaîne extérieure BC, comprise depuis la poulie C jusqu'au point d'attache B du tablier. Or ces raccourcissements sont donnés pour chacune des positions de AB, aussi bien que AK et AP; donc, si l'on conçoit que la longueur totale des chaînes, qui a

passé sur la poulie C ou s'est enroulée sur le tambour DLM,
depuis la position horizontale jusqu'à la position verticale du
tablier, soit divisée en un nombre suffisamment grand de parties
égales ; qu'on ait déterminé, soit graphiquement, soit par le
calcul, les valeurs de AP, AK et $r$, qui répondent aux positions du tablier pour lesquelles la longueur de chaîne extérieure BC a diminué de ces diverses quantités ou parties égales,

Fig. 94.

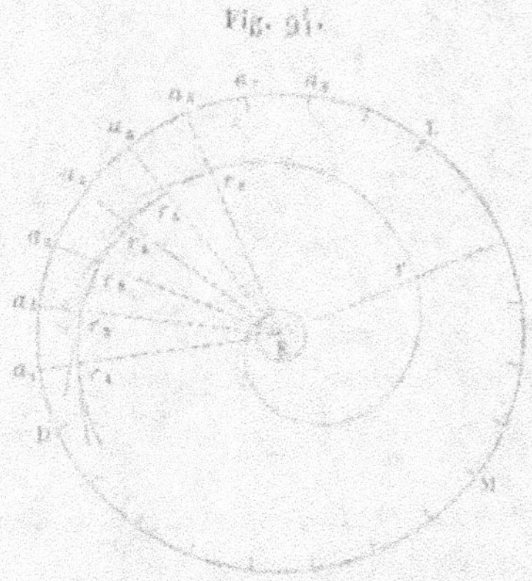

on n'aura plus, pour tracer la spirale, qu'à porter consécutivement ces diverses parties sur la circonférence du tambour
DLM (*fig.* 94), à partir d'un certain point $a_1$, qu'on prendra
pour origine des arcs et qui sera censé correspondre à la position horizontale du tablier ; puis, désignant par $a_1$, $a_2$, $a_3$, $a_4$,...
les différents points de division consécutifs ainsi obtenus, on
tracera les rayons $Ea_1$, $Ea_2$, $Ea_3$, $Ea_4$,... sur lesquels on portera, à partir du centre E, les distances $Er_1$, $Er_2$, $Er_3$,... qui
sont respectivement égales aux valeurs de $r$ trouvées pour les
positions du tablier où la portion de chaîne BC est diminuée
de $a_1a_2$, de $a_1a_3$, de $a_1a_4$,... Enfin élevant, à chacun des
points ainsi obtenus, des perpendiculaires indéfinies sur les
rayons correspondants, l'enveloppe de toutes ces perpendiculaires, qui représentent ici les diverses directions de la chaîne
$a$Q du contre-poids, par rapport à l'axe E du treuil, cette enveloppe, dis-je, sera la spirale demandée.

**22.** *Simplification des calculs et du tracé de la spirale.* — Cette construction de la spirale, pour le cas général, ne laisse pas que d'être assez compliquée et pénible, à cause des opérations nécessaires pour obtenir les valeurs successives de $r$; mais elle se simplifie beaucoup : 1° lorsqu'on place le point d'attache B du tablier dans la direction de la droite AG, qui va du tourillon au centre de gravité G, ce qui se fait presque toujours; 2° lorsqu'on substitue à la poulie antérieure C des chaînes un point I, situé un peu au delà de sa circonférence et par lequel leur direction passe sensiblement dans les diverses positions du tablier.

Pour déterminer la position de ce point I ( *fig.* 95 ), la poulie et le tablier étant donnés, on tracera les directions $bB''$,

Fig. 95.

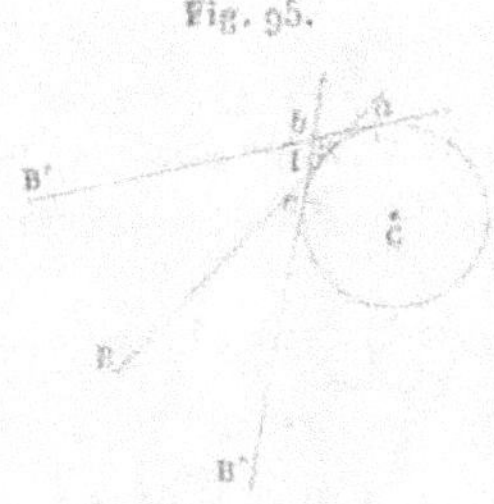


$aB'$ de la chaîne, qui forment entre elles le plus grand angle parmi toutes celles qui répondent aux diverses positions du tablier; après quoi on inscrira, dans le triangle mixtiligne *abc*, formé par ces directions et la gorge de la poulie, un petit cercle, dont le centre I pourra être pris pour le point demandé.

Dans les suppositions dont il s'agit, on pourra décomposer le poids P du tablier en deux : l'un $P\dfrac{BG}{AB}$ agissant en A, qui sera détruit par la résistance des tourillons; l'autre $P\dfrac{AG}{AB}=p$, qui agira au point d'attache B, pour entraîner le pont. Le point B se trouvera ainsi soumis aux deux forces $t$ et $p$, l'une agissant suivant la direction IB de la chaîne et l'autre suivant la verticale B$p$ de B; ces forces $t$ et $p$ devant se faire équilibre au moyen de la verge rigide AB, il faudra que leur résul-

tante passe par le centre A des tourillons; abaissant donc
(*fig.* 96) la verticale IH de I sur AB prolongée, ces forces de-

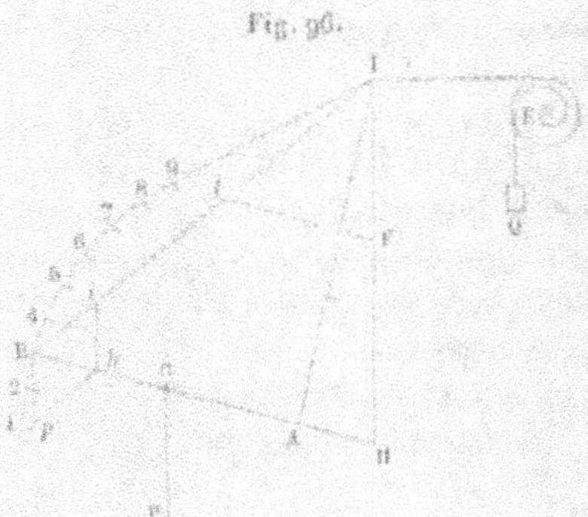

Fig. 96.

vront être entre elles dans le rapport des côtés BI et IH du
triangle BIH, semblable à celui B*ih* qui serait formé sur les
forces $p$, $t$ et leur résultante B$h$, en sorte qu'on aura

$$p = P \frac{AG}{AB}, \quad t = p \frac{RI}{IH},$$

et toujours

$$r = \frac{t R}{Q} = \frac{P}{Q} \frac{BI}{IH} R,$$

expression qu'il sera très-facile de calculer ou de construire,
pour les diverses longueurs IB de la chaîne extérieure, qui
ont été considérées dans la construction ci-dessus de la spirale; car, si l'on porte, de I en F, sur IH, un nombre de millimètres ou de centimètres égal au nombre de kilogrammes que
contient $p$, puis qu'on mène la parallèle F$t$ à AB, elle inter-
ceptera, sur IB, une distance I$t$, qui représentera, en millimètres ou en centimètres, le nombre de kilogrammes contenus dans $t$.

23. *Cas particulier où le point de contact moyen des chaînes
et de la poulie est sur la verticale des tourillons.* — Dans le cas
particulier où le point I est sur la verticale de l'axe A des tourillons, IH se confond avec AI et devient invariable, d'où il suit

que les valeurs de $t$ et de $r$ sont simplement proportionnelles
aux longueurs BI de chaîne extérieure ; c'est ce cas particulier
qui a été spécialement considéré par le capitaine Derché [1],
à cause des simplifications qu'il apporte dans la construction
des spirales d'équilibre.

Il résulte, en premier lieu, de cette supposition, que les
rayons vecteurs E$r$, E$r_1$, E$r_2$.... (*fig.* 94), qui nous ont servi,
plus haut, à construire les tangentes enveloppes de la spirale,
décroissent proportionnellement aux longueurs $a_1 a_2$, $a_1 a_3$,
$a_1 a_4$.... de chaîne qui se sont successivement enroulées sur
le tambour LMD du treuil, en sorte que leurs extrémités $r_1$,
$r_2$, $r_3$.... appartiennent véritablement à une *spirale d'Archimède*.

De plus, si nous nommons $l_1$ la longueur de chaîne extérieure BI (*fig.* 96) relative à la position horizontale du tablier,
$l_n$ sa longueur relative à la position verticale, la longueur totale $a_1 a_2 ... a_n$ (*fig.* 94) de chaîne enroulée sur le tambour
LMD, pour cette dernière position, sera $l_1 - l_n$ ; et, si nous la
supposons divisée en $n - 1$ parties égales $a_1 a_2$, $a_1 a_3$.... aux
points $a_2$, $a_3$...., $a_{n-1}$, et que nous fassions

$$\frac{l_1 - l_n}{n - 1} = e, \qquad \frac{p}{Q}\frac{R}{AI} = c = \text{const.},$$

nous aurons, d'après ce qui précède,

$$r = \frac{p}{Q}\frac{BI}{AI}\,R = c\,BI = cl, \quad r_1 = cl_1, \quad r_2 = c(l_1 - e),$$

$$r_3 = c(l_1 - 2e), \quad r_4 = c(l_1 - 3e), \ldots, \quad r_n = cl_n,$$

relations qui déterminent les bras de levier E$r_1$, E$r_2$, E$r_3$....
répondant aux points de division $a_1$, $a_2$, $a_3$.... et servant à
construire la spirale d'équilibre par l'enveloppe de ses tangentes.

Ce tracé laissant quelque incertitude relativement à la position des points de la courbe qui sont les intersections suc-

---

[1] *Voir le Mémoire de cet habile ingénieur dans le cinquième numéro du
Mémorial de l'Officier du Génie*, p. 5.

cessives des tangentes, à moins qu'on ne multiplie considérablement le nombre de ces dernières, M. le capitaine du Génie
Gosselin a levé toute espèce de difficulté, au moyen d'une construction simple et ingénieuse du point de contact de chaque
tangente (¹).

**24.** *Construction directe des points de contact des tangentes
enveloppes de la spirale d'équilibre.* — Considérons (*fig.* 97)

Fig. 97.

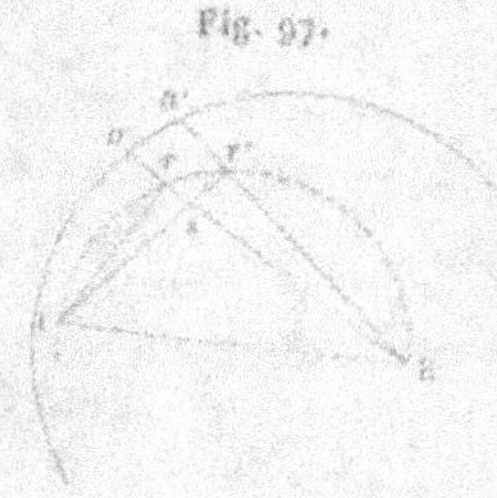

deux points infiniment voisins $r$ et $r'$ de la spirale d'Archimède, qui contient les pieds des perpendiculaires tangentes
à la spirale d'équilibre, la rencontre $t$ des perpendiculaires $rt$,
$r't$ aux rayons vecteurs $Er$, $Er'$ sera le point de contact demandé sur la tangente $rt$; de plus, $rr'$ sera l'élément correspondant de la spirale d'Archimède. Cela posé, prolongeons
les rayons vecteurs $Er$, $Er'$ jusqu'à la circonférence extérieure
du tambour en $a$, $a'$, et soit $s$ le point où la tangente $r't$ rencontre le rayon vecteur $Er$; $rs$, que nous nommerons $dr$, sera
la diminution infiniment petite du rayon vecteur $r$, de $r$ en
$r'$, et $aa'$ sera la diminution correspondante de la longueur de
chaîne extérieure, que nous nommerons $dl$; en sorte qu'on
aura, d'après la relation générale,

$$r = cl, \quad dr = cdl;$$

mais $r's$ peut être considérée comme un arc de cercle infini-

---

(¹) *Voir* la solution analytique à la page 201 et suivantes du n° 7 du *Mémorial de l'Officier du Génie.*

ment petit concentrique à *aa'* et ayant *r* pour rayon ; donc on a

$$\frac{Ea'}{Er'} = \frac{R}{r} = \frac{aa'}{r's} = \frac{dl}{r's} = \frac{dr}{cr's} = \frac{rs}{cr's},$$

et partant

$$c\,\frac{R}{r} = \frac{rs}{r's} = \frac{rt}{rE} = \frac{rt}{r},$$

attendu que les triangles $rr's$, $rEt$, rectangles en $s$ et $r$ sont semblables, la figure $Er'rt$ étant inscriptible à un cercle, dont $Et$ est le diamètre, et les angles $rr't$, $rEt$, qui sous-tendent le même arc $rt$, étant égaux. Donc, enfin, on a, pour déterminer la distance du point de contact $t$ de chaque tangente $rt$ au pied de la perpendiculaire qui lui correspond, la relation

$$rt = cR = \frac{p}{Q}\frac{R^2}{HI} = \frac{p}{Q}\frac{R^2}{AI},$$

qui montre que, dans les suppositions particulières qui nous occupent, où le point I est sur la verticale des tourillons du tablier, la distance dont il s'agit est invariable et égale, à une quantité facile à calculer, comme l'a démontré primitivement M. Gosselin.

**25.** *Détermination du rayon du tambour des chaînes et du plus grand rayon de la spirale.* — Pour éviter que les portions de chaîne enroulée sur le grand tambour du contre-poids ne s'y recroisent et ne s'y embarrassent, le capitaine Derché a pris la circonférence de ce tambour précisément égale à la longueur totale de cette portion, ou à $l_1 - l_a$ ; en sorte qu'on a

$$l_1 - l_a = 2\pi R, \quad \text{d'où} \quad R = \frac{l_1 - l_a}{2\pi},$$

$\pi$ étant le rapport de la circonférence au diamètre. Quant à la valeur du contre-poids Q. M. Derché la détermine d'après la condition que le bras de levier de la spirale, qui répond à la position horizontale du tablier, soit précisément égale à R ; et, comme on a

$$r_1 = \frac{P}{Q}\frac{l_1}{AI}R,$$

on déduit de cette seconde condition

$$Q = \frac{Pl}{Al}.$$

26. *Observations sur la manœuvre du pont à spirales.* — Le capitaine Derché affirme, dans le Mémoire déjà cité, et auquel nous renverrons pour différents détails de construction, qu'un pont-levis à spirales, exécuté par lui à Osopo, et dont le tablier pesait 2500 kilogrammes, pouvait se manœuvrer avec deux hommes; cependant nous avons eu l'occasion, en 1825, de voir à Douai un pareil système appliqué à une porte de poterne, située à côté du canal de la Scarpe qui traverse cette ville, et dont le tablier, quoique d'un poids assez faible, nous a paru être mis difficilement en mouvement par deux hommes agissant sur les petites chaînes de manœuvre; ce qu'on doit sans doute attribuer à quelques défauts particuliers, et notamment à ce que, dans les conditions d'équilibre, on n'aurait pas tenu compte du poids des grosses chaînes qui soutiennent le tablier ou les contre-poids, lesquelles, dans leur enroulement et leur déroulement, produisent des résistances au moins égales à celles qui sont dues aux simples frottements des diverses articulations.

À la vérité, M. le capitaine du Génie Creuilly a proposé (*) des moyens pour mettre le poids des chaînes en équilibre dans toutes les positions, mais, quoique fort ingénieux en eux-mêmes, ces moyens paraissent trop compliqués pour être mis facilement en pratique; et, bien qu'on puisse, à la rigueur, tenir compte de l'influence des chaînes dans le tracé de la spirale, on n'en doit pas moins croire que les autres inconvénients du pont-levis à la Derché, et notamment les sujétions et incertitudes de toute espèce que présentent la construction et le calcul des diverses parties du mécanisme, feront renoncer à son usage dans tous les cas où il s'agirait de l'établis-

---

(*) *Mémorial de l'Officier du Génie*, n° 7, p. 207, Note de M. le lieutenant-colonel du Génie Audoy, dans laquelle se trouve aussi un développement analytique de la proposition de M. Gosselin sur les tangentes de la spirale.

sement de pont-levis dont le tablier pèserait au delà de 1500
à 2000 kilogrammes. Du reste, MM. les élèves pourront voir,
à la galerie des modèles de l'École d'Application, un pont-
levis à la Derché, exécuté à l'échelle du $\frac{1}{12}$, par les soins
de M. Aimé, et qui se trouve parfaitement en équilibre dans
toutes les positions du tablier.

### Projet de pont-levis à chaînes et à contre-poids constants avec courbes d'équilibre sur le tablier.

**27.** *Idée de la manœuvre de ce système et de sa théorie.* —
Dans le système que nous venons d'examiner, on fait varier,
pour chaque position du tablier, le bras de levier du contre-
poids Q; mais il serait possible de laisser ce bras de levier
constant en faisant varier seulement, dans un rapport convenable, celui des chaînes extérieures du tablier: ce qui appor-
terait des simplifications notables à l'établissement de la manœuvre.

La chaîne CDE ( *fig.* 98), qui soutient le pont, passerait sur
une première poulie D fixée au montant de la porte, puis sur

Fig. 98.

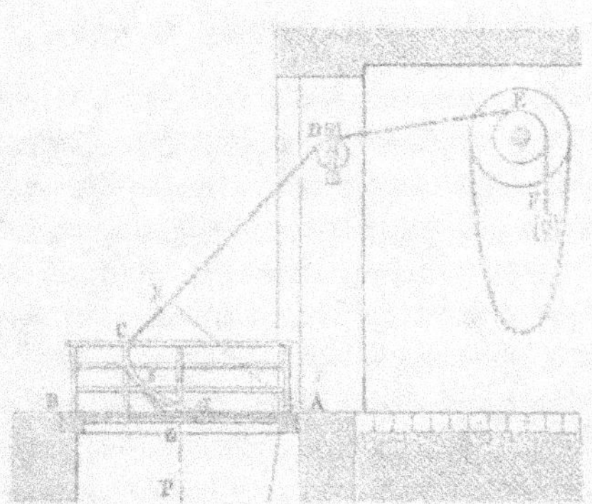

une seconde poulie E, placée en arrière et montée sur un
arbre de manœuvre horizontal, en bois ou en fer; à l'extrémité F de cette chaîne pendrait immédiatement le contre-

poids Q servant à maintenir le tablier AB en équilibre. Mais, comme ce contre-poids doit être ici constant, il faudrait faire varier le point d'attache des chaînes et du tablier de cette manière : des deux côtés de ce tablier, on placerait une petite courbe *abc* formée d'une molle bande de fer, maintenue par des étriers, ou par un système de lisses et sous-lisses, qui serait adapté aux chevrons de rive du pont; cette courbe d'ailleurs servirait à recevoir, par enveloppement, la partie inférieure de la chaîne DC, qui aurait son point d'attache en *a*, près du tablier, et on la tracerait d'après la condition que le moment AK $\times$ Q, relatif à la tension constante Q de la chaîne, fût sans cesse égal au moment P $\times$ AG du poids du tablier; car on aurait immédiatement le bras de levier AK relatif à chaque position de ce dernier; d'où l'on conclurait sur-le-champ les directions successives que doit prendre la partie rectiligne CD de la chaîne par rapport à celle de AB, directions dont l'enveloppe générale serait précisément la courbe demandée.

Ce dispositif, qui n'a d'autre inconvénient que de rétrécir le passage de la porte et du pont, est assez simple d'ailleurs pour recevoir son application dans quelques cas particuliers.

### Pont-levis à contre-poids variables.

28. *Notice sur ces ponts-levis.* — C'est à M. le lieutenant-colonel du Génie Bergère qu'est due primitivement l'idée de faire varier l'intensité d'action du contre-poids des ponts-levis à chaînes passant sur des poulies, d'après la loi même que suit la tension de ces chaînes, dans les diverses positions du tablier. Mais le moyen qu'il a proposé pour remplir ce but (*Mémorial de l'Officier du Génie*, n° 3, p. 115), et qui consiste dans l'emploi de deux flotteurs, présente des sujétions qui le rendraient difficilement applicable aux communications ordinaires des places de guerre; celui dont nous allons donner la description et le calcul, dans ce qui va suivre, peut, au contraire, être exécuté partout sans perdre les avantages inhérents à la diminution de l'espace consacré à la manœuvre, qui caractérise ce genre de pont-levis.

29. *Idée générale du pont-levis à contre-poids variables.* — Concevons l'une BCDE (*fig.* 99) des chaînes du tablier passant

Fig. 99.

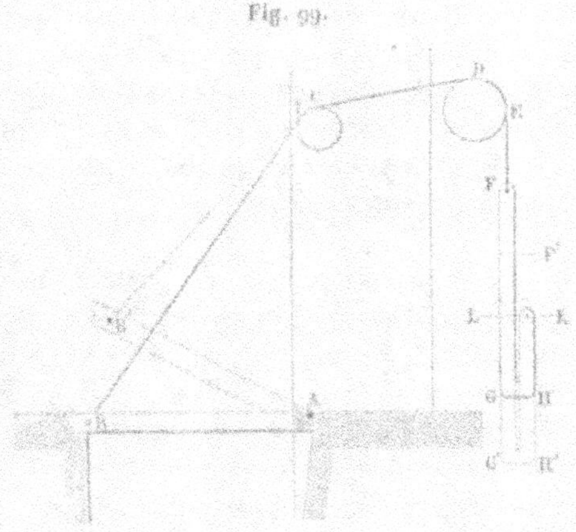

sur deux poulies C, D, et soutenant, à son extrémité F opposée au point d'attache B, une autre chaîne FGK, dont le poids beaucoup plus considérable est destiné à faire équilibre à celui du tablier; concevons que cette seconde chaîne, formée d'une manière quelconque et suspendue verticalement sous le point F, soit repliée vers le bas de façon à présenter une seconde branche verticale HK dont l'extrémité supérieure K soit elle-même suspendue à une console en fer, scellée dans le montant du passage, le plus près possible de la branche FG, sans que, pour cela, il en résulte de la gêne dans le mouvement de la chaîne; il paraît évident que, le point F venant à baisser par suite de l'ascension du tablier, une partie de FG se repliera le long de la verticale du point K, d'une quantité à peu près moitié (¹) de la hauteur dont sera descendu le point

---

(¹) Il faut considérer, en effet, que les deux portions de chaîne qui sont au-dessous de l'horizontale KL du point K demeurent toujours égales entre elles, de sorte qu'en supposant que F et G deviennent, pour une autre position, F' et G', on aura

$$HH' = GG', \quad \text{et par suite} \quad FF' = GG' + HH' = 2GG';$$

F, ou de la longueur des chaînes qui aura passé par-dessus les poulies, et diminuera, par conséquent, d'autant le poids qui agit en ce point. Supposant donc qu'on ait donné à chaque partie de la chaîne des dimensions telles que les diminutions de poids dont il s'agit soient, à chaque instant, exactement égales à celles que doit éprouver la tension de la petite chaîne BCDF, qui soutient le tablier, on conçoit que l'équilibre sera assuré pour toutes les positions, et que la puissance n'aura à vaincre que les seuls frottements.

30. *Constitution et construction des grosses chaînes de contre-poids.* — On peut composer la chaîne FGHK (*fig.* 99) d'une manière quelconque; mais, pour qu'elle ait la solidité et le poids convenables, sous le plus petit volume possible, on la forme (*fig.* 100) en plusieurs rangs de plaques en fonte de fer, oblongues, terminées par des demi-cercles et auxquelles on a donné une épaisseur relative au poids total que doit recevoir la chaîne : les plaques s'entrelacent, se recroisent les unes les autres et sont reliées par des boulons absolument comme dans les chaînes de montre; le jeu nécessaire à laisser entre celles d'une même rangée verticale dépend de la précision que l'on peut espérer dans les fonderies ou lors du forage des trous par l'ouvrier; $0^m,01$ est plus que suffisant dans tous les cas. Dans une telle hypothèse, les plaques devraient recevoir, en longueur, deux fois leur largeur plus $0^m,01$; en admettant $0^m,10$ pour la largeur des plaques, ce qui paraît convenir à tous les cas de la pratique, les plaques auraient donc $0^m,21$ de longueur et les centres des trous seraient espacés de $0^m,11$; les boulons eux-mêmes pourraient avoir $0^m,025$ de diamètre pour de forts tabliers, sauf ceux des extrémités inférieure et supérieure de la chaîne, qui auraient jusqu'à $0^m,03$. Ces boulons *aa'* sont d'ailleurs reliés à une traverse AA' rectangulaire, d'une hauteur de $0^m,05$ à $0^m,07$, par d'autres systèmes

---

mais cette proposition n'est rigoureusement vraie, comme on voit, qu'autant que la partie inférieure HG de la chaîne conserve la même forme dans toutes les positions du système, ou qu'autant qu'on entend ne l'appliquer qu'à des questions pour lesquelles cela ait lieu.

de plaques en fer $cc'$, servant de brides ou d'étriers qui sont légèrement engagés dans la partie supérieure de AA'.

Fig. 100.

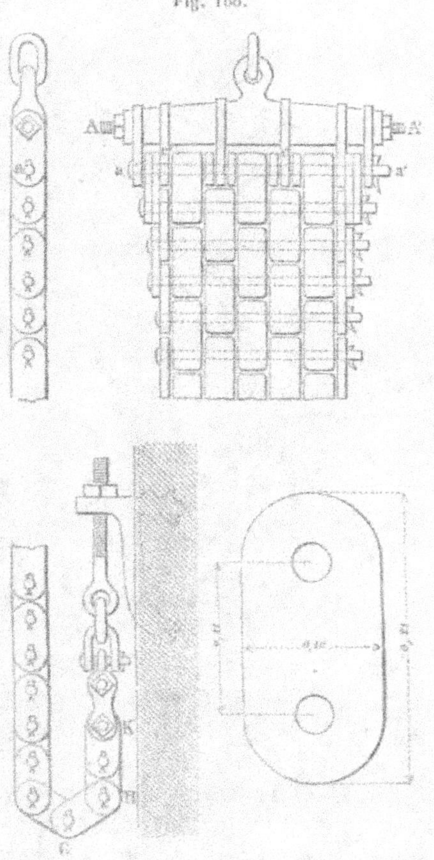

La distance entre les branches verticales d'une même chaîne doit être d'au moins $0^m,04$; et, pour réduire les dimensions des plaques et boulons à celles ci-dessus dans le cas de forts tabliers, il est convenable d'accoupler deux chaînes $ag$, $d'g'$ (*fig.* 101) semblables aux précédentes, sous une même

poulie, et qui se retroussent ou se replient en sens contraire. Quant à l'épaisseur des plaques, nous avons déjà dit

Fig. 101.

qu'elle est relative au poids et à la largeur que doivent recevoir
les chaînes pour satisfaire aux conditions de l'équilibre : par
exemple, si la plus petite largeur dans le sens des boulons
doit être de 0$^m$,27, on pourra composer le noyau de trois
rangs de plaques de 0$^m$,08 d'épaisseur ou de cinq rangs de 0$^m$,05,
et il restera ensuite à garnir les côtés de plaques qui aient ensemble une épaisseur de 0$^m$,03 ou 0$^m$,02.

En général, on doit adopter des épaisseurs de plaques telles,
qu'on reste le maître de faire varier celles des chaînes, en
chaque point, de quantités qui ne soient pas assez grandes
pour amener forcément des défauts sensibles d'équilibre. C'est
dans cette vue qu'on fait fondre de petites plaques de rive,

ayant seulement $0^m,01$ ou $0^m,02$ d'épaisseur, et en nombre
suffisant pour compléter les chaînes en chaque point; et
comme, dans certains cas, il peut arriver que la grosseur des
chaînes doive varier assez brusquement d'un boulon à l'autre,
on a l'attention de faire fondre en même temps des demi-
plaques. Enfin, lors de la mise en place des chaînes, on maintient le jeu nécessaire entre les différents rangs verticaux de
plaques en intercalant, entre celles d'un même boulon, de
petits anneaux de cuivre qu'on trouve tout faits dans le commerce (¹).

31. *Établissement de la manœuvre.* — Quant à la manœuvre
du pont, elle n'offre point de difficulté : la poulie intérieure D

Fig. 102.

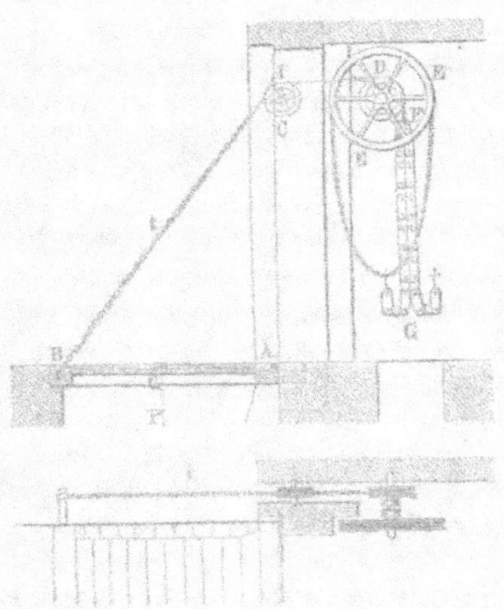

( *fig.* 102), qui répond aux grosses chaînes FG du contre-poids,

---

(¹) *Voir* pour plus amples détails, tant sur la construction que sur la théorie
du pont-levis qui nous occupe, le Mémoire qui se trouve inséré à la page 51 du
*Mémorial de l'Officier du Génie,* n° 5.

est montée sur un arbre en fer, qui porte une autre grande poulie EE, à gorge angulaire profonde, et dont le diamètre est d'au moins 1<sup>m</sup>,20, la petite poulie D ayant 0<sup>m</sup>,60. Cette gorge est destinée à recevoir une petite chaîne sans fin, à laquelle s'appliquent les hommes chargés de la manœuvre. Il est sans doute inutile de dire que le même dispositif se trouve répété sur chacun des côtés du passage, et que, pour éviter que les grosses chaînes de chaque contre-poids ne viennent poser à terre, vers la fin du mouvement du tablier, il devient indispensable de creuser, immédiatement au-dessous, des enfoncements ou puits pour les recevoir; enfoncements qui, n'ayant en profondeur qu'environ 1<sup>m</sup>,50 sur 0<sup>m</sup>,60 à 0<sup>m</sup>,70 en carré, et étant situés en arrière des pieds-droits de la porte, ne peuvent présenter aucune sorte d'inconvénients.

32. *Notice sur les ponts-levis à contre-poids variables déjà exécutés.* — Le pont-levis dont nous venons de donner une idée succincte a été exécuté, d'abord en 1821, par l'auteur, à l'une des portes de poterne de la place de Metz, ensuite, en 1823, à la porte de la citadelle de Verdun, par M. le colonel du Génie Thiébault, puis successivement dans les places de Strasbourg, de Metz, de Belfort, de Toul, de Sedan, etc.; le modèle en petit se trouve également à l'École d'Application; partout les ingénieurs ont été satisfaits des résultats qu'il présente et de la facilité de sa manœuvre, dont les dispositifs peuvent d'ailleurs se plier à toutes les localités. Le pont-levis qui a été exécuté, en 1826, à la porte des Allemands à Metz, sous les yeux de l'auteur et par les soins de M. Bugnot, capitaine du Génie très-distingué, offre quelques particularités et détails de construction qui nous semblent mériter l'attention des ingénieurs.

Ces particularités consistent : 1° dans la suppression complète du chevet de tête ou des moises du tablier, qui sont remplacés par une barre de fer méplate, terminée aux deux bouts par des fusées coniques saillantes, destinées à servir de points d'attache aux chaînes de pont, et qui portent sur les poutrelles de rive du tablier par des embases armées de pattes ou talons saillants; le tout solidement boulonné sur ces poutrelles (¹); 2° dans le remplacement du chevet porte-tourillons par un système de moises boulonnées de part en part contre ces mêmes poutrelles, et la suppression de toute espèce de crampons, frettes et ferrures qui ne pourraient être resserrées convenablement par des boulons, après que la dessiccation et le retrait du bois se seraient opérés, ce qui ne manque pas d'arriver au bout d'un certain temps; 3° dans la construction des petites poulies du pont, de la grande poulie de manœuvre et des supports de coussinets, qui sont ici entièrement coulés en fonte de fer et d'une seule pièce; ce qui, outre l'économie de main-d'œuvre, présente encore plus de solidité que les pièces d'assemblage qui ont été proposées (pages 61, 69 et suivantes du n° 3 du *Mémorial de l'Officier du Génie*), à une époque où nos maîtres de forges et ouvriers n'étaient point aussi habiles qu'ils le sont de nos jours; 4° enfin dans l'emploi de lisses et sous-lisses mobiles dans des rainures pratiquées aux montants de la porte dont nous avons déjà parlé et auxquelles il ne manque, pour la facilité de la manœuvre, que des galets ou roulettes de guide, avec un peu plus de jeu.

33. *Calcul des contre-poids pour le cas particulier où les poulies antérieures répondent à l'axe du tablier.* — Présentons maintenant la théorie mécanique d'après laquelle doit se faire l'établissement des grosses chaînes qui servent de contre-poids dans le système de pont-levis qui nous occupe.

Nous savons, d'après ce qui a été démontré pour le pont à spirale de M. Derché, que, quand le point de contact moyen I (*fig.* 99) de la poulie extérieure C se trouve sur la verticale de IB, l'axe A des tourillons du tablier, les tensions $t$ de la portion

---

(¹) La barre a $0^m,03$ d'épaisseur sur $0^m,11$ de largeur; elle est renforcée vers les talons de ses extrémités; les fusées ont de $0^m,08$ à $0,^m09$ de diamètre au gros bout, $0^m,05$ au petit bout, $0^m,04$ au droit de l'anneau d'attache des chaînes et $0^m,03$ seulement vers la partie filetée qui porte l'écrou de chaque extrémité. Quoique la portée entière de chaque fusée soit d'environ $0^m,60$, ces dimensions suffisent pour les plus forts tabliers, le calcul démontrant que, sous une traction de 1000 à 1200 kilogrammes, la flèche s'élève au plus à $0^m,002$, sous laquelle l'élasticité du fer des fusées ne saurait en rien être altérée.

de la chaîne extérieure sont proportionnelle aux longueurs $l$
de cette même portion pour toutes les positions du tablier.
Il résulte de là que la partie active du contre-poids doit elle-
même varier proportionnellement à $l$, pour qu'il y ait équilibre à chaque instant; et, comme les grosses chaînes qui
forment le contre-poids diminuent précisément dans le même
rapport que BI et de quantités qui sont moitié des diminutions de longueur éprouvées par cette dernière chaîne, il en
résulte encore que, dans le cas dont il s'agit, la chaîne doit
avoir un poids ou une épaisseur uniforme dans toutes ses
parties et être calculée simplement d'après la condition qu'il
y ait équilibre pour la position horizontale du tablier. En d'autres termes, le poids de la longueur FG de grosses chaînes,
immédiatement suspendue alors sous la poulie intérieure D,
doit être égal à $p\,\dfrac{L'}{H}$, $p$ étant la partie du poids du tablier qui
agit au point d'attache B, $L'$ la longueur BI et enfin H la hauteur AI.

Maintenant on remarquera qu'à la fin du mouvement du
tablier, lorsqu'il bat contre les montants de la porte, il s'est
replié une longueur de grosses chaînes égale à la moitié de
la longueur dont a diminué la chaîne extérieure BI, longueur que nous nommerons $L'-L''$; c'est-à-dire que les
chaînes du contre-poids doivent s'être repliées de la quantité
$\dfrac{L'-L''}{2}$. Nommant $T'$ la tension $p\,\dfrac{L'}{H}$ de la chaîne extérieure
au commencement du mouvement, $T''$ sa tension $p\,\dfrac{L''}{H}$ à la fin
du mouvement, le poids total de la longueur de chaîne $\dfrac{L'-L''}{2}$,
pendue sous les poulies, devra être égal à

$$T'-T''=p\,\frac{L'-L''}{H},$$

relation qui suffit pour calculer les dimensions des grosses
chaînes et le nombre de plaques qui doivent s'assembler sur
chaque boulon, etc., etc.

34. *Fixation de la hauteur du point de contact des poulies*

*extérieures et des chaînes.* — La tension T″ n'étant point nulle, ni les grosses chaînes totalement repliées vers la fin du mouvement du tablier, il faudra encore s'occuper de mettre en équilibre, pour cet instant, la tension T″ avec le poids des armatures supérieures, celui des plaques non repliées et des portions de petites chaînes MF (*fig.* 103) pendantes sous les poulies D.

Fig. 103.

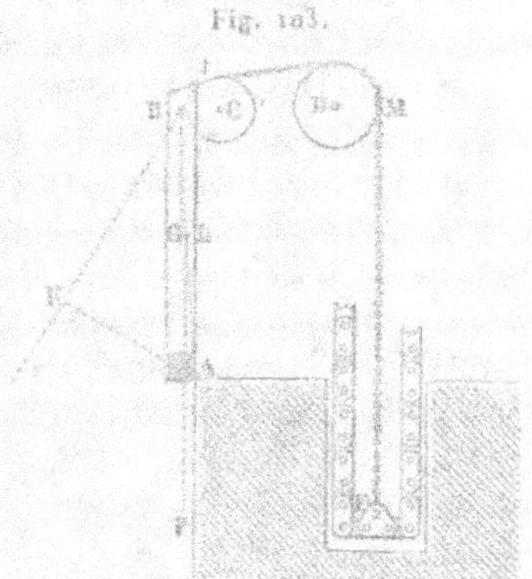

Or, comme il pourrait arriver dans certains cas, et notamment pour certaines dispositions des poulies extérieures C, que le poids seul des armatures dût surpasser la tension T″, on voit qu'il n'y aurait aucun moyen de mettre le système en équilibre, pour la position dont il s'agit, si l'on prétendait ne rien changer à la disposition de ces poulies et du point d'attache B du tablier; c'est pourquoi il sera à propos de régler à l'avance ces objets pour satisfaire aux conditions de l'équilibre. Soient donc $q$ le poids des portions de petites chaînes MF, suspendues verticalement sous la poulie D, $q'$ le poids présumé des armatures en F, augmenté de la moitié du poids des premières plaques de grosses chaînes, qui s'assemblent sur ces armatures et qu'on suppose ici horizontales pour la position verticale du tablier; on aura, pour déterminer T″, la relation

$$q + q' = T'',$$

en négligeant l'action du poids des portions de chaînes BI et IM.

Mais, comme il reste toujours quelque incertitude sur le

poids véritable de ces différentes parties, sur celui du tablier, etc., il sera bon de prendre le poids $q'$ plutôt trop fort que
trop faible, afin de n'avoir rien à retrancher sur celui des armatures et des premières plaques lors de leur mise en place;
peut-être même serait-il convenable de supposer un système
de plaques tout entier suspendu aux armatures, afin d'augmenter la pression et le frottement des petites chaînes sur la
gorge des poulies D, et d'éviter ainsi un glissement qui s'op-
poserait à la manœuvre du pont vers l'instant que nous considérons.

Maintenant, pour déterminer la hauteur du point de contact moyen I de la poulie antérieure, on remarquera que le
poids P du tablier a pour bras de levier la distance GL de son
centre de gravité à la verticale de l'axe A des tourillons, tandis
que celui de $T''$ est égal à la perpendiculaire AK abaissée,
du même axe, sur sa direction IB; en sorte qu'on a

$$P.LG = T''.AK, \quad \text{d'où} \quad AK = \frac{P}{T''} LG,$$

ce qui fixe la position de IK quand B est donné, et par suite
celle de I.

35. *Idée de l'influence de la constitution physique des
chaînes.* — Les observations qui précèdent suffisent pour
prouver que le système de contre-poids mis en usage pourra
remplir convenablement les conditions du problème dans le
cas où le point I sera pris sur la verticale de l'axe des tourillons A; cependant on conçoit aisément que l'équilibre ne
pourrait avoir lieu rigoureusement pour toutes les positions
du tablier qu'autant que les chaînes du contre-poids auraient
une forme exactement continue ou que ses articulations seraient infiniment rapprochées; mais comme, au contraire, la
distance des boulons a été supposée de $0^m,11$, on voit qu'il
n'y aura qu'un certain nombre de positions d'équilibre rigoureux; par exemple, si la portion $L' — L''$ de chaîne extérieure
qui passe sur la poulie est seulement de $5^m,20$, la longueur
des grosses chaînes susceptibles de se replier sera

$$\tfrac{1}{2} \times 5^m,20 = 2^m,60,$$

ce qui ne comporte environ que 25 ou 26 articulations, en comptant celles des extrémités, auxquelles d'ailleurs, comme cela paraît évident *a priori*, il doit correspondre tout au moins 24 positions d'équilibre du système, en ne comptant pas les articulations extrêmes.

Cet aperçu est déjà sans doute bien rassurant pour ceux qui se proposeraient de mettre le pont-levis qui nous occupe en pratique; mais en examinant, comme on l'a fait dans les articles 55 et suivants du Mémoire déjà cité, *Sur le pont-levis à contre-poids variables* (*Mémorial de l'Officier du Génie*, n° 5), en examinant, dis-je, ce qui se passe lorsqu'un même système de plaques se replie vers la partie inférieure des grosses chaînes, on trouve que, non-seulement il y a rigoureusement équilibre dans la position horizontale de ces plaques, mais encore dans celles où elles prennent, par rapport à la verticale, une position symétrique à l'égard du système de plaques qui les suit ou qui les précède immédiatement; d'où il résulte qu'il y a, non pas seulement 24 positions d'équilibre, mais bien 48. De plus, le calcul démontre que le plus grand effort relatif aux différences d'équilibre, qui ont lieu dans les

Fig. 104.

positions intermédiaires, ne s'élève pas à $11^{kg},50$ pour un poids de tablier supposé de 3000 kilogrammes et en ayant égard au système total des grosses chaînes qui forment le contre-poids. Enfin, dans le cas où les chaînes sont disposées de façon que, les prenant deux à deux, la plaque inférieure de l'une soit horizontale (*fig.* 104), quand celle de l'autre est inclinée à 30 degrés environ sur la verticale, on trouve qu'il y a naturellement alors un nombre double de positions d'équilibre, c'est-à-dire, environ 96; ce qui, certes, est plus que suffisant pour assurer la réussite de ce système de pont-levis sous le rapport de l'équilibre.

Néanmoins il est à remarquer qu'on n'a pas tenu compte, dans ce qui précède, de l'influence du poids des petites chaînes du pont, lesquelles, pesant environ 6 kilogrammes par mètre courant, peuvent occasionner des différences d'équilibre, qui vont jusqu'à 60 et même 70 kilogrammes vers la position horizontale ou verticale du tablier. Ces différences exigeant l'effort de plus d'un homme méritent d'être prises en considération; or il sera facile de tenir compte de ce poids des petites chaînes, dans les calculs relatifs aux grosses chaînes du contre-poids.

36. *Manière de tenir compte du poids des petites chaînes.* — Supposons le tablier parvenu à une position quelconque AB (*fig.* 105), nommons p le poids du mètre courant des pe-

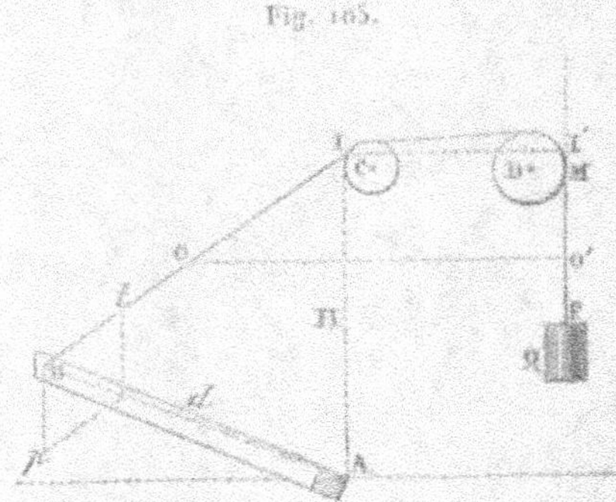

Fig. 105.

tites chaînes; celui de la longueur BI de la chaîne extérieure sera p*l*, qui doit être censé concentré au point O et qu'on pourra décomposer en deux, l'un $\rho\,\frac{l}{2}$ agissant au point de contact I de la poulie, l'autre $\rho\,\frac{l}{2}$ agissant au point d'attache B du tablier, lequel s'ajoute à la composante $p$ de son poids, de sorte que

$$p + \tfrac{1}{2}\rho l$$

sera l'effort total qui agit en B. Maintenant, si l'on décompose la force verticale $\frac{1}{2}\rho l$ appliquée en I en deux, l'une agissant normalement à la gorge de la poulie et qui sera détruite par la résistance des tourillons C, l'autre agissant suivant la direction IB, pour entraîner le tablier dans le sens de $p$, on prouvera facilement que ce dernier effort est équivalent au poids d'une portion de chaîne ayant pour longueur la projection I'O'... de IO sur la verticale du point d'attache F du contre-poids Q, et finalement on conclura qu'en vertu du poids des petites chaînes le contre-poids Q se trouve augmenté de la quantité $\rho.\mathrm{O'F}$ égale au poids de la portion de chaîne O'F, qui représente la différence de hauteur du point milieu de BI et du point d'attache F du contre-poids. Et comme on aura encore

$$t : p + \tfrac{1}{2}\rho l :: \mathrm{BI} : \mathrm{AI}, \quad \text{d'où} \quad t = l\,\frac{p + \tfrac{1}{2}\rho l}{\mathrm{H}},$$

il est clair que la valeur du contre-poids Q, rectifiée d'après les nouvelles hypothèses, sera

$$Q = \frac{l(p + \tfrac{1}{2}\rho l)}{\mathrm{H}} - \rho.\mathrm{O'F} = \frac{lp}{\mathrm{H}} + \rho\left(\frac{1}{2}\,\frac{l^2}{\mathrm{H}} - \mathrm{O'F}\right),$$

quantité que l'on calculera facilement pour chaque position particulière du tablier, ce qui donnera la loi exacte suivant laquelle doivent varier les épaisseurs correspondantes des grosses chaînes du contre-poids, si l'on a soin de changer le signe de O'F quand la hauteur du point F devient supérieure à celle de O ou O'.

37. *Construction définitive des chaînes du contre-poids, pour le cas où la poulie antérieure répond à l'axe du tablier.*

— On trouve ainsi [1] que chacune des grosses chaînes dont il s'agit doit se constituer de deux parties, l'une qui a un poids uniforme et qui se construit facilement, l'autre dont le poids doit aller en augmentant, à compter de l'armature supérieure, suivant les termes de la progression arithmétique 1, 2, 3, 4,...; ce qui assigne au tout une forme trapézoïde $abcd$ ( *fig.* 106)

Fig. 106.

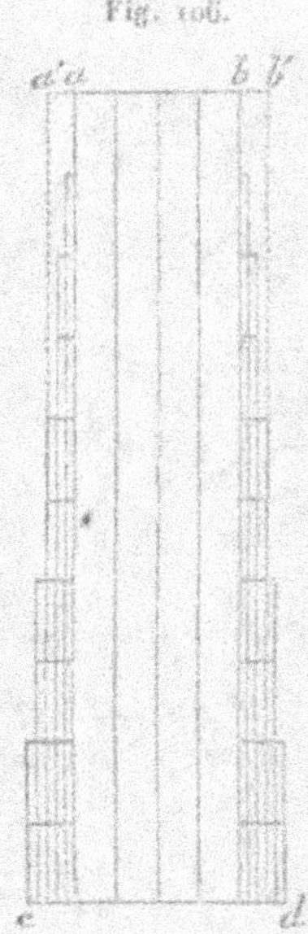


qu'on obtient en ajoutant aux divers boulons des rondelles ou de petites plaques, dont le poids augmente convenablement de l'armature supérieure à l'armature inférieure. Mais on démontre, par les mêmes calculs, qu'en se contentant de donner aux chaînes du contre-poids une épaisseur uniforme $a'b'$ moyenne entre celles $ab$ et $cd$ que doivent recevoir leurs extrémités, d'après l'équation ci-dessus, l'équilibre ne sera nullement troublé pour les positions initiale et finale du ta-

___

[1] *Voir* le Mémoire cité, n° 5 du *Mémorial de l'Officier du Génie*, pages 96 et suivantes.

blier, et que, dans les positions intermédiaires, les altérations totales d'équilibre ne s'élèveront pas au delà de 14 kilogrammes pour des tabliers qui en pèseraient 3000 ; quantité qu'on peut ici négliger sans inconvénient, attendu que, pour les positions intermédiaires dont il s'agit, la puissance appliquée aux grandes poulies de manœuvre n'a à vaincre qu'une partie des résistances passives qui correspondent à la position horizontale du tablier.

D'après cela, nommant $Q'$ et $Q''$ les valeurs de $Q$ relatives à la plus grande et à la plus petite longueur $L'$ et $L''$ des chaînes extérieures BI, le poids total des grosses chaînes sur la hauteur $\dfrac{L' - L''}{2}$ devra être pris égal à $Q' - Q''$ ; ce qui fixera entièrement les dimensions de ces dernières chaînes, en supposant qu'au préalable on ait réglé convenablement le poids des armatures supérieures et la position du point I, conformément à ce qui a été indiqué précédemment.

38. *Cas général où la poulie antérieure a une situation quelconque.* — Le calcul du poids des grosses chaînes et leur construction ne sont guère plus difficiles pour le cas où le point de contact moyen I (*fig.* 107) de la poulie antérieure a

Fig. 107.

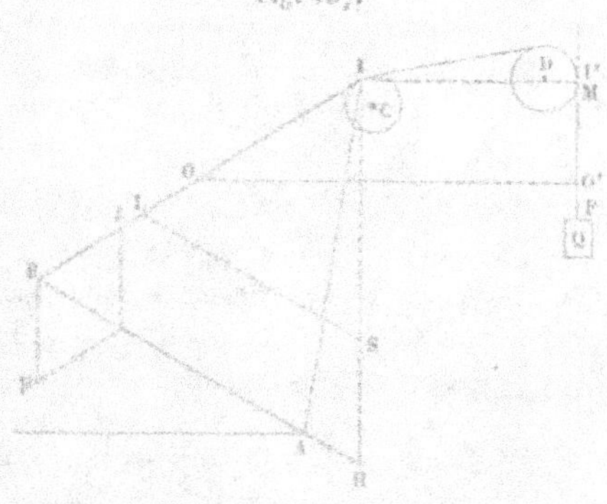

une situation quelconque que pour celui où il se trouve sur la verticale même de l'axe A des tourillons, si l'on continue toutefois à supposer que ce dernier, le centre de gravité du tablier et le point d'attache B des chaînes soient situés sur une même ligne droite.

Prolongeons, en effet, la verticale du point I jusqu'à sa rencontre en H avec la droite AB du tablier; nous avons déjà trouvé que le poids qui agit en B, eu égard au poids des petites chaînes du pont, est

$$p + \frac{p}{2}\,l\,;$$

ainsi la tension $t$ de la chaîne extérieure qui maintient ce poids en équilibre s'obtiendra par la proportion suivante :

$$t : p + \frac{p}{2}\,l :: \mathrm{BI} : \mathrm{HI}, \quad \text{d'où} \quad t = \left(p + \frac{p}{2}\,l\right)\frac{l}{\mathrm{H}},$$

expression facile à calculer par la considération du triangle BIH, ou par des opérations purement graphiques; car, si l'on porte de I en S, sur la verticale IH, un nombre de millimètres ou de centimètres égal au nombre de kilogrammes contenus dans $p + \frac{p}{2}\,l$, puis qu'on mène SL parallèle à BH, IL exprimera évidemment, dans les mêmes unités, le nombre de kilogrammes de $t$. Pour obtenir ensuite la valeur totale de Q, on projettera, comme on l'a expliqué ci-dessus, le point milieu O de BI en O' sur la verticale du point d'attache F des grosses chaînes, et l'on aura, pour la position actuelle de F et de O,

$$Q = \left(p + p\,\frac{l}{2}\right) - \frac{l}{\mathrm{HI}} - p.\mathrm{O'F},$$

relation qui donnera rapidement les valeurs de Q qui répondent aux différentes positions du tablier, et qui permettra ainsi de calculer les dimensions de chaque partie des grosses chaînes qui constituent le contre-poids.

39. *Construction des chaînes du contre-poids pour le cas général.* — Considérant d'abord le tablier dans la position où il bat contre les montants verticaux de la porte, et nommant Q′ la valeur correspondante de Q, qui sera essentiellement positive, si l'on a convenablement fixé la hauteur du point I

des poulies antérieures, ainsi qu'il a été déjà expliqué pour le cas précédent, on réglera les dimensions et le poids de l'armature, etc., d'après la supposition que le premier rang de plaques $a_1 a_1$ (*fig.* 108) qui s'y assemblent soit dans une si-

Fig. 108.

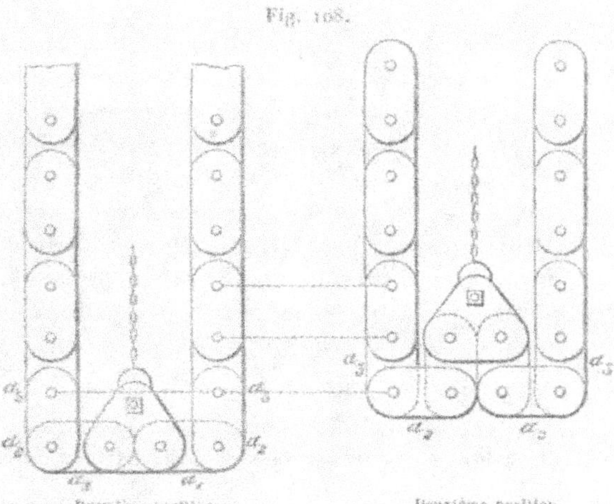


tuation horizontale, et observant que la moitié seulement du poids de ces plaques agit sur F. Considérant ensuite le tablier dans la position où le système de plaques suivant $a_2 a_3$ est, à son tour, devenu horizontal et où il pèse par la moitié de son poids en F, augmentée du poids des seconds boulons, la valeur correspondante de Q, diminuée de Q″, donnera précisément cette moitié de poids, etc.

Considérant pareillement le tablier dans la position où le système suivant $a_2 a_2$ de plaques est à son tour horizontal, on déterminera de même leur poids et celui du troisième boulon, et ainsi de suite jusqu'à la position horizontale du tablier.

On remarquera, lors du calcul des valeurs successives de Q, que, si l'on nomme $c$ l'intervalle compris entre les centres des trous de boulons d'une même plaque, augmenté du jeu de ces boulons, la grosse chaîne du contre-poids s'allonge, à chacune des opérations ci-dessus, de la quantité $c$, tandis que la petite chaîne extérieure s'allonge du double ou de $2c$, en sorte que, $L''$ étant la valeur de $l$ qui répond à $Q = Q''$, les valeurs de Q, successivement considérées, répondront à

$$l = L'', \quad l = L'' + 2c, \quad l = L'' + 4c, \quad l = L'' + 6c, \quad \ldots$$

Ayant construit ainsi, de proche en proche, toute la partie des grosses chaînes qui répond au mouvement effectif et total du tablier, on les prolongera, vers le bas, par un ou deux systèmes de plaques, afin de donner une certaine stabilité à leur seconde branche, qu'il faudra d'ailleurs replier convenablement lors de la mise en place et selon que l'exigent les conditions de l'équilibre. Quant au moyen pratique de corriger ou de construire directement les chaînes sans recourir à aucun calcul, il est facile à deviner d'après ce qui précède, et on le trouvera d'ailleurs exposé à la fin du Mémoire déjà souvent cité.

### Calcul des résistances passives dans les ponts-levis à chaînes.

40. *Calcul du frottement des tourillons du tablier et de ses points d'attache.* — Il est utile de savoir calculer l'effort que la puissance, appliquée à la manœuvre d'un pont-levis, devra exercer dans les diverses positions du tablier et principalement dans la position où la somme des résistances devient un *maximum* d'après la constitution du système. Afin de donner au moins une idée de la manière d'effectuer le calcul dans tous les cas, nous considérerons le pont-levis à chaînes qui nous a occupé en dernier lieu, en supposant qu'il soit rigoureusement en équilibre dans toutes ses positions, abstraction faite des résistances passives, et que le point de contact I (*fig.* 187) des chaînes et de la poulie extérieure soit sur la verticale AI des tourillons; nous négligerons d'ailleurs toute la partie des frottements qui provient des pressions exercées sur les appuis par le poids des petites chaînes, ces pressions n'étant point appréciables par rapport à celles qui proviennent des diverses autres pièces mobiles du système. Enfin nous supposerons, pour la simplicité des calculs, que

le centre de gravité G du tablier, que le centre A des tourillons et le point d'attache B des petites chaînes soient sur
une même ligne droite.

Fig. 109.

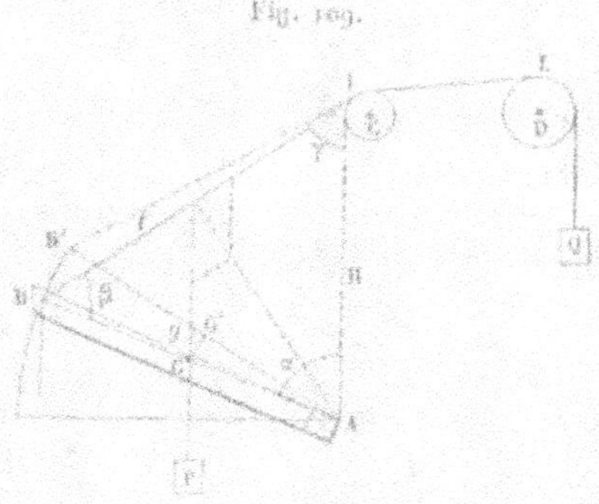

« Cela posé, nommons $\gamma$ l'angle AIB; $\alpha$ et $\beta$ les angles que AB,
parvenu à une position quelconque, fait avec la verticale AI
et la direction BI de la chaîne; P le poids du tablier agissant
au centre de gravité G; faisons

$$AB = R, \quad AG = R',$$

le rayon B du point d'attache . . . . . . . . . $= r$,
celui du tourillon A du tablier . . . . . . $= r'$,
la hauteur AI . . . . . . . . . . . . . . . . . . . . $= H$,
la longueur BI de chaîne extérieure . $= l$;

représentons enfin par $t$ la tension inconnue de cette chaîne,
qui fait équilibre à la fois au poids du tablier et aux frottements exercés sur les tourillons B et A, frottements qui, en
désignant par $f_1$ la valeur de $\dfrac{f}{\sqrt{1+f^2}}$, seront ici évidemment

$$f_1 t \quad \text{et} \quad f_1 \sqrt{(P - t \cos\gamma)^2 + t^2 \sin^2\gamma},$$

puisque la résultante de $t$ et de P doit nécessairement passer
par le point d'appui des tourillons A sur les crapaudines.

Supposons maintenant qu'on imprime au tablier du pont
un très-petit mouvement, qui le transporte de AB en A'B', de
sorte que l'angle $\alpha$ varie de $d\alpha$; l'arc infiniment petit GG'

II.

décrit par G sera $R'd\alpha$, et l'arc BB' décrit par B sera $Rd\alpha$; par conséquent les vitesses virtuelles de P et de $t$, estimées dans leurs propres directions, seront

$$R'd\alpha\sin\alpha \quad \text{et} \quad Rd\alpha\sin\beta,$$

abstraction faite des signes. Les chemins élémentaires ou vitesses virtuelles des points d'application des frottements en A et B, se confondant d'ailleurs avec la direction même de ces forces, seront évidemment

$$r'd\alpha \quad \text{et} \quad rd\beta,$$

$d\beta$ étant la variation de l'angle $ABI = \beta$, correspondant à $d\alpha$; donc on a, pour exprimer les conditions de l'équilibre,

$$t R \sin\beta\, d\alpha = P R'\sin\alpha\, d\alpha + f_{\prime}\, tr\, d\beta$$
$$+ f_{\prime}\sqrt{(P - t\cos\gamma)^2 + (t^2\sin^2\gamma)}\, r'\, d\alpha,$$

en faisant toujours abstraction des signes de $d\alpha$ et $d\beta$, qui devront être pris positivement pour toutes les positions du système, attendu que les frottements agissent constamment en sens contraire de la puissance.

De là on tire l'équation

$$R \sin\beta\, t = R'\sin\alpha\, P + f_{\prime} rt \frac{d\beta}{d\alpha} + f_{\prime} r'\sqrt{(P - t\cos\gamma)^2 + t^2\sin^2\gamma},$$

dans laquelle il ne s'agit plus que de substituer la valeur absolue de $\dfrac{d\beta}{d\alpha}$, déduite des relations de la figure.

Or le triangle ABI donne, d'après les conventions ci-dessus,

$$l^2 = H'^2 + R'^2 - 2R'l\cos\alpha, \quad H'^2 = l^2 + R'^2 - 2R'l\cos\beta;$$

d'où, en différentiant,

$$\frac{d\alpha}{dl} = \frac{l}{RH\sin\alpha},$$

$$\frac{d\beta}{dl} = \frac{R\cos\beta - l}{Rl\sin\beta},$$

et par suite

$$\frac{d\beta}{d\alpha} = \frac{R\cos\beta - l}{l} = -\frac{H}{l}\cos\gamma \;(^1),$$

attendu que

$$H\sin\alpha = l\sin\beta \quad \text{et} \quad l = R\cos\beta + H\cos\gamma.$$

Substituant cette valeur de $\dfrac{d\beta}{d\alpha}$ en en changeant le signe, il viendra finalement

$$R\sin\beta\, t = R'\sin\alpha\, P + f_{,}r\,\frac{H}{l}\cos\gamma\, t$$
$$+ f_{,}r'\sqrt{(P - t\cos\gamma)^2 + t^2\sin^2\gamma}.$$

Pour résoudre cette équation par rapport à $t$, on pourrra se servir de la méthode des substitutions successives dont il a été fait mention aux n$^{os}$ 4 et 52, troisième Section de la première Partie du Cours, ou bien, observant qu'ici $P - t\cos\gamma$ surpasse nécessairement $t\sin\gamma$, on prendra, d'après la Note première de cette Section,

$$\sqrt{(P - t\cos\gamma)^2 + t^2\sin^2\gamma} = 0,96\,(P - t\cos\gamma) + 0,4\,t\sin\gamma,$$

valeur approchée à $\frac{1}{14}$ près, qui ne peut conduire à aucune erreur notable, et qui, étant substituée dans l'équation ci-dessus, donnera

$$\frac{P\,(R'\sin\alpha + 0,96\,f_{,}r')}{R\sin\beta - f_{,}r\,\dfrac{H}{l}\cos\gamma + f_{,}r'\,(0,96\cos\gamma - 0,4\sin\gamma)},$$

quantité qu'il sera facile de calculer pour chaque position du

---

($^1$) On arrive directement à ce résultat par la considération du triangle élémentaire BB′b′, dans lequel on a

$$BB' = R'd\alpha, \quad B'b' = l\,d\gamma = l\,(d\alpha - d\beta) = BB'\cos\beta = R\,d\alpha\cos\beta,$$

d'où l'on déduit

$$\frac{d\beta}{d\alpha} = \frac{l - R\cos\beta}{l},$$

quantité qui ne diffère que par le signe de celle ci-dessus, dans laquelle, en effet, $d\alpha$ doit être supposé négatif par rapport à $d\beta$, afin d'obtenir la valeur absolue.

26.

tablier, ou pour chacune des valeurs distinctes et simultanées de $\alpha$, $\beta$ et $\gamma$.

Considérant, par exemple, le cas où AB est horizontal, ce qui répond ici à l'instant où la somme des résistances passives est la plus grande possible, on aura

$$\sin\alpha = 1, \quad \sin\beta = \cos\gamma = \frac{H}{l}, \quad \sin\gamma = \frac{R}{l},$$

et par conséquent

$$t = \frac{P\left(R' + 0{,}96\,f_i r'\right) l'}{l R H - f_i r H^2 + f_i l r'\left(0{,}96 H - 0{,}4 R\right)}.$$

44. *Calcul des résistances du tablier pour des données particulières.* — Pour donner un exemple qui se rapporte au cas ordinaire des grands ponts-levis, nous supposerons

$$P = 3000^{kg}, \quad R = 4^m, \quad R' = 2^m, \quad H = 4^m,$$
$$r = 0^m{,}02, \quad r' = 0^m{,}04, \quad f_i = 0{,}20;$$

d'où

$$l' = 3a, \quad l = 5^m{,}657, \quad t = 0{,}7095, \quad P = 2128^{kg}{,}50.$$

S'il n'y avait pas de frottement ou si $f_i$ était nul on aurait

$$t = \frac{PR'l}{RH} = 0{,}7071, \quad P = 2121^{kg}{,}30;$$

donc ces frottements augmentent la valeur de la tension de

$$0{,}0024\,P = 7^{kg}{,}20.$$

Si le frottement des tourillons n'avait pas lieu, et que celui du point d'attache des chaînes continuât à subsister, on aurait simplement

$$t = \frac{R'l}{l R H - f_i r H^2}\,P = 0{,}70759\,P,$$

et par conséquent l'augmentation de tension nécessaire pour vaincre ce frottement serait de

$$0{,}70759\,P = 0{,}7071\,P = 0{,}00049\,P = 1^{kg}{,}47;$$

ce qui démontre la faible influence exercée par ce dernier frottement.

42. *Résistances des poulies antérieures et des chaînes.* — Nommons $t_1$ ( *fig.* 110) la tension de la seconde branche IL des chaînes appartenant à la poulie C, et supposons cette branche à peu près horizontale; l'angle de $t_1$ et de $t$ sera ainsi $90° + \gamma$. Si,

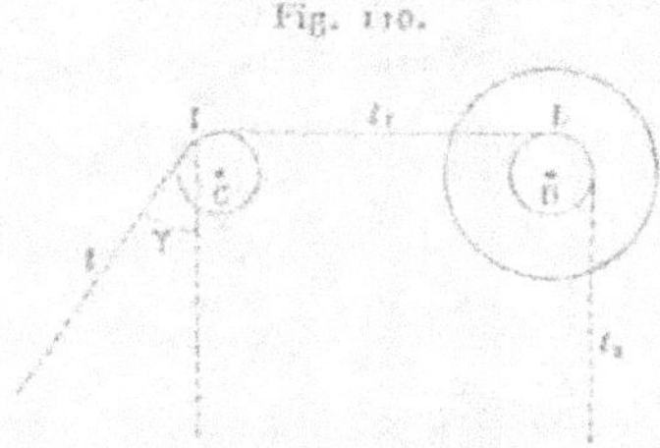

Fig. 110.

de plus, nous nommons $r_1$ le rayon du tourillon de la poulie, $f_1$ la valeur de $\dfrac{f}{\sqrt{1 + f^2}}$ qui lui correspond, $R_1$ le rayon de la gorge de cette poulie, y compris la demi-épaisseur des chaînes plates à articulations, construites dans le genre des chaînes de montre et ayant $\rho$ pour rayon des tourillons, $f_1$ pour coefficient du frottement, nous aurons, en supposant la tension $t$ décomposée en deux, l'une verticale $t \cos\gamma$, qui s'ajoute au poids de la poulie, que nous représenterons par $m$, l'autre $t \sin\gamma$ horizontale, qui se retranche de $t_1$,

$$t_1 R_1 = \left(1 + \frac{2 f_1 \rho}{R_1 - f_1 \rho}\right) t R_1 + r_1 f_1 \sqrt{(t_1 - t \sin\gamma)^2 + (m + t \cos\gamma)^2},$$

équation dans laquelle on peut également remplacer le radical par sa valeur approchée

$$0,96 (m + t \cos\gamma) + 0,4 (t_1 - t \sin\gamma),$$

attendu qu'ici encore $m + t \cos\gamma$ surpasse évidemment $t_1 - t \sin\gamma$ pour les diverses positions du tablier. Substituant donc et faisant

$$\frac{2 f_1 \rho}{R_1 - f_1 \rho} = \delta,$$

on aura, pour calculer $t_i$,

$$t_i = \frac{[(1+\delta)\,\mathrm{R}_1 + f'_i\,r_1(0,96\cos\gamma - 0,4\sin\gamma)]\,t + 0,96\,f'_i\,rm_1}{\mathrm{R}_1 - 0,4\,f'_i\,r_1}.$$

Les chaînes et leurs tourillons étant en fer, nous pourrons encore supposer $f_i = 0,20$ : quant à $f'_i$, coefficient du frottement de l'axe de la poulie, il sera environ $0,14$, si l'on suppose cet axe en fer et la boîte en cuivre, sans renouvellement d'enduit. Cela posé, prenant $m = 300^{k}$, à cause des deux poulies censées ici confondues en une seule, et faisant, comme ci-dessus,

$$\gamma = \frac{90^\circ}{2},$$

d'où

$$\sin\gamma = \cos\gamma = \frac{1}{\sqrt{2}} = 0,707$$

et

$$\rho = 0^m,01, \quad \mathrm{R}_1 = 0^m,33, \quad r_1 = 0^m,02, \quad t = 2128^{k},50,$$

nous aurons, d'après ces données, conformes à celles qui sont en usage dans la pratique,

$$0,96\cos\gamma - 0,4\sin\gamma = 0,396, \quad \delta = 0,0122, \quad t_i = 2171^{k},30.$$

Ces résultats montrent : 1° que la résistance seule des articulations des chaînes fait accroître la tension $t$ de $\delta t = 0,0122\,t$ ou $25^{k},97$, valeur plus que triple de celle qui représente les résistances passives du tablier réunies ; 2° que l'accroissement total de tension, occasionné par cette résistance des articulations des chaînes et par les tourillons des poulies, s'élève à

$$2171^{k},30 - 2128^{k},50 = 42^{k},80,$$

dont à peu près

$$42^{k},80 - 25^{k},97 = 16^{k},83$$

sont absorbés par le frottement des tourillons dont il s'agit.

Si, au lieu de chaînes méplates, on faisait usage du système de chaînes qui a été mentionné dans la troisième Section de la première Partie du Cours, leur résistance serait à très-peu près nulle; de sorte que la puissance n'aurait à vaincre que les $16^{kg},83$ des tourillons des poulies. Si, de plus, on remplaçait les coussinets en cuivre de ces tourillons par des coussinets en gayac ou autres bois durs, tels que pattes de sorbier, de cornouiller, de buis, etc., qui, après avoir été bien desséchés dans un four, seraient bouillis dans l'huile, le tout avant leur confection, si, dis-je, on opère ce remplacement, $f'_i$ se réduira à une valeur qu'on peut supposer être tout au plus égale à 0,05 ou $\frac{1}{20}$, d'après les expériences de Coulomb sur le frottement du fer contre du bois dur; faisant donc ces hypothèses dans la dernière formule, et toujours $\delta = 0$, elle donnera

$$t_i = 2134^{kg},55,$$

et par conséquent l'excès de tension provenant des tourillons des poulies se réduira à

$$2134^{kg},55 - 2128^{kg},50 = 6^{kg},05,$$

au lieu des $42^{kg},80$ trouvés dans les suppositions précédentes.

La puissance n'ayant ainsi à vaincre, au total, qu'une résistance de

$$2134^{kg},55 - 2121^{kg},3 = 13^{kg},25,$$

on voit qu'un pareil pont-levis serait facilement manœuvré par un seul homme appliqué directement aux chaînes du tablier. Nos calculs supposent, il est vrai, la seconde branche IL de ces chaînes horizontale, tandis qu'elle serait verticale, mais cette circonstance ne ferait augmenter la résistance que d'une quantité assez petite : il en serait tout autrement, comme on va le voir, dans l'hypothèse où un second système de poulies serait placé en arrière du premier C.

43. *Résistances des poulies intérieures et des chaînes.* — Les équations ci-dessus, quoique relatives aux poulies antérieures, n'en donneront pas moins la valeur de la tension $t_i$ (*fig.* 110), qu'il faudrait appliquer aux nouvelles poulies D, pour vaincre celle $t_i$ de la branche de chaîne LI, ainsi que les frottements qui en résultent. Il ne s'agit, en effet, le cordon $t_i$ étant vertical, que de supposer $y = 0$ dans ces équations, et de rem-

placer $t_1$ par $t_2$ sous le radical, $t$ par $t_1$ et $t_1$ par $t_2$ en dehors, ce qui donne

$$t_2 R_1 = \left( 1 + \frac{2 f_1 \rho}{R_1 - f_1 \rho} \right) t_1 R_1 + r_1 f_1' \sqrt{t_1^2 + (m + t_1)^2},$$

d'où

$$t_2 = \frac{[(1 + \delta) R_1 + 0,4 f_1' r_1] t_1 + 0,96 f_1' r_1 m}{R_1 - 0,96 f_1' r_1}, \quad \delta = \frac{2 f_1 \rho}{R_1 f_1 \rho}.$$

En supposant encore ici

$$R_1 = 0^m,33, \quad \rho = 0^m,01, \quad r_1 = 0^m,02, \quad f_1 = 0^m,20, \quad f_1' = 0^m,14,$$

en prenant d'ailleurs $m = 300^{kg} + 200^{kg} = 500^{kg}$, à cause des grandes roues et chaînes de manœuvre, enfin $t_1 = 2171^{kg},30$, valeur précédemment calculée, on trouvera d'abord $\delta = 0,0122$; ce qui donne pour la résistance des chaînes

$$\delta t_1 = 26^{kg},49,$$

ensuite

$$t = 2227^{kg},40,$$

ce qui donnera un accroissement de résistance de

$$2227^{kg},40 - 2171^{kg},30 = 56^{kg},10.$$

Quant à l'effort total qu'aurait à exercer la puissance, supposée appliquée en $t^2$ aux petites chaînes, pour vaincre toutes les résistances réunies des frottements, il serait de

$$2227^{kg},40 - 2121^{kg},30 = 106^{kg},10.$$

Un homme pesant moyennement 65 kilogrammes, on voit qu'il en faudrait au moins deux, dans les hypothèses actuelles, pour mettre le pont-levis en mouvement; mais comme, dans la réalité, un homme ne peut guère exercer d'une manière un peu soutenue un effort qui surpasse 25 à 30 kilogrammes, on voit qu'il en faudrait près de quatre pour manœuvrer le pont commodément. D'ailleurs, en plaçant, comme cela se pratique ordinairement, une roue de manœuvre d'un rayon de $0^m,66$, à peu près double de celui des poulies, le nombre des hommes pourrait, sans inconvénient, être réduit à deux; mais il en faudrait encore quatre, au moins, dans l'hypothèse où les petites poulies n'auraient que $0^m,33$ de diamètre, ce qui montre les avantages inhérents à l'agrandissement du rayon de toutes les poulies.

**44.** *Résistance totale dans l'hypothèse d'une construction convenable des chaînes, des coussinets, etc.* — Enfin, si, reprenant le cas où tous les coussinets des poulies sont en bois gras et où la chaîne n'offre plus de résistance à la flexion, on suppose dans la dernière des équations ci-dessus

$$f_1 = 0, \quad f'_1 = 0,05, \quad \delta = 0, \quad t_1 = 2134^{kg},55,$$

on trouvera

$$t_2 = 2144^{kg},83;$$

de sorte que la résistance totale serait réduite à

$$2144^{kg},83 - 2121^{kg},3 = 23^{kg},53,$$

effort qu'un homme, appliqué directement à la branche verticale des chaînes, exercerait facilement, et qui serait réduit à moitié si l'on employait une roue de manœuvre d'un diamètre double de celui de la poulie D; mais, comme on ne peut espérer anéantir complétement le frottement des articulations des chaînes sur les poulies, comme il faudrait en outre tenir compte des différences d'équilibre, etc., on doit admettre que la résistance serait à peu près double, et exigerait l'effort d'un homme pour être vaincue, sans de trop grands efforts, même dans le cas d'une grande roue de manœuvre.

**45.** *Comparaison des résultats du calcul avec ceux de l'expérience.* — L'expérience a confirmé ce résultat pour le pont-levis à contre-poids variable, dont nous avons donné la description plus haut, et dans lequel les différences d'équilibre en question ne s'élèvent pas, comme nous l'avons remarqué, au delà de 11 à 12 kilogrammes, pour les dispositions qui sont ordinairement adoptées dans la pratique. En effet, le pont-levis de la citadelle de Verdun, construit en 1821 par M. le colonel du Génie Thiébault, et dont le tablier, recouvert de bandes de rouage et ayant $4^m,50$ de longueur, doit peser au delà de 3000 kilogrammes, pouvait être facilement manœuvré

par un seul homme appliqué aux petites chaînes de la roue de
manœuvre, lors des premiers instants de sa construction. Nous
pourrions en citer plusieurs autres de ce poids, dont la manœuvre a offert les mêmes résultats; et, si deux hommes ont
paru nécessaires pour mettre en mouvement le pont-levis de
la porte des Allemands à Metz, cela tient uniquement à ce que
le jeu de toutes les articulations a été maintenu fort petit et a
été mal observé par l'ouvrier chargé du travail des fers, d'où
il est résulté de la gêne et des résistances véritablement étrangères à la nature du système.

Toutefois, nous n'avons pas tenu compte, dans les calculs
qui précèdent, de deux autres causes de résistance auxquelles
on serait d'abord tenté d'attribuer une grande influence dans
le pont-levis en question : c'est, d'une part, la résistance
qu'offrent les grosses chaînes du contre-poids dans leur re-
ploiement vers la partie inférieure, et, d'une autre, la résistance occasionnée par l'inertie des masses considérables à
mettre en mouvement. Or le calcul apprend, quant aux premières, qu'elles ne s'élèvent pas au delà de 5 kilogrammes
dans le sens des petites chaînes, ou de $2^{k},5$ sur la circonférence du tambour de manœuvre, censé toujours d'un rayon
double de celui des petites poulies; quant à la résistance provenant de l'inertie des masses, il ne sera peut-être pas inutile
de montrer comment on peut l'évaluer, d'une manière suffisamment approximative, dans le cas qui nous occupe.

46. *Influence de l'inertie des masses du système.* — Il paraît
d'abord évident que, la vitesse du système étant nulle à la fin
du mouvement, il n'y a pas eu, au total, de force vive ou de
quantité d'action consommée en pure perte, soit pendant la
descente, soit pendant la montée du tablier : mais la question
est ici véritablement de prouver que la quantité de travail et
l'effort que doit développer le moteur, dans les premiers instants, pour vaincre l'inertie, sont des fractions assez petites
de ceux qu'il peut développer sur la roue de manœuvre.

Supposons, par exemple, qu'au bout du sixième de la course
totale le système doive avoir acquis la vitesse de $0^{m},2$ par
seconde, dans le sens des points d'attache du tablier, ce qui

lui ferait parcourir les cinq autres sixièmes en moins de vingt-
sept secondes; la course totale des points dont il s'agit étant
d'environ $6^m,3o$, dans la supposition d'un tablier de 4 mètres
de longueur, la vitesse angulaire, ou à l'unité de distance de
ce dernier, sera ainsi

$$\tfrac{1}{4} \times o^m,2, = o^m,o5 = \omega,$$

à laquelle correspondra une force vive

$$\omega^2 \int r^2 dm = 0,0025 \int r^2 dm,$$

$\int r^2 dm$ étant le moment d'inertie de la masse du tablier, par
rapport à l'axe des tourillons; mais, pour la simplification du
calcul, on peut ici, sans crainte d'erreurs notables, assimiler
la masse du tablier à celle d'une barre prismatique d'une densité uniforme $\Pi$, dont $e$ serait l'épaisseur, $R = 4^m$ la longueur
et $b$ la largeur; ce qui donne (Additions à la deuxième Section, I$^{re}$ Partie).

$$\int r^2 dm = \frac{\Pi}{g} \frac{eb R}{12} (e^2 + 4 R^2),$$

où $g = 9^m,8o9$ et $\Pi eb R$ représentent le poids de la barre, censé
égal à 3ooo kilogrammes. Quant à l'inconnue $e^2$, sa valeur ne
saurait égaler même le $\frac{1}{1000}$ de $4 R^2$, de sorte qu'elle est tout
à fait négligeable. Nous aurons donc, pour la force vive à imprimer au tablier,

$$\omega^2 \int r^2 dm = \frac{0,0025 \times 3ooo \times 16}{3 \times 9,8o9} = 4,o8$$

dont la moitié donne, pour la quantité d'action à dépenser par
la puissance, $2^{km},o4$.

Quant à la force vive des poulies et des contre-poids, on la calculera aisément, pour une position quelconque AB (*fig.* 111)
du tablier, en observant que la vitesse, dans le sens des petites chaînes BI, est à celle $\omega R$ du point d'attache B dans le
rapport des espaces élémentaires BB', BB'' décrits simultanément par B, dans le sens de BI et de son propre mouvement,

c'est-à-dire que la vitesse des petites chaînes est

$$\frac{BB''}{BB'}\,\omega R = \sin\beta \quad \omega R = 0^m,2\sin\beta,$$

$\beta$ étant toujours l'angle formé par BI et AB.

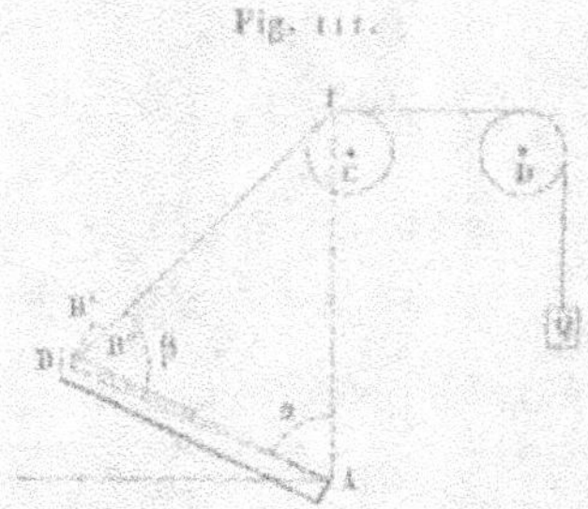

Fig. 112.

Mais, en appelant $p$ la composante du poids du tablier agissant en B, laquelle est environ 1500 kilogrammes, et supposant que le point de contact moyen I des poulies et des chaînes soit sur la verticale A des tourillons, on trouve, d'après les considérations mises en usage dans ce qui précède, que la valeur correspondante des grosses chaînes du contre-poids doit être

$$P\frac{\sin\alpha}{\sin\beta} = 1500^{k}\frac{\sin\alpha}{\sin\beta};$$

donc la force vive de ce contre-poids aura pour expression

$$\frac{1500}{g}\frac{\sin\alpha}{\sin\beta}(0,2\sin\beta)^{2} = 6,12\sin\alpha\sin\beta.$$

Cette quantité, qui est nulle pour la position verticale du tablier, va sans cesse en augmentant jusqu'à ce que $\sin\alpha$ acquière la valeur 0,87, pour laquelle BI est environ $4^m,72$ et

$$\sin\alpha\sin\beta = 0,777;$$

passé ce terme, $\sin\alpha\sin\beta$ diminue successivement jusqu'à se réduire à $0^m,707$ pour la position horizontale du tablier; mais, comme l'inertie doit être vaincue sur une certaine étendue à compter de cette position, nous prendrons

$$\sin \alpha \sin \beta = 0,72,$$

ce qui donne

$$6,12 \times 0,72, = 4,40$$

pour la force vive correspondante des grosses chaînes du contre-poids, et

$$2^{kgm},20$$

pour la quantité d'action à dépenser par la puissance motrice.

Enfin il est aisé de se convaincre que la force vive des poulies et de la grande roue de manœuvre ne s'élève pas même à 2, ou la quantité d'action nécessaire pour vaincre leur inertie à 1 kilogrammètre ; de sorte que la quantité d'action totale qu'aura à développer la puissance sera au-dessous de

$$2,04 + 2,20 + 1 = 5^{kgm},24.$$

Le chemin que décrit le point d'attache B du tablier, pendant que la force motrice développe cette quantité d'action, étant

$$\tfrac{1}{6} \times 6^{m},3 = 1^{m},05,$$

il est aisé de s'assurer, d'après nos hypothèses, que celui que parcourront les chaînes ou gorges de poulies sera d'environ $0^{m},75$ ; et, comme les grandes roues de manœuvre sont censées d'un rayon double de celui des petites poulies, le chemin que décrira le point d'application de la puissance, pendant le même temps, sera $1^{m},50$ ; ce qui suppose, de sa part, un effort moyen ou constant de

$$\frac{5^{kgm},24}{1^{m},50} = 3^{k},5$$

environ, employé à vaincre l'inertie des masses.

47. *Temps nécessaire pour élever le tablier.* — Quant au temps nécessaire pour faire parcourir l'arc de $1^{m},05$ au tablier, il faudrait, pour le calculer en toute rigueur, rechercher la loi même du mouvement, d'après l'équation différentielle du second ordre entre les forces d'inertie des masses du système ; mais, comme ici l'arc parcouru par le tablier est supposé assez

petit, nous pouvons, sans inconvénient, admettre que les vitesses des différents points et les forces de différentes espèces
restent entre elles dans un rapport sensiblement invariable,
de sorte que, sous l'effort constant de $3^{ks},5o$ de la puissance,
le système prendra aussi, à fort peu près, un mouvement uniformément accéléré et pour lequel on aura

$$e = \frac{vt}{2},$$

$e$ étant l'espace parcouru, $v$ la vitesse acquise au bout d'un
temps quelconque $t$, à partir de l'origine du mouvement. Mais
nous avons ici

$$e = 1^{m},o5, \quad v = o^{m},2,$$

donc

$$t = 10^{s}1;$$

et comme il faut, pour achever le surplus de la manœuvre,
un temps égal à vingt-sept secondes environ, on voit que la
durée totale de cette manœuvre sera seulement de trente-
sept secondes, quantité au-dessous du temps qu'on y emploie
ordinairement.

Nous avons dit que la résistance du frottement des grosses
chaînes ne s'élevait pas au delà de $2^{ks},5o$, mesurés sur la circonférence du tambour de manœuvre; cette résistance, jointe
à celle de $3^{ks},5$, qui, d'après nos précédents calculs, suffit
pour vaincre l'inertie des masses dans les premiers instants de
la levée du tablier, et aux $\dfrac{23^{ks},53}{2} = 11^{ks},77$ d'effort, que nous
avons vus être nécessaires pour vaincre les résistances réu-
nies des différents tourillons, des petites chaînes et des poulies, dans les hypothèses favorables qui ont été faites en dernier
lieu sur la constitution de ces diverses parties, nous donne
pour résultat ou pour l'effort total à exercer par la puissance

$$2^{ks},5 + 3^{ks},5 + 11^{ks},77 = 17^{ks},77,$$

qu'il faudra porter à 18 kilogrammes au moins, à cause de la
roideur des petites chaînes sans fin de la roue de manœuvre,
et auxquels il convient encore d'ajouter environ 12 kilogrammes pour tenir compte (Mémoire cité, n° 59, p. 108) des

différences d'équilibre dans le cas le plus ordinaire, ce qui nous donne finalement pour le plus grand effort à exercer 3o kilogrammes. Notre conclusion est donc toujours qu'un seul homme, appliqué à la chaîne de la grande poulie de manœuvre, doit suffire à la rigueur, pour opérer dans un temps assez court la levée ou la descente du pont-levis qui nous occupe; mais que l'effort à exercer par cet homme, égalant, pour certains instants, presque la moitié de son poids, la manœuvre ne pourra s'effectuer commodément qu'autant qu'on appliquerait un autre homme à la seconde roue motrice; ce qui est entièrement conforme à ce que l'expérience a appris sur la manœuvre des plus grands ponts-levis à contre-poids variables.

Au sujet des calculs qui précèdent, nous ne saurions trop engager les ingénieurs à se rendre compte, comme nous venons de le faire, et avant l'exécution, des différentes résistances de la machine, provenant, soit des frottements, soit des défauts d'équilibre, soit de l'inertie; ces calculs les mettront à même de combiner, dans chaque cas, les dimensions et positions des pièces de la manière la plus avantageuse et la plus économique possible. De plus, nous les engageons à ne pas se contenter, après la mise en place, de faire essayer le pont-levis en appliquant simplement des hommes aux chaînes de manœuvre, mais de suspendre directement, à ces chaînes et verticalement sous les grandes roues, des contre-poids capables de mettre le système en mouvement dans les différentes positions et avec une vitesse très-lente; ces expériences auront l'avantage de servir de vérification aux calculs, et de donner des indices sur les imperfections des diverses parties.

FIN DU COURS.

2940    Paris. — Imprimerie de GAUTHIER-VILLARS, quai des Augustins, 55.

LIBRAIRIE DE GAUTHIER-VILLARS,
SUCCESSEUR DE MALLET-BACHELIER,
QUAI DES GRANDS-AUGUSTINS, 55, A PARIS.

# ÉLÉMENTS
# DE MÉCANIQUE,

RÉDIGÉS

D'APRÈS LES PROGRAMMES D'ADMISSION POUR L'ÉCOLE POLYTECHNIQUE
ADOPTÉS PAR L'UNIVERSITÉ IMPÉRIALE,

## PAR H. RESAL,

ANCIEN ÉLÈVE DE L'ÉCOLE POLYTECHNIQUE, INGÉNIEUR DES MINES;

SUIVIS

## D'ADDITIONS RELATIVES A LA MÉCANIQUE

DES

## SYSTÈMES DE POINTS MATÉRIELS,

EXTRAITES DES LEÇONS DE MÉCANIQUE PHYSIQUE, PROFESSÉES DE 1838
A 1848, A LA FACULTÉ DES SCIENCES DE PARIS, PAR M. PONCELET.

## NOUVELLE ÉDITION, REVUE ET CORRIGÉE.

VOLUME IN-8, AVEC PLANCHES; 1862. — PRIX : 4 FR. 50 C.

En envoyant à M. Gauthier-Villars un mandat de 4 fr. 50 c. sur la poste,
on recevra l'Ouvrage franco dans toute la France.

## AVERTISSEMENT.

Parmi les nombreux *Traités élémentaires de Mécanique*
qui ont été publiés en vue de satisfaire aux conditions
imposées par les *Programmes d'admission à l'École Polytechnique et à l'École Normale*, le présent Ouvrage est de
tous celui qui doit se rapprocher le plus, pour le fond des

Envoi franco, contre mandat de poste ou valeur sur Paris, en *Europe*, *Algérie*,
*Égypte*, *Maroc*, *Russie d'Asie*, *Tunisie*, *Turquie d'Asie*. — Pour les États-Unis
de l'*Amérique du Nord*, ajouter au prix de l'ouvrage : 1 fr. par volume in-4,
et 60 c. par volume in-8, in-12 et in-18. — Pour les autres pays, suivant les
conventions postales.

idées et pour le mode de démonstration, de la pensée qui a présidé à la rédaction de ces Programmes; car il a été écrit, en quelque sorte, sous les yeux mêmes de M. Poncelet, Rapporteur chargé en 1850 de cette rédaction pour la partie Mécanique, dont le mode d'exposition devait être plutôt géométrique qu'algébrique, plutôt expérimental qu'abstrait ou rationnel.

L'utilité, la nécessité des formes réclamées par les Écoles des divers services publics pour l'enseignement de la Mécanique, tant au dehors qu'au dedans de l'École Polytechnique, étant une fois admise et réglementée par les Programmes, on conçoit très-bien aussi l'obligation de donner à la partie élémentaire de ces mêmes Programmes un point d'appui, une interprétation devenue indispensable à l'intelligence de notions, de définitions et de démonstrations jusque-là demeurées étrangères aux Cours de Mathématiques spéciales. Les unes et les autres, il est vrai, avaient été commentées, élucidées déjà dans des Leçons, sur la Mécanique physique, professées à la Faculté des Sciences de Paris par M. Poncelet, de 1838 à 1848, et elles avaient reçu par là, comme par les publications antérieures du Professeur, une notoriété certaine et qui ôtait aux Programmes dont il s'agit tout caractère d'innovation précipitée ou dangereuse; mais cela ne suffisait pas pour remplir le but indiqué ci-dessus, à l'égard des Programmes d'admission.

Il était, on le comprend, peu convenable qu'aucun des Membres de la Commission de réforme de 1850 se chargeât de la publication d'un livre élémentaire propre à remplir un tel but. C'est alors que M. Resal, Ingénieur des Mines, vint s'offrir spontanément pour rédiger les *Éléments de Mécanique* qui sont l'objet de la présente publication, animé d'ailleurs qu'il était d'un ardent désir de contribuer aux progrès de l'enseignement, et partisan déclaré des doctrines de Mécanique pratique qui avaient été inaugurées

en 1825 et 1827 par M. Poncelet, à l'École d'Application
et à l'Hôtel de Ville de Metz, et dont les nouveaux Programmes sont une émanation évidente.

Dans la prévision que, à une époque plus ou moins rapprochée, la Statique, condamnée de longue date par des
hommes tels qu'Euler et d'Alembert, serait entièrement
proscrite de l'enseignement élémentaire, ce Traité comprend
de plus l'exposé des principes de Dynamique nécessaires à
l'intelligence des lois de la Physique céleste ou terrestre,
exposé qui est plus spécialement extrait des Leçons de
Mécanique professées en 1840, à la Sorbonne, par M. Poncelet. On s'y est laissé guider principalement par les aperçus lumineux dont Lagrange a fait précéder plusieurs des
subdivisions de son *Traité de Mécanique analytique*, aperçus
qui, selon la judicieuse et philosophique observation de
l'illustre Poinsot, constitueraient la partie la plus remarquable de ce grand ouvrage.

Les notions fondamentales sur la *force d'inertie*; sur le
*travail des forces* appliquées à un point matériel; sur la *force
vive*; sur l'*accélération résultante* dans le mouvement curvi-
ligne d'un point, abstraction faite de toute idée de résistance, de masse ou d'inertie de la matière; sur la *nature
épicycloïdale* et la *composition géométrique* du mouvement
le plus général d'un corps solide; sur les *mouvements relatifs*
quelconques dont peuvent être animés de pareils systèmes
les uns par rapport aux autres, etc.; ces notions nouvelles
et importantes de Mécanique géométrique, adoptées depuis
quelques années à peu près universellement, et dont
M. Cauchy s'est fait en quelque sorte l'interprète dans l'un
des *Comptes rendus de l'Académie des Sciences*; celles surtout
de l'accélération totale, qui, à un autre point de vue, se
rattachent aux idées de Carnot et d'Ampère sur la *Cinématique*, avaient, on le comprend, besoin d'être éclaircies par
des exemples et des démonstrations simples dans un ou-

vrage d'enseignement élémentaire, et c'est ce à quoi on s'est surtout attaché dans ces *Éléments de Mécanique*.

Telles sont les considérations qui ont encouragé à faire une *seconde* publication de cet ouvrage, dont le Rédacteur des Programmes de Mécanique en 1850 n'a jamais récusé la responsabilité et le patronage, sinon officiel, du moins officieux.

## ON TROUVE A LA MÊME LIBRAIRIE.

BOUR (Edm.), Ingénieur des Mines. — **Cours de Mécanique et Machines**, professé à l'École Polytechnique.

*Cinématique*. In-8, avec Atlas de 30 planches in-4 gravées sur acier; 1865................................................... 10 fr.

*Statique et Travail des forces dans les Machines à l'état de mouvement uniforme*. In-8, avec Atlas de 8 planches in-4, gravées sur acier; 1868................................................... 6 fr.

La *Dynamique* est sous presse.

BRESSE, Ingénieur des Ponts et Chaussées, Professeur de Mécanique à l'École des Ponts et Chaussées, Examinateur des Élèves de l'École impériale Polytechnique. — **Cours de Mécanique appliquée**, professé à l'École impériale des Ponts et Chaussées.

*Chaque partie se vend séparément.*

Première Partie : *Résistance des Matériaux et Stabilité des Constructions*. — 2ᵉ édition; in-8, avec figures dans le texte; 1866. 8 fr.

Deuxième Partie : *Hydraulique*. — 2ᵉ édition; in-8, avec figures dans le texte et une planche; 1868...................... 8 fr.

Troisième Partie : *Calcul des Moments de flexion dans une poutre à plusieurs travées solidaires*. — In-8, avec planche et Atlas in-folio de 24 planches sur cuivre; 1865.................. 16 fr.

JULLIEN (le P.), de la Compagnie de Jésus. — **Problèmes de Mécanique rationnelle** disposés pour servir d'application aux principes enseignés dans les Cours. Outre un grand nombre d'applications intéressantes, cet ouvrage renferme de nombreux développements sur la théorie et l'histoire de la Mécanique. 2 vol. in-8, avec figures dans le texte; 2ᵉ édition, revue et augmentée, 1866-1867................... 15 fr.

SERRET (J.-A.), Membre de l'Institut, Professeur au Collège de France et à la Faculté des Sciences de Paris. — **Cours d'Algèbre supérieure**. 3ᵉ édition; 2 forts volumes in-8; 1866...................... 24 fr.

VIEILLE (J.), Inspecteur général de l'Instruction publique. — **Éléments de Mécanique**, rédigés conformément au Programme du nouveau plan d'études des Lycées. 2ᵉ éd. In-8, avec 129 fig. dans le texte; 1867. 4 fr. 50 c.

Paris. — Imprimerie de GAUTHIER-VILLARS, rue de Seine-Saint-Germain, 10, près l'Institut.

9 782329 231297